»Vererbung« ist kein Konzept, das durch die Jahrhunderte hindurch gleich geblieben ist. Es hat sich vielmehr im Wechselspiel mit der Kultur entwickelt, in die es eingebettet ist, und unterliegt daher einem erheblichen Wandel. Hans-Jörg Rheinberger und Staffan Müller-Wille bieten mit ihrem Buch einen knapp gefassten Überblick über die Geschichte der Vererbungsvorstellungen. Sie behandeln die vormodernen Theorien der Zeugung, beschreiben, wie die Vererbung im Laufe des 19. Jahrhunderts in den Mittelpunkt der sich herausbildenden Biologie rückt, und verfolgen die Entwicklung der klassischen und der molekularen Genetik im 20. Jahrhundert. Ein Ausblick auf die aktuellen Tendenzen der Genomforschung beschließt den Band.

Hans-Jörg Rheinberger studierte Philosophie und Biologie in Tübingen und Berlin und habilitierte sich im Fach Molekularbiologie an der Freien Universität Berlin. Seit 1997 ist er wissenschaftliches Mitglied der Max-Planck-Gesellschaft und Direktor am Max-Planck-Institut für Wissenschaftsgeschichte in Berlin.

Staffan Müller-Wille studierte Paläontologie und Geologie in Berlin, promovierte im Fach Philosophie über Carl von Linné, um dann am Deutschen Hygiene-Museum in Dresden zu arbeiten. Nach dem Wechsel ans Max-Planck-Institut für Wissenschaftsgeschichte in Berlin ist er heute wissenschaftlicher Mitarbeiter am Centre for Genomics in Society der University of Exeter.

Unsere Adressen im Internet: www.fischerverlage.de
www.hochschule.fischerverlage.de

Hans-Jörg Rheinberger
Staffan Müller-Wille

Vererbung

Geschichte und Kultur eines biologischen Konzepts

Fischer
Taschenbuch
Verlag

Veröffentlicht im Fischer Taschenbuch Verlag,
einem Unternehmen der S. Fischer Verlag GmbH,
Frankfurt am Main, März 2009

Satz: Pinkuin Satz und Datentechnik, Berlin
Druck und Bindung: C. H. Beck, Nördlingen
Printed in Germany
ISBN 978-3-596-17063-0

The only ›law‹ under which the greater mass of the facts the author has brought together can be grouped seems to be that of Caprice, – caprice in inheriting, caprice in transmitting, caprice everywhere, in turn.

William James in einer Rezension zu Charles Darwins
The variation of plants and animals under domestication
(1868; zit. n. Menand 2002, S. 142).

Inhalt

Vorwort

Die Entstehung eines wissenschaftlichen Begriffs der Vererbung und sein historischer Wandel bilden den Gegenstand dieses Buches. Dabei geht es um mehr und um anderes als um eine Geschichte der wissenschaftlichen Disziplin der Genetik. Eine ganze Reihe von lesenswerten Monographien liegt dazu bereits vor. Sie stammen allesamt von hervorragenden Genetikern, die sich in keinesfalls naiver Weise mit der Geschichte ihres eigenen Faches auseinandergesetzt haben.[1]* Unübertroffen wird wohl *Die Logik des Lebenden* bleiben, ein Buch, in dem der Molekularbiologe und Nobelpreisträger François Jacob die ›Etappen‹ ermittelt, in denen sich das Wissen von der Vererbung vom 16. bis zum 20. Jahrhundert formiert hat. In Anlehnung an die französische Wissenschaftsphilosophie seiner Zeit hält Jacob diese Etappen nicht für Stationen auf einem »Königsweg der reinen Ideen«, einem Weg, »den eine Entwicklung in Richtung darauf genommen hat, was heute als Lösung erscheint«. Dennoch besitzt auch Jacobs »Geschichte der Vererbung« (so der Untertitel seines Buches) unverkennbar ihren Fluchtpunkt in einem Begriff, den erst die moderne molekulare Genetik bereitgestellt hat, nämlich dem des Programms. Davon ausgehend stellt sich Jacob nicht nur das Leben selbst, sondern auch die Geschichte seiner begrifflichen Erfassung als eine Abfolge von Strukturen immer höherer – oder eigentlich tiefer gestaffelter – Ordnung dar, als »eine Reihe von Organisationen, die wie russische Puppen ineinander stecken: sichtbare Struktur, Organisation, Chromosomen und Gene, Moleküle.«[2]

Wir gehen in diesem Buch über die diachrone Geschichte eines Forschungsprogramms oder einer Disziplin hinaus, indem wir anders als Jacob synchrone kulturelle Zusammenhänge nachzeichnen, in denen Vererbungswissen erzeugt wurde und in denen

* Die Anmerkungen stehen am Ende des Buches ab Seite 283.

es seine Wirkungen entfaltete. Untersucht wird somit weniger die Geschichte einer Wissenschaft im engeren Sinne als die Geschichte eines ›Wissensregimes‹,[3] das in heterogenen Kontexten seinen Ausgang nahm, sich auf unterschiedlichen Wegen zusammenfügte und in vielfältiger Weise wieder auf andere Kulturbereiche ausstrahlte. Dabei sind wir überzeugt, dass Wissenschaft nie das Andere der Kultur war und auch nicht als ein solches zu betrachten ist. Neueren Ansätzen der Wissenschaftsgeschichte folgend, untersuchen wir die Wissenschaft als ein Kulturgebilde *neben* anderen, das in Wechselwirkung mit gesellschaftlichen Domänen wie Kunst, Technologie und Politik gesellschaftliche Werte reproduziert und transformiert.[4] Dennoch bleibt auch bei diesen Ansätzen der Blick auf eine Geschichte des Wissens zentriert. Wissenschaftliche Werte – ›Wahrheitswerte‹, wie Wissenschaftsphilosophen sich ausdrücken – besitzen selbstverständlich ihre Eigenart. Doch eben darin gleichen sie den Produkten anderer kultureller Formationen. Wie diese sind sie unbestritten allesamt ständigen historischen Veränderungen unterworfen.

Eine Kulturgeschichte der Vererbung im mittlerweile landläufigen Sinne hält der Leser somit nicht in der Hand. Die Perspektive, die wir in diesem Buch einnehmen, zielt zwar gleichermaßen auf Geschichte wie auf die kulturellen Kontexte des Konzepts der Vererbung, aber die Darstellung wird immer um die biologische Aufladung dieses Begriffes kreisen. Im Deutschen hat das Wort Vererbung – im Unterschied zum englischen *heredity* und zum französischen *hérédité* – seine juristische Bedeutung nie ganz verloren. Die juristischen und politischen Normen, die die Weitergabe von Eigentum in vielfältiger, regional sehr unterschiedlicher Weise regelten und noch regeln, bilden ein faszinierendes Gebiet kulturhistorischer Forschung.[5] Wir werden uns auf dieses Gebiet aber nur dort begeben, wo es in nachweisbarem Zusammenhang mit der Formierung von biologischem Vererbungswissen stand. Dasselbe gilt für die sekundäre Übertragung der biologischen Vererbungsvorstellungen auf die Geisteswissenschaften; im 19. Jahrhundert wurden hier Werte, wie sie in sozialen Prozessen akkumuliert werden, erstmals als ›kulturelles Erbe‹ eines Volkes, einer

Nation oder der Menschheit insgesamt angesprochen. Auch dieses Themengebiet werden wir nur gelegentlich streifen können. Im Zentrum unserer Aufmerksamkeit steht im Folgenden Vererbung als ein Gegenstand wissenschaftlichen Fragens und Hinterfragens, dessen allmähliche Verfestigung die Lebenswissenschaften nachhaltig geprägt hat.[6]

Unser Blick geht also mehr in die Tiefe als in die Breite, indem er sich auf die begriffliche Artikulation von Vererbungserscheinungen in Form von Unterscheidungen, Klassifikationen und Theorien richtet, auf deren Verankerung in materiellen Kulturen des Sammelns und des Experimentierens sowie auf das Feld von Entlehnungen aus anderen Bereichen, wie etwa der praktizierenden Medizin oder der kommerziellen Züchtung, aus denen sich diese Kulturen ihrerseits speisten. Mit Henning Schmidgen können wir im Rekurs auf die Wissenschaftsphilosophie Georges Canguilhems festhalten: »Der Sinn eines wissenschaftlichen Begriffs erschließt sich nicht einfach horizontal, im Blick auf andere Wörter und Texte. Erst durch den Rückgang auf die Kräfte, die sich aktuell oder historisch einer ›Sache‹ (z.B. der Gesundheit, der Vererbung, des Denkens) bemächtigt haben, wird er greifbar.«[7] Für die zweite Hälfte des 20. Jahrhunderts mussten wir gerade in dieser Hinsicht den forschungstechnologischen Kräften erheblichen Platz einräumen, da ohne sie der molekulargenetische Vererbungsdiskurs nicht verstanden werden kann.

In mancher Hinsicht handelt es sich bei diesem Buch also um eine Probe konventioneller Wissenschaftsgeschichte, die auch nicht ohne die ›üblichen Verdächtigen‹ wie William Harvey, Charles Darwin oder Gregor Mendel auskommt. Was dabei an synoptischer Verdichtung und Assoziationsreichtum vielleicht verloren geht, hoffen wir durch analytische Schärfe und einige überraschende Einsichten auszugleichen. Das Kapitel über Eugenik und Rassenlehre des 19. und frühen 20. Jahrhunderts hätte sicherlich mehr Ausführlichkeit verdient. Zugleich hat es uns aber selbst überrascht, wie wenig die Ausgestaltung des rassenhygienischen Diskurses letztlich von Überzeugungen hinsichtlich konkreter Vererbungsmechanismen abhing.

Zu den zentralen analytischen Kategorien, die in diesem Buch zur Anwendung gelangen, zählen die Begriffe des ›epistemischen Raums‹ und des ›epistemischen Dings‹. Darunter verstehen wir Gegenstände des wissenschaftlichen Nachforschens, die in Texten, Bildern, Sammlungen und Experimentalanordungen zwar immer wieder zur Darstellung gebracht werden, sich einer letztgültigen Darstellung aber auch immer wieder entziehen.[8] Unsere diesbezügliche These ist, dass sich das neuzeitliche Vererbungsdenken zunächst in einem Darstellungsraum verankerte, der aus so heterogenen Quellen wie unter anderem Medizin, Züchtung und interkontinentalem Handel gespeist wurde, aber dennoch so etwas wie die Koordinaten eines Feldes aufspannte, in dem es möglich wurde, über Reproduktionserscheinungen nicht länger im Sinne einer personalisierten und individuellen Erzeugung von Nachkommen durch Eltern und Vorfahren nachzudenken, sondern in Form eines mehr oder weniger atomisierten biologischen Gutes, das von Generation zu Generation weitergegeben wurde und dabei jeweils neu verteilt wurde. Diese Vorstellung verdichtete sich dann um die Wende vom 19. zum 20. Jahrhundert zu experimentell darstellbaren Forschungsobjekten, in deren Zentrum die Gene standen. Sie setzten eine Forschungsdynamik in Gang, die den Vererbungsbegriff nicht nur in den Mittelpunkt der Lebenswissenschaften rückten, sondern auch biopolitisch wirksam werden ließen. Im gegenwärtigen Begriff des Genoms und ›postgenomischer‹ Forschungsstrategien ist in jüngster Zeit, so argumentieren wir am Ende des Buches, diese Vergegenständlichung wieder in Fluss geraten. Sie scheint einer erneuten Verräumlichung Platz zu machen, die nunmehr aber nicht mehr nur disparate Praxisfelder aufeinander bezieht, sondern sich als Struktur der Untersuchungsgegenstände selbst manifestiert.

Wie jedes Buch hat auch dieses eine Vorgeschichte. Es stellt unsere Synthese aus Ergebnissen eines am Max-Planck-Institut für Wissenschaftsgeschichte in Berlin und der Universität Exeter angesiedelten, langjährigen und noch laufenden Forschungsprojekts zur ›Kulturgeschichte der Vererbung‹ dar, das mit großzügiger Unterstützung durch die Regierung Liechtensteins, den

Deutschen Akademischen Austauschdienst, die British Academy und den British Council durchgeführt wurde. Vier internationale Konferenzen – weitere sind in Planung – erlaubten uns, mit zahlreichen Kolleginnen und Kollegen aus aller Welt und ganz unterschiedlicher disziplinärer Provenienz zu einem ausführlichen und fortgesetzten Gedankenaustausch zusammenzutreffen. Ihnen allen namentlich zu danken wäre unmöglich, Einzelne auf Kosten Anderer hervorzuheben ungehörig. Die Beiträge zu den genannten Konferenzen sind in der Preprint-Reihe des Max-Planck-Instituts für Wissenschaftsgeschichte und in einem ersten Sammelband bei MIT Press dokumentiert.[9] Ausdrücklich gedankt sei dagegen Annette Macho für die gründliche Redaktion einer ersten Manuskriptfassung, durch die wir uns vor allem auch unserer Grenzen bewusst geworden sind, sowie Maaike van der Lugt und Bernd Gausemeier für die kritische Lektüre einzelner Kapitel. Gedankt sei außerdem herzlich Daniela Kelm und Jan Bovelet für ihre Unterstützung bei der Herstellung der endgültigen Manuskriptfassung.

Kapitel 1
Vererbung zwischen Wissen und Macht

Genealogie ist die älteste Logik. Immer schon wurden Verwandtschafts- und Abstammungsbeziehungen in Mythologie, Philosophie und in den Wissenschaften verwendet, um den Aufbau der Welt zu beschreiben. Schlüsselbegriffe der antiken Logik wie Gattung oder Art besaßen genealogische Nebenbedeutungen, und die Beziehungen zwischen diesen Begriffen wurden nach dem Vorbild verwandtschaftlicher Beziehungen gestaltet. Eine Art, so heißt es etwa in Porphyrios' *Isagoge*, einer spätantiken Einführung in Aristoteles' Kategorienlehre, verhält sich zu ihrer Gattung »so wie [man] Agamemnon [bezeichnen kann als] ›stammend von Artreus‹ oder ›von Pelops‹ oder ›von Tantalos‹ oder – schließlich – ›von Zeus‹.«[1] Abstammungslinien besitzen eine gewisse Kontinuität, sodass sich etwas über Eigenschaften von heute lebenden Individuen in Erfahrung bringen lässt, indem man die Kette ihrer Vorfahren zurückverfolgt. Der Abstammungszusammenhang äußert sich in einem gemeinsamen Schicksal, das manchmal wie ein Segen, manchmal wie ein Fluch wirkt, unter dem – wie es der Berliner Religionswissenschaftler Klaus Heinrich einmal ausgedrückt hat – »niemand anders *kann*, als die Konfigurationen zu wiederholen (weil sie ihm Substanz geben), die die Konfigurationen des Handelns seiner Eltern gewesen sind«.[2]

Diese Art zu denken, diese »ursprungsmythische Geisteslage«, wie Heinrich sie nannte,[3] ist auch heute noch allgegenwärtig. 2002 erschien im Verlag der schwedischen Tageszeitung *Dagens Nyheter* eine Biographie zu Karl Vilhelm Ossian Dahlgren, Professor der Botanik an der Universität Uppsala und prominenter Befürworter rassenhygienischer und eugenischer Maßnahmen im Schweden der zwanziger und dreißiger Jahre des 20. Jahrhunderts. Dahlgren kehrte seine Überzeugungen sogar gegen die eigenen Kinder, die nach ihrer kleinen und schwarzhaarigen Mutter kamen. Er riet ihnen ernsthaft davon ab, sich fortzupflanzen. Sein Rat wurde offenbar ignoriert, ist seine Biographin, die Journalistin Eva F. Dahlgren, doch seine Enkeltochter. Über die Gründe, die sie bewogen haben, das Leben ihres Großvaters zu erzählen, sagte sie gegenüber der Tagespresse, der Gedanke, dass ihr Großvater Rassenbiologe gewesen sei, habe sie beschämt, auch wenn sie mit seinen Überzeugungen eigentlich nichts zu tun habe; dem fügte sie aber noch hinzu: »Ich habe ja meine unregelmäßigen Zähne vom Großvater, und wer weiß, was sonst noch in das Erbe eingegangen ist?«[4] Aus strikt genetischer Sicht war diese Bemerkung anachronistisch, doch in gewissem Sinne hat Eva Dahlgren trotzdem recht. In ihrem Buch berichtet sie davon, wie sehr sie als Kind von ihrem Großvater geprägt wurde. Individuelle familiäre Einflüsse als ›Erbe‹ zu umschreiben und somit auch Konnotationen anklingen zu lassen, die sich aus der modernen Genetik ableiten, ist alltagssprachlich und literarisch durchaus legitim. Genetische Bilder bieten sich heute eben an, um mehr oder weniger reflektiert Schicksale zu fabrizieren.

Angesichts der Allgegenwärtigkeit solcher Denkfiguren überrascht es jedoch, dass ein streng *naturalistischer* Begriff der Vererbung – der zur ›ersten‹, strikt biologischen Natur des Menschen erklärt, was in der Keimbahn von Generation zu Generation weitergegeben wird – wissenschaftshistorisch doch ziemlich jungen Datums ist. Bis in das 19. Jahrhundert hinein waren es in der Tradition der antiken Medizin die sechs ›nicht-natürlichen Dinge‹ (*res non naturales*) sowie die sieben ›natürlichen Dinge‹ (*res naturales*), die nach Ansicht von Ärzten und Naturkundigen die Konstitution und den Charakter der Individuen formten und zugleich ausmachten – »die Lufft, Speise und Tranck, Bewegung und Ruhe, Schlaffen und Wachen, Gemüths-Bewegungen, Excreta und Retenta« auf der nicht-natürlichen Seite und »Elemente, Temperamente, die Säffte, die Spiritus, die Theile, die Facultates und die Functiones« auf der natürlichen, um den Leipziger Verleger und Enzyklopädisten Johann Heinrich Zedler aus dem 18. Jahrhundert zu zitieren. Die ›natürlichen Dinge‹ wurden dabei auf die direkte, physische Hervorbringung des Nachkommen durch seine beiden oder oft auch nur einen seiner Erzeuger zurückgeführt.

Von einem biologischen ›Erbe‹, das unberührt von besonderen Entwicklungs- und Zeugungsbedingungen über die Generationen hinweg weitergegeben wird, war bis Ende des 18. Jahrhunderts nicht die Rede. Und es sollte noch bis zur Mitte des 19. Jahrhunderts dauern, bis ›Vererbung‹ im letzteren Sinne – vor allem im Werk Charles Darwins und dem seines Vetters Francis Galton – als eines der zentralen Probleme der Biologie hervortrat. Mit der Genetik und Molekularbiologie des 20. Jahrhunderts wurde Vererbung dann zu einem fest umrissenen Phänomen, das man mit den Mitteln der experimentellen und mathematischen Analyse bearbeiten konnte. Die Existenz dieses Phänomens stand nun nicht mehr zur Debatte, wohl aber die Frage, wie es sich mit den Mechanismen verhielt, die ihm zugrunde lagen, und wie sich diese Mechanismen wiederum technisch wenden ließen, um zu einer weiteren Analyse der Vererbungserscheinungen vorzudringen.

So hat der Begriff der Vererbung – wie andere biologisch-genetische Leitbegriffe auch – vergleichsweise genau datierbare Ursprünge und durchlief eine Karriere, die eine Phase der umfassenden Problematisierung und die anschließende, zumindest zeitweise Verfestigung zu einem mess- und handhabbaren Gegenstand umfasst. Die Wurzeln des Wissensregimes der Vererbung reichen, wenn wir es richtig sehen, in die Frühe Neuzeit, vereinzelt bis ins späte Mittelalter zurück. Es war die Zeit, in der Europäer auszogen, um den Globus zu erobern, gleichzeitig aber auch die Erfahrung machten, dass sie ihn nicht alleine bewohnten; eine Zeit, in der ihnen bewusst wurde, dass Fortschritt und Innovation auch bedeuten konnten, ganze Traditionen, Institutionen und Völker auszulöschen und damit Fremdes wie Hergebrachtes hinter sich zu lassen; eine Zeit, in der Europäer allmählich erfuhren, dass die Natur die Geschichte bestimmt, aber auch, dass die Natur selbst eine Geschichte hat – sodass es scheinen konnte, als ließe sich Geschichte gestalten, indem man die Natur beherrschte. Diese Erfahrungen sammelten sie in der Auseinandersetzung mit anderen Völkern und Naturräumen, einer expansiven Bewegung, die nicht einfach in leere Räume vorstieß, sondern massenhafte Verschiebungen und Verpflanzungen von Menschen sowie der sie umgebenden und von ihnen in Kultur genommenen Tieren und Pflanzen voraussetzte oder nach sich zog. Das Wissensregime der Vererbung – das ist zugleich die zentrale These dieses Buches – nahm in dem Maße Gestalt an, wie Menschen und andere Lebewesen in globalem Maßstab in Bewegung gerieten.[5]

Wenn wir uns der Vererbung als einem historischen Wissensregime nähern, das nicht auf die Fixierung, sondern auf die Mobilisierung von Lebensverhältnissen zielte, so schließt das zweierlei ein. *Erstens* werden wir Vererbung nicht als ein Konzept betrachten können, das von Anfang an eine bestimmte Bedeutung hatte. Jeder kennt zwar eine Vorstellung von ›erben‹, die vor allem auf die Permanenz von Formen in der Zeit zielt und immer wieder zur Rechtfertigung politischer Autorität und kultureller Tradition herangezogen wird. Das Erbe ist dann das, was es um seiner selbst willen zu bewahren gilt.[6] Reifikationen dieser Art sind nicht nur als solche fragwürdig; vielmehr kann gezeigt werden, dass die politische Dynamik des Vererbungsbegriffs ganz unterschiedlichen Klassifikationen und Kausalitätsvorstellungen entsprang und entsprechend unterschiedliche wissenschaftliche und ideologische Stoßrichtungen annehmen konnte. Es ist zum Beispiel ein Unterschied, ob man die Vererbung individueller bzw. artspezifischer Eigenschaften getrennt betrachtet und Erstere für vorübergehend, Letztere aber für unabänderlich hält, oder ob man beide unter demselben Gesichtspunkt untersucht; ob man sich Vererbung als bis zu einem gewissen Grade reversibles Geschehen vorstellt oder als irreversibel. Wir werden sehen, wie sich solche ›weichen‹ oder ›harten‹ Auffassungen mit der Zeit änderten und erst allmählich die Kontur einer wissenschaftlichen Disziplin annahmen, was dann zumindest vorübergehend auch mit begrifflichen Festlegungen einhergehen konnte.

Zweitens werden wir diesen terminologischen Wandel mit Blick auf die Institutionen und Praktiken verfolgen müssen, in denen er sich entfaltete. So mündeten im 18. Jahrhundert etwa Versuche, exotische Pflanzen und Tiere an das gemäßigte Klima Europas anzupassen, in einer Unterscheidung von ›konstanten‹ Arteigenschaften und solchen Eigenschaften, die mit dem Klima und anderen Umweltfaktoren variierten. Die Umsetzung dieses Unterscheidungskriteriums in der Praxis der Naturgeschichte, besonders in botanischen Gärten, führte aber schon bald dazu, dass man auf ›konstante Varietäten‹ stieß, das heißt auf Individuen, die sich von anderen Artangehörigen zwar nur geringfügig unterschieden, diese Unterschiede aber auch unter wechselnden Umweltbedingungen an ihre Nachkommen weitergaben. Auf solche Vorgänge werden wir bei näherer Betrachtung der Prozesse, in denen Vererbungswissen gewonnen und angewandt wurde, häufig treffen; typisch ist, dass die experimentelle Durchführung einer weithin anerkannten Unterscheidung – hier zwischen Art und Varietät – in einem neuen Rätsel resultierte. Waren die bestehenden Taxonomien und Kausalvorstellungen, die unter dem Begriff der Vererbung zusammengefasst wurden, erst einmal umgesetzt und institutionalisiert, schufen sie auch die Bedingungen für ihre eigene Infragestellung und riefen wiederum zu alternativen Beschreibungen und Erklärungen auf.

In diese verwickelte Geschichte wollen wir den Leser nicht ohne einen Vorbegriff von dem, was Vererbung unserer Meinung nach ist, entlassen. Einen guten Ansatzpunkt liefert das Werk Francis Galtons, den einige Wissenschaftshistoriker als eigentlichen Begründer der modernen Vererbungsforschung ansehen.[7] Man muss diese Ansicht nicht teilen, fest steht allerdings, dass Galton als einer der Ersten Vererbung in den Mittelpunkt der theoretischen Auseinandersetzung mit den Lebenserscheinungen stellte und ein besonders reiches Arsenal an Analogien und Denkfiguren entwickelte, um sich dem Gegenstand seiner Überlegungen anzunähern. Wie wir im Folgenden sehen werden, eignen sich diese Analogien und Figuren sehr gut, um die Eigenart und Dynamik des Wissensregimes der Vererbung herauszuarbeiten.

Galtons Postamt. Vererbung als epistemischer Raum

Wenn oben gesagt wurde, dass bis Ende des 18. Jahrhunderts nicht von einem biologischen ›Erbe‹ gesprochen wurde, war zunächst nur der reine Sprachgebrauch gemeint. Sachverhalte, die heute wie selbstverständlich auf Vererbung zurückgeführt werden – etwa die Tatsache, dass manche körperlichen oder charakterlichen Eigenheiten sich auf bestimmte Familien beschränken, oder das eigenartige Phänomen, dass Kinder manchmal ihren Großeltern ähnlicher sehen als ihren Eltern –, wurden schon in der Antike bemerkt.[8] Das Wort ›Vererbung‹ verdankt jedoch seine heute dominierende biologische Bedeutung der Übertragung eines juristischen Begriffs auf Erscheinungen, die mit der Reproduktion von Organismen zu tun haben, und vor dem Ende des 18. Jahrhunderts fand eine solche Übertragung in aller Regel einfach nicht statt. Solche begriffsgeschichtlichen Tatsachen machen den Wissenschaftshistoriker neugierig. Analogien zwischen juristischem Erben und Vorgängen der biologischen Vererbung scheinen doch auf der Hand zu liegen, da das Erben von Gütern an Verwandtschaft und damit letztlich – aus heutiger Sicht – an ein biologisches Verhältnis anknüpft.

Im juristischen Sinn bezieht sich Vererbung auf die Verteilung von Gütern in zeitlicher Folge, und zwar nach einem System von Regeln und Unterscheidungen, das bestimmt, wie Güter nach dem Tod ihres Besitzers in den Besitz anderer Personen übergehen sollen. Die Unterscheidungen betreffen zumeist Verwandtschaftsgrade, und die Regeln geben an, welche dieser Verwandtschaftsgrade Anspruch auf welchen Anteil am Erbe haben. So war es in vielen Regionen des neuzeitlichen Europa möglich, Erbregelungen zu treffen, wonach nur der jeweils erstgeborene Sohn erbberechtigt war, und zwar für alle kommenden Generationen (die Institution des sogenannten Majorats), während heutzutage in vielen Ländern das Gesetz genaue Schlüssel vorschreibt, wonach zumindest ein Teil des Erbes zu gleichen Teilen auf alle nächsten Verwandten zu verteilen ist. Die historische und interkulturelle Vielfalt solcher gesetzlichen Regelungen ist unübersehbar, der entscheidende Punkt aber ist, dass Erbfolgen immer Klassifikationen und Vergaberegeln unterworfen sind.

Schon diese wenigen, grundsätzlichen Überlegungen zeigen, welche Bedingungen erfüllt sein mussten, bevor Vererbungsvorstellungen von der rechtlichen Sphäre in die der biologischen Reproduktion übertragen werden konnten. Die Reproduktion von Organismen musste als ein Prozess erscheinen können, in dem überhaupt etwas weitergegeben und nach geltenden Regeln verteilt wurde. Gerade diese Perspektive vermisst man jedoch, wie wir im folgenden Kapitel noch ausführlich sehen werden, in den Werken großer, vormoderner Naturphilosophen wie Aristoteles, William Harvey oder René Descartes. Beobachtungen und Spekulationen über den Akt der Zeugung, wie man sie in diesen Werken findet, begründeten andere Zusammenhänge. Erst mussten Genealogien nachgezeichnet, Unterscheidungen eingeführt, Verknüpfungen zwischen Zeugungsakten hergestellt werden, bis schließlich die Umrisse einer Struktur erkennbar wurden, auf die sich die Bedeutungsfülle von »Vererbung« sinnvoll und produktiv anwenden ließ. Fortpflanzung als Vererbung zu begreifen, so lässt sich hier schon sagen, setzte voraus, bei der Zeugung von Organismen Faktoren am Werk zu sehen, die über den bloßen Zeugungsmoment hinaus fortdauerten.

In einem Aufsatz mit dem Titel »A theory of heredity« von 1876 sprach Francis Galton wiederholt ebendiesen Gedanken aus: Vererbung sei nur erklärbar, wenn man ein die Generationen überdauerndes organisches Gebilde voraussetze, das dieselben gewissermaßen trage. Galton nannte dieses Gebilde *stirp* (vom lateinischen Wort *stirps* für ›Spross‹ oder ›Stamm‹, auch im Sinne von Familienstamm, Stammhalter). Der *stirp* sei die »Summe aller Keime oder Keimchen, oder wie auch immer man sie nennen will, die sich allen Theorien organischer Einheiten zufolge in der frisch befruchteten Eizelle finden«.[9] Um den Aufbau des *stirp* zu erläutern, griff Galton dann zu einigen seltsam anmutenden Bildern. Unter anderem verglich er ihn mit einem Postamt:

> Eizellen und ihr Inhalt sind für die Biologen, die sie durch ein Mikroskop betrachten, so viel wie die Postsäcke und die Haufen an Briefen, die aus ihnen hervorquellen, für diejenigen sind, die durch die Fenster eines Postamts schauen. Solche Beobachter können Rückschlüsse auf Postmitteilungen im Allgemeinen ziehen, aber sie können kein einziges Wort von dem lesen, was in den Briefen enthalten ist. Alles was wir über die Bestandteile

> des *stirp* lernen können, können wir nur aus Schlussfolgerungen und nicht aus direkten Beobachtungen lernen. Wir sind daher gezwungen, Theorien aufzustellen.[10]

Galton hob ausdrücklich hervor, dass seine Vergleiche nicht als »müßige Metaphern, sondern strikte Analogien« zu verstehen seien, Analogien, die es lohne »weiter zu verfolgen, da sie den Ansichten über Vererbung die nötige Klarheit verschaffen«.[11] Ein genauerer Blick auf das Postamt macht verständlich, was es mit diesem Ruf nach konkreten Modellen der Vererbung auf sich hatte. Galtons Vergleich arbeitet auf zwei Ebenen. Zum einen wird Vererbung – im Rückgriff auf eine Kommunikationstechnologie, die zu Galtons Zeit eine rasante Entwicklung durchlief – als eine komplexe Anordnung verschiedener räumlicher Elemente beschrieben. Die Postsäcke stehen für den zytologischen Raum der befruchteten Eizelle, der »nicht größer als ein Stecknadelkopf«[12] ist; und die Briefe stehen für die Elemente des *stirp*, die »Keime und Keimchen«, die diesen Raum füllen, zugleich aber Teile eines weiter verzweigten Systems von »Postmitteilungen« zwischen Vor- und Nachfahren sind. Anders gesagt, für Galton ist Vererbung durch eine organische Struktur (den *stirp*) bestimmt, die sowohl genealogische als auch zytologische Verhältnisse beinhaltet, insofern Erstere irgendwie in Letzteren abgebildet sein müssen. »Alles was den [Nachfahren] von seinen Vorfahren erreicht«, so drückte Galton diesen Gedanken aus, »muss in seinem eigenen *stirp* verpackt gewesen sein.«[13]

Auf der zweiten Ebene veranschaulicht Galtons Vergleich, wie Vererbung überhaupt zu einem Gegenstand wissenschaftlicher Forschung werden konnte. Das Postgebäude mit seinen Fenstern entspricht den verschiedenen Instrumenten und Techniken, die von Wissenschaftlern seiner Zeit verwendet wurden, um Vererbungserscheinungen sichtbar zu machen. Mikroskope allein, deutet Galton an, reichen dafür nicht aus. Die komplizierte Ordnung des Postwesens, die ihm zum Vergleich diente, legte nahe, dass ähnlich komplizierte und geradezu bürokratisch organisierte Arrangements von Technologien nötig sein würden, um der Vererbung Konturen zu verleihen. Um nur das offenkundigste Beispiel zu nennen: Damit Vererbung in ihrer Generationen übergreifenden Dimension beobachtet werden konnte, bedurfte es verlässlicher Mittel zur Aufzeichnung und Verarbeitung genealogischer Daten. Der Vergleich mit dem Postamt bedeutet darüber hinaus zweierlei: Erstens schließt Galton das technologische Arrangement Vererbung hier zu einem eigenen Phänomenbereich zusammen, der sich getrennt von, aber in Beziehung zu anderen biologischen Erscheinungen (wie Entwicklung oder Ernährung) studieren lässt. Zweitens etabliert Galton (von außen) beobachtbare Beziehungen zwischen den Elementen der Vererbung, ohne dass diese Elemente selbst im Einzelnen charakterisiert sein müssen. Galton war bewusst, dass dazu das Auflösungsvermögen der zeitgenössischen Forschungstechnologien nicht ausreichte. Den Inhalt der ›Briefe‹ konnte man also nicht lesen, aber es war dennoch möglich, etwas über ›Postmitteilungen im Allgemeinen‹ auszusagen.

Tatsächlich lässt sich daher Vererbung zur Zeit Galtons genauer als ein *epistemischer Raum* kennzeichnen, im Unterschied zu anderen Gegenständen biologischer Forschung, die als ›epistemische Dinge‹ im Kontext individueller Experimentalsysteme ihre Bestimmungen erhielten.[14] Einen solchen Forschungsgegenstand galt es eher zu kartieren als zu identifizieren, wobei die Feststellung von Taxonomien und Regularitäten wichtiger war als die von individuellen Eigenschaften und Funktionen. Unser Ziel ist es, die verschiedenen historischen Entwicklungen und kulturellen Domänen auszuloten, die zur Formierung, Transformation und Verdichtung des epistemischen Raums der Vererbung beitrugen. François Jacob hat den Übergang vom Zeugungs- zum Vererbungsdenken – dabei dem Ansatz Michel Foucaults in *Die Ordnung der Dinge* folgend – als eine Aufeinanderfolge unterschiedlicher, durch scharfe epistemologische Brüche getrennter *epistémata* beschrieben. Wir wollen uns auf diese Übergänge selbst konzentrieren. Die Herausbildung des Vererbungsdenkens hing, wie wir sehen werden, von einem ganzen Ensemble häufig lokal begrenzter und zudem weit auseinander liegender kultureller Kontexte ab. Sie fügten sich langfristig zu einer globalen Konfiguration verteilter Technologien und Institutionen – botanische Gärten, Hospitäler, genealogische und statistische Archive, Pflanzen- und Tierzuchtanstalten, chemische und physiologische Laboratorien –, die keineswegs schon von vorneherein im wechselseitigen Austausch standen, vor allem nicht notwendig schon mit Blick auf das Vererbungsgeschehen. Die vielen historischen Konjunkturen, die sich auf diesem Weg ereigneten, müssen letztlich vor dem Hintergrund der Bildung der Nationalstaaten gesehen werden – mit ihren zentralisierten Bürokratien, kapitalistischen Produktionsverhältnissen, zirkulierenden Geldströmen und ihrem Kolonialismus. Der epistemische Raum der Vererbung geht jedoch nicht einfach in einer Konstruktion auf, die zur Rechtfertigung neuer sozioökonomischer Ordnungen diente. Es waren vielmehr diese neuen Ordnungen selbst, in denen sich der epistemische Raum der Vererbung immer wieder von neuem abzeichnete. Wie wir erst heute zu begreifen beginnen – in einer Zeit, in der genetische Reihenuntersuchungen, Tests und Patente immer mehr Bereiche des sozialen und individuellen, des öffentlichen und privaten Lebens durchdringen und in der synthetische Möglichkeiten der Genomik, Leben nicht nur zu manipulieren, sondern zu schaffen, sich zumindest abzeichnen –, hat das Wissensregime der Vererbung das Leben selbst innerhalb von 150 Jahren vollständig rekonfiguriert.

Galtons Parlament: Vererbung als biopolitisches Dispositiv

Galton war nicht nur einer der ersten Biologen, die eine allgemeine Theorie der Vererbung zu begründen versuchten, er war auch der Erste, der Anwendungen für die neue Theorie zu bieten hatte. 1883 schlug er in seinen *Inquiries into Human Faculty and its Development* vor, auf der Grundlage einer Theorie der Vererbung eine »Wissenschaft von der Verbesserung des Stammes« bzw. »von der Kultivierung der Rasse« aufzubauen und diese *eugenics* zu nennen (nachdem er zuvor, wie er in einer Fußnote selbst berichtet, den Namen *viriculture* in Erwägung gezogen habe).[15] Die eugenische Lehre verbreitete sich im späten 19. Jahrhundert und in der ersten Hälfte des 20. Jahrhunderts in vielen Ländern rund um den Globus. Das ging einher mit der Bildung nationaler und internationaler Gesellschaften, mit einer Flut neuer Zeitschriften und populärer Broschüren, mit der Schaffung von Gesetzen, die in Form ausgeprägter staatlicher Zwangsmaßnahmen bis hin zu Sterilisation, sogenannter Euthanasie und schließlich Genozid umgesetzt wurden. Die gewalttätige Zuspitzung eugenischer Denkmuster erreichte in den dreißiger und vierziger Jahren des 20. Jahrhunderts und besonders in Deutschland ihren Höhepunkt, was aber nicht den Blick dafür verstellen sollte, dass eugenische Argumentationen auch in anderen Ländern, in der Arbeiterbewegung, im Kampf um eine öffentliche Gesundheitsfürsorge, um die Gleichberechtigung der Frau und um die Emanzipation nationaler und ethnischer Minderheiten eine wichtige Rolle spielten.

Auch für diese politische Dimension des Vererbungsbegriffs hält Galton in seinem Aufsatz »A theory of heredity« eine aufschlussreiche Analogie bereit. Galtons *stirp* ist keine statische Struktur, sondern besteht wie bereits erwähnt aus Elementen, den ›Keimen‹ (*germs*) oder Anlagen für Eigenschaften, die in unruhigen Kräfteverhältnissen zueinander stehen. Die Resultate dieser permanenten Auseinandersetzung lassen sich nach seiner Auffassung am besten mit »Ereignissen des politischen Lebens« vergleichen, »wie jene, die mit dem Kampf um Raum und Macht, mit Wahlen und mit [politischer] Repräsentation verbunden sind. Wir wissen«, so fährt Galton fort,

> dass die am Anfang stehenden Zellen sich teilen und weiter unterteilen, und wir können jede dieser sukzessiven Aufteilungen berechtigterweise mit der Teilung einer politischen Versammlung in Parteien vergleichen, die von da an verschiedene Eigenschaften haben. Wir können den stirp mit einer Nation vergleichen, und diejenigen seiner Keime, die zur Entwicklung kommen, mit den führenden Männern, denen es gelingt, zu Repräsentanten ihrer Nation zu werden. Und schließlich können wir die Merkmale der Person, deren Körper sich aus den entwickelten Keimen aufbaut, mit denen des Repräsentantenhauses einer Nation vergleichen.[16]

Vererbung wird in diesem Bild zu einem ausgesprochen kontingenten Phänomen. Die einzelnen Keime, hebt Galton hervor, pflanzen sich zwar »getreu ihrer Art fort«, aber welche von den vielen Keimen, die nach seiner Vorstellung im *stirp* enthalten sind, zur Entwicklung kommen, hängt von ihrer Position im Gesamtgefüge des *stirp* ab, und davon, ob sie sich in dem resultierenden Kräftespiel gegen die anderen Elemente des *stirp* durchsetzen können. Auf dieser Grundlage erklärt sich Galton beispielsweise die Tatsache, dass Geschwister einander sehr unähnlich sein können, obwohl man annehmen muss, dass ihr jeweiliger *stirp* ganz ähnlich zusammengesetzt ist. »Eine strikte Analogie und Erklärung«, behauptet Galton,

> liefern die wohlbekannten Bedingungen und Unsicherheiten politischer Wahlen. Wir haben reichlich Erfahrung, dass bei einem sehr unterschiedlich zusammengesetzten Wahlkreis sehr geringfügige Umstände genügen, um das Gleichgewicht zwischen den Parteien zu verändern, sodass Wahlergebnisse sich abrupt ändern können, auch wenn die Wählerschaft sich wenig ändert. Eine gleichförmige Wählerschaft wird [dagegen] immer Repräsentanten desselben Typus wählen. Und dieses Resultat entspricht genau dem, was in zuchtreinen Tieren geschieht, deren stirp nur eine oder sehr wenige Varietäten von jeder Art Keim enthält, und deren Nachkommen immer einander und ihren Eltern gleichen. Je mehr gemischt [*mongrel*] eine Zuchtsorte ist, desto größer ist die Variabilität unter ihren Nachkommen.[17]

Das gewählte Bild besaß zur Zeit des Erscheinens von Galtons Aufsatz einige politische Brisanz. Großbritannien war durch eine Reihe politischer Krisen gegangen, die jeweils in Reformen mündeten, durch die das Wahlrecht auf breitere Bevölkerungskreise ausgedehnt wurde, Wahlkreise auf eine vergleichbare Zahl von Stimmberechtigten gebracht und schließlich geheime Wahlen eingeführt wurden (First Reform Act 1832, Second Reform Act 1867, Ballot Act 1872). In Galtons Bild: der politische Souverän wurde zusehends zu einem ›Bastard‹ (*mongrel*). Galton selbst wählte, soweit bekannt, zeitlebens konservativ und stand der Ausweitung des Wahlrechts skeptisch gegenüber. Er sah darin vor allem eine Quelle politischer Instabilität und kultureller Degeneration.[18] Zugleich wandte er sich aber entschieden gegen aristokratische Privilegien und vertrat einen liberalen Individualismus, dem zufolge sich sozialer Status allein auf persönlichen Fähigkeiten und Verdiensten zu gründen hatte.[19] Seine naturalistische Vererbungstheorie, die mathematischen Verfahren, die er zur Analyse von Vererbungserscheinungen entwickelte, sowie seine eugenischen Reformvorschläge hingen allesamt mit einem politischen Standpunkt zusammen, der sich mit den Interessen der *professional middleclass* des viktorianischen Zeitalters deckte.[20]

Das Bild der Wahl verrät allerdings mehr als einen politischen Standpunkt. Wie schon der Vergleich mit dem Postamt operiert auch diese Analogie auf zwei Ebenen: Dem mikroskopischen Raum des *stirps* mit seinen um Entfaltung und Repräsentation ringenden elementaren Anlagen steht der Raum der Populationen gegenüber, die in konkurrierende Parteien, Nationen und andere Gruppierungen zerfallen. Und wieder besteht zwischen beiden Räumen ein Abbildungsverhältnis, und zwar dergestalt, dass die Anlagen und Qualitäten, die im politischen Raum zum Tragen kommen, in den Keimen des *stirp* vorgegeben sind. Umgekehrt werden Verschiebungen in den Kräfteverhältnissen des politischen Lebens sich in einer veränderten Zusammensetzung des *stirp* niederschlagen, da sie zur differenziellen Reproduktion von Teilen der Bevölkerung und damit der Elemente des *stirp* führen. Genau dies war der pragmatische Kern von Galtons Programm einer ›positiven‹ Eugenik, mit der die Fortpflanzung der ›Besten‹ gefördert werden sollte.

Aus diesem Blickwinkel hatte das Vererbungsgeschehen nur noch sehr wenig mit einem unabwendbaren, gewissermaßen in Fleisch und Blut übergegangenen Schicksal gemein. So wie politische Verhältnisse eine Sache der Gestaltung waren – greifbar in den zeitgenössischen Wahlrechtsreformen –, so erschien auch Vererbung als eine Sache der Gestaltung, und zwar in dem Maße, in dem sich der Blick vom individuellen Zeugungsakt ab- und den

Strukturen und Kräfteverhältnissen zuwandte, die in Populationen herrschen und die Generationen miteinander verknüpfen. »[J]ede Generation hat enorme Macht über die natürlichen Begabungen der folgenden Generationen«, behauptet Galton in *Hereditary Genius* und fügt hinzu, dass »es eine Pflicht [sei], die wir der Menschheit schulden, die Reichweite dieser Macht zu untersuchen und sie in einer Weise auszuüben, die – ohne uns selbst gegenüber unklug zu handeln – am vorteilhaftesten für künftige Bewohner der Erde ist.«[21] Adelige Privilegien, Zölibat und Philanthropie waren nach Galtons Auffassung Institutionen, die unweigerlich den Niedergang einer ›Rasse‹ nach sich zogen, während ein strikt meritokratisch-selektionistisches Regime, das die Reproduktion der ›Begabten‹ förderte und die der ›Schwachen‹ verhinderte, zur ›Verbesserung der Rasse‹ führen würde.

Vielleicht kann man verallgemeinern, dass das Nachdenken über Vererbung zu Galtons Zeit erstaunlich wenig mit der Vergangenheit zu tun hatte. »Fragen der Vergangenheit des Menschen waren nicht das, was Galton umtrieb«, unterstrich durchaus treffend Cyrill Darlington, einer der hartnäckigsten Epigonen der Galtonschen Eugenik im 20. Jahrhundert, in seiner Einleitung zu einem 1962 erschienenen Wiederabdruck des *Hereditary Genius*.[22] Erhellend ist in diesem Zusammenhang Galtons eigenartige Umdeutung der christlichen Vorstellung von der Erbsünde. »Der Sinn der Erbsünde wäre nach meiner Theorie nicht, dass der Mensch aus einem hohen Stand gefallen ist, sondern dass er in seiner moralischen Kultur mit größerer Geschwindigkeit aufgestiegen ist, als die Natur seiner Rasse ihm folgen konnte.«[23] Der in seinen Anlagen hinter der erreichten moralischen Entwicklung zurückgebliebene Mensch verwickelt sich daher in einen Kampf der ›Nationen‹ und ›Rassen‹, dessen Ausgang immer offen bleibt. Es ist ein »Kampf um Raum und Macht«, wie er sich genauso unter den im *stirps* verborgenen und um ihre Entwicklung ringenden Keimen abspielt, und der nach Ansicht Galtons nur durch gezielte Formen der Selektion zu kanalisieren ist.

Galtons politische Analogien sind deshalb von besonderem Interesse, weil sie deutlich machen, dass biologische Vererbung von

Anfang an kein neutrales Feld war, das allenfalls durch die jeweilige Interessenlage des Betrachters einen politischen Akzent erhielt. Der Begriff der Vererbung steht damit geradezu paradigmatisch für einen Komplex diskursiver Praktiken, den man mit Michel Foucault als »biopolitisches Dispositiv« bezeichnen kann. In *Der Wille zum Wissen* hat Foucault eine historische Periodisierung der Machttechniken vorgeschlagen, nach der sich im Lauf des 18. Jahrhunderts das »Sexualitätsdispositiv« gegenüber dem »Allianzprinzip« entwickelt und durchgesetzt hat, ohne es jedoch einfach abzulösen. Das »Allianzprinzip« charakterisiert er als das jeder Gesellschaft eigene »System des Heiratens, der Festlegung und Entwicklung der Verwandtschaften, der Übermittlung der Namen und der Güter«, dessen Aufgabe in erster Linie darin besteht, »das Spiel der Beziehungen zu reproduzieren und ihr Gesetz aufrechtzuerhalten«. Das Sexualitätsdispositiv hat dagegen seine »Daseinsberechtigung nicht darin, daß es sich reproduziert, sondern darin, daß es die Körper immer detaillierter vermehrt, erneuert, zusammenschließt, erfindet, durchdringt, und daß es die Bevölkerungen immer globaler kontrolliert«.[24] Es bildet die Grundlage einer neu sich formierenden politischen Macht – der »Bio-Macht«, die nach Foucault »auf der Ebene des Lebens, der Gattung, der Rasse und der Massenphänomene der Bevölkerung« ansetzt.[25] Mit dieser Macht wird eine »Bio-Politik« möglich, bei der »das Lebe[n] und sein[e] Mechanismen in den Bereich der bewußten Kalküle« eintreten und sich Wissen wie Macht in »Transformationsagenten des menschlichen Lebens« wandeln.[26]

Vererbungswissen lässt sich in dem Maße als zentraler Bestandteil des biopolitischen Dispositivs betrachten, als sein Gegenstand – darauf werden wir im nächsten Kapitel ausführlich zu sprechen kommen – über die Zeugung individueller Lebewesen hinausgeht und die Verhältnisse und Kräfte einschließt, die in und auf Populationen wirken und für deren Leben ausschlaggebend sind. Galton formulierte das am Schluss des *Hereditary Genius* so: »Die Natur strotzt vor latentem Leben, und der Mensch hat große Macht, dieses in den Formen und in dem Ausmaß, wie er es wünscht, hervorzurufen. Wir dürfen uns nicht erlauben, jeden

Menschen [...] so zu betrachten, als sei er dem Stamm der Natur mit übernatürlichen Mitteln aufgesetzt, sondern wir müssen ihn uns vielmehr als eine Absonderung in neuer Gestalt von dem, was schon existierte, und als regelmäßige Konsequenz vorangegangener Bedingungen vorstellen.«[27] Die hier anklingende Gestaltungsmacht, die Vererbungswissen verleiht, gilt es in den folgenden Kapiteln immer im Auge zu behalten. Die von Eugenikern und Rassentheoretikern eingeführte Unterscheidung von ›lebenswerten‹ und ›lebensunwerten‹ Lebensformen wurde oft als ideologisch motivierter Versuch beschrieben, soziale Gegensätze zu verdinglichen und auf Dauer zu stellen – sicherlich zu Recht, waren es doch meist sozial privilegierte Schichten, die Eugenik an vorderster Front propagierten oder auch selbst betrieben. Zum Teil wurde Vererbungswissen aber auch eingesetzt, um zementierte Gesellschaftsstrukturen und Lebensverhältnisse zu ›verflüssigen‹ und damit neue Handlungsräume zu eröffnen. Es genügt daher nicht, Vererbungswissen zu ignorieren oder pauschal abzulehnen. Offen ist nicht mehr die Frage, ob auf genetisches Wissen gestützte praktische Maßnahmen theoretisch und praktisch möglich sind, sondern ob, und wenn ja, bis zu welchem Ausmaß wir eine Gesellschaft *wollen*, in der solche Maßnahmen vorbereitet und ergriffen werden.

Kapitel 2
Zeugung, Reproduktion, Evolution

Der biologische Begriff der Vererbung meint heute die Weitergabe von genetischer Information in der Generationenfolge. Die Bedeutung der Reproduktion der Lebewesen scheint unmittelbar evident, und entsprechend schwer fällt es, sich vorzustellen, dass Vererbung, wie im vorangegangenen Kapitel bereits angedeutet, nicht immer schon im Zentrum von Spekulationen und Überlegungen stand, die das Leben der Organismen betrafen. Doch bis Mitte des 18. Jahrhunderts taucht in Theorien, die sich mit der Entstehung und Fortpflanzung von Lebewesen befassten, nicht nur der Ausdruck ›Vererbung‹ nicht auf, es ist nicht einmal von ›Reproduktion‹ die Rede. Erstmals hat sich wohl der französische Naturforscher Georges-Louis Leclerc Comte de Buffon im Jahr 1748 die Frage nach dem »verborgene[n] Mittel« gestellt, das »die Natur zur Fortpflanzung [*réproduction*] der Wesen anwenden kann«.[1] Buffon, Direktor des Jardin du Roi in Paris und Verfasser einer 36-bändigen *Histoire naturelle*, entlehnte den Ausdruck der zeitgenössischen Theologie, wo er die Auferstehung der Toten am Tag des Jüngsten Gerichts meinte, also die leibhaftige Wiederherstellung zuvor in ihre Bestandteile zerfallener Körper.[2]

Somit scheint ausgerechnet das, was uns heute als ein wesentliches Kennzeichen aller lebenden Systeme gilt, ihre Fähigkeit nämlich, sich durch Nahrungsaufnahme, Wachstum, Regeneration und Fortpflanzung mehr oder weniger identisch zu reproduzieren, der Aufmerksamkeit von Naturphilosophen und Medizinern vor dem 18. Jahrhundert entgangen zu sein – obwohl natürlich Lebewesen, und insbesondere der Mensch, auch damals schon bevorzugte Gegenstände wissenschaftlicher Beschäftigung waren. Wie kann man das verstehen? François Jacob hat die Frage einleuchtend beantwortet. Vor der Mitte des 18. Jahrhunderts, so schreibt er in *Die Logik des Lebenden*,

> reproduzieren sich die Lebewesen nicht. Sie werden gezeugt.

> [...] Die Zeugung jeder Pflanze und jedes Tieres ist in gewissem Sinne ein Einzelereignis, getrennt und unabhängig von jeder anderen Schöpfung, etwa so wie die Herstellung eines Gegenstandes oder eines Kunstwerks durch den Menschen.[3]

Zeugung in vormodernen Zeugungstheorien war demnach ein Schöpfungsakt, wenn auch nicht aus dem Nichts. So gab es keine Lücke, in die Vererbungsdenken vorstoßen konnte. Insbesondere ließen sich Vererbungsphänomene nicht von den kontingenten Umständen des Geschlechtsakts, der Empfängnis, der Schwangerschaft, der Geburt und des Stillens trennen, die einen unbestrittenen Einfluss auf die Konstitution der Nachkommen hatten. Erscheinungen der Vererbung und der Entwicklung wurden im 18. Jahrhundert noch nicht als selbständige, getrennt zu untersuchende Vorgänge betrachtet. Diese für die moderne Biologie folgenreiche Unterscheidung sollte erst im 19. Jahrhundert, nach Meinung mancher Wissenschaftshistoriker sogar erst mit der Etablierung der Genetik im frühen 20. Jahrhundert getroffen werden.[4] Sie ist auch keinesfalls trivial, denn immerhin lassen sich Vererbungserscheinungen ja nur beobachten, wenn Nachkommen auch zur Entwicklung kommen. Vererbung, so lässt sich aus heutiger Perspektive vielleicht sagen, existiert nicht *neben* Zeugung und Entwicklung, sondern *in* dem, was Zeugung und Entwicklung durchläuft.

Noch etwas kommt hinzu. Im Gegensatz zu landläufigen Auffassungen war die vormoderne Welt keine Welt der unveränderlichen Arten, zumindest nicht in dem Sinne, dass Gleiches unweigerlich sich Gleiches zeugte.[5] Die vormoderne wie auch die alte Welt war voll von bizarren Paarungen und merkwürdigen Verwandlungen oder ›Transmutationen‹. So hob Aristoteles zwar gerne hervor, dass jedes Wesen von einem »gleichnamige[n] Wesen« erzeugt wird, ein Mensch von einem Menschen.[6] Er hielt es aber für ebenso selbstverständlich, dass »aus artverschiedenen Tieren auch ein artverschiedenes hervorgeht, wie etwa der Hund und Löwe artverschieden sind, dann muß auch aus einem männlichen Hund und weiblichem Löwen ein artverschiedenes Tier hervorgehen.«[7] Dies

Abb. 1: Das sogenannte skythische Lamm. Holzschnitt aus Claude Duret, *Histoire admirable des plantes*, 1605.

lieferte ihm sogar eine Erklärung für die Entstehung exotischer Tierarten. Wie viele seiner Zeitgenossen glaubte Aristoteles, dass sich Tiere verschiedener Art an den wenigen Wasserstellen in den Trockengebieten Afrikas sammelten, sich miteinander verpaarten und neue Wesen zeugten.[8] Ähnliche Ansichten vertrat Plinius in seiner *Naturgeschichte*, und in der schriftlichen Tradierung des islamisch-arabischen und christlich-lateinischen Mittelalters kamen – zuweilen, aber durchaus nicht immer nur auf Grund von Übersetzungsfehlern – Mischwesen aus Kamel und Panther (die Giraffe, die daher auch als *Camelopardalis* bezeichnet wurde), Aal und Viper, ja selbst aus Pflanzen und Tieren (etwa das sogenannte skythische Lamm; s. Abb. 1) hinzu.[9] Solche Berichte setzten sich ungebrochen in enzyklopädischen Naturgeschichten der Renaissance wie Conrad Gesners vierbändiger *Historia animalium* (1551–1558) fort, und noch im 18. Jahrhundert sorgte der französische Privatgelehrte René-Antoine Ferchault de Réaumur in ganz Europa mit der Nachricht für Aufsehen, dass es ihm gelungen sei, ein Huhn und ein Kaninchen zu kreuzen – wenngleich er zum Ergebnis schwieg.[10] Der Kombinationsfreude der Natur schienen keinerlei Grenzen gesetzt. So bezeugte John Locke, der Begründer des englischen Empirismus, in seinem *Versuch über den menschlichen Verstand* von 1690, dass er selbst »einmal ein Geschöpf gesehen habe, das von einem Kater und einer Ratte stammte und die Merkmale beider deutlich zur Schau trug«.[11] Locke zufolge sprachen solche Beobachtungen dagegen, Arten als isolierte Fortpflanzungsgemeinschaften zu verstehen, die sich durch konstante Merkmale voneinander unterschieden. Der Botaniker John Ray hatte diese neue Auffassung wenige Jahre zuvor im ersten Kapitel seiner dreibändigen *Historia plantarum* als einer der Ersten geäußert, aber auch gleich wieder mit Hinweis auf angebliche Fälle von Transmutationen problematisiert.[12]

Doch nicht nur Mesalliancen zwischen Arten galten als Auslöser solcher Transmutationen. Auch jeder tiefgreifende Formwandel in der Entwicklung von Lebewesen, bei Insekten etwa die Metamorphose von der Larve über die Puppe bis zur Imago, stellte im Grunde ein Ereignis dar, bei dem ein Wesen in ein andersartiges Wesen überging oder ein Wesen anderer Art zeugte. Man sprach in diesen Fällen von ›zweideutiger Zeugung‹ (*generatio aequivoca*), wobei eine Vielfalt von natürlichen Prozessen, außergewöhnlichen Zufällen und übernatürlichen Ereignissen als Ursachen in Betracht kamen. Durch natürliche Gärungs- und Fäulnisprozesse erklärte man sich die ›spontane Zeugung‹ (*generatio spontanea*) niederer Lebewesen aus toter Materie, beispielsweise die Entstehung von Maden aus verdorbenem Fleisch.[13] Zu den Faktoren, denen man einen weitreichenden Einfluss auf die Bildung des Embryos zugestand, zählte insbesondere die Einbildungskraft der Mutter.[14] In gerichtlichen Verfahren um die Vaterschaft eines Kindes spielte daher Ähnlichkeit als Kriterium für Blutsverwandtschaft nur eine geringe Rolle, da generell angenommen wurde, dass Ähnlichkeiten auch zufällig zustande kommen konnten, etwa dadurch, dass die Mutter bei der Empfängnis an einen anderen Mann als ihren rechtmäßigen Gatten gedacht hatte.[15] Berichte über ›Missgeburten‹, die entweder als Resultat ungewöhnlicher Umstände oder als göttliche Zeichen gedeutet wurden, sind Legion in der wissenschaftlichen und populären Literatur des 16. und 17. Jahrhunderts. Sie bezeugen eine Aufmerksamkeit für das Außergewöhnliche und Wunderbare, die den Wissenschaftlern erst im Lauf des 18. Jahrhunderts abhanden kam.[16] Meist wurde die Missgeburt dabei als ein Wesen angesehen, das nicht einfach nur die Norm der Art seiner Erzeuger verfehlte, sondern von ganz anderer Art war als diese. Das Spektrum der Arten blieb davon zwar unberührt – man glaubte, dass es auf eine endliche Zahl von Formen beschränkt blieb –, doch konnten alle Wesen im Lauf ihres Lebens sowohl in eine andere Art übergehen als auch Wesen anderer Art zeugen.

So phantastisch uns heute die vormodernen Berichte über hybride, äquivoke und spontane Zeugungen vorkommen mögen, die Vorstellung einer derart kreativen und promiskuitiven Natur beruhte weder auf Leichtgläubigkeit noch einem unkontrollierten Hang zum Fabelhaften. In diesem Naturbild spricht sich vielmehr ein Denken in Analogien und Ähnlichkeiten aus, das die Wissensbildung in vormodernen Kulturen und ihren Lebenswissenschaften allgemein bestimmte und vorantrieb. Die Ursache für die Ähnlichkeit zwischen Vorfahren und ihren Nachkommen wurde dabei nicht wie später in einer von Generation zu Generation weitergegebenen, von den Einzelwesen unabhängigen und deren Eigenschaften determinierenden Substanz gesucht, sondern in der Tatsache erblickt, dass Zeugung und Entwicklung eines Lebewesens in der Regel ähnliche Stoffe und Ursachen involvierten und unter ähnlichen Umständen erfolgten. Umgekehrt bedeutete dies, dass jede Abweichung vom gewöhnlichen Lauf der Dinge ebenso abweichende Resultate zeitigen konnte. »Das (Natur-)Gesetz beherrscht alles« – so beginnt die deutsche Übersetzung der hippokratischen Abhandlung *De genitura* (»Über den Samen«) aus dem 5./4. Jahrhundert vor unserer Zeitrechnung, eine der frühesten zeugungstheoretischen Schriften überhaupt.[17] In einer lateinischen Übersetzung aus der Renaissance liest sich dieser Satz aber noch ganz anders: *Lex omnis corroborat* – aus dem Lateinischen wiederum ins Deutsche übersetzt: »Das Gesetz stärkt alles.« Der Übersetzer Girolamo Mercuriale kommentiert noch sorgfältig, dass das Wort für »Gesetz« (νομοσ) im griechischen Dialekt des ursprünglichen Verfassers von *De genitura* (vermutlich nicht Hippokrates selbst) *instituta, pascua, regionem, classem*, zu deutsch »Sitte, Weide, Region, Stamm« bedeutet habe.[18] Das »Gesetz« in *De genitura* verweist nicht auf ein universales Naturgesetz, sondern konkret auf persistierende lokale Gegebenheiten und Traditionen, die sich stabilisierend auf die Lebewesen auswirkten.

Unter dieser Perspektive – die die Lebenswissenschaften bis weit in das 18. Jahrhundert hinein dominieren sollte – ergaben sich arteigentümliche und individuelle Ähnlichkeiten zwischen Vorfahren und Nachkommen aus einer über Generationen bestehenden und jeweils besonderen Konstellation physiologischer, klimatischer, ökonomischer, sozialer und politischer Faktoren. Sie waren der Beständigkeit eines »Gewebe[s]« geschuldet, »bei dem Kette und Durchschuß jeweils den Örtlichkeiten und den Sippen entspr[e]chen«, wie es der Anthropologe Claude Lévi-Strauss einmal ausgedrückt hat.[19] Dass ›Gleiches immer sich Gleiches erzeugt‹ brachte damit einen ebenso selbstverständlichen wie prekären Sachverhalt zum Ausdruck. Denn wenn die Erzeugung des immer Gleichen auch durch lokale, über Generationen hinweg bestehende Regularitäten, wie etwa die regelmäßige Wiederkehr der Jahreszeiten, stabilisiert und gesichert wurde, so konnte sie doch jederzeit durch Störungen (wie beispielsweise ungewöhnliches Wetter) oder menschliche Regelüberschreitungen in Ungleiches abgelenkt werden. Vererbung als ein Phänomen zu konzipieren, das universalen Gesetzen unterliegt, lag nicht in der Reichweite dieser Sichtweise. Tatsächlich nahm Aristoteles' Spruch, wonach »der Mensch den Menschen zeugt«, nicht selten die in die altorientalische Mythologie zurückreichende Form an, wonach »der Mensch und die Sonne« den Menschen zeugen.[20]

So wurde unter Naturforschern auch nichts über Vererbungsphänomene gesagt, was über einzelne Zeugungsakte hinausgegangen wäre. Zeugungen blieben im Grunde einmalige, lokale Ereignisse, und Eltern ›machten‹ ihre Kinder im vollsten Sinn des

Wortes. Daher finden wir in vormodernen Texten, die sich mit Zeugung und Fortpflanzung befassen, auch zahlreiche handwerkliche, den mechanischen und alchemistischen Künsten entlehnte Bilder, wie Jacob an zahlreichen Beispielen belegt hat. René Descartes beispielsweise beschrieb die Bildung eines Embryos als einen Vorgang, bei dem der Samen »fermentiert und von der mütterlichen Hitze gehörig zusammengekocht wird, sodass seine Teile umso gründlicher durchmischt werden«.[21] Er verglich diesen Vorgang ausdrücklich mit dem Brauen von Bier und sprach männlichen und weiblichen »Samen« als Substanzen an, »die einander als Hefe [*levain*] dienen«. Die einzige Überlegung, die dabei allenfalls auf späteres Vererbungsdenken vorauszuweisen scheint, lautete, dass allein schon »der Schaum, den das Bier aufwirft, genügt, um als Hefe für anderes Bier zu dienen«.[22] Wie dauerhaft einzelne Züge dieser alten Auffassung vom »Kinder machen« waren, zeigt übrigens die berühmteste literarische Darstellung einer Zeugung und einer durch deren exakte Umstände determinierten Geburt aus der zweiten Hälfte des 18. Jahrhunderts. Mit ihr beginnt Laurence Sternes Roman *Leben und Ansichten des Tristram Shandy*, dessen durchaus satirische Absichten unter anderem der eigentümlichen Tradierung von Resten der alten Auffassung in einem neuen, durch und durch mechanistischen Weltbild gelten. Der künftige Vater des zunächst noch ungeborenen Erzählers Tristram hat nämlich die Gewohnheit, seinen ehelichen Pflichten am ersten Samstagabend jedes Monats nachzukommen, nicht ohne zuvor die Standuhr im Flur seines Hauses aufzuziehen. An einem dieser Abende unterbricht die Mutter die übliche Routine mit der Frage: »Sag, mein Lieber, hast du auch nicht vergessen, die Uhr aufzuziehen?« In der Verunsicherung und Ablenkung, die diese Nachfrage bei ihrem Ehegatten hervorruft, beginnt unabwendbar Tristram Shandys »unglückliches Leben«. Wie er selbst zu Beginn des Romans im Rückblick festhält:

> Ich wünschte, entweder mein Vater oder meine Mutter, oder fürwahr alle beide, denn von Rechts wegen oblag die Pflicht ihnen beiden zu gleichen Teilen, hätten bedacht, was sie da trieben, als sie mich zeugten; hätten sie gebührend in Betracht gezogen, wie

viel von dem abhing, was sie gerade taten; – daß es dabei nicht nur um die Hervorbringung eines vernünftigen Wesens ging, sondern daß womöglich die glückliche Beschaffenheit seines Körpers; vielleicht sein Genie und just die Färbung seines Gemüts; – und gar, denn Gegenteiliges war ihnen nicht bekannt, die Wohlfahrt seines ganzen Hauses ihre Wendung nach den Säften und Dispositionen nehmen könnten, die gerade obenauf waren [...].[23]

Wenn wir in diesem Kapitel ein genaueres Bild von den Zeugungslehren vor dem Vererbungsdiskurs zeichnen, die teilweise noch bis ins 19. Jahrhundert zu dessen Kontext gehörten, kann es nicht darum gehen, einen vollständigen Überblick über die Diskussionen und zahllosen Denkfiguren zu geben, die sich seit der Antike um den Begriff der *generatio* (Zeugung) rankten. Das haben in aller wünschenswerten Ausführlichkeit Erna Lesky für die Antike und das Mittelalter sowie Jacques Roger für die Zeit von der Renaissance bis zur Aufklärung getan.[24] Einige genealogische Wendungen und Figuren, die von Theoretikern der *generatio* verwendet wurden, um die Beziehung zwischen Vorfahren und Nachkommen anzusprechen, wollen wir dennoch benennen. Wie sich zeigen wird, hat der Begriff der *generatio* vom 17. bis 19. Jahrhundert eine interessante Entwicklung durchlaufen, die bereits einiges über die historischen Voraussetzungen des späteren Vererbungsdiskurses verrät.[25]

Zeugung zwischen Autonomie und Patriarchat

Mit seiner Darlegung des Blutkreislaufs in der *Exercitatio anatomica de motu cordis et sanguinis in animalibus* (»Anatomische Übung zur Bewegung des Herzens und des Bluts bei den Tieren«) von 1628 gilt William Harvey als Begründer der neuzeitlichen, auf Experiment und quantitativer Betrachtungsweise beruhenden Physiologie. Eine wesentlich geringere historische Durchschlagskraft wird seinen mehr als zwanzig Jahre später erschienenen

Exercitationes de generatione animalium (»Übungen zur Zeugung der Tiere«) von 1651 zugesprochen, die sich mit der Entstehung und Fortpflanzung der Lebewesen, insbesondere der Tiere, befassen.[26] Dabei setzte sich in diesem Werk das Konzept der *circulatio*, das zur Zeit Harveys nicht nur die Bewegung des Blutes, sondern auch die Himmelsbewegungen, den Wetterzyklus, die Destillation und eben auch die Fortpflanzung umfasste, so bruchlos fort, dass Harvey als »lebenslanger Denker« der Zirkulation bezeichnet worden ist.[27] Mit Jacques Roger könnte man sogar behaupten, dass die *Übungen zur Zeugung der Tiere* gerade deshalb besonderes Interesse verdienen, weil es Harvey darin – anders als in seiner Schrift über den Blutkreislauf – nicht gelang, die aufgeworfenen Probleme zu seiner eigenen Befriedigung zu lösen.[28]

Blutkreislauf und Zeugung treffen bei Harvey immer wieder in einem *punctum saliens*, dem seither sprichwörtlich gewordenen ›springenden Punkt‹ zusammen. Harvey zog also keine Trennlinie zwischen der Frage nach der Weitergabe von Eigenschaften und der Frage nach der Ausbildung und Entwicklung dieser Eigenschaften. Er behandelte die Weitergabe von Eigenschaften nicht getrennt von ihrer Ausbildung und Entwicklung, und Zeugung und Fortpflanzung beschäftigten ihn nur im Zusammenhang mit dem Zustandekommen und dem Wachstum des einzelnen Lebewesens. Vererbung tauchte im Grunde gar nicht als Frage auf: Der Nachkomme erschien immer als »Werk« (*opus*) seiner Eltern, als Produkt der Materialien, Instrumente und Vermögen, die den Zeugungsakt von beiden Seiten mit bestimmten. Seine Ähnlichkeit mit den Eltern war Ausdruck der Ähnlichkeit der gleichermaßen in Zeugung, Wachstum und Entwicklung wirkenden Ursachen. So heißt es dazu in den *Exercitationes*:

> Ich behaupte nun, dass der Nachkomme von gemischter Natur ist, da eine Mischung beider Eltern in ihm erscheint, in der Form und den Gesichtszügen, und jedem besonderen Teil des Körpers, ebenso wie in den Farben, den Muttermalen, den Krankheiten, und in anderen zufälligen Eigenschaften des Körpers; auch in der Seele und ihren Äußerungen und Verrichtungen (wie Sitten, Gelehrigkeit, Gang und Stimme) ist

> eine solche Vermischung zu erkennen. Denn wie wir sagen, dass eine Mischung ähnlich aus ihren Elementen zusammengesetzt ist, weil deren Qualitäten, wie Hitze, Kälte, Trockenheit und Feuchtigkeit, in irgend einem ähnlichen Körper verbunden zu finden sind, so ist ähnlich das Werk von Vater und Mutter bald im Körper des [Nachkommen], bald in seiner Seele, und in allem Übrigen, was einer gehörigen Mischung folgt oder ihr zukommt, zu erkennen.[29]

In dieser Vorstellung von einer ›Mischung‹ elterlicher Eigenschaften im Nachkommen ergaben sich Fragen, die der heutigen Biologie als Scheinprobleme gelten. Die Entstehung von Ähnlichkeiten zwischen Eltern und Nachkommen wurde zum Beispiel als mehrstufiger Fragenkomplex wahrgenommen: Warum Nachkommen von derselben Art wie ihre Eltern sind, welche Ursachen das Geschlecht eines Nachkommen bestimmen und wie Ähnlichkeiten bei individuellen Eigenschaften wie Augen- oder Haarfarbe zustande kommen, wurde jeweils als getrennt erklärungsbedürftig behandelt. Gefragt wurde außerdem, ob beide Geschlechter gleichermaßen zur Entstehung des Nachkommen beitragen, sodass sowohl von einem männlichen als auch von einem weiblichen ›Samen‹ gesprochen werden konnte; oder ob, wie vor allem Aristoteles gemeint hatte, der Samen des Mannes bewegende Ursache und Form, die Frau dagegen nur den Stoff (in Gestalt des Menstruationsbluts) beitrug. Von besonderer, nicht zuletzt theologischer Bedeutung war schließlich die Frage nach dem zeitlichen Verhältnis zwischen dem Moment der Empfängnis und der Ausdifferenzierung des Embryos. Auf der einen Seite standen Theorien, die davon ausgingen, dass der Embryo bereits im väterlichen bzw. mütterlichen Samen vorgebildet oder ›präformiert‹ sei – dabei wurde entweder angenommen, dass der Samen aus Teilchen zusammengesetzt war, die sich aus allen Organen des elterlichen Körpers speisten und diesen dadurch gewissermaßen *en miniature* repräsentierten (Pangenesis); oder man begriff den Samen als einen Teil des elterlichen beseelten Körpers oder der Seele selbst, der sich bei der Empfängnis bloß abspaltete (die Position des sogenannten Traducianismus). In gewissem Sinne lebte der Embryo diesen Theorien zufolge bereits vor der Empfängnis und bedurfte zu seiner vollen Entfaltung nur eines auslösenden Faktors und einer geeigneten Umwelt, im Fall von lebend gebärenden Tieren der mütterliche Uterus. Im Gegensatz zu diesen Vorstellungen von einer Präformation des Embryos standen Auffassungen, wonach der Embryo erst im Moment oder kurz nach der Empfängnis entstehe. Das aus der Mischung von männlichen und weiblichen Zeugungssubstanzen hervorgehende Produkt der Empfängnis war hier eine zwar zusammengesetzte, aber noch strukturlose und in diesem Sinne homogene Masse, aus der sich der Embryo erst nach und nach, Organ für Organ, herausbildete. In Abgrenzung zur Lehre von der Präformation, wonach der Embryo aus einem Material hervorging, das in der einen oder anderen Weise bereits vorgeformt war, bezeichnete man diesen Vorgang als »Epigenese«. Er vertrug sich gut mit der dem Traducianismus entgegengesetzten Überzeugung, dass die Seele jedes einzelnen Lebewesens bei der Empfängnis direkt von Gott geschaffen werde (Creationismus).[30]

Im Schnittpunkt der hier gestreiften Problemkreise stand dabei eine Frage, die seit der Spätantike nicht nur für Diskussionen über die Zeugung, sondern auch für die Reflexion der Ursachen mechanischer Bewegung und nicht zuletzt der Entstehung des ökonomischen Mehrwerts relevant war.[31] Sie bestand kurz gesagt in Folgendem: Für den Zeugungsakt waren, zumindest bei höheren Tieren, männliche und weibliche Wesen notwendig, in Aristoteles' Worten: ein männliches Wesen, »das den Samen in ein anderes senkt«, und ein weibliches, »das ihn in sich selbst senkt«.[32] Dabei trennte sich bei der Empfängnis vom männlichen Part etwas, nämlich der Samen, was im weiblichen Part trotz der Trennung von seinem ›Erzeuger‹ weiterhin wirksam blieb, so wie sich die Bewegung eines geworfenen Gegenstandes trotz seiner Trennung vom Werfer fortsetzte und wie ökonomischer Wert scheinbar auch im bloßen Umlauf kapitalförmigen Geldes entstehen konnte. Wie war das möglich?

Um zu verstehen, wieso es sich hierbei auch noch im 17. Jahrhundert um eine schwer zu beantwortende Frage handelte, muss man sich vor Augen halten, dass Harvey ebenso wie viele seiner Zeitgenossen, ja selbst Descartes, in wenigstens einer wichtigen Hinsicht noch ganz der aristotelischen Ursachenlehre verhaftet waren. Sie alle lehnten sogenannte Fernwirkungen ab und waren von der Gleichzeitigkeit und Kontiguität von Ursache und Wirkung überzeugt. Eine Ursache hatte mit dem, was durch sie bewirkt werden sollte, immer in unmittelbarem Zusammenhang zu stehen, sie musste es gewissermaßen ›berühren‹, um ihre schaffende Wirkung zu entfalten. »Der Knoten bleibt ungelöst«, so fasste Harvey sein Problem zusammen, »nämlich wie der Samen des Mannes oder des Hahnes ein Kücken aus dem Ei formen, oder die ›effiziente‹ Ursache des Kückens genannt werden kann, wo er doch weder im Ei vorhanden ist, noch das Ei berührt, noch mit ihm verbunden ist.«[33]

Wie schon Aristoteles versuchte Harvey das genannte Problem zu lösen, indem er die Erzeugung des Embryos durch seine Eltern bzw. die elterlichen Zeugungssubstanzen auf ein anfängliches Zustandekommen zurückdrängte und die anschließende Entwicklung und Differenzierung zur Sache des nunmehr sich selbst ernährenden und formenden Embryos machte. Dabei bediente er sich einer genealogischen Metapher, die er ebenfalls Aristoteles entlehnte: »Wie der aus der väterlichen Gewalt entlassene Sohn« (*filius emancipatus*) so sei auch der Embryo »auf sich allein gestellt und ein aus sich selbst lebender Ursprung, von dem aus die spätere Folge der Glieder [*membrorum ordo*] bestimmt wird, und dem alles zugeteilt ist, das zur Vervollkommnung des Lebewesens gehört.«[34] Der Vergleich, den Harvey an mehreren Stellen wieder aufgreift, soll offenbar deutlich machen, dass die Entstehung des Embryos zunächst einmal ganz Sache seines Erzeugers sei, so wie der Vater, nach damaliger Vorstellung, den Sohn ganz in seiner Gewalt behielt, ihn ernährte und erzog, bevor er ihn in die Selbständigkeit entließ. Aristoteles zufolge, dem Harvey sich in diesem Punkt anschloss, hatte der männliche Samen keinen materiellen Anteil an der Entstehung des Embryos, formte ihn vielmehr aus der von der Mutter beigesteuerten formlosen Materie, etwa so, wie ein Schmied durch die planmäßige Anwendung von Kälte und Hitze ein Schwert formt.[35] In diesem Sinne wurde der Embryo zwar nicht vom Vater, aber doch vom beseelten, väterlichen Samen präformiert, wenn auch erst im Moment oder unmittelbar nach der Empfängnis. Der Embryo besaß von diesem Zeitpunkt an Leben oder eine ›Seele‹, rudimentäre Organe und das Vermögen, sich zu ernähren. Er war von jetzt an in der Lage, die ›Folge der Glieder‹ – sich selbst also – durch Epigenese zu erzeugen, autonom und damit in vollkommener Analogie zu seinem eigenen Ursprung.[36]

Die genealogische Figur, die Harvey hier gebraucht, ist die einer patrilinearen Kette, in der jedes Glied durch seine unmittelbare Beziehung zu seinem väterlichen Erzeuger bestimmt ist. Die Rolle der Mutter – obwohl Harvey ihr im Unterschied zu Aristoteles zuweilen neben dem Status einer materialen auch den einer formenden Ursache im Zeugungsgeschäft zuspricht[37] – bleibt in diesem Bild darauf beschränkt, das Arsenal an Materialien und Werkzeugen zu liefern, aus dem sich der Embryo zu seiner eigenen, selbständigen Entwicklung bedient. Die Mutter bildet gewissermaßen den Haushalt des Embryos, den dieser erst belebt. Dies wird besonders deutlich, wenn Harvey im Anschluss an die oben zitierte Stelle den zuerst erzeugten Teil des Embryos mit einer »Hausgottheit« vergleicht – *lar familialis* heißt es im lateinischen Original in Anspielung auf die römischen Ahnengottheiten.[38] An einer anderen Stelle schreibt er sogar: »Weder von der Mutter noch vom Uterus kann sie [die vegetative Seele, die den Embryo zum Wachstum befähigt] herkommen, denn das [Hühner-]Ei hängt weder mit ihnen zusammen, noch ist es mit ihnen vereinigt, sondern frei und ungebunden [...] rollt es in der Höhlung des Uterus umher und vervollkommnet sich selbst.«[39]

Für Aristoteles war der Teil des Embryos, von dem dessen selbständige Entwicklung ausging, allerdings noch ein durch die Interaktion der Zeugungssubstanzen und -organe gestalteter, organischer Körper, das Herz nämlich. Harveys embryologische Untersuchungen können als Versuch verstanden werden, diesen Anfangspunkt empirisch genauer einzugrenzen, indem er ausgehend von Beobachtungen an Hühnern und Hirschkühen den »Fortschritt [*progressus*] [...], den die Natur macht« schrittweise zurückverfolgte, vom voll entwickelten Embryo bis zu seinem ersten Stadium, dem Produkt der Empfängnis.[40] Wenig überraschend, verlegte Harvey diesen Anfang weiter zurück als Aristoteles. Für ihn war es nicht mehr das ausgebildete Herz, sondern eben jener schon erwähnte »springende Punkt«, mit dem das selbständige Leben begann: nicht mehr als ein pulsierender Blutstropfen, der sich noch strukturlos, aber schon strukturschaffend, dem Auge gerade noch bemerkbar machte. In seiner Unscheinbarkeit stellte dieser Teil für Harvey nicht nur den Beginn, sondern auch das Ende des Lebens dar – »ein pulsierender, blutiger Punkt, so winzig, dass er in der Diastole wie ein winziger Funken glimmt, und sich gleich danach in der Systole dem Blick entzieht und verschwindet«.[41]

Harvey radikalisierte somit Aristoteles' Lösung. Der Embryo war nun von seinem ersten, noch völlig unausgebildeten Zustand an ›emanzipiert‹. Ironischerweise verschärfte sich aber mit dieser Rückverlegung das ursprüngliche Problem: Harvey sah sich nun außerstande, eine unmittelbare Beziehung zwischen dem *punctum saliens* und irgendeinem konkreten Produkt des Zeugungsaktes herzustellen – sei es in hippokratisch-galenischer Tradition eine ›Mischung‹ von weiblichen und männlichen Samen, sei es in aristotelischer Tradition das vom männlichen Samen beseelte, weibliche Menstruum. Er stand vor dem Paradox des »leeren Uterus«, wie Dietlinde Goltz es genannt hat, und sowohl der Zusammenhang der patrilinearen Kette als auch die Herrschaft des Vaters über die Mutter und die gemeinsamen Kinder erschien bedroht.[42] Von allem Anfang an selbständig, schien der Embryo keiner unmittelbaren, materialen oder instrumentellen Wirkung seiner beiden Erzeuger mehr ausgesetzt; nichts an ihm erschien mehr wirklich durch die Eltern »gemacht«, und es gab daher auch nichts, was auf das kausale Verhältnis hätte hindeuten können, das den männlichen und weiblichen Part bei der Zeugung bisher begründet hatte.

Um die Wirkung der elterlichen Zeugungssubstanzen, insbesondere der väterlichen, aufrechterhalten zu können, sah sich

Harvey nun doch gezwungen, Fernwirkungen anzunehmen, wobei ihm die Übertragung von Krankheiten durch ein *contagion*, die Anziehung und Abstoßung von Magneten, astrale Einflüsse und schließlich die Einbildungskraft als Analogien dienten.[43] Sowohl dem väterlichen als auch dem mütterlichen Körper wurde ein unmittelbarer Anteil an der Zeugung der Nachkommen nun abgesprochen. Der männliche Samen wurde vielmehr zum Vehikel einer universellen, »bildenden Kraft« (*vis plastica*), und das weibliche »Ei« zu einem ebenso universellen, mit dem Vermögen zu Leben, Wachstum und Entwicklung ausgestatteten materiellen »Anfang« (*primordium*). Ob vivipar, ovipar, durch Metamorphose (im Fall der Insekten) oder »spontan« aus anorganischer Materie entstehend, so Harvey, »alle Tiere werden aus einem eiförmigen Anfang hervorgebracht. Wenn ich sage eiförmig, dann nicht in dem Sinne, dass er die Form eines Eis hat, sondern dessen Beschaffenheit und Natur. [...] Denn dies ist ja all ihren Zeugungen gemeinsam, dass der lebendige Anfang, aus dem der Fötus hervorgebracht wird, vorher schon da ist [*præexistat*].«[44] Dieser Anfang, heißt es am Ende der *Exercitationes*, ist aber nicht etwa völlig strukturlos, sondern präformiert. »Ein solcher Anfang [...] ist eine Flüssigkeit, die von irgendeiner Hülle oder Schale umschlossen ist, und so einem Körper gleicht, der Leben besitzt, ob tatsächlich oder nur dem Vermögen nach.«[45] »Viele Tiere, insbesondere Insekten«, behauptete Harvey sogar einmal, »entstehen und pflanzen sich aus Prinzipien und Samen fort, die so klein sind, dass sie unsichtbar sind (wie Atome, die in der Luft schweben), und von der Luft hierhin und dorthin verstreut werden.«[46] Mit diesem ›Mikrosubstantialismus‹, der Annahme, dass die Welt nicht nur von sichtbaren, sondern auch von einer großen Zahl unsichtbarer, oder zumindest erst unter dem Mikroskop sichtbar werdender Einzelwesen bevölkert sei, entfernte sich Harvey am weitesten von Aristoteles, um sich den atomistischen und präformationistischen Vorstellungen seiner Zeit anzunähern.[47] Tatsächlich stellt sich die Frage, wie die genealogische Figur einer patrilinearen Kette, in der Ähnliches immer sich Ähnliches aktiv erzeugt, in der Wirklichkeit des 17. Jahrhunderts noch zu halten war, wenn man davon ausgehen musste, dass das verkapselte Substrat des Zeugungsvorgangs überall vorhanden war und schon immer ein wenn auch nur potenzielles Eigenleben besaß.

Harvey rettete sich aus dieser Aporie, indem er die Zeugung in einen übergeordneten kosmologischen Zusammenhang stellte, der von zyklischen Bewegungen durchdrungen war: Die Himmelsbewegungen, der Wetterzyklus, der Staatskörper (mit dem König als dessen ›Herz‹ und ›Sonne‹) sowie chemische Vorgänge der Destillation, sie alle griffen in analogen, zyklischen Bewegungen zusammen, um die Wiederkehr des immer Gleichen zu gewährleisten.[48] Die elterlichen Körper stellten sich damit als untergeordnete Instanzen einer universellen, Leben erzeugenden, erhaltenden und perpetuierenden kosmischen Ordnung dar, die auf allen Ebenen, vom Mikrokosmos des menschlichen Körpers bis zum Makrokosmos des Sonnensystems, durch zyklisch wiederkehrende Bewegungen gekennzeichnet war:

> Es sind daher beide, Mann und Frau, lediglich Hilfsmittel, in jeder Hinsicht dem Schöpfer aller Dinge oder höchsten Erzeuger untergeordnet. In diesem Sinne ist es daher auch richtig, wenn man sagt, dass Sonne und Mensch den Menschen zeugen; denn mit Auf- und Niedergang der Sonne kommen Frühling und Herbst, Jahreszeiten, die mit Entstehen und Vergehen der meisten Lebewesen einhergehen. So dass der größte Philosoph [i. e. Aristoteles, A. d. Verf.] sagt: »Die Bewegung […] der Ekliptik ist [Ursache von Werden und Vergehen, A. d. Verf.], da diese sowohl beständig ist als auch zwei Bewegungen macht; denn wenn zukünftiges Entstehen und Vergehen immer beständig sein soll, ist es notwendig, dass sich irgendetwas immer bewegt, dass nicht eben diese Wechsel [von Entstehen und Vergehen, A. d. Verf.] ausbleiben, sondern beide, und nicht lediglich einer von beiden, statthaben.[49]

Jedes Einzelwesen ist in diesem Bild durch die Stellung zu seinen Erzeugern und zu den Begleitumständen seiner Erzeugung bestimmt, insbesondere durch die Stellung, die es zu den Himmelskörpern, dem ›Klima‹ in seiner ursprünglichen, astronomischen

Bedeutung, und damit im Zyklus der Jahreszeiten einnimmt. Es ist Resultat einer ganz bestimmten Konstellation von Ursachen (zu denen auch die eigenen Eltern gehören), die sich mit dem Lauf der Gestirne immer wieder einstellt und jeweils die Entstehung neuer Lebewesen ermöglicht. Die Bewegungen des Entstehens und Vergehens, die sich in diesem Rahmen ergeben, werden als »Wechsel« oder »Vertauschungen« (*mutationes*) – die englische Übersetzung von 1847 verwendet *interchanges* – bezeichnet, aber es handelt sich um eine Tauschbewegung, die fundamental asymmetrisch ist, indem immer ein Erzeugtes an die Stelle *seines* Erzeugers tritt. Es sind nicht gleichzeitige Bewegungen des Entstehens und Vergehens, die sich die Waage halten, sondern jedes Werden muss mit der Zeit durch ein Vergehen abgelöst werden, so wie sich Auf- und Abwärtsbewegungen der Sonne im Lauf des Tages und der Jahreszeiten ablösen.[50] Das Bild der patrilinearen Kette, bedroht durch die Selbständigkeit, die Harvey dem Leben und seinem Anfang in letzter Instanz zusprechen musste, wird durch Zuhilfenahme antiker Konzeptionen eines geschlossenen Kosmos, in denen ein anfänglicher Schöpfungs- bzw. Formgebungsakt jedem Wesen seinen »natürlichen Ort« zuwies, aufrechterhalten.[51]

Harvey war Leibarzt der englischen Könige James I. und Charles I. und schrieb den größten Teil seiner *Übungen zur Zeugung der Tiere* vermutlich zu einem Zeitpunkt, als Charles I. bereits von parlamentarischen Kräften gefangen gesetzt worden war; abgeschlossen wurde das Manuskript wohl 1649, im Jahr der Hinrichtung des englischen Königs. Harvey war mit Thomas Hobbes befreundet und betrachtete dessen Theorie von einer absoluten Herrschaft des Königs über Individuen, die von Natur aus gleich sind, mit Sympathie. Das heißt nicht, dass die *Übungen zur Zeugung der Tiere* allein zum Zweck der Legitimierung der Herrschaftsansprüche von Charles I. geschrieben wurden. Harveys Konzeption der Zeugung berührte jedoch zeitgenössische politische Themen – etwa das Verhältnis zwischen Eltern und Kindern, Mann und Frau, Autonomie und Gleichheit der Individuen oder die Universalität lebendiger Kräfte und Substanzen –, durch die sich traditionelle, im Wesentlichen patriarchale Machtverhältnisse radikal in Frage gestellt sahen.[52] Sein Schwanken zwischen widersprüchlichen Positionen – Präformation und Epigenese; die Mutter als Matrix des Lebens und der Vater als unverzichtbarer Lebensspender; der Embryo als ›Werk‹ beider Eltern und autonomes Lebewesen; Berührungskausalität und Fernwirkung; Kreislauf und hierarchische Stufenleiter der Natur –, war eine Antwort auf diese politische Umbruchssituation. Wenn sie auch nicht eindeutig ausfiel, so setzte sie doch die Eckpunkte für die weitere Diskussion des Zeugungsproblems im 18. und 19. Jahrhundert.

Gesetze der Zeugung und die Reproduktion der Arten

Was das Konzept der Zeugung oder *generatio* angeht, wurden die Lebenswissenschaften des ausgehenden 17. und frühen 18. Jahrhunderts weitgehend von Theorien beherrscht, die von einer Präexistenz präformierter Keime ausgingen. Für ein Verständnis dieser Theorien ist es zunächst wichtig, Präformation und Präexistenz genau auseinander zu halten. Präformation meinte im Gegensatz zur Epigenese nur, dass ein zur Entwicklung befähigter Keim keine undifferenzierte Masse ist, sondern bereits eine bestimmte Struktur besitzt, in der das künftige Lebewesen zwar nicht in verkleinertem Maßstab vollständig abgebildet, aber doch in bestimmter Weise vorgezeichnet sein muss. Dies verträgt sich durchaus mit der Vorstellung, dass der präformierte Keim im Körper der Eltern oder sogar erst bei der Empfängnis produziert wird. Tatsächlich gingen die frühesten Präformationstheorien, die etwa zur Zeit Harveys von norditalienischen Ärzten und Medizinern wie Fortunio Liceti, Giuseppe degli Aromatari und Emilio Parisano vorgetragen wurden, nur so weit zu behaupten, dass der künftige Embryo schon vor der eigentlichen Empfängnis im Körper der Eltern – genauer: im Hoden des Mannes – produziert wurde und zu ›leben‹ begann.[53]

Präexistenztheorien sahen das anders. In ihren ausgeprägtesten Varianten behaupteten sie, dass die Keime aller jemals existierenden Lebewesen schon am Beginn der Welt von Gott geschaffen wurden und dass jeder Teil jedes zukünftigen Lebewesens in diesen Keimen bereits repräsentiert war. Der Keim sollte also ein Miniaturbild des künftigen Lebewesens enthalten, einschließlich der in ihm enthaltenen Keime seiner sämtlichen Nachkommen. Sämtliche Glieder der genealogischen Kette, so nahm man an, lagen in Form eines *emboîtement*, einer Ineinanderschachtelung von Keimen in Keimen schon in den ersten Lebewesen vor, und die Aufeinanderfolge der Generationen ergab sich aus der sukzessiven Entfaltung (*évolution*, *développement*) dieser ineinander enthaltenen Keime.[54] Entwicklung bestand somit im bloßen Wachstum schon immer vorgebildeter Strukturen. Zur Debatte stand nur, welches der beiden Geschlechter die Serie der Keime enthielt, das weibliche (dies war die Position der sogenannten Ovisten) oder das männliche (die Position der Animalculisten). Für Letztere waren insbesondere die »Samentierchen« bedeutsam, die Antony van Leeuwenhoek unter dem Mikroskop in Spermaproben beobachtet hatte und von denen er in einem vielbeachteten Brief berichtete, der 1679 in den *Philosophical Transactions of the Royal Society in London* veröffentlicht wurde. »Als ich sie sah«, heißt es dort, »war ich überzeugt, dass es in keinem ausgewachsenen menschlichen Körper irgendwelche Gefäße gibt, die nicht auch im Samen zu finden sind.«[55]

In dieser extremen Version ist die Theorie der Präexistenz wohl nur von wenigen vertreten worden; was die mehr oder weniger vollständige Repräsentation der künftigen Lebewesen im Keim, die Lokalisierung der Keime und die Art und Weise ihrer Bildung anging, gab es vielmehr einen breiten Spielraum für unterschiedliche Vermutungen. So wandte sich Nicolas Malebranche, einer der prominentesten Verteidiger der Präexistenz der Keime im ausgehenden 17. Jahrhundert, ausdrücklich gegen die ihm unterstellte Behauptung, die Keime enthielten Miniaturbilder des künftigen Organismus. »Ich behaupte einfach nur«, stellte Malebranche richtig, »dass alle organischen Teile [eines Lebewesens im Keim] vorgeformt und den Bewegungsgesetzen so angemessen sind, dass sie durch ihre eigene Konstruktion [*par leur propre construction*] und durch die Wirksamkeit dieser Gesetze wachsen und so die Form annehmen können, die ihren Lebensumständen angemessen ist, ohne dass Gott mit außerordentlicher Voraussicht erneut eingreifen müsste.«[56] Gemeinsam war den Präexistenztheorien nur die Annahme, dass sämtliche ›Keime‹ aller künftigen Lebewesen in einem einzigen Schöpfungsakt zu Beginn der Welt erschaffen waren und dass es nach diesem Schöpfungsakt keines göttlichen Eingreifens in das Zeugungsgeschehen mehr bedurfte, ja in gewissem Sinne auch gar keiner Zeugung.

Damit standen diese Theorien nicht einfach im Widerspruch zu Aristoteles' und Harveys Auffassungen. Sie ließen vielmehr zwei Aspekte ihrer Vorstellungen vollständig auseinander treten, indem sie auf der einen Seite eine von allem Anfang und für alle Zeit bestehende vollkommene Unabhängigkeit des Keimes von den elterlichen Erzeugern behaupteten, und auf der anderen Seite seine vollkommene, aber einmalige und nur auf den Anfang der Zeit beschränkte Abhängigkeit von einem ›göttlichen Uhrmacher‹. Keime waren von allem Anfang an präformiert, aber gerade dies befähigte sie zur selbständigen Nahrungsaufnahme und Entwicklung im Sinne eines mechanischen Wachstums, dem nichts qualitativ Neues von außen hinzugefügt werden musste. Was Präexistenztheorien also mit Blick auf ihre genealogischen Figuren auszeichnet, ist vor allem die Abwendung vom eigentlichen Zeugungsakt. Die genealogische Beziehung von Vorfahren zu ihren Nachkommen reduzierte sich auf eine reine Folgebeziehung: Der Vorfahr war nicht der eigentliche Erzeuger, sondern nur ein Behälter aller seiner Nachkommen, die sich – allgemeinen Bewegungsgesetzen gehorchend – selbständig und sukzessive entfalteten.[57] Die Welt der Präexistenztheorien war eine Welt autonomer Individuen, eine Welt ohne väterliche Gewalt über Nachkommen, eine Welt auch, in der die Materie mechanischen Gesetzen unterworfen war, ohne eigentlich kreativ zu sein. Die Abhängigkeit der Geschöpfe von einem Schöpfer war ganz auf einen hypothetischen Anfangspunkt zurückgedrängt, jenseits – oder besser: diesseits dessen sie keine Rolle mehr spielte.

Am weitesten wurde die Reduktion der Genealogie auf eine bloße Folgebeziehung von einem Naturforscher getrieben, dessen

Bedeutung für die Zeugungstheorien des 18. Jahrhunderts bisher kaum wahrgenommen worden ist. Es handelt sich um den Schweden Carolus Linnaeus oder Carl von Linné, wie er sich ab 1761 nach seiner Erhebung in den Adelsstand nannte. Sein 1735 veröffentlichtes Jugendwerk *Systema naturæ* gilt als Ausgangspunkt der modernen Taxonomie, der Lehre von der Klassifikation der Pflanzen und Tiere. Linnés Interessen gingen allerdings über Fragen der Einteilung und Benennung der Lebewesen hinaus. 1746 veröffentlichte er eine Schrift mit dem Titel *Sponsalia plantarum*, in der deutschen Übersetzung von 1776 »Von der Begattung der Pflanzen«. In diesem kurzen Text ging es ihm darum zu zeigen, »dass die Pflanzen nicht minder als die Tiere leben«.[58] Den breitesten Raum nahm dabei der Nachweis ein, dass sich Pflanzen in derselben Weise wie Tiere fortpflanzen, nämlich geschlechtlich. An den seinerzeit gängigen Präformationstheorien der Ovisten und Animalculisten übte Linné dabei gleichermaßen Kritik. Die Argumente, die er ins Feld führte, bezogen sich im Wesentlichen auf Beobachtungen an Hybriden, in denen sich mütterliche und väterliche Eigenschaften kombinieren, sowie auf die Unglaubwürdigkeit eines vollständigen *emboîtement* der Keime. Interessant an seiner Argumentation ist, dass Linné jegliche Theorien der Zeugung, die auf spezifischen Auffassungen über die Wechselwirkung der elterlichen Zeugungssubstanzen aufbauten (»die Aufbrausung, die Niederschlagung der Alten etc.«) ebenso ablehnte wie die präformationistischen Theorien der Ovisten und Animalculisten, die immerhin noch glaubten, Aussagen über den Ort und den Beginn individuellen Lebens (der »vollständigen Anlage des künftigen Kindes«) machen zu können. Diese Ablehnung bekräftigte Linné im Anschluss an seine Kritik all dieser Positionen noch einmal mit dem lapidaren Satz: »Wie also die Zeugung (*generatio*) geschieht, wissen wir nicht.«[59]

Wie soll sich aber über die Entstehung von Lebewesen überhaupt noch etwas sagen lassen, wenn alle Einzelheiten über den anscheinend wesentlichsten Punkt, den Zeugungsakt selbst, im Dunkeln bleiben müssen? Die *Sponsalia plantarum* beantworten diese Frage mit einer vollständigen Verlagerung der Beobachtungsebene auf das »Fortschreiten der Zeugung« (*processus generationis*), das heißt auf die Bewegungsabfolgen der pflanzlichen Reproduktionsorgane, die regelmäßig mit der Zeugung verbunden sind.[60] Im Einzelnen nehmen diese Beobachtungen bei Linné eine geradezu pornographische Lebendigkeit an – von »wollüstig aufklaffenden Vulvae« und »ihren Zeugungsstoff ausstoßenden Männern« ist die Rede.[61] Caspar Friedrich Wolff sollte dem Autor dieser Passagen zwanzig Jahre später in seinem Buch *Theorie von der Generation*, in dem er epigenetische Vorstellungen von der Zeugung und Entwicklung von Lebewesen wiederbelebte, entgegenhalten: »Wie der Beyschlaf zu verrichten sey, das mag er wohl verstehn, aber nicht die Lehre von der Generation.«[62]

In der Tat bleiben die detailfreudigen Beschreibungen, die Linné von den Bewegungsabfolgen und Verrichtungen pflanzlicher Organe bei der Zeugung gibt, vollkommen inhaltsleer, soweit es die eigentliche Erzeugung der Nachkommen betrifft. Doch verwendete er seine Beobachtungen zur induktiven Bestätigung allgemeiner, die reine Abfolge des Zeugungsgeschäfts betreffender Aussagen: dass »jedes Ei [...] eine den Eltern ähnliche Nachkommenschaft hervorbringt«; »die Blüte immer der Frucht vorangeht«; »die Staubbeutel und ihr Mehl [...] immer der Frucht vorangehen«; und dass »die Narben immer zur selben Zeit wie die Staubbeutel blühen«.[63] In solcher Form setzen sich Linnés Beobachtungen zu einer Zeugungstheorie zusammen, die sich in dem berühmt gewordenen Diktum *Omne vivum ex ovo* konzentrieren sollte und von Linné auf den Begriff der *generatio continuata*, der »fortgesetzten Zeugung« gebracht wurde. Zeugung war für Linné kein Ereignis, sondern ein ständig fortschreitender, sich auch in der Zeugung individueller Wesen fortsetzender Prozess: »Es gibt keine neue Schöpfung [*nova creatio*], sondern nur fortgesetzte Zeugung [*generatio continuata*]«, heißt es dann definitiv in Linnés *Philosophia botanica* von 1751.[64] Linnés Zeugungstheorie war eine Theorie der Reproduktion der Arten.[65]

Diese originelle Auffassung der Zeugung weitete sich zu einer ebenso originellen Schöpfungstheorie aus. Ausgehend von zwei einfachen Annahmen, dass nämlich »jedes Ei den Eltern höchst ähnlichen Nachwuchs hervorbringt« und dass mit jeder Generation »die Anzahl der Individuen vermehrt wird«, gelangte Linné durch »Rückwärtsrechnen«, wie er es nannte, zu der Überzeugung, dass am Anfang der »Folge« (*series*) von Nachkommen ein »einzige[r] Vorfahr« stehen müsse.[66] Oder wie er erläuternd in seiner »Rede über das Wachstum der bewohnbaren Erde« (1744) erklärte:

> Allein wenn wir in Gedanken zurück gehen, und die aufsteigende Geschlechtslinie betrachten, so werden wir gewahr, daß jedes Geschlecht in jedem Grad mehr abnimmt; so daß viele von wenigen entspringen, diese wieder von noch wenigeren, und so fort, bis wir in Gedanken bey einem einzigen stehen bleiben, welcher erste Grad nothwendig unmittelbar von Gott muß erschaffen worden seyn.[67]

In dieser Argumentation vollzieht sich eine merkwürdige Umkehrung sonst üblicher genealogischer Denkfiguren. Statt von einem einzelnen Individuum aus zu einer systematischen Aufstellung seiner Ahnen überzugehen, um dessen genealogische Stellung zu bestimmen, geht Linné von der Vielzahl gegenwärtig lebender Individuen aus und führt diese auf einen einzigen Ahnen bzw. ein einziges Ahnenpaar zurück. Dies setzt voraus, dass Nachkommen zu ihren Vorfahren in einer durchweg gleichförmigen, genealogischen Beziehung stehen. Tatsächlich ergeben die beiden Annahmen, die Linné macht, eine solche rein formale Beziehung: Unabhängig von allen Umständen geht jeder Nachkomme aus einem von seinen Eltern gezeugten ›Ei‹ hervor, und in der Folge ändert sich allein die Anzahl der Individuen, die mit jeder Generation wächst. Während Ahnentafeln ihre Probanden in eine immer weiter wachsende Vielzahl von Einheiten zerlegen und letztlich analytisch zerfasern würden, wenn sie sich nicht immer auf die Nachzeichnung einer bestimmten (meist patrilinearen) Linie beschränkten, führte Linné die Vielzahl der Individuen einer Art auf eine einzige »erzeugende Einheit« (*unitas progeneratrix*), ein einziges, konkretes, von Gott geschaffenes Individuum oder Paar zurück.[68]

Halten wir fest: Linné entkleidet das Zeugungsgeschehen jeder materiellen Bestimmung und reduziert die Abstammung auf eine rein formale Folgebeziehung. Jedes Individuum, welcher Art es auch ist, ob Pflanze oder Tier, und welcher besonderen Konstellation von Umständen und Faktoren es auch immer sein Leben verdankt, steht in derselben identischen Beziehung zu der ursprünglichen »erzeugenden Einheit« seiner Art. Alle Angehörigen einer Art sind sich daher wesentlich gleich und von Angehörigen anderer Arten wesentlich unterschieden. Im Konzept der Zeugung oder Generation treten somit zwei Aspekte auseinander. Generation vereint sowohl ein kausales als auch ein klassifikatorisches Verhältnis: das kausale des Zeugenden zum Erzeugten, das in der Hervorbringung eines Anderen besteht; und das klassifikatorische Verhältnis der Zeugungsprodukte zu ihren Erzeugern, das in einer ursprünglich gestifteten Identität besteht. Die Trennung beider Aspekte hat sich besonders wirkmächtig in Linnés Unterscheidung der taxonomischen Kategorien der Art und Varietät eingeschrieben. Sämtliche Unterschiede, die auf den Ort, das Klima oder den Boden zurückgehen, konnten nun als bloß individuelle Unterschiede gelten, die zwar lokale Varietäten, aber eben keine Arten unterschieden. Merkmale dagegen, die in der Generationenfolge unter allen Umständen unverändert blieben, »konstante« Merkmale, wie Linné sie nannte, unterschieden Arten. Sie gehorchten den »Gesetzen der Zeugung« (*leges generationis*), die nach Linnés Auffassung mit der Schöpfung eingerichtet wurden und seitdem unverändert geblieben waren. Wie die Präexistenztheoretiker des 17. Jahrhunderts sah Linné keinen Spielraum für ein nachträgliches, kreatives Eingreifen Gottes in das einmal ins Werk gesetzte Zeugungsgeschehen.[69]

Linnés Auffassung, dass »Gesetze der Zeugung« die Aufeinanderfolge der Lebewesen regulierten, äußerte sich noch in einer weiteren interessanten Überlegung. Harvey, so haben wir im vorangehenden Abschnitt gesehen, verwendete das Bild eines ›Austausches‹, in dem jedes Erzeugte mit der Zeit an die Stelle *seines* Erzeugers trat. Bei Linné dehnte sich dieses Bild auch auf die synchronen Beziehungen unter Individuen aus. Da jeweils alle Individuen einer Art in ihren wesentlichen Zügen durch die immer gleiche genealogische Beziehung zu einer ursprünglichen, ›hervorbringenden Einheit‹ bestimmt waren, konnte Linné sie als schlechthin, d.h. nicht bloß auf eine jeweils besondere Abstammungslinie hin ›Gleiche‹ betrachten. Im »Haushalt der Natur« (*oeconomia naturae*) – so nannte Linné das Geflecht von Ernährungsbeziehungen, das belebte und unbelebte Naturkörper zueinander unterhalten – traten die Lebewesen daher auch nicht nur an die Stelle ihrer unmittelbaren Erzeuger, sondern konnten auch füreinander eintreten. Dadurch nämlich, dass sie sich in der Dimension der »Folge« (*series*) fortgesetzt vermehrten, war gewährleistet, dass auch in der Dimension ihrer »wechselseitigen Verknüpfung« (*nexus inter se*) immer dafür gesorgt war, dass an die Stelle verloren gegangener Individuen wesensgleiche Individuen treten konnten.[70] Das Bild des Austauschs weitet sich zum Bild einer Zirkulation aus, in der sich Lebewesen verschiedener Art als Anbieter und Nutznießer von Ressourcen und ›Diensten‹ in Gestalt ihrer eigenen, wiederum fruchtbaren Körper gegenüberstanden. Die Schrift »Politiae naturae [Politik der Natur]« von 1760 ist vor allem dadurch bekannt geworden, dass sie die Räuber-Beute-Konstellation als wechselseitiges Nutzverhältnis darstellte, indem nicht nur die Beute dem Raubtier zur Nahrung diente, sondern auch der Räuber im Gegenzug der Beute, indem er nämlich verhinderte, dass sich diese übermäßig vermehren und ihre eigenen Ressourcen aufzehren konnte. Im Zusammenhang dieser vertikalen und horizontalen Verknüpfung der Lebewesen spricht Linné übrigens ausdrücklich von einem »Wochenmarkt«, auf dem »eine große Menge Menschen sich hierhin und dorthin verstreut, während doch jeder von ihnen seine eigene Wohnstätte hat, von der er gekommen ist und zu der er zurück strebt«.[71] Harveys noch kosmologisch ausgreifende ›Zirkulation‹ wurde bei Linné zu einem strikt innerweltlich-organismischen Kreislauf der Natur.

Anlagen, Keime und die Evolution der Arten

Es ist oft argumentiert worden, Linnés Auffassung, die Reproduktion von Lebewesen gehorche gewissen ›Gesetzen‹, die in der ›Konstanz‹ der Arten resultierten, sei einer Jahrtausende alten, religiös oder metaphysisch motivierten Tradition entsprungen; dies verfehlt jedoch den deutlichen Bruch, den Linnés Konzept der Generation in dieser Tradition markiert. Wie wir gesehen haben, galt Linnés Interesse nicht der Erzeugung einzelner Individuen; er legte vielmehr eine allgemeine Theorie der Reproduktion als Vermehrung gleichartiger Individuen vor. Dies stand im klaren Gegensatz zu den Auffassungen des 17. Jahrhunderts, die wir an Harveys Beispiel beobachtet haben. Transmutationen sowie spontane und aequivoke Generationen waren nun prinzipiell ausgeschlossen und nicht mehr nur als ungewöhnliche, aber unter gewissen Umständen eben doch auftretende Ereignisse an den Rand gedrängt. Das »Leben der Gattung« – wie es der etwas spätere deutsche Naturforscher Carl Friedrich Kielmeyer nannte –,[72] das heißt die vitalen Prozesse, die eine Vielzahl von Lebewesen untereinander verbanden und nicht nur das Leben eines Individuums ausmachten, wurde in der Folge zum Gegenstand einer neuen Wissenschaft, die um 1800 den Namen ›Biologie‹ erhielt.

Sowohl Michel Foucault als auch François Jacob erkannten in der »Organisation« den Schlüsselbegriff dieser neuen Wissenschaft.[73] Wir möchten die Bedeutung dieser begrifflichen Innovation des neuen Jahrhunderts nicht in Zweifel ziehen. Dennoch erscheint es uns unerlässlich, gerade auch die interindividuellen und intraspezifischen Dimensionen im Auge zu behalten, die viele Begriffe der neuen Wissenschaft Biologie um 1800 annahmen.[74] Anstatt sich auf individuelle Körper zu beziehen, wurden organische Funktionen wie Zeugung, Wachstum, Ernährung und Empfindung zunehmend als reproduktive Funktionen angesehen, die physisch die Einheit der Art begründeten.[75] Wie Georges Buffon es in seinem einflussreichen *Discours sur la manière d'étudier et de traiter l'histoire naturelle* aus dem Jahr 1749 programmatisch formulierte: »Die Geschichte [einer Art] sollte nur von den Beziehungen handeln, welche die Naturdinge untereinander und zu uns haben. Die Geschichte eines Tieres sollte nicht bloß die Geschichte eines Individuums, sondern die der ganzen Art sein.«[76] Besonders deutlich reflektiert die Entwicklung des Generationenbegriffs diesen Perspektivenwechsel. Während er im 18. Jahrhundert noch weitgehend synonym für Zeugung gebraucht wurde, nahm ›Generation‹ im Verlauf des 19. Jahrhunderts die Bedeutung einer Gruppe von Individuen an, die ungefähr zur gleichen Zeit geboren wurden.[77] Als Ausdruck für ein Individualvermögen lebte hingegen seit der Mitte des 18. Jahrhunderts der Begriff der Regeneration fort, unter dem Beobachtungen zusammengefasst wurden, die sich auf die Wiederherstellung verletzter oder verloren gegangener Teile eines Individuums bezogen.

Der neue Begriff der Organisation, der sich um 1800 formierte, steht nur scheinbar in einem paradoxen Verhältnis zur gleichzeitig wachsenden Aufmerksamkeit für das ›Leben der Gattung‹. Tatsächlich bildete die Reproduktion einen zentralen Aspekt von Immanuel Kants einflussreichem Begriff des ›Naturzwecks‹, mit dem er eine für Lebewesen spezifische Kausalität zu bestimmen suchte: Nach Kant zeichnen sich Lebewesen nicht einfach dadurch aus, dass sie organisiert sind, sondern dass sie *sich selbst* organisieren.[78] Auf die Reproduktion bezogen, das heißt die Produktion eines organisierten Wesens durch ein anderes organisiertes Wesen, musste diese Sichtweise das Interesse an der internen Organisation des Keimes verstärken. Denn letztlich stellte der Keim in der Reproduktion das physische Bindeglied zwischen zwei aufeinander folgenden Wesen dar. Auf welche Weise sich aus einem abgetrennten Teil eines Lebewesens ein gleiches, ganzes Lebewesen wiederherstellte, wurde zum zentralen Problem der Lebenswissenschaften. Nicht zuletzt daraus erklärt sich auch das Aufsehen, das die Beschreibung der phantastischen Regenerationsfähigkeit des Süßwasserpolypen durch Abraham Trembley im Jahr 1744 hervorrief (Abb. 2). Wie es schien, war bei diesem Lebewesen jeder Teil des Körpers für sich allein und ohne weiteres Zutun von außen zur Wiederherstellung des ganzen Polypen befähigt. Den Genfer Naturforscher und Philosophen Charles Bonnet veranlasste diese

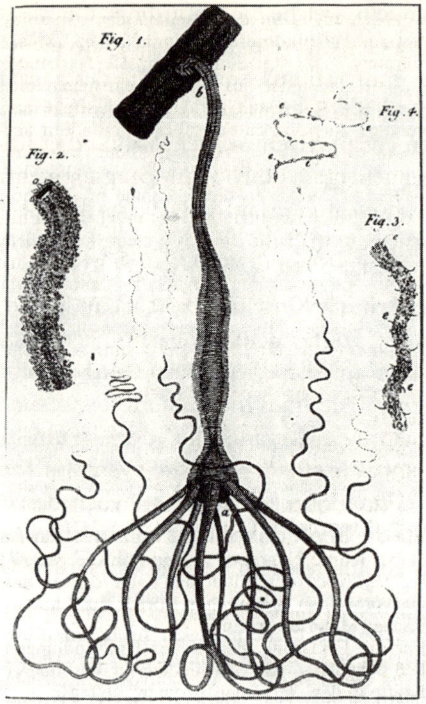

Abb. 2: Süßwasserpolyp. Kupferstich aus Abraham Trembley, *Mémoires, pour servir à l'histoire d'un genre de polypes d'eau douce, à bras en forme de cornes*, 1744.

Entdeckung zu der Aussage, dass jedes »Lebewesen eine Welt ist, die von anderen Lebewesen bewohnt wird«.[79]

Zwei alternative Konzeptionen des Keims und seiner Fähigkeit, seinesgleichen hervorzubringen, die einander aber nicht ausschlossen, wurden im 18. Jahrhundert formuliert und bestanden das ganze 19. Jahrhundert hindurch nebeneinander fort. Die erste, paradigmatisch verkörpert in Johann Friedrich Blumenbachs Begriff des »Bildungstriebs«, verstand Reproduktion in Analogie zur Newtonschen Gravitation als eine fernwirkende Kraft. Die zweite, ebenso paradigmatisch in Buffons Konzept der »organischen Moleküle« formuliert, verlegte die Erzeugung neuer Wesen in die organisierte Materie selbst, die von einer Generation zur anderen weitergegeben wurde.[80] Präformation und Epigenese standen sich damit nicht mehr als zwei Positionen gegenüber, die den Modus und den Moment der Erzeugung eines Einzelwesens durch seinen göttlichen oder seine elterlichen Erzeuger betrafen. Sie wurden zu Aspekten desselben, das Leben von Populationen allseits durchdringenden Prozesses. Als in der zweiten Hälfte des 18. Jahrhunderts in einer berühmt gewordenen Debatte zwischen Albrecht von Haller und Caspar Friedrich Wolff Präformation und Epigenese noch einmal aufeinander trafen, ging es daher nur noch um die Frage, ob die Fähigkeit zur Reproduktion immer eine organische Struktur voraussetze (Hallers ›präformationistische‹ Position) oder ob dazu die Annahme einer mit spezifischen Lebenskräften ausgestatteten, zunächst nicht weiter strukturierten Materie ausreiche (Wolffs ›epigenetische‹ Position).[81] Das Leben wurde zunehmend zum Spielfeld von organischen Kräften und Molekülen, die sich zwar in der Entstehung von Einzelwesen äußerten, aber ein Eigenleben führten, das über das Leben dieser Einzelwesen hinausreichte. Keime spalteten sich wie Knospen von Lebewesen ab, vereinigten sich bei der sexuellen Fortpflanzung und wuchsen zu neuen Lebewesen heran. Mit Blick auf die Betonung von vertikalen Deszendenzbeziehungen, wie wir sie – wenn auch durch einen kosmologischen Kreislauf überformt – am Beispiel Harveys kennengelernt haben, lässt sich dementsprechend von einer Horizontalisierung des Lebens am Ende des 18. Jahrhunderts sprechen.

Man kann sich diese Horizontalisierung besonders gut an der einzigen Abbildung vor Augen führen, die Charles Darwin dem *Ursprung der Arten* beigab (s. Abb. 3). Die Abbildung zeigt eine verzweigte Struktur – entsprechend der Aussage Darwins, dass das natürliche System »in seiner Anordnung genealogisch ist, gleich einem Stammbaum [*pedigree*]«.[82] Aber ein genauerer Blick auf die Abbildung lohnt sich. Insbesondere fällt auf, dass der dargestellte ›Stammbaum‹ nicht in einem einfachen, ursprünglichen Anfangs-

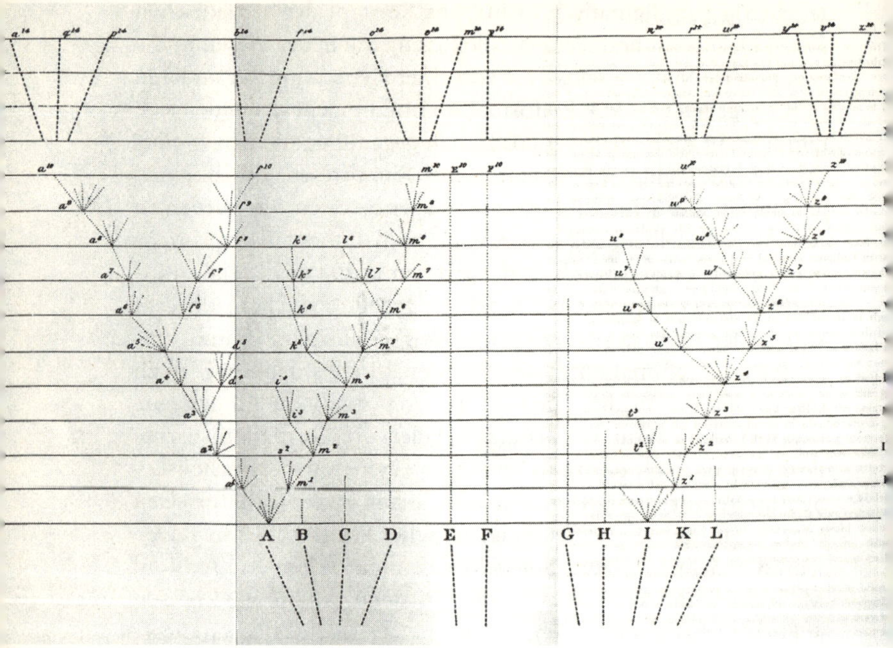

Abb. 3: Darwins Evolutionsdiagramm aus *Origin of the Species*, 1859.

punkt zusammenläuft und sich in einer komplizierten, keinesfalls geradlinigen Weise entfaltet. Die Abstammungslinien durchlaufen stattdessen »lange, umständliche Umwege [*long and circuitious courses*]«, wie Darwin sich ausdrückte, die sich aus dem Verdrängungswettbewerb zwischen Varietäten und Arten ergeben. Die Illustration weist nur ein regelmäßiges Ordnungselement auf, das die genealogischen Beziehungen überlagert: horizontale Linien, deren Zwischenräume von »eintausend, besser noch zehntausend Generationen« eingenommen werden und die zugleich »aufeinanderfolgende geologische Formationen« darstellen.[83]

Diese stratigraphisch begrenzte, geologische, dem Leben selbst äußerliche Formation bildet das Feld jener antagonistischen Kräfte, die Darwins Theorie von der Selektion beschwört. Sie ist insofern die Bühne für »gelegentliche, fast zufällig herausgegriffene Szenen in einem langsam sich abspielenden Drama«,[84] als mit ihr Raum für einen Begriff der Generation jenseits des Individuums geschaffen ist: einerseits auf der Ebene der Populationen, andererseits auf der Ebene der in diesen zirkulierenden Keime und Anlagen. Die biologischen Phänomene, die Darwin zeitlebens beschäftigen sollten, zeichneten sich dadurch aus, dass sie in diesem neu geschaffenen epistemischen Raum zwischen mikroskopischen Keimen und erdgeschichtlichen Epochen angesiedelt waren: so die Regenerierung des »vergesellschafteten Lebens [*associated life*]« koloniebildender Moostierchen und Polypen durch »Eier [*ova*]« und »Knospen [*gemmules*]«; die Vermehrung von Obstbäumen durch Pfropfreiser; das Wachstum der Korallenriffe; oder »Geburt« und »Tod« von Arten in der erdgeschichtlichen Überlieferung.[85] Darwin beschrieb diesen Raum in einer schwindelerregenden Aneinanderreihung von Analogien:

> Der befruchtete Keim eines der höheren Tiere, der einer so ungeheuren Reihe von Veränderungen von dem Keimstadium bis zum hohen Alter unterworfen ist – unaufhörlich angetrieben von dem, was Quatrefages so schön den *tourbillon vital* [i.e. Strudel des Lebens, A. d. Verf.] nennt –, ist vielleicht der wunderbarste Gegenstand der Natur. Es ist wahrscheinlich, dass kaum eine Veränderung, gleich welcher Art, die einen der beiden Eltern trifft, nicht auch eine Spur im Keim hinterlässt. […] Wir müssen [außerdem] annehmen, dass [der Keim] mit unsichtbaren Charakteren angefüllt ist, welche beiden Geschlechtern eigen sind, der rechten wie der linken Körperhälfte, und einer langen Reihe männlicher und weiblicher Ahnen, die durch Hunderte oder sogar Tausende von Generationen von Heute getrennt sind: und diese Merkmale, wie solche, die in unsichtbarer Tinte auf Papier geschrieben sind, liegen bereit zur Entwicklung, wann immer der Organismus von bestimmten bekannten oder unbekannten Bedingungen gestört wird.[86]

Verglichen mit Harveys Sicht der organischen Reproduktion, die uns weiter oben beschäftigt hat, sind an dieser Passage zwei Aspekte besonders bemerkenswert. Erstens macht sie sinnfällig, wie weit Darwin auf dem Weg zu einer Sicht der Vererbung ging, die von persönlichen Beziehungen zwischen Eltern und Nachkommen abstrahierte. Darwin konzediert hier zwar selbstverständlich die Möglichkeit einer Vererbung erworbener Eigenschaften, macht aber auch unmissverständlich klar, dass die wahren Träger der zu vererbenden Eigenschaften nicht etwa die Eltern und ihre jeweiligen Nachkommen sind, sondern jene submikroskopischen Entitäten, die in jeder Generation neu verteilt werden und daher, wenn man mehrere aufeinander folgende Generationen betrachtet, regelrecht im Raum zirkulieren. Zweitens und noch grundlegender verweist die zitierte Passage auf eine bemerkenswerte Umkehrung im Vergleich zu frühneuzeitlichen Konzeptionen organischer Produktion: Während letztere die vertikale Dimension geradliniger Abstammung betonen, die Elternorganismen ihren Nachwuchs also recht eigentlich *erzeugen*, zeichnet Darwin ein Bild, in dem horizontale Beziehungen vorherrschen. Anlagen, die von der Gesamtheit der Vorfahren herstammen, rekombinieren und verteilen sich jeweils neu auf die Individuen einer jeweiligen Generation und konkurrieren in diesem Rahmen um ihre jeweils aktuelle Realisierung. Das Leben hat eine Form angenommen, für die nicht mehr direkte Beziehungen zwischen Organismen, sondern Wechselwirkungen zirkulierender elementarer Lebenseinheiten ausschlaggebend sind – seien es Zellen, Keime, Anlagen oder organische Moleküle.[87]

Darwin ging schon wie selbstverständlich mit dem Terminus ›Vererbung‹ um, und seine Vorstellungen, die wir im vierten Kapitel noch eingehender behandeln werden, sind durchaus geeignet, den Übergang zum modernen Vererbungsdenken zu markieren. Dieser Übergang wird die kulturell vielfach verzweigten Reflexionsfiguren des vormodernen Zeugungsdiskurses allerdings nicht einfach hinter sich lassen. Dieses Kapitel hat sich mit zählebigen genealogischen Vorstellungen befasst, in denen sich das moderne Vererbungsdenken gewissermaßen einnistete und die durch die gegenwärtigen Reproduktionstechnologien eine Art Renaissance unter veränderten Vorzeichen erleben. Nach wie vor »machen« Eltern ihre Kinder, und Ärzte beeinflussen sie dabei sowohl mit genetischem Wissen als auch beispielsweise mit Kenntnissen über Umweltveränderungen, die den Gesundheitszustand des Embryos beeinflussen können.

Bedenkt man dies, so wird deutlich, dass sich das neue Wissen um Vererbung nicht einfach aufdrängte, soweit man nur willens war, seinen gesunden Menschenverstand einzusetzen. Es musste sich vielmehr *gegen* den Augenschein durchsetzen, wie sich schon daran erkennen lässt, dass die von Darwin und seinen ›Vorläufern‹ im 17. und 18. Jahrhundert hypothetisch angenommenen ›Keime‹ und ›Anlagen‹ dem Auge verborgen blieben. Das moderne Vererbungswissen bezeichnet für die Lebenswissenschaften eine Schwelle, die nach Gaston Bachelard für das moderne Wissen insgesamt charakteristisch ist: Es ist bis zu einem gewissen Grad kontra-intuitiv, nicht für die individuelle Lebensführung direkt relevant, sondern richtet sich an der Organisation des Erkenntnisprozesses aus oder, wie Bachelard sich ausdrückte, »der Realität des Laboratoriums«.[88] Man ist versucht, hier eine späte Parallele zu jenem Bruch zu diagnostizieren, den Alexandre Koyré um Galilei und seine Nachfolger mit deren Abwendung von der aristotelischen Physik diagnostiziert.[89] Den spezifischen Kontexten, die es möglich machten, diese hier nur angedeutete Schwelle zu überschreiten, soll das nächste Kapitel nachspüren.

Kapitel 3
Vererbung in verstreuten Domänen

Zu Beginn des letzten Kapitels haben wir schon hervorgehoben, dass der Vererbungsbegriff erst etwa seit der Wende zum 19. Jahrhundert auf biologische Phänomene angewendet wurde. Im deutschen Sprachraum findet sich diese übertragene Bedeutung zuerst in Kants anthropologischen Schriften aus den siebziger und achtziger Jahren des 18. Jahrhunderts, auf die wir noch ausführlicher eingehen werden. Wie Carlos López Beltrán in detaillierten Studien gezeigt hat, sorgten zunächst französische Mediziner – insbesondere Psychiater wie Prosper Lucas mit seinem *Traité philosophique et physiologique de l'hérédité naturelle* aus dem Jahr 1847 – dafür, dass eine biologisch-medizinische, im zeitgenössischen Sprachgebrauch eine ›philosophische und physiologische‹ Verwendung des Ausdrucks Vererbung in allen europäischen Sprachen gängig wurde.[1] Im Französischen und Englischen verloren dann die Ausdrücke *hérédité* bzw. *heredity* – beide leiten sich aus dem lateinischen *hereditas* ab, das ebenfalls nur im Recht Verwendung fand – ihre ursprüngliche juristische Bedeutung vollständig. Laut dem *Oxford English Dictionary* – das Herbert Spencers *Principles of Biology* von 1863 und Galtons *Hereditary Genius* (1869) als früheste Belegstellen für eine biologische Verwendung des Ausdrucks *heredity* angibt – ist diese Bedeutung heute »obsolet«; das *Black's Law Dictionary* bezeichnet sie als »archaisch«;[2] und im amerikanischen *Corpus Juris Secundum* ist *heredity* schließlich zu einem »universellen Gesetz organischen Lebens« geworden – die ältere juristische Bedeutung scheint hier ganz vergessen.[3] Umgekehrt ist der biologische Vererbungsbegriff als plastische Metapher in alle möglichen Bereiche des gesellschaftlichen und kulturellen Lebens ausgewandert.

Allerdings hatten auch Naturphilosophen und Ärzte vor Ende des 18. Jahrhunderts schon registriert, dass etwa spezielle Begabungen, körperliche Eigenheiten und Krankheiten bei Nachkommen wiederkehren oder auch, dass sie eine Generation überspringen konnten und sich erst in den Enkeln wieder zeigten. Entscheidend ist, dass diese Phänomene nicht unter dem Begriff der Vererbung angesprochen wurden – mit einer bemerkenswerten Ausnahme: Seit dem späten Mittelalter wurden Krankheiten, die jeweils Angehörige einer bestimmten Familie befielen, als Erbkrankheiten (*morbi haereditarii*) beschrieben, und man verglich sie beispielsweise mit Gütern, die innerhalb von Familien weitergereicht wurden.[4] Darin sprach sich die Überzeugung aus, dass die Zeugung von Nachkommen von einer jeweils überdauernden Konstellation verschiedener Ursachen abhing – und noch keineswegs, dass vom Individuum abstrahierbare Eigenschaften oder Anlagen von Generation zu Generation weitergegeben und jeweils neu verteilt wurden. Der juristisch geprägte Begriff des Vererbens, der auf den Fortbestand von unveräußerlichem Familieneigentum zielte, wurde hier – allerdings selten genug vor dem Ende des 18. Jahrhunderts und ausschließlich im medizinischen Kontext – offenkundig metaphorisch verwendet, nämlich im Zusammenhang mit Lebewesen. So äußerte Jean Fernel (ca. 1497–1558) in einem einflussreichen medizinischen Lehrbuch aus dem Jahr 1554, dass »die Kinder ihren Vätern folgen, und nicht weniger Erben [*haeredes*] seiner Gebrechen als seiner Güter [*possesionum*] sind.«[5] Dass Güter im 16. und 17. Jahrhundert vorwiegend mit Landeigentum identifiziert wurden, zeigt die Übersetzung von Fernels Lehrsatz in Robert Burtons *The Anatomy of Melancholy* aus dem Jahr 1621, die *possesionum* mit englisch *lands* (Ländereien) wiedergibt.[6] Eine vergleichbare Perspektive kennzeichnet die Diskussionen um Ähnlichkeiten zwischen Großeltern und Kindern schon in Aristoteles' und Galens Schriften. Zur Debatte stand hier nicht so sehr das Problem der ›Weitergabe‹ von Eigenschaften als vielmehr die Frage, wie Ursachen, die einmal an der Zeugung von Vorfahren beteiligt waren, fortbestehen konnten, um auch noch bei der Zeugung entfernter Nachkommen mitzuwirken.[7]

Solche den Sprachgebrauch betreffenden Beobachtungen deuten bereits auf einige grundlegende Sachverhalte hin, die auch die Gliederung dieses Kapitels betreffen. François Jacob hat den Übergang vom Zeugungs- zum Vererbungsdenken um 1800 als einen Bruch charakterisiert, der zwei Denkstile oder epistémata scharf voneinander trennt. Alles deutet jedoch darauf hin, dass diesem Bruch eine lange Geschichte von Praktiken, Beobachtungen und Überlegungen vorausging, die sich zwar aus heutiger biologischer Sicht auf Vererbungsphänomene beziehen, aber keinen geschlossenen und einheitlichen Diskurs bildeten, sondern in so unterschiedlichen Literaturgattungen wie medizinischen Lehrbüchern, enzyklopädischen Naturgeschichten, naturphilosophischen Abhandlungen und theologischen sowie politischen Traktaten ihren Ausdruck fanden. Einer vereinheitlichenden Betrachtung im Sinne der biologischen Vererbung boten sich genealogische Phänomene dem vormodernen Denken über das Leben und seine Fortpflanzung einfach nicht an.

Dazu kommt, dass Vererbung gewissermaßen erst von den Rändern dieser verstreuten Diskurse her zu einem umrissenen Thema wurde. Heute gilt es als selbstverständlich, dass fast jede Krankheit eine erbliche Komponente besitzt, die in unterschiedlicher Weise und in unterschiedlichem Maße wirksam wird. Für Mediziner des Mittelalters und der Frühen Neuzeit waren hereditäre Krankheiten dagegen eine Krankheitsform neben vielen anderen; außerdem kann man sich leicht vorstellen, dass Familienkrankheiten nicht die größte Aufmerksamkeit der Mediziner auf sich zogen, solange ansteckende Krankheiten noch nicht wirksam eingedämmt werden konnten. Die als erblich bezeichnete Weitergabe von Krankheiten galt da eher als eine Kuriosität. So fragte sich Michel Montaigne, als er mit 45 Jahren an Gallensteinen zu leiden begann, die bereits seinem Vater im reifen Erwachsenenalter zu schaffen gemacht hatten, was für ein »Monster (*monstre*)« sich im männlichen Samen verberge, dass dieser nicht nur »Eindrücke« der Körperform, sondern auch der »Gedanken und Neigungen unserer Väter« mit sich führe – teilte er doch mit seinem Vater auch eine ausgesprochene Antipathie gegenüber Ärzten. Für Montaigne waren diese hereditären Erscheinungen keine verallgemeinerbaren Naturerscheinungen, sondern im Gegenteil Beispiele der »unbegreiflichen Seltsamkeiten«, mit denen die Natur die Menschen täglich konfrontierte: Denn die Gallensteine machten sich bei Vater und Sohn Montaigne im gleichen Lebensalter bemerkbar, während der Vater zur Zeit der Zeugung des Sohnes offenkundig noch nicht darunter zu leiden gehabt hatte. Auch alle weiteren Beispiele, die Montaigne aufführt, verdeutlichen die wahrgenommene Randständigkeit von Erbphänomenen an lebenden Wesen: Angehörige der römischen Familie des Lepidus wurden oft in gerader Folge mit einem von »Knorpel« (*cartilage*) überzogenen Auge geboren; ein thebanischer Stamm soll sich nach antiker Überlieferung durch ein lanzenförmiges Muttermal ausgezeichnet haben; und manche der griechischen Stämme, die Gemeineigentum an Frauen praktizierten, sollen Aristoteles zufolge allein nach derartigen körperlichen Merkmalen über die Vaterschaft entschieden haben.[8]

Montaignes weit gestreute Beispiele verweisen noch auf einen weiteren wichtigen Zug des vormodernen Vererbungsdenkens. Phänomene der ›Weitergabe‹, so scheint es, wurden zunächst nur dort wahrgenommen, wo es um individuelle Eigenheiten und Abweichungen ging, während ›normale‹ Eigenschaften nicht auf diese Weise thematisiert wurden. Dass es Familienkrankheiten waren, die im frühen 14. Jahrhundert zuerst das metaphorische Potenzial des Vererbungsbegriffes auf sich zogen, spricht in dieser Hinsicht eine deutliche Sprache. Anders als man vom heutigen Standpunkt aus meinen könnte, war es also nicht der Anschein einer Permanenz und Notwendigkeit des Hergebrachten, was dazu bewegte, von Vererbung zu sprechen. Am Anfang dieser Denkfigur stand offensichtlich immer eine individuelle, kontingente Abweichung, etwas, was eigentlich auch anders hätte sein können, aber dann doch regelmäßig an die Nachkommen weitergegeben wurde.

Sehen wir uns in diesem Zusammenhang eine eigentümliche technische Nebenbedeutung an, die der deutsche Begriff der Vererbung neben seiner allgemeinen juristischen Bedeutung besitzt. »Vererbung [...] ist«, heißt es im 1746 erschienenen 47. Band von Zedlers Universal-Lexicon, »wenn ein Erbe, ehe er die ihm angefallene Erbschaft antritt, oder ausschlägt, verstirbet, und solche von ihm weder würcklich angetretene, noch ausgeschlagene Erbschafft in denen durch die Rechte nachgelassenen Fällen auf dessen Erben transmittieret und weiter verfället wird.«[9] Vererbung in diesem Sinne bezeichnet eine Weitergabe oder Transmission von Besitz, der formell auf einen Erben übergegangen ist, über den dieser aber in keinem Moment und deshalb auch nicht als Erblasser, das heißt testamentarisch verfügen konnte. In dieser technischen Nebenbedeutung hat Vererbung nichts mit angestammtem Eigentum und Ansprüchen zu tun, die sich aus »Familienbanden« ergeben. Was in welcher Form vererbt wird, ergibt sich in diesen Ausnahmefällen allein auf der Grundlage geltenden Rechts, wobei auf familiäre Verhältnisse Rücksicht genommen werden kann, aber nicht muss.[10]

Wenn wir uns in diesem Kapitel mit der Periode vor der Verfestigung eines allgemeinen Vererbungsbegriffs in der ersten Hälfte des 19. Jahrhunderts befassen, gilt es also immer wieder vor dessen spätere scharf definierte wissenschaftliche Bedeutung sowie sprachliche und institutionelle Untermauerung zurückzugehen. Wir werden die Anfänge des Wissensregimes der Vererbung daher in verstreuten gesellschaftlichen Domänen aufsuchen müssen, die weder diskursiv noch materialiter aufeinander bezogen waren. Im Folgenden teilen wir diese Domänen lose in drei Gruppen. Im Vordergrund steht zunächst die Geschichte rechtlicher und politischer Zusammenhänge, in denen Vererbung eine Rolle spielte. Vor der Anwendung des Hereditätsbegriffs auf biologische Phänomene um 1800 wurde heftig über Erbregelungen debattiert, und um sie entspannen sich politische Auseinandersetzungen zwischen Kirche, Staat und Familien, in denen Blutsverwandtschaft keine geringe Rolle spielte. Wir wenden uns dann den medizinischen Kontexten zu, in denen Vererbungsphänomene, vor allem im ausgehenden 18. Jahrhundert, zunehmend als solche thematisiert und begrifflich differenziert wurden. Der letzte Abschnitt dieses Kapitels beleuchtet dann Naturgeschichte, Züchtung und Anthropologie, drei Bereiche, in denen sich – ebenfalls zum Ende des 18. Jahrhunderts – ein verstärktes Interesse an erblichen Varietäten im Sinne von Eigenschaften bemerkbar machte, die bei den Nachkommen auch unter veränderten Lebensumständen erhalten blieben.

Politik und Recht

Wenn man die Streuung von Vererbungswissen in unterschiedlichen Domänen im frühneuzeitlichen Europa betrachtet, so fällt zunächst eine Asymmetrie auf. Während der Vererbungsbegriff die Lebenswissenschaften vergleichsweise spät zu erreichen scheint, stand die gesetzliche Regelung der Weitergabe von Eigentum nach dem Tod des Eigentümers bereits sehr früh in der europäischen Geschichte im Mittelpunkt kontroverser Debatten. Nach einer bekannten These des britischen Sozialanthropologen Jack Goody griff vor allem die Kirche bereits ab dem frühen Mittelalter in traditionelle Strategien der Generationen übergreifenden Sicherung und Erhaltung von Familieneigentum ein, wie Adoption, Verwandtenehen, Heiraten unter Verschwägerten, Konkubinat oder die Wiederverheiratung von Geschiedenen. Die Kirche wollte damit unter anderem Allianzen zwischen Familien oder Beziehungen innerhalb von Familien lockern und dadurch Eigentum von Familienansprüchen befreien; das Eigentum stand dann für private Dotationen zur Verfügung, von denen die Kirche, wollte sie ihre Selbständigkeit gegenüber den weltlichen Herrschern aufrechterhalten, schließlich abhängig war.[11] Die gregorianischen Reformen im 11. und 12. Jahrhundert erzielten diesen Zweck durch die Einrichtung des Zölibats, das Verbot der Laieninvestitur und die Ausweitung von Inzestverboten auf Verwandte bis zum siebten Grad. In diesem Reformprozess wurden Verwandtschaftsgrade nicht nach dem römischen System berechnet, bei dem die Anzahl der Zeugungsakte maßgeblich war, die zwischen zwei Verwandten lagen, sondern nach dem weit umfassenderen germanischen System, das Verwandtschaftsgrade nach der Zahl der zwischen den Verwandten und ihrem letzten gemeinsamen Vorfahren liegenden Generationen bestimmte (s. Abb. 4). Darüber hinaus weiteten sich Inzestverbote noch weiter aus, indem nicht zwischen Blutsverwandten und angeheirateten Verwandten unterschieden wurde. Die beginnenden Territorialstaaten, die zwar in Konkurrenz zur Kirche standen, aber ähnliche Verwaltungs- und Eigentumsformen wie die Kirche zu entwickeln begannen, waren schnell be-

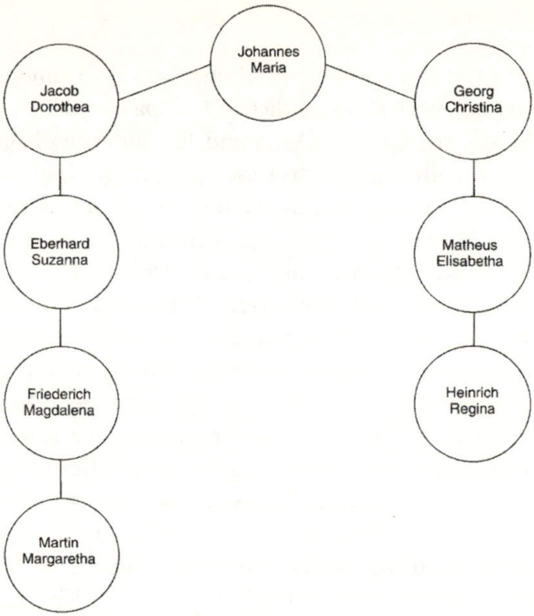

Abb. 4: Schema zur Erläuterung des germanischen und römischen Systems der Bestimmung von Verwandtschaftsgraden. Nach dem römischen System sind Friedrich und Regina im 6. Grade, nach dem germanischen im 3. Grade verwandt. Aus David Sabean, *Kinship in Neckarhausen*, 1998.

reit, ihr Gewicht zugunsten dieser Regelungen einzusetzen.[12] Am Ende des 17. Jahrhunderts war so eine Situation entstanden, in der praktisch jede Eheschließung und damit auch jede Allianz zwischen Familienlinien von einer Einwilligung durch Kirche oder Staat abhängig gemacht werden konnte. Selbstverständlich fanden solche Eingriffe nicht ständig statt, aber in Phasen der politischen Instabilität konnten sie zweckmäßig sein.[13]

Das Ergebnis dieser Entwicklungen war auf der einen Seite eine veritable Explosion genealogischer Erkundungen, die sich in komplexen genealogischen Diagrammen und einer entsprechenden Heraldik niederschlugen (s. Abb. 5).[14] Eine wichtige Innovation in dieser Hinsicht war im 12. Jahrhundert die Einführung des *ipse* (lat. ›selbst‹) oder *ego* (lat. ›ich‹) als Ausgangspunkt von Verwandtschaftsanalysen in Stammbäumen und Ahnentafeln, das – im Gegensatz zu dem zuvor üblichen *truncus* oder *stirps* (lat. ›Stamm‹), der meist eine Gruppe von nahen Verwandten, zum Beispiel Geschwister, bezeichnete – ein Individuum repräsentierte.[15] Auf der anderen Seite begannen vor allem adelige Familien der Zerstreuung von Familieneigentum entgegenzuwirken, indem sie die agnatische, das heißt die auf männlicher Seite absteigende Linie (*lignage*) bei der Weitergabe von Eigentum bevorzugten. Diese Praxis fand ihren entschiedensten Ausdruck

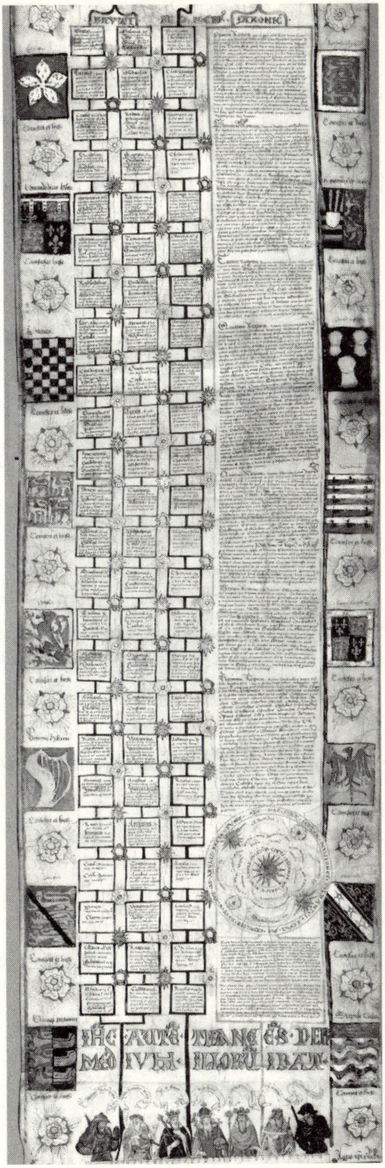

Abb. 5: Heraldisch-genealogische Darstellung von Verwandtschaftsbeziehungen aus einer spätmittelalterlichen Weltchronik. *Edward IV. Rolle* von ca. 1461. Mit freundlicher Genehmigung der Free Library of Philadelphia.

in der Institution des Majorats, das die Weitergabe allein an den erstgeborenen Sohn für alle künftigen Generationen festschrieb, was bedeutete, dass jüngere Brüder und Schwestern, Verwandte mütterlicherseits und kollaterale Verwandte wie Onkel und Neffen nicht mehr erbten. Wie David Sabean gezeigt hat, waren das Majorat und ähnliche Vererbungsformen von einer überraschenden regionalen Vielfalt; gelegentlich konnten auch jüngere Brüder oder sogar Töchter bevorzugt werden. Allerdings waren andere Familienangehörige damit nicht ganz von der Partizipation am Familienbesitz ausgeschlossen. Durch die Konstruktion von *lignages* und auf sie bezogene Majoratsregelungen wurden Familien vielmehr um einen unveräußerlichen und fest zusammengehaltenen Besitz organisiert.[16] Mitte des 13. Jahrhunderts verglich der englische Rechtsgelehrte Henry de Bracton (gest. 1268) die Bewegung vererbten Eigentums daher auch nicht mit einem sich verzweigenden Baum, einer Figur, die uns heute naheliegt, sondern mit der geraden Linie, die ein fallender Gegenstand durchläuft.[17]

Der Zusammenhang zwischen genealogischen Konstruktionen und ökonomischer Absicherung gibt uns Gelegenheit, eine überraschende Tatsache zu erklären. In der ersten Hälfte des 14. Jahrhunderts kam es während der Konflikte zwischen Königtum und Adel, die Frankreich und England erschütterten, zu einer Wiederbelebung der antiken Konzeption des ›edlen Blutes‹, die nun aber um eine deutlich genealogische, und zwar ausschließlich agnatische Komponente erweitert wurde. In Anlehnung an die zum gleichen Zeitpunkt einsetzende Literatur über die Züchtung von Hunden und Falken begann man davon zu sprechen, dass sich Adel in vom Vater auf den Sohn absteigender männlicher Linie durch ›Blut‹ fortsetze. Die Wendung war metaphorisch, denn selbst dort, wo sie in gelehrten Kontexten, zum Beispiel bei der Erstellung von Rechtsgutachten, auftauchte, wurde sie ohne Bezug auf die damals bereits existierenden Zeugungstheorien verwendet, in denen Blut immerhin auch eine Rolle spielte – sei es, dass das Menstruationsblut als materiale Ursache des Embryos angesehen wurde, sei es, dass man sich vorstellte, der männliche Samen gehe aus dem Blut im Rückenmark hervor.[18] Ähnliches lässt sich von den theologischen und juristischen Argumenten sagen, wonach die Eheschließung eine Gemeinschaft von ›Fleisch und Blut‹ war, was Inzestverbote auch zwischen angeheirateten Verwandten begründete oder Inzest deshalb ausschloss, weil er im moralischen Sinne zu einer ›Verunreinigung‹ des Blutes führte.[19]

Erklären lässt sich diese lose oder sogar ganz fehlende Beziehung zwischen der Metaphorik des Blutes und konkreten Vorstellungen über Zeugung, wie wir sie im letzten Kapitel skizziert haben, durch die Tatsache, dass die juristischen und politischen Auseinandersetzungen um Erbschaftsregelungen nur selten darauf abzielten, Verwandtschaftsbeziehungen allgemein Geltung zu verschaffen. Meist ging es im Gegenteil darum, bestimmte nahe Verwandte, beispielsweise Töchter, von der Erbschaft auszuschließen, oder es sollten umgekehrt entferntere Verwandte wie Halbgeschwister und uneheliche Kinder (›Bastarde‹), Adoptivkinder, enge Freunde (›Blutsbrüder‹) oder sogar Angehörige desselben Dorfes, derselben Region oder derselben Nation in den Kreis der ›Verwandten‹ eingeschlossen und damit am gemeinsamen Erbe oder Privileg beteiligt werden. »Das Blut«, schreibt der Mediävist Charles de Miramon in diesem Zusammenhang für das 14. Jahrhundert – die Zeit also, in der die Blutmetaphorik in Europa wieder auflebte –, war »nicht etwas Diffuses in einer weit ausgedehnten Population. […] Das Konzept hat […] eine geographische Dimension. Das Blut muss sich an einem bestimmten Ort manifestieren, auf dem Schlachtfeld, am Hof, auf dem Gutsbesitz, im inneren Raum der Familie.«[20] Wir werden auf diese Relation von ›Blut‹ und ›Boden‹ zurückkommen, wenn wir weiter unten die Tierzüchtung behandeln.

Betrachten wir zunächst noch einmal die Erbschaftsstrategie des Majorats. Karl Marx hat in seiner *Kritik der Hegelschen Rechtsphilosophie* von 1843/44 dieser Institution eine ausführliche Analyse gewidmet, in der er unter anderem zu folgendem Schluss kommt:

> Wenn die Geburt, im Unterschied von den anderen Bestimmungen, dem Menschen unmittelbar eine Stellung gibt, so macht ihn sein Körper zu diesem bestimmten sozialen Funk-

> tionär. Sein Körper ist sein soziales Recht. […] Es ist daher bei dem Adel natürlich der Stolz auf das Blut, die Abstammung, kurz die Lebensgeschichte ihres Körpers; es ist natürlich diese zoologische Anschauungsweise, die in der Heraldik die ihr entsprechende Wissenschaft besitzt. Das Geheimnis des Adels ist die Zoologie.[21]

Hinter Marx' polemischer Diagnose verbirgt sich eine Ironie: Wie oben angedeutet, ging es bei Erbregelungen wie dem Majorat ursprünglich um die Verteidigung von Familieneigentum gegenüber Mächten, die auf eine Schwächung familiärer Allianzen drängten. Allerdings resultierten die gleichen Regelungen ausgerechnet in der höheren Stellung des Individuums in einem ausschließlich durch Zeugung und Geburt vermittelten System abstrakter genealogischer Beziehungen, und dies auf Kosten der – im wörtlichen Sinne eben bloß ›angestammten‹ – Rechte von Verwandtschaftsgruppen wie Geschwistern.[22] Aus diesem Grund konnte Marx das Majorat auch als »Superlativ des Privateigenthums« bezeichnen.[23] Diese Dialektik verschärfte sich in der Frühen Neuzeit durch die zunehmende Bedeutung, die mit dem aufsteigenden Kapitalismus bewegliches gegenüber unbeweglichem Eigentum gewann.

Dass das Erbrecht bei Georg Wilhelm Friedrich Hegel und Marx noch eine so große Rolle spielte – ein weiterer Schüler Hegels, Eduard Gans, widmete dem »Erbrecht in weltgeschichtlicher Entwicklung« eine vierbändige Monographie[24] –, war eine unmittelbare Folge der Französischen Revolution. Das Majorat wurde von den Revolutionären als eine »monströse« Institution kritisiert, die »die Interessen der Lebenden der Willkür der Toten unterordnet«. Am 14. November 1792 wurde die französische Form des Majorats, die sogenannten substitutions, per Dekret verboten. Artikel 28 der Verfassung vom 24. Juni 1793 formulierte dann kategorisch, aber missverständlich: »Eine Generation darf künftige Generationen nicht ihren Gesetzen unterwerfen.« Dabei ging es nicht um die Schaffung rechtsfreier Räume – im Erbrecht etwa um völlige Testierfreiheit. Das Gesetz sollte gerade den willkürlichen Aspekt des Majorats einschränken. Das Napoleonische Gesetzbuch legte daher später differenzierte Erbschaftsregelungen fest, die auf der vollen Teilbarkeit des Eigentums und auf gleichen Rechten unter allen Erben einschließlich der Ehefrau aufbauten, und zwar auch für die von Napoleon eroberten Gebiete in Deutschland. Das Gesetz schrieb vor, dass eine Erbschaft »den Kindern und Descendenten des Verstorbenen, seinen Ascendenten und Seitenverwandten« nach einem festen Verteilungsschlüssel zufallen solle, der sich aus einer Analyse von Verwandtschaftsgraden ergebe, bei der allein die »Zahl der Zeugungen (Generationen) [...] die Nähe der Verwandtschaft« bestimme – ohne »Rücksicht auf die Natur und den Ursprung des Vermögens« und ohne »Unterschied des Geschlechts oder der Erstgeburt« (vom Erbe ausgeschlossen blieben allerdings »natürliche«, also uneheliche Kinder).[25] Das Verbot des Majorats kam jedoch unter dauernden Beschuss und wurde in Frankreich und Preußen später zurückgenommen. Die politische Auseinandersetzung dieser Jahrzehnte kreiste vielfach um Themen wie patriarchale Autorität, Primogenitur, den Status von Ehefrauen und unehelich geborenen Kindern, den Wert von Landgütern und die abstrakte Macht des Geldes, was auch in zeitgenössischen literarischen Narrationen deutlich wird.[26] Der französische Staatstheoretiker Alexis de Tocqueville beschrieb in seinem Buch *Über die Demokratie in Amerika* (1835–1840) die Erbteilung geradezu als Grundvoraussetzung demokratisch verfasster Gemeinwesen, als eine »Maschine«, die, einmal in Gang gesetzt, »Eigentum und Macht teilt, verteilt und zerstreut«.[27]

Noch eine auffällige Entwicklung sollte in diesem Zusammenhang erwähnt werden. Ab der Mitte des 18. Jahrhunderts kam es zu einer massiven Veränderung des Heiratsverhaltens in allen sozialen Schichten Europas, die bis ins ausgehende 19. Jahrhundert zu beobachten ist. Ehen zwischen nahen Verwandten, insbesondere Cousins und Cousinen ersten Grades, wurden trotz gelegentlich noch bestehender Verbote zunehmend zur Regel. Wie schon gesagt, spielte dabei das Bestreben mit, Familieneigentum durch eine Befestigung wechselseitiger Loyalitäten zu schützen – ein Bestreben, das durch die zunehmende Kapitalisierung der Gesellschaft verstärkt, aber auch konterkariert wurde. Die Familien Darwin und Wedgwood liefern dazu ein schönes Beispiel aus dem viktorianischen England, denn beide Familien verbanden sich immer wieder durch Cousinenheiraten, was bei einigen Familienmitgliedern, insbesondere Charles Darwin, nicht zuletzt auch Degenerationsängste schürte.[28] Sabean ordnet diese verbreitete Praxis einer weiträumigen Verschiebung »von vertikalen auf horizontale Beziehungen, von ›Klan‹ zu ›Verwandtschaft‹« zu und erklärt die Präferenz für Cousinenheiraten damit, dass die Ehe zunehmend als etwas begriffen wurde, was »zwischen Personen gleichen kulturellen und sozialen Standes und Stils stattfindet«.[29] Enge Blutsverwandtschaft diente dabei als eine Art Garantie. Das Bürgertum des 19. Jahrhunderts widmete sich genealogischen Studien denn auch mit der gleichen, wenn nicht mit noch größerer Leidenschaft, als der Adel es über Jahrhunderte getan hatte, wie wir im fünften Kapitel noch ausführlicher sehen werden.

Alle drei hier behandelten Entwicklungen – die wachsende Bedeutung der mittelalterlichen *lignage* in der Frühen Neuzeit, ihre neuzeitliche Ablösung durch Netzwerke naher Verwandter und die beginnenden Versuche, das Erbrecht nach Grundsätzen der Gleichheit der Person und vollen Teilbarkeit des Eigentums zu regulieren – hatten eines gemeinsam. Es war die Tendenz, soziale Strukturen – Statusunterschiede, Gleichheit oder Nähe – durch Verwandtschaftsanalysen zu begründen, die individuelle Körper sowie die durch Zeugung und Geburt vermittelten Beziehungen zwischen diesen Körpern in den Blick nahmen. Für die gesamte Frühe Neuzeit einschließlich des 18. Jahrhunderts gilt dennoch weitgehend, was wir bereits weiter oben über das Mittelalter bemerkt haben: Der Zusammenhang zwischen Ideologien der ›Bluts‹-Verwandtschaft und konkreten Zeugungstheorien blieb locker. Ende des 17. Jahrhunderts sprach sich zwar der italienische Rechtsmediziner Paolo Zacchia dafür aus, bei Gerichtsverhandlungen über die Vaterschaft eines Kindes die Natur als Schiedsrichter anzurufen, das heißt Ähnlichkeiten des ›Temperaments‹, die in ähnlichen Gewohnheiten oder Krankheiten zum Ausdruck kamen, als eine verlässliche Quelle genealogischer Evidenz heranzuziehen. Die Skepsis unter Richtern gegenüber Ähnlichkeiten als verlässlichen Verwandtschaftszeichen blieb aber bis weit in das 19. Jahrhundert hinein grundsätzlich bestehen.[30]

Die in Politik und Recht verhandelten Fragen zur Vererbung behielten also ihre Eigenständigkeit und Eigenmächtigkeit gegenüber den in Medizin, Naturphilosophie und Naturgeschichte behandelten Problemen. In den Zeugungstheorien des 17. und 18. Jahrhunderts, die wir im ersten Kapitel behandelt haben, lässt sich zwar unverkennbar ein Widerhall politischer Themen finden. Die Debatte zwischen Traducianisten und Creationisten beispielsweise drehte sich unter anderem um die Frage, wie Verwandtschaftsbeziehungen gegenüber der für alle Menschen bestehenden gemeinsamen Beziehung zu Gott und damit zur Kirche zu bewerten waren. Wurde, wie die Traducianisten glaubten, die Seele durch den Zeugungsakt weitergegeben, so kam weltlichen Verwandtschaftsbeziehungen offenbar mehr Gewicht zu, als wenn man mit den Creationisten behauptete, jede Seele sei direkt von Gott geschaffen, und damit seien alle Menschen gleichmäßig ›Brüder‹ und ›Schwestern‹. Ähnliches lässt sich von den Präexistenztheorien des 17. und 18. Jahrhunderts sagen: Sie entzogen der patriarchalen Autorität, die sich vor allem im Majorat aussprach, eine wichtige Argumentationsgrundlage, indem sie behaupteten, der Embryo entwickle sich in völliger Unabhängigkeit von seinen weltlichen Erzeugern. Trotz solcher gelegentlicher Berührungspunkte und Bezugnahmen bleibt die Tatsache, dass eugenische Denkfiguren bis zur zweiten Hälfte des 19. Jahrhunderts nicht bzw. allenfalls punktuell auftauchten, wie beispielsweise das von Maaike van der Lugt erwähnte spätmittelalterliche Gutachten eines Arztes am Hof von Aragon oder vereinzelte eugenische Schriften im späten 18. Jahrhundert.[31] Dass sich Gesellschaften auf der Grundlage einer Theorie der Vererbung gestalten lassen könnten, lag zwar seit Platos *Der Staat* mit seinen Züchtungsphantasien im Bereich des Denkbaren, hatte aber nie Schule gemacht.

Medizin

Die Geschichte der Verwendung von Vererbungsmetaphern reicht, wie erwähnt, in der Medizin am weitesten zurück, und zwar zur Kennzeichnung von in einer Familie wiederkehrenden Erkrankungen. Bis in das 18. Jahrhundert hinein wird diese Tradition aber nur sporadisch aktualisiert. Oft handelt es sich nur um lapidare Bemerkungen über die Erblichkeit der einen oder anderen Krankheit, wie Lepra oder Gicht. Markantere Eckpunkte dieser Tradition liefern im zweiten Jahrzehnt des 14. Jahrhunderts entstandene Manuskripte des norditalienischen Mediziners Dino del Garbo (ca. 1280–1327), die die Frage, »ob eine Krankheit, die im Vater ist, im Sohn erblich sein kann« behandeln; eine 1605 erschienene Schrift mit dem Titel »Über erbliche Krankheiten« des spanischen Arztes Luis Mercado; sowie eine ganze Reihe von Aufsätzen zur Frage der Erbkrankheiten, die bei der Pariser *Société Royale de Médecine* auf zwei in den Jahren 1788 und 1790 veranstaltete Preisausschreiben hin eingegangen waren. Was diesen lückenhaften medizinischen Diskurs über Erbkrankheiten in unserem Zusammenhang interessant macht, sind einige begriffliche Differenzierungen, die hier schon vorgenommen wurden. Sie sollten eine wichtige Voraussetzung für die Entfaltung des Vererbungsdiskurses als ›epistemischer Raum‹ in den ersten Jahrzehnten des 19. Jahrhunderts bilden.

Wie Maaike van der Lugt hervorhebt, spielten erbliche Krankheiten in der scholastischen Medizin nur eine geringe Rolle, da sich der Krankheitsbegriff der vorherrschenden medizinischen Lehre, der sogenannten Humoralpathologie, auf Störungen des Gleichgewichts der vier Grundqualitäten Kälte, Wärme, Feuchtigkeit, Trockenheit bzw. der durch diese Qualitäten definierten Körpersäfte Blut, Schleim, gelbe und schwarze Galle bezog.[32] Die Konstitution einer Person resultierte aus dem spezifischen Mischungsverhältnis der Körpersäfte, wobei man nach dem Überwiegen des einen oder anderen Körpersaftes verschiedene ›Temperamente‹ – Sanguiniker, Phlegmatiker, Choleriker und Melancholiker – unterschied. Was wir heute als Umweltfaktoren bezeichnen, wurde seit Galen zu den sechs *res non naturales* (Licht und Luft, Essen und Trinken, Bewegung und Ruhe, Schlafen und Wachen, Ausscheidungen sowie Gemütszustände) zusammengefasst. Sie galten als ›nicht natürlich‹, da sie offenkundig im Einflussbereich sowohl des Arztes als auch des Patienten lagen. Krankheiten ergaben sich, wenn einer dieser Faktoren nicht im rechten Maß auf den Körper wirkte, sodass sich ein Ungleichgewicht zwischen den Säften einstellte. Behandeln ließen sich Krankheiten daher zum einen durch Änderungen des Lebensstils (beispielsweise eine bestimmte Diät) oder indem man Aderlässe vornahm oder Brechmittel verabreichte, um überschüssige Körpersäfte auszuleiten. So wie Erbphänomene die frühneuzeitlichen Zeugungsvorstellungen nicht maßgeblich beeinflussten, so auch nicht den Krankheitsbegriff: Krankheiten wurden nicht als vom Individuum abstrahierbare Wesenheiten, sondern als Zustände individueller Körper angesprochen, die durch eine Vielfalt ereignishaft oder periodisch auftretender Faktoren hervorgerufen wurden.[33]

Dino del Garbos um 1320 entstandene Disputationen müssen daher als bemerkenswerte Ausnahme gelten, denn in ihnen ging es explizit nur um Erbkrankheiten. Dino, der an verschiedenen norditalienischen Universitäten (Bologna, Padua, Siena und Florenz) theoretische und praktische Medizin unterrichtete, war einer der ersten frühneuzeitlichen Ärzte, der Avicennas (980–1037) *Canon medicinae* umfassend rezipierte und auch mehrere Kommentare verfasste. Avicenna hatte zu Beginn seines *Canon* eine Klassifikation der Krankheiten vorgelegt, mit der er unter anderem ansteckende, erbliche und an bestimmte Populationen gebundene Krankheiten differenzierte. Ausgehend von einer Analyse des juristischen Begriffs des Vererbens unterschied Dino nun zwischen erblichen Krankheiten (*morbi ex hereditate*) und angeborenen Krankheiten (*morbi ex generatione*). Letztere wurden durch Ereignisse ausgelöst, die während der Zeugung oder der Schwangerschaft verändernd auf Samen bzw. Embryo wirkten. Erstere dagegen, erbliche Krankheiten im eigentlichen Sinne, mussten darüber hinaus auch schon bei wenigstens einem der Eltern aufgetreten sein, damit, so Dino, von einer dem Erben von Gütern vergleichbaren Übertragung überhaupt die Rede sein konnte. Fast zeitgleich sprach sich John of Gaddesden, Leibarzt von Edward II. von England, dafür aus, sorgfältig zwischen erblichen und angeborenen Krankheiten zu unterscheiden.[34]

Auch wenn die Wendung ›Erbkrankheiten‹ (*morbi hereditarii*) von nun an zuweilen im medizinischen Schrifttum auftauchte, blieb Dino del Garbos Differenzierung weitgehend folgenlos. Viele Autoren verstanden unter Erbkrankheiten weiterhin auch solche, die man mit Dino als ›angeboren‹ hätte bezeichnen müssen: etwa die Lepra, die nach Meinung der meisten Ärzte durch Geschlechtsverkehr während der Menstruation hervorgerufen wurde, oder eine gewisse Schwächlichkeit des Sprösslings, die man gerne dem ›Übereifer‹ des Vaters, also frühzeitiger Ejakulation beim Zeugungsakt zuschrieb. Dies ist vor allem auf die nach wie vor uneingeschränkte Bedeutung der Humoralpathologie für die Interpretation und Behandlung von Krankheiten zurückzuführen. Dementsprechend hatte sich Dino auch genötigt gesehen, einen humoralpathologischen Ausnahmefall anzunehmen, um den Entstehungsmechanismus von Erbkrankheiten zu erklären. Im Rückgriff auf Aristoteles' Zeugungslehre erklärte er eine dauerhafte Veränderung der väterlicherseits weitergegebenen »formenden Kraft« (*vis formativa*) zur Ursache von Erbkrankheiten.[35]

In der Systematisierung und konsequenten Auslegung solcher Vorstellungen liegt die Bedeutung von Luis Mercados Schrift *De morbis hereditariis* (»Über erbliche Krankheiten«), die 1605 als fünftes Kapitel des zweiten Bandes seiner noch zu Lebzeiten verlegten gesammelten Schriften veröffentlicht wurde. Mercado, der seit 1572 »Medizin nach Avicenna« an der Universität von Valladolid lehrte, war 1592 unter Philipp II. von Spanien zum Arzt der königlichen Kammer bestellt worden. In dieser Funktion unterstand ihm das gesamte Medizinalwesen des spanischen Weltreichs. Wie Dino del Garbo ging Mercado davon aus, dass Erbkrankheiten auf eine dauerhafte Veränderung in der *vis formativa* zurückgingen – anders als Dino folgte Mercado allerdings der galenischen Lehre, wonach sowohl der Mann als auch die Frau »Samen« produzierten, der sich bei der Zeugung eines Nachkommen vermischte.

Erbkrankheiten bestanden seiner Meinung nach in einem bestimmten »Charakter«, der »außernatürlich« (*praeter naturam*) war, das heißt in der einen oder anderen Weise von dem sonst Üblichen abwich; dieser Charakter verdankte seine Ausprägung der »Kraft des Samens der Eltern, Großeltern oder Urgroßeltern«, so als ob »die Natur durch irgendein Werkzeug [...] die Erzeugung von Individuen so regelte, dass diese sich selbst ähnliche und durch denselben Defekt verformte Individuen hervorbringen«.[36] Das dem Griechischen entlehnte Wort Charakter bezeichnete ursprünglich Werkzeuge, die dem Aufbringen von Brandzeichen auf Lebewesen oder dem Prägen von Münzen dienten, und wurde metonymisch auch für die so erzeugten materiellen Zeichen verwendet. Mercado benutzte jedoch außerdem noch den Ausdruck *sigillatio*, ein Wort, das sich von *sigillum* (›Siegel‹) ableitet und in der Theologie den unauslöschlichen, aber unsichtbaren Charakter des Sakraments bezeichnet.[37]

Mit Mercados Schrift treten am Anfang des 17. Jahrhunderts Vorstellungen über Erbkrankheiten auseinander, die man heute ›harten‹ oder ›weichen‹ Positionen zuordnen würde. ›Weich‹ erscheinen rückblickend diejenigen Erklärungen, die im Rahmen der Humoralpathologie die Ursachen von Erbkrankheiten in ›Infektionen‹ des Samens bzw. des Menstruationsblutes aufsuchten, die durch schädliche Säfte ausgelöst worden waren; vergleichsweise unbedeutend erschien dann die Frage, ob die Infektionen ›horizontal‹, etwa während der Schwangerschaft von der Mutter auf den Embryo, oder ›vertikal‹, etwa durch den männlichen Samen vom Vater auf den Sohn wirkten. ›Harte‹ Erklärungen wie die von Mercado selbst nahmen dagegen eine konstante, bei der Zeugung weitergegebene und von weiteren Faktoren unbeeinflusste Konstitution an, die daraus sich entwickelnde Individuen für eine bestimmte Krankheit prädisponierte. Dieses Modell erlaubte es, Erbkrankheiten von anderen Krankheiten scharf abzugrenzen; es sollte sich später passender in ›solidistische‹ Krankheitsvorstellungen fügen, denen zufolge Krankheiten in Veränderungen im organischen Bau des Körpers bestanden.[38]

Auch der im 17. Jahrhundert sich abzeichnende Gegensatz zwischen epigenetischen und präformationistischen Zeugungstheorien verlief zwischen solchen ›weichen‹ und ›harten‹ Erklärungen der Weitergabe von Eigenschaften. Wie schon im Zusammenhang mit Epigenese- und Präformationstheorie bemerkt, muss man sich allerdings hüten, beide Positionen für einander ausschließend zu halten. Wenn Mercado Erbkrankheiten auch manchmal als ›unheilbar‹ bezeichnete, so war nach seinem Modell mit dem ›Charakter‹, der sich durch den Samen übertrug, das Schicksal einer davon betroffenen Person doch bei weitem nicht besiegelt. Zum einen ließen sich durch geeignete Behandlung die Symptome einer Erbkrankheit lindern, und diese Behandlung konnte, über mehrere Generationen hinweg aufrechterhalten, schließlich auch auf den erblichen ›Charakter‹ durchschlagen. Zum anderen war Mercado der Auffassung, dass der krankhafte ›Charakter‹ des einen Partners durch den gesunden des anderen bei der Zeugung kompensiert werden konnte. Durch die Wahl des richtigen Partners ließ sich also der Ausbruch von Erbkrankheiten verhindern, wenn auch nicht seine weitere Übertragung. Auf diese Weise erklärte sich Mercado die verwirrende Tatsache, dass Erbkrankheiten zuweilen eine oder sogar mehrere Generationen übersprangen.

Mercados Vererbungsmodell war also nicht starr, sondern bot Raum für flexible Begriffsbildungen. Vor allem im Lauf des 18. Jahrhunderts erlangten als erblich angesehene Krankheiten wachsende Aufmerksamkeit, die sich am Ende des Jahrhunderts in den zwei erwähnten Preisausschreiben der *Société Royale de Médecine* in Paris niederschlug. ›Temperament‹, ›Charakter‹ oder ›Diathese‹, alles Ausdrücke, die auf konstitutionelle Veranlagungen für bestimmte Krankheiten hinwiesen, wurden zu wandelbaren Kernbegriffen in der daran anknüpfenden Diskussion der Ärzte über erbliche Krankheiten (*maladies héréditaires*) im 18. und 19. Jahrhundert.[39] Im Zuge dieser Debatten wurden eine Reihe klassifikatorischer Unterscheidungen getroffen oder befestigt (etwa die zwischen erblichen, angeborenen und erworbenen Krankheiten); es wurden verschiedene diagnostische Kriterien benannt (wie die Homochronie bzw. der Ausbruch einer Krankheit im gleichen Lebensalter wie bei einem Elternteil, der als Anzeichen von Erblichkeit galt), und es wurden Kausalbegriffe gebildet (wie ›Latenz‹ für die Tatsache, dass Erbkrankheiten manchmal direkte Nachkommen übersprangen und später wiederkehrten). Vererbung wurde so allmählich zu einem grundlegenden, für die Medizin relevanten Prozess.[40] Dennoch erhoben sich auch immer wieder Stimmen – schon unter den Zuschriften, welche die *Société Royale de Médecine* auf ihre Preisausschreiben hin erhalten hatte, aber auch danach durch das ganze neunzehnte Jahrhundert hindurch –, die grundsätzlich bezweifelten, dass es so etwas wie eine Vererbung lebendiger Eigenschaften und Dispositionen überhaupt gebe.

Die Gründe für diese Entwicklung sind komplex, zwei davon stechen jedoch hervor, besonders wenn man bedenkt, dass zwischen den Veröffentlichungsjahren 1788 und 1790 der beiden Pariser Preisausschreiben das Revolutionsjahr 1789 lag. Erstens wurden erbliche Krankheiten auf politischer Ebene instrumentalisiert. Wie Gianna Pomata beobachtet hat, war ein »immer wieder auftauchendes Motiv im medizinischen Diskurs über Vererbung im 18. und im frühen 19. Jahrhundert die Kritik der aristokratischen Familie«.[41] Im 18. Jahrhundert hatten vor allem die als ›nobel‹ bezeichneten Krankheiten (wie damals etwa die Gicht, die man auf Fraß und Völlerei der Ahnen zurückführte) im Mittelpunkt des Interesses gestanden, so zum Beispiel für Charles Darwins Großvater Erasmus.[42] Nachdem die aristokratische Familie unter nachhaltigen Druck geraten war, verschob sich im 19. Jahrhundert der Schwerpunkt des medizinischen Interesses auf »degenerative« Krankheiten wie Tuberkulose und Irresein, die man als eigentümliches Übel der besitzlosen und armen, vom Land in die Städte strömenden Massen ansah. Die Tendenz ging vorläufig dahin, für diese Krankheiten eine besondere Art von ›harter‹, nämlich nicht durch Verbesserung der Lebensverhältnisse zu beseitigender Vererbung anzunehmen und statt einer gefräßigen Aristokratie nun diese Klassen als eine ›Gefahr für die soziale Ordnung‹ zu stigmatisieren.[43]

Ein zweiter Grund für den Wandel des medizinischen Diskurses über Erbkrankheiten war die neue soziale Rolle, die den Ärzten zu Beginn des 19. Jahrhunderts vor allem im nachrevolutionären Frankreich zuwuchs. Das neue szientistische Profil, das sie anstrebten, ließ es geraten erscheinen, möglichst genau zu bestimmen, wo die medizinische Kunst an ihre Grenzen stieß – und sie tat es bei konstitutionell bedingten und damit auch erblichen Krankheiten.[44] Gleichzeitig führte die neue Verantwortlichkeit der Ärzte für die öffentliche Hygiene – um die es der *Société Royale de Médecine* bei ihrem Preisausschreiben besonders zu tun war, da sie sich in dieser Beziehung in Konkurrenz zur *Académie Royale de Chirurgie* sah, deren langjähriger Sekretär Antoine Louis bereits 1748 eine Schrift zur Frage der Erbkrankheiten vorgelegt hatte[45] – zur Definition von Gefahren, die als Erbkrankheiten in der Bevölkerung lauerten und sich nur dem Blick des Experten zeigten. Und schließlich machten die vermehrte Hospitalisierung von Patienten und die medizinische Statistik Krankheitstopographien und -chroniken in einem bisher nie dagewesenen Umfang möglich. Sie erlaubten es, nicht nur individuelle Fälle oder einzelne Familiengeschichten zu dokumentieren, sondern im Prinzip ein Profil der Bevölkerung in ihrer Gesamtheit zu zeichnen. Die genealogischen und epidemiologischen Daten, die auf diese Weise angehäuft wurden, gehören sicherlich zu den wichtigsten Voraussetzungen, auf deren Grundlage komplexere Muster von Familienleiden festgestellt und diese von Krankheiten unterschieden werden konnten, die durch lokale Einflüsse oder abweichende Lebensstile bedingt waren.[46]

Blickt man von hier zurück auf die Frühgeschichte der Erbkrankheiten, so fällt zweierlei auf. Zum einen standen Ärzte wie John of Gaddesden und Luis Mercado, die sich zuerst mit den Erbkrankheiten befassten, in enger Beziehung zu königlichen Höfen und übten daher nicht nur die Funktion von Leibärzten, sondern auch von gesundheitspolitischen Beratern aus. Über die Wurzeln im arabischen Schrifttum wissen wir nicht viel, aber es ist vermutlich kein Zufall, dass Avicenna auf dem Höhepunkt der Ausbreitung des arabisch-islamischen Herrschaftsraums Erbkrankheiten als solche benannte. Dino del Garbo weist auf einen anderen Zusammenhang hin: Er verfasste seine Disputationen zu einer Zeit, als an europäischen Universitäten heftige Polemiken über die Natur und den Status des Adels geführt wurden. An der Universität von Paris wandte man sich beispielsweise der – sicher nicht ganz ernst gemeinten – Fragestellung zu, ob Adelige wie gewisse Hunderassen durch lange Ohren gekennzeichnet seien.[47] Erbkrankheiten, so scheint es, wurden dort ansatzweise thematisiert, wo nicht der Körper des Einzelnen, sondern der ›politische Körper‹ ganzer Populationen auf dem Spiel stand.

Naturgeschichte, Züchtung und Anthropologie

Wie zu Beginn dieses Kapitels bereits angedeutet, tritt am Beispiel der Erbkrankheiten ein überraschender Sachverhalt hervor. Ein verallgemeinerter Begriff biologischer Vererbung, so scheint es, ergab sich nicht allmählich aus einer immer aufmerksameren Beobachtung der Ähnlichkeiten zwischen Eltern und Nachkommen, nicht indem man das Kontingente und Komplexe ausblendete und die Regelmäßigkeit solcher Phänomene weiter festschrieb. Anders gesagt, das Neue, das sich mit der Erforschung der Vererbung Raum verschaffte, war nicht die Konstanz der Arten, die von alters her in der einen oder anderen Weise präsent war. Zu weiteren Forschungen und Überlegungen gaben gerade veränderliche Muster und Prozesse Anlass – Krankheiten, Monstrositäten, individuelle Abweichungen –, denen Lebensformen innerhalb derselben Art unterworfen waren.

Eine spezifische biologische Bedeutung gewann das Feld der Vererbung, wie ebenfalls schon angedeutet, im deutschen Sprachraum erst in den anthropologischen Schriften Kants. Dabei wandte er sich einem höchst spezifischen Phänomen zu, nämlich der Existenz verschiedener Menschenrassen, die durch Eigenschaften ausgezeichnet waren, die sich durch hybride Verbindungen zwar mischen ließen, sich aber selbst unter dauerhaft veränderten Umweltbedingungen »unausbleiblich«, so Kant, auf die Nachkommen übertrugen. Für Kant unterlief dieses Phänomen die klare Unterscheidung zwischen artspezifischen Formen und kontingenten individuellen Eigenheiten. Die Möglichkeit, miteinander

Nachkommen zu zeugen, weise Menschenrassen einerseits ohne Frage, so Kant, als Angehörige derselben Spezies aus, und Rassenmerkmale gehörten damit zu den individuellen Eigenheiten, die zwar Varietäten, aber eben nicht Arten unterschieden. Da diese Merkmale aber andererseits unfehlbar Generation für Generation weitergegeben würden, und zwar selbst unter veränderten klimatischen Bedingungen, etwa wenn Portugiesen sich in Afrika, oder Afrikaner sich in Europa ansiedelten, schienen sie doch der gleichen Regelmäßigkeit unterworfen, die Artmerkmale beherrschte. Um diesem Umstand Rechnung zu tragen, brachte Kant in seinem Begriff der ›Vererbung‹ Naturgesetz und kontingente (Familien-) Geschichte zusammen: Die Dispositionen oder »Keime« für die erblichen Eigenschaften der Rassen waren, so nahm er an, von Anfang an in der ursprünglichen Organisation eines gemeinsamen Menschenstammes vorhanden – sie waren gewissermaßen präformiert und nicht erworben. Wenn sie aber einmal als Reaktion auf eine veränderte Umwelt aktualisiert wurden – nun gewissermaßen epigenetisch erworben worden waren –, wurden sie auch dauerhaft und unweigerlich an die Nachkommen weitergegeben.[48]

Kants Problemstellung wie sein Lösungsversuch antworten gewissermaßen prototypisch auf das In-Erscheinung-Treten der Vererbung als biologisches Phänomen im engeren Sinne. Das Problem wurde durch Variationsmuster aufgeworfen, die das Leben auf einer Ebene unterhalb der Arten strukturierten. Solange solche Muster in lokal umschriebenen Umgebungen auftraten, konnten sie problemlos durch die Dauerhaftigkeit der Bindungen zwischen den Lebewesen und ihren ›natürlichen Standorten‹ erklärt werden. ›Schwarze‹ und ›Weiße‹ verdankten nach diesem Erklärungsmodell ihre Hautfarbe den klimatischen Bedingungen ihrer angestammten Lebensräume. Es war also gewissermaßen der jeweilige Standort, der seine Bewohner »erbte« und ihnen seinen Stempel aufdrückte. Erst als solche Relationen sich in eine Vielzahl von Beziehungen zwischen Formen, Standorten und Wegen der Weitergabe dauerhaft aufzulösen begannen, bedurfte es eines differenzierten Vererbungsbegriffs, um den sich vervielfältigenden Erscheinungen von Wandel und Stabilität gerecht zu werden.

Bei dieser Auflösung spielten botanische Gärten und Menagerien für die Naturgeschichte eine Rolle, die mit derjenigen der Hospitäler in der Medizin gegen Ende des 18. Jahrhunderts verglichen werden kann. Um Umwelteinflüsse von erblichen Faktoren unterscheiden zu können, mussten Organismen aus ihren endemischen Umgebungen verpflanzt werden. Genau das bewirkten botanische Gärten und Menagerien, indem sie Lebewesen, die im Zuge der merkantilen und kolonialen Expansion Europas aus aller Welt zusammengetragen wurden, unter mehr oder weniger technisch kontrollierten Bedingungen neu versammelten. Der Austausch von Exemplaren zwischen diesen Institutionen verstärkte noch die Möglichkeit, komplexere und undurchsichtige Vererbungsmuster wie Atavismen, Spaltung von Eigenschaften bei den Nachkommen oder Mutationen sichtbar zu machen und zu beschreiben. Es verwundert deshalb auch nicht, dass Gärten und Menagerien, die zunächst unter dem deskriptiven Regime der Naturgeschichte gegründet worden waren, zu den ersten Orten gehörten, an denen Fragen der Vererbung auch experimentell angegangen wurden.[49]

Die ersten botanischen Gärten entstanden bereits Mitte des 17. Jahrhunderts an den norditalienischen Universitäten Padua und Pisa. Anders als die schon zuvor bestehenden Klostergärten, die vordringlich der Versorgung der Klosterinsassen, aber auch der lokalen Bevölkerung mit pflanzlichen Heilmitteln dienten, wurden Pflanzen in diesen Universitätsgärten in der Regel ausschließlich zu Darstellungszwecken angebaut. Sie dienten dem botanisch-pharmazeutischen Unterricht, als Referenzsammlung für Kaufleute oder zu naturgeschichtlichen Forschungszwecken. Die Bedeutung dieser Gärten für die Entwicklung der Lebenswissenschaften hängt damit zusammen, dass diese Institutionen global operierten. Bereits die ersten Direktoren der botanischen Gärten von Padua und Pisa unternahmen Sammlungsreisen und unterhielten Tauschbeziehungen mit Botanikern überall in Europa, um ihre Bestände zu vervollständigen, und im Laufe des 16. und frühen 17. Jahrhunderts wurden botanische Gärten dann auch in ganz Europa angelegt (Bologna 1567, Leiden 1577, Heidelberg

1593, Montpellier 1593, Oxford 1633). Dabei engagierten sich im 17. Jahrhundert neben Universitäten auch Apothekervereine (wie beim *Chelsea Physic Garden*), Handelsgesellschaften sowie Adelspersonen und vermögende Kaufleute. Auch in den europäischen Kolonien selbst entstanden erste botanische Gärten, so 1653 in der holländischen Kolonie am Kap der Guten Hoffnung. Die königlichen Gärten bei London (heute bekannt als *Kew Gardens*) sowie der *Jardin du Roi* in Paris (der nach der Revolution als *Jardin des plantes* dem *Musée d'histoire naturelle* angegliedert wurde) wandelten sich im frühen 19. Jahrhundert zu staatlichen Institutionen, die ihren Teil zur weltweiten Erkundung und Ausbeutung natürlicher Ressourcen durch die Kolonialmächte beitrugen.[50]

Mit den zunehmend globalen Aktivitäten naturhistorischer Institutionen rückte ein Problem in den Vordergrund des Forschungsinteresses, das sich nicht gestellt hatte, solange sich ihre Funktion auf die Vermittlung lokaler pharmazeutischer Traditionen beschränkt hatte. Schon allein um über regionale und kulturelle Grenzen hinweg miteinander kommunizieren zu können, mussten Merkmale gefunden werden, mit deren Hilfe sich Pflanzen- und Tierarten jeden Orts sicher identifizieren ließen. 1686 schlug der englische Botaniker und Naturtheologe John Ray vor, sich dabei nur auf Merkmale zu verlassen, die »dem Samen derselben Pflanze, sei es der Art, sei es dem Individuum nach, entspringen«.[51] Merkmale, die sich beispielsweise durch äußere Faktoren manipulieren ließen – wie etwa die Farbe der Blüten, die sich bei einigen Pflanzen durch Gießen mit gefärbtem Wasser verändert –, aber auch geschlechtsgebundene Unterschiede, sollten daher nicht Arten, sondern bestenfalls Varietäten unterscheiden. Gut fünfzig Jahre später verallgemeinerte Linné dieses Kriterium in seinem Artbegriff, auf den wir im vorangehenden Kapitel schon näher eingegangen sind. Und nur wenige Jahre später als Linné führte Georges Buffon – in einem dem Maulesel gewidmeten Abschnitt seiner *Histoire naturelle* – ein verwandtes Kriterium in die Zoologie ein, indem er forderte, all diejenigen Organismen für Angehörige derselben Art zu halten, die sich miteinander kreuzen ließen und deren Nachkommen wiederum fruchtbar waren. Was eine Art ausmache, stellte Buffon fest, sei »nicht eine Ansammlung ähnlicher Individuen, sondern die konstante Aufeinanderfolge und ununterbrochene Erneuerung solcher Individuen«.[52]

Den Ausschlag für diese Kriterien zur Unterscheidung von Arten gab, dass sie sich praktisch umsetzen ließen. Wenn Botaniker beispielsweise Pflanzen aus aller Welt in ihre Gärten einführten und dort anbauten, so wurde auf den Beeten jede umweltbedingte Variabilität zum Verschwinden gebracht, wodurch die Konstanz der Artunterschiede umso schärfer hervortrat. Die Reproduktion der Arten, und dies war der entscheidende Punkt, ließ sich so am Generationen übergreifenden Verhalten individueller Merkmale festmachen. Nicht immer machten Organismen es den Naturhistorikern aber so leicht. So wurde Linné 1744 von einem Studenten auf eine wildwachsende Population des echten Leinkrauts (*Linaria vulgaris*) aufmerksam gemacht, in der sich einige Exemplare fanden, deren Blütenbau nicht bilateralsymmetrisch, sondern radial war (Abb. 6). Da beide Varietäten am gleichen Ort wuchsen, musste davon ausgegangen werden, dass sie von gemeinsamen Vorfahren abstammten. Und dennoch unterschieden sie sich in einem Merkmal, dem Blütenbau, das sich sonst als äußerst konstant erwies. Linné nannte die neue Varietät *Peloria* (nach einem griechischen Wort für Monster) und verglich diese Beobachtung mit der Entdeckung der Regenerationsfähigkeit des Süßwasserpolypen, die etwa zur selben Zeit für Aufsehen sorgte. Es gelang ihm später, die Pflanze im botanischen Garten von Uppsala zu reproduzieren.[53]

Solche Beobachtungen häuften sich während des 18. Jahrhunderts im Zuge der weltweiten biogeographischen und taxonomischen Erkundung von Floren und Faunen. Zwei Erklärungsmodelle für die beobachteten Variationsmuster wurden dabei aufgeboten. Auf der einen Seite nahm man schon seit der Antike an, dass Lebewesen, die in neue Lebensräume vorstießen, durch das dort herrschende Klima verändert und diese Veränderungen langfristig auch an ihre Nachkommen weitergegeben wurden. In diesen Fällen sprach man von einer ›Degeneration‹, wobei dieses Wort in den Lebenswissenschaften des 18. Jahrhunderts noch

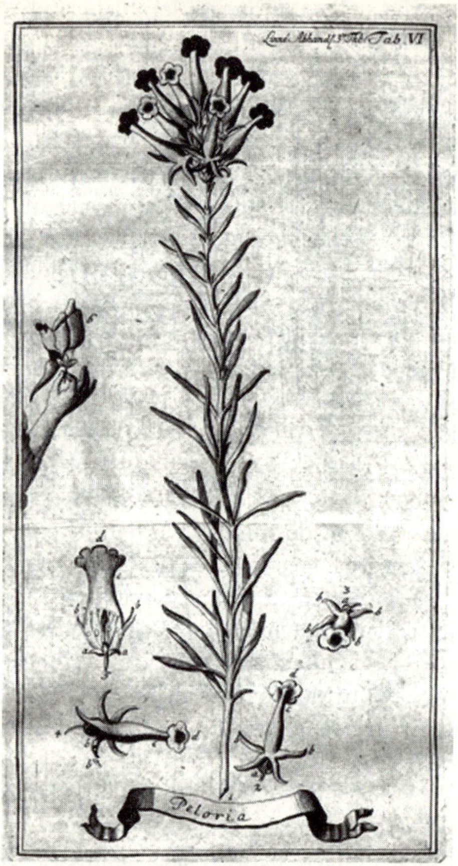

Abb. 6: *Peloria*, eine Mutation des gewöhnlichen Leinkrauts. Kupferstich aus *Des Ritters Carl von Linné Auserlesene Abhandlungen aus der Naturgeschichte, Physik und Arzneywissenschaft*, 1776–1778, Bd. 3.

keine eindeutig medizinisch-pathologische Bedeutung hatte. Ein degenerierender Einfluss wurde zum Beispiel auch der Domestikation von Pflanzen und Tieren durch den Menschen zugeschrieben. Schon Buffon gestand in seinen späteren Schriften der Degeneration artbildende Macht zu, und mit der Evolutionstheorie, die Jean-Baptiste de Lamarck in seiner *Philosophie zoologique* (1809) niederlegte, wurde die ›Vererbung erworbener Eigenschaften‹ zum festen Bestandteil der Mechanismen, durch deren selbstverständliche Annahme Biologen sich die Bildung neuer Varietäten erklärten;[54] sie bildete die Grundlage für zahlreiche, im späten 18. und 19. Jahrhundert unternommene Versuche, exotische Pflanzen und Tiere an die klimatischen Verhältnisse in Europa anzupassen. Ganze Gesellschaften, wie die französische *Société d'Acclimatisation*, wurden zu diesem Zweck gegründet und unterhielten oft eigene Versuchsgärten und -menagerien.[55]

Als zweites Modell zur Erklärung der Variabilität von Organismen diente die Erzeugung eines Nachkommen durch Eltern, die zwei verschiedenen Arten angehörten. Der Hybridisierung sprach vor allem Linné artbildende Produktivität zu, und 1759, in Beantwortung einer Preisfrage der St. Petersburger Akademie der Wissenschaften, stellte er als Erster ein regelrechtes, sorgfältig kontrolliertes Kreuzungsexperiment mit zwei Farbvarietäten des Wiesen-Bocksbarts (*Tragopon pratensis*) an. Dieses Experiment regte den in St. Petersburg tätigen Botaniker Joseph Gottlieb Koelreuter zu einer groß angelegten Versuchsreihe an, die eine Vielzahl von Pflanzenarten umfasste. Ihm ging es dabei vor allem darum zu zeigen, dass die elterlichen Merkmale in Hybriden nicht, wie von Linné behauptet, zu neuartigen Kombinationen zusammenfanden, sondern miteinander verschmolzen, sodass sich durch fortschreitendes Rückkreuzen eine Art in die andere überführen oder verwandeln ließ. Anfang des 19. Jahrhunderts griff dann neben vielen anderen ein weiterer süddeutscher Naturforscher, der Apotheker Carl Friedrich Gärtner in Calw, die Frage der Hybridisierung auf. Er lieferte mit seinen *Versuchen und Beobachtungen über die Bastarderzeugung im Pflanzenreich* (1849) auf der Grundlage von etwa 10 000 von ihm selbst an ca. 700 verschiedenen Pflanzenarten über einen Zeitraum von ca. dreißig Jahren vorgenommenen Einzelexperimenten einen der bis dahin umfassendsten Überblicke über Hybridisierung im Pflanzenreich. Die allgemeine Schlussfolgerung, die er aus seinen Versuchsergebnissen und Beobachtungen zog, wonach die »Typen der Hybriden« nicht »schwankend« seien, sondern »constant und gesetzmäßig« immer wieder aus denselben »Faktoren« hervorgebracht würden, sollte wenig später den Einstieg für Gregor Mendels berühmte Kreuzungsversuche mit Erbsen bilden.[56] In der Zoologie gab es übrigens keine vergleichbare Tradition der Hybridisierungsexperimente; zwar hatte Buffon bereits Mitte des 18. Jahrhunderts auf seinen Privatgütern mit der Bastardierung von Hunden und daneben auch Schafen und Ziegen experimentiert, das Halten einer großen Zahl von Tieren brachte aber im Allgemeinen vielfältige Schwierigkeiten mit sich.[57]

Ähnlich wie in der Medizin generierten die skizzierten Experimente zusammen mit zahllosen in der naturhistorischen Literatur verzeichneten Beobachtungen über die geographische Verbreitung und Variabilität von Pflanzen und Tieren eine Fülle begrifflicher Differenzierungen. Mitte des 19. Jahrhunderts – also noch zu Gärtners Zeit – war bekannt, dass sich Vererbung in Hinsicht auf manche Merkmale mosaikartig auswirkt (dass also die elterlichen Merkmale sich in unterschiedlichen Kombinationen auf die Nachkommen verteilen), andere Merkmale der Nachkommen dagegen die Mitte zwischen den elterlichen Merkmalen halten und miteinander zu verschmelzen scheinen; dass einige Merkmale die Tendenz zeigen, in den Nachkommen zu ›dominieren‹, das heißt jeweilige Merkmalsalternativen zu überlagern, sodass diese erst wieder in späteren Generationen zum Vorschein kommen können; außerdem, dass die Nachkommen von Hybriden eine Tendenz besitzen, zum Erscheinungsbild der ursprünglich verbundenen Varietäten zurückzukehren (›Rückschlag‹ oder Reversion); und dass es in der Regel für das Ergebnis einer Hybridisierung keinen Unterschied macht, ob die verbundenen Varietäten jeweils durch den väterlichen oder den mütterlichen Organismus repräsentiert werden. Auch wenn ›Vererbung‹ ein zunächst selten verwendetes Bild blieb – in Gärtners umfangreichem Werk findet es sich ein einziges, in Mendels schmalem Aufsatz von 1866 schon zwei Mal –, so bezogen sich diese Erkenntnisse doch auf einen wohlabgegrenzten epistemischen Raum, dessen Unterscheidungen und

Beziehungen zentral die Transmission individueller Eigenschaften betrafen.

Man könnte meinen, dass Naturforscher das in Jahrhunderten gesammelte Wissen von Gärtnern, Landwirten und Züchtern über die Fortpflanzung der Lebewesen unmittelbar hätten nutzen können. Wie schon erwähnt, war ja bereits im späten Mittelalter eine umfangreiche Literatur zur Haltung, Pflege und Züchtung von Falken und Hunden entstanden, die auch ausführliche Überlegungen darüber enthielt, wie sich der ›Adel‹ verschiedener »Rassen«, zumal bei Kreuzungen, durch den Samen auf die Nachkommen übertrug.[58] Bis weit in das 19. Jahrhundert war hier allerdings stets der gesamte Komplex aller Faktoren verhandelt worden, von denen die jeweils erwünschten Merkmale der Haustiere und Nutzpflanzen abhingen. Der Reinhaltung von ›Linien‹ und der gelegentlichen ›Auffrischung des Blutes‹ durch Auskreuzen wurde ebensoviel Aufmerksamkeit gewidmet wie der Ernährung und Haltung, sodass ›Blut‹ und ›Boden‹ in diesem Diskurs unentwirrbar miteinander verknüpft blieben.[59] »Es gibt so viele Gattungen, Arten und Sorten«, bemerkte etwa der Rostocker Barockgelehrte Peter Lauremberg in seinem umfangreichen Gartenbaulehrbuch zum Thema Wein, »wie Regionen, Städte und Dörfer.«[60] Zuchtsorten blieben in der Frühen Neuzeit überwiegend noch an Lokalitäten gebunden.

In einer Hinsicht kam es in diesem Zeitraum jedoch schon zu einer entscheidenden Entwicklung. Einige Züchter spezialisierten sich auf die Produktion von Saatgut bzw. Zuchttieren, deren Qualität nicht mehr allein an gegebenen äußeren Merkmalen festgemacht wurde, sondern darüber hinaus an ihrer ausgewiesenen Fähigkeit, solche Merkmale an Nachkommen weiterzureichen, auch unter regional veränderten Bedingungen.[61] Gefragt war diese ›Vererbungsfähigkeit‹ vor allem bei Gärtnern, die im Umland der rasch wachsenden Städte Obst und Gemüse anbauten, und bei Landwirten, die Manufakturen mit Rohwaren wie Wolle oder Getreide belieferten. »Beachtung«, schrieb der Viehzüchter John Saunders Sebright 1809, »sollte nicht nur den Qualitäten geschenkt werden, die in den Tieren erscheinen, die für die Zucht ausgewählt werden, sondern solchen Qualitäten, die in der Rasse, von der die Tiere abstammen, vorgeherrscht haben, denn diese werden sich früher oder später immer in den Nachkommen zeigen. Das ist der Grund dafür, dass wir nicht von einem Tier züchten, und sei es noch so hervorragend, solange wir uns nicht sicher sind, dass es ›wohlgezogen [*well bred*]‹ genannt werden kann, das heißt von einer Rasse von Vorfahren abstammt, die über mehrere Generationen diejenigen Eigenschaften besessen haben, die wir erhalten möchten.«[62]

Im Lauf des 18. Jahrhunderts begannen Züchter sich auch zunehmend in professionellen Gesellschaften zu organisieren und ihre Zuchten über weite geographische Entfernungen hinweg auszutauschen, um deren ›Vererbungsfähigkeit‹ an Nachkommen zu testen. Einen sensationellen Präzedenzfall hatte der schwedische Textilfabrikant Jonas Ahlströmer geschaffen. Jahrhundertelang war die für ihre Feinheit geschätzte Merinowolle aus Schafherden gewonnen worden, die jedes Jahr von Sommerweiden in den Pyrenäen in die Tiefebenen Spaniens getrieben wurden, wobei die einzelnen Herden mit großem bürokratischem Aufwand strikt voneinander getrennt wurden. Diese einzigartige Haltung machte es unwahrscheinlich, dass sich Merino-Zuchten irgendwo anders als in Spanien etablieren ließen. 1723 gelang es Ahlströmer jedoch, spanische Merino-Schafe nach Schweden einzuführen, in lokale Rassen einzukreuzen und Wolle hoher Qualität aus ihnen zu gewinnen. Seinem Vorbild folgten bald andere, und Ende des 18. Jahrhunderts waren Merino-Zuchten in Sachsen, Preußen, England und Frankreich etabliert.[63]

Tier- und Pflanzenzüchter stellten also ganz ähnliche Experimente in Verpflanzung und Hybridisierung an wie die Naturforscher und entwickelten wie diese ein eigenständiges Vokabular, um eingesetzte Verfahren und beobachtete Phänomene zu beschreiben. Ausdrücke wie ›Veredelung‹, ›Inzucht‹, ›Rasseherde‹, ›Anlage‹, ›Vererbungsfähigkeit‹, ›Erbfehler‹ oder ›Rückschlag‹ fanden Eingang in den allgemeineren Sprachgebrauch. Die Beziehung zwischen Züchtern und Naturforschern blieb jedoch weiterhin verwickelt und spannungsreich. Bis weit ins 19. Jahrhundert standen starke institutionelle und soziale Hindernisse einer einheitlichen Sicht auf das Vererbungsgeschehen in Organismen entgegen. Auf der einen Seite erschien die züchterische Praxis nicht als angemessene Quelle botanischer Studien, da sie unzählige Varietäten zutage brachte, von denen es bei der Beschreibung der Arten in Linnéscher Tradition gerade zu abstrahieren galt.[64] Andererseits konzentrierten sich Züchter wie der Engländer Robert Bakewell, dessen für die Fleischproduktion geschaffene ›Dishley‹-Schafe Rekordpreise erzielten, auf einzelne Eigenschaften von Individuen, die erfahrungsgemäß besonders vermarktbar waren, und versuchten, allein diese Eigenschaften zu ›fixieren‹. Den Naturforschern war dieser Zugang fremd; ihr Interesse blieb dem Ursprung, der Beständigkeit und den möglichen Transformationen von Arten vorbehalten und richtete sich nicht auf individuelle Variationen.[65] Erst im zweiten Drittel des 19. Jahrhunderts gingen Naturforscher wie Gregor Mendel dazu über, für ihre Experimente die Fragestellungen, Objekte und Techniken zu übernehmen, die Züchter schon seit langem entwickelt hatten.[66]

Das 18. Jahrhundert ist auch das Zeitalter, in dem Naturforscher wie Georges Buffon und Mediziner wie Johann Friedrich Blumenbach begannen, eine ›Naturgeschichte des Menschen‹ auszuarbeiten. Wir werden im vierten Kapitel noch ausführlich auf die Rolle zu sprechen kommen, die Vererbung in der Rassenanthropologie und Eugenik des 19. Jahrhunderts spielte. An dieser Stelle soll es abschließend um die Quellen gehen, aus denen Anthropologen des 18. Jahrhunderts schöpften, um die Menschheit nach äußeren Merkmalen wie Hautfarbe und Schädelform zu klassifizieren. Sie werfen ein bezeichnendes Licht auf die historischen Bedingungen, unter denen es zur Ausbildung jenes epistemischen Raums kam, auf den sich die Vererbungsmetaphorik schließlich konsequent projizieren ließ.

Der Begriff der Menschenrasse war nicht, wie oft behauptet wird, eine einfache Erfindung europäischer Anthropologen der Aufklärungszeit. Tatsächlich fanden die Begründer der Rassenanthropologie ihren Gegenstand in einem eigentümlichen Kastensystem vor, das im Lauf des 17. Jahrhunderts in den spanischen

Abb. 7 a und b: Mexikanische *castas*-Darstellungen in Öl aus dem 18. Jahrhundert. a) *De Español y Negra Mulata.* b) *De Español y Alvina Negro*

und portugiesischen Kolonien Amerikas Gestalt angenommen hatte und von dem sie aus Reiseberichten erfuhren. Bekannt als *las castas*, regelte es die Verteilung von Rechtstiteln auf unterschiedliche Bevölkerungsgruppen, und zwar in einer Situation, in der diese Gruppen sich ständig vermischten. Die Bevölkerung wurde nach Hautfarbe und geographischer Herkunft unterteilt und Kinder aus Mischehen entsprechend der Kastenzugehörigkeit ihrer Eltern klassifiziert. Das System der *castas* fand im 18. Jahrhundert in charakteristischen Gemälden Ausdruck, auf denen jeweils ein Elternpaar und sein Kind zu sehen waren (s. Abb. 7 a). Auf jeder Tafel war die jeweilige *casta* der Eltern sowie die des Kindes verzeichnet: »Aus einem Spanier und einer Schwarzen, ein Mulatte«; »Aus einem Spanier und einer Mulattin, ein Moriske«; »Aus einem Spanier und einer Inderin [i.e. einer Ureinwohnerin Ame-

Torna atras. (Mit freundlicher Genehmigung des Museo de América, Madrid.)

rikas, A. d. Verf.], ein Mestize« – auf diese Weise wurden vielfältigste Kombinationen mit etwa siebzig verschiedenen Ausdrücken belegt. Buffon übertrug dieses System folgendermaßen in seine Naturgeschichte des Menschen: »Der Weiße und die Schwarze bringen einen Mulatten hervor, dessen Farbe braun ist, das heißt, gemischt aus weiß und schwarz.«[67] Kant sollte es in seinen anthropologischen Schriften zum Anlass nehmen, von der ›Vererbung‹ von Rassemerkmalen zu sprechen.

Das *castas*-System ist vor allem deshalb interessant, weil es deutlich macht, dass sich Rasse und Vererbung nicht einfach ergänzten, oder anders gesagt, dass es sich bei ›Rassen‹ nicht einfach um Menschen-›Arten‹ handelte, deren Beständigkeit ohnehin außer Frage stand. Zwar lieferte die Hautfarbe ein manifestes Merkmal, nach dem sich das Kastensystem auch gliederte. Aber dieser Ausgangspunkt bestand in einem äußerst variablen Phänomen, einem äußerlichen Merkmal *par excellence*.[68] Erst in der Frühen Neuzeit wurde dunkle Haut mit Afrika assoziiert und mit der direkten Abstammung von Ham, einem der Söhne Noahs, in Beziehung gebracht.[69] Gegen Ende des 17. Jahrhunderts wurde sie dann zum Gegenstand anatomischer Untersuchungen und Recherchen über ihren historischen Ursprung.[70] Wie im Falle der Erbkrankheiten wurden Unterschiede der Hautfarbe als individuelle, kontingente Abweichungen betrachtet. Und tatsächlich ist auch im System der *castas* für die Zugehörigkeit eines Individuums nicht so sehr die Hautfarbe allein, sondern vor allem die einmal erfolgte Festschreibung der Kastenzugehörigkeit der Eltern ausschlaggebend. Kastenzugehörigkeit ergab sich ganz mechanisch aus genealogischen Beziehungen, die nur bürokratisch verzeichnet werden mussten, um in jedem Einzelfall eine Entscheidung herbeizuführen, und zwar ganz unabhängig von irgendwelchen äußeren Merkmalen der in Frage stehenden Person. So trug das System der *castas* auch kapriziösen Erbgängen körperlicher Merkmale Rechnung, indem es, gleichsam als Warnung, Kinder eines Spaniers und einer ›Albina‹, das heißt einer Frau mit einer schwarzen Ururgroßmutter, als ›torna atras‹, als ›Zurückgekehrte‹ darstellte: Das Kind ist trotz der weißen Hautfarbe seiner Eltern, besonders seiner blonden, blauäugigen Mutter, deren Abkunft sich nur noch in einem Muttermal verrät, tiefschwarz (Abb. 7 b).

Anders als in der naturgeschichtlichen Forschungspraxis oder unter Tier- und Pflanzenzüchtern waren Experimente im Feld der Anthropologie nicht unmittelbar möglich. Dennoch entwickelte sich gerade dieses Feld zu einem Brennpunkt der Debatten über Vererbung. Zum einen konnten Anthropologen auf ›Experimente der Natur‹ wie etwa die Beobachtung von wild aufgewachsenen ›Wolfskindern‹ rekurrieren.[71] Zum anderen eröffnete die exponenziell wachsende Anzahl ethnographischer Berichte aus außereuropäischen Regionen so etwas wie ein »veritables ›Laboratorium der menschlichen Natur‹«, wie Philip Sloan es genannt hat.[72] Für die Konzeptualisierung von Vererbung in Bezug auf den Menschen stellte das beschriebene System der *castas* ein »weites Feld ›vormendelscher‹ Untersuchung« dar.[73] Es entwickelte sich zu einem universellen Schema der Rasseneinteilung, wie es zuerst von Linné in seinem *Systema naturae* von 1735 vorgeschlagen und später durch verschiedene Theorien über den Ursprung der Unterschiede innerhalb des Menschengeschlechts untermauert wurde.

Wie die Kaste, sein kulturgeschichtliches Korrelat, gewann auch der Begriff der Rasse biopolitische Bedeutung. Er nahm Bezug auf die Physiologie der Reproduktion, um die ungleiche Verteilung von Reichtum, Macht und sozialen Chancen zu rechtfertigen. Das gilt auch für das gegensätzliche Begriffspaar *nature* und *nurture*: Im frühen 19. Jahrhundert besonders in der Diskussion um ›Wolfskinder‹ verwendet, diente es auch der viktorianischen Ideologie des *self-made man* und spielte nicht zuletzt in den Debatten um den Ursprung und die (Selbst-)Reproduktion des Genies eine Rolle, die gegen Ende des 18. Jahrhunderts aufflammten, lange bevor Galton 1869 seinen *Hereditary Genius* publizierte.[74] Auf all diesen Schauplätzen – literarischen wie wissenschaftlichen – ging es darum, das Arteigene mit dem Individuellen in elementaren Anlagen in eins zu setzen. Die Anlagen manifestierten sich zwar nur in ausgewählten Individuen, zeichneten in ihrer Gesamtheit aber die Art als Ganzes aus. Es ging darum, eine Erklärung für etwas zu finden, das wie ein Widerspruch anmutet – die Reproduktion von Differenz.[75]

Die Erosion institutioneller Barrieren wie derjenigen zwischen Naturforschern und Züchtern oder zwischen medizinischen Praktikern und Naturforschern und Anthropologen spielte bei dieser Anbahnung des Vererbungsdiskurses eine wichtige Rolle. Auf lange Sicht sollte sie eine Perspektive möglich machen, in der sowohl das Arteigene als auch das Individuelle, das Normale und das Pathologische, kurz, sowohl reguläre als auch abweichende Formen durch ein und dieselbe Gruppe von Naturgesetzen bestimmt erschien, die auch die organische Reproduktion als solche determinierten. Gegenstand der um 1800 unter dem Namen ›Biologie‹ antretenden Wissenschaft war das ›Leben der Gattung‹, um den bereits im vorangegangenen Kapitel zitierten Ausdruck von Carl Friedrich Kielmeyer noch einmal aufzugreifen. Damit weitete sich die Sicht auf das Leben des Einzelnen auf das Leben der Vielen aus. Vererbung sollte bei der Beantwortung der Frage, was dieses Leben der Vielen verband und sich in ihm erhielt, nicht den einzigen, aber doch einen zunehmend privilegierten Platz einnehmen. In Anlehnung an Foucaults Archäologie des Wissens könnte man sagen, dass der Vererbungsdiskurs, nachdem er zuvor die Schwelle der Positivierung in verstreuten Domänen erlangt hatte, nun an der Schwelle seiner Epistemologisierung stand.

Kapitel 4

Erste Synthesen

Die Verteilung des Vererbungswissens auf mehr oder weniger voneinander getrennte und unabhängige Domänen zeigt zwar, dass vor dem Ende des 18. Jahrhunderts Erscheinungen der Vererbung im Bereich des Lebendigen keineswegs unbeachtet blieben; sie macht aber auch deutlich, was nicht existierte: Es gab keinen allgemeinen Begriff biologischer Vererbung, der die in den verschiedenen Domänen gemachten Beobachtungen schlüssig aufeinander bezogen hätte. Ein allgemeiner Begriff der Vererbung sollte sich erst allmählich im zweiten Drittel des 19. Jahrhunderts herausbilden. Carlos López Beltrán hat, worauf wir bereits zu Anfang des vorangegangenen Kapitels hingewiesen haben, diesen Übergang an einer aufschlussreichen sprachlichen Verschiebung verdeutlicht. Während die Verwendung des Adjektivs ›erblich‹ zumindest im Kontext der Lehre von den Krankheiten bis in das späte Mittelalter zurückverfolgt werden kann, wird das Substantiv zwar gelegentlich bereits im späten 18. Jahrhundert gebraucht, unter anderem von Kant, seine systematische Verwendung setzt jedoch erst um 1830 ein. ›Vererbung‹ (*hérédité*) wird zuerst vor allem unter französischen Ärzten und Physiologen gebräuchlich, bald ist der Ausdruck aber auch in anderen wissenschaftlichen Kreisen Europas geläufig; in den achtziger Jahren des 19. Jahrhunderts wird er schließlich zu einem dominanten und allgegenwärtigen Schlagwort in den Lebenswissenschaften. Die Substantivierung des Vererbungsbegriffs bringt mit den Worten von López Beltrán die Herausbildung einer »strukturierten Gesamtheit von Bedeutungen« zum Ausdruck, »die einen in Entstehung begriffenen biologischen Begriffsraum sowohl absteckte als auch vereinheitlichte«.[1] Ist Vererbung in der Zeit zuvor als disperser epistemischer Raum anzusprechen, so begann dieser sich im Laufe des 19. Jahrhunderts theoretisch zu artikulieren, um sich am Ende des Jahrhunderts zu unterschiedlichen Objekten der Forschung zu verdichten. Damit ging eine weitere Verschiebung einher, nämlich die Erosion einer Gruppe althergebrachter Unterscheidungen, die Ähnlichkeiten zwischen Eltern und Kindern, Vorfahren und Nachkommen betrafen. Zu ihnen gehörten artspezifische im Gegensatz zu individuellen, väterliche im Gegensatz zu mütterlichen, normale im Gegensatz zu pathologischen Ähnlichkeiten oder auch Eigenheiten, welche die linke im Gegensatz zur rechten Körperhälfte betrafen.[2] Solche Unterscheidungen wichen im Laufe des 19. Jahrhunderts einem verallgemeinerten Begriff von Vererbung, der sich zunehmend auf elementare Charaktere oder Dispositionen bezog, die den besonderen Formen und Erscheinungen des Lebens, ob nun rechts- oder linksseitig, pathologisch oder normal, mütterlich oder väterlich, individuell oder spezifisch, vorauslagen.

Das Aufkommen dieses verallgemeinerten Vererbungsbegriffs hing von einer Verknüpfung von Erscheinungen ab, die Gegenstand disparater Wissensdomänen waren; ihr standen, wie im letzten Kapitel beschrieben, nicht selten erhebliche institutionelle Barrieren entgegen. Im 18. Jahrhundert wurden solche Barrieren aber bereits auf manchen Gebieten überwunden, beispielsweise in der Philosophie der Aufklärung. Zwar organisierte sich das zeitgenössische philosophische Denken, das sich von den drei universitären Fakultäten Medizin, Recht und Theologie zu emanzipieren begann, in der Regel ohne Kontrolle durch Experimente und ohne jene disziplinäre Strenge, die zum Kennzeichen der Naturwissenschaften des 19. Jahrhunderts werden sollte. Aber gerade der noch hohe unmittelbare Erklärungsanspruch des philosophischen Denkens erlaubte es, die Grenzen disparater Wissensdomänen zu überschreiten.

In seinem 1745 pseudonym erschienenen und in zahlreichen Neuauflagen fortgeschriebenen Werk *Vénus physique* verarbeitete Pierre-Louis Moreau de Maupertuis beispielsweise Beobachtungen von Züchtern und Medizinern, aber auch eigene Züchtungsexperimente, die er mit Hunden und anderen Tieren aus seiner privaten Menagerie durchführte. In seine Schrift flossen daneben genealogische Informationen mit ein, die er über eine Berliner Familie zusammengestellt hatte, deren Mitglieder zuweilen überzählige Finger und Zehen aufwiesen. Den Anlass zu seinen Ausführungen, so berichtet Maupertuis in der ersten Auflage von *Vénus physique*, hatte die Zurschaustellung eines »Kindes von vier oder fünf Jahren« in einem Pariser Salon im Jahr 1744 gegeben, »das alle Merkmale eines Negers besaß, dessen fahle und sehr weiße Haut seine Unansehnlichkeit aber nur vermehrte«. Mit Bezug auf dieses Kind, das er als »kleines Monster« bezeichnete, machte Maupertuis eine Bemerkung, die den verallgemeinerten Vererbungsbegriff des 19. Jahrhunderts vorwegzunehmen scheint: »Ob man diese weiße Farbe nun für eine Krankheit oder für irgendeinen Zufall hält, sie wäre doch immer eine erbliche Varietät (*variété héréditaire*), die sich in der Generationenfolge entweder bestärkt oder wieder verliert.«[3] Auch die buntblättrigen Gartenpflanzen gehörten Maupertuis zufolge in diese Kategorie »erblich gewordener Varietäten«.

Es ist jedoch irreführend, Maupertuis oder Zeitgenossen wie Buffon – der einige der Hundevarietäten, auf die er 1753 in seiner *Histoire naturelle* einging, direkt aus Maupertuis' Zuchten erhalten hatte – historisch als ›Vorläufer Darwins‹ einzuordnen.[4] Maupertuis' Behauptung, Vererbungserscheinungen wiesen darauf hin, dass der organischen Materie über ihre »physischen« Eigenschaften der Ausdehnung und Bewegung hinaus »ein gewisser Grad an Intelligenz, Verlangen, Abscheu und Gedächtnis zuzusprechen ist«,[5] galt vielmehr weitgehend – mitsamt den daran anknüpfenden Debatten – der Zeugung der Lebewesen und war in eine breite, weltanschauliche Auseinandersetzung um die Existenz lebendiger Kräfte und die Autorität der Naturwissenschaften eingebettet.[6] Auch Kants Beschäftigung mit der Entstehung der Menschenrassen lässt sich eine systematische Stellung in seinem philosophischen Gesamtwerk zuweisen, die auf seine Aversion gegen die Annahme lebendiger Kräfte in der Natur zurückgeht.[7]

Die im letzten Kapitel behandelten verschiedenen kulturellen Domänen, in denen Vererbung sich als Phänomen artikulierte, verknüpften sich also nicht durch den ›Einfluss‹ einer einzelnen Domäne wie beispielsweise der Philosophie auf andere Bereiche, die sich dadurch untereinander sukzessiv genähert hätten. Man könnte eher von einem Dominoeffekt reden: Zwischen den Domänen ereigneten sich Konjunkturen, die eine Mobilisierung im einen Bereich unter den spezifischen Voraussetzungen anderer Bereiche wirksam werden ließen. So ermöglichte zum Beispiel die Entstehung einer Gesellschaftsschicht, deren Reichtum vorwiegend auf beweglichem Eigentum basierte, die weite Verbreitung von privaten oder repräsentativen Aktivitäten wie Sammeln oder Züchten.[8] Die Einfuhr von Pflanzen aus Sammelleidenschaft inspirierte ihrerseits Versuche, diese Pflanzen zu ökonomischen Zwecken zu akklimatisieren.[9] Züchter, die marktfähige Varietäten von Pflanzen und Tieren erfolgreich etabliert hatten, gaben wieder ein Rollenmodell für den *self-made man* ab: das bürgerliche Individuum sah sich zu ständiger Fortbildung fähig.[10] Um 1800 entstand also nicht plötzlich eine homogene ›Kultur der Vererbung‹, vielmehr verschoben sich auf verschiedenen kulturellen Ebenen lokale, soziale und institutionelle Raster. Erst ihre nachfolgende Rekonfiguration ließ ein zusammenhängendes Feld von Erscheinungen sichtbar werden, das in Vererbungstheorien um die Mitte des 19. Jahrhunderts dann auch als solches analysiert zu werden begann.

Dieser allgemeinen gesellschaftlichen Dynamik korrespondierte in den Wissenschaften vom Leben die Herausbildung der Evolutionstheorie mit ihrer umfassenden historischen Dynamisierung des Lebens. Der erste groß angelegte Versuch zu einer allgemeinen Theorie der Vererbung war Charles Darwins Buch über den *Ursprung der Arten* von 1859, und seine Einführung des Vererbungsbegriffs verrät viel über dessen kulturelle Voraussetzungen und Spezifik. Darwin schrieb noch gegen »theoretische Autoren« an, die »das Prinzip [der Vererbung] mit Zweifel belegen«. Gestützt auf die »Abhandlung von Dr. Prosper Lucas, in zwei umfangreichen Bänden« und das Erfahrungswissen von Züchtern argumentierte er:

> Wenn eine Abweichung nicht selten erscheint, und wir sie im Vater und im Kind sehen, können wir nicht sagen, ob sie nicht derselben ursprünglichen Ursache zu verdanken ist, die auf beide wirkte. Wenn aber unter Individuen, die offenbar denselben

> Bedingungen ausgesetzt sind, eine sehr seltene Abweichung […] in den Eltern erscheint […] und in dem Kind wieder auftaucht […], so sind wir schon fast allein auf Grund der Lehre der Wahrscheinlichkeiten gezwungen, das Wiederauftauchen dieser Abweichung der Vererbung zuzuschreiben.[11]

Darwin zielte also nicht zentral auf jene häufigen Eigentümlichkeiten, die Ähnlichkeiten zwischen Vorfahren und Nachkommen begründeten und sich leicht dadurch erklären ließen, dass ähnliche Ursachen bei der Zeugung sukzessiver Generationen mitgewirkt hatten. Sehr viel spezifischer interessierten ihn Fälle, in denen sich markante Abweichungen unter Lebensumständen reproduzierten, die bei anderen Individuen nicht dieselbe Abweichung erzeugten. In diesen Fällen stellten Lebensumstände offenbar nicht das auslösende Moment dar. Vererbung und ihr Pendant, Variation, stellten sich daher als kapriziöse, nicht notwendig in Anpassung mündende Vorgänge dar. Durch Variation wurden auch unter homogenen Bedingungen Unterschiede produziert, während Vererbung Eigentümlichkeiten konservierte, selbst wenn sich die Bedingungen änderten. Aus beidem *konnte* eine bessere Anpassung an die Umwelt resultieren, musste es aber nicht. Die ›Divergenz der Merkmale‹, die Darwins Theorie der Entstehung der Arten als elementares Prinzip zugrunde lag, sei, so hob er selbst hervor, keinesfalls »ein notwendiger Umstand. Sie hängt ganz davon ab, ob die Nachkommen einer Art durch sie in die Lage versetzt werden, von vielen verschiedenen Plätzen im Haushalt der Natur Besitz zu ergreifen.«[12]

Anders als Zeugungstheoretiker im 18. Jahrhundert war Darwin nicht auf vereinzelte Berichte über ›Kuriositäten‹ angewiesen, wie die beiden im obigen Zitat genannten Quellen belegen. Prosper Lucas' enzyklopädisches Werk *Traité philosophique et physiologique de l'hérédité naturelle* (1847–1850) bildete den vorläufigen Höhepunkt einer weiter zurückreichenden medizinischen Tradition der Beschäftigung mit Erbkrankheiten, insbesondere psychischen.[13] Züchterisches Erfahrungswissen hingegen hatte in der ersten Hälfte des 19. Jahrhunderts in einer Vielzahl von Publikationen Ausdruck gefunden, die Darwin sehr genau studierte.[14] In beiden Literaturen artikulierte sich darüber hinaus, mit jeweils unterschiedlichen Schwerpunkten, die *historische* Dimension des epistemischen Raums der Vererbung, die Darwin minutiös herausarbeiten sollte. Mediziner und Züchter betrachteten erbliche Varietäten immer als Abweichungen von einer gegebenen Norm, erstere als nicht-adaptive Abweichungen (Krankheiten), letztere, unter Voraussetzung eines Zuchtziels, als adaptive Abweichungen.

Wir werden im nächsten Kapitel eingehender auf die Medizin als wesentlichen Motor des Vererbungsdiskurses im 19. Jahrhundert eingehen. Zunächst soll es vorwiegend um die theoretischen Debatten gehen, in denen sich in der zweiten Hälfte des 19. Jahrhunderts der epistemische Raum der Vererbung artikulierte. Vererbung, so die Grundthese, wurde zum allgemeinen Problem, als die Organismen eine ›Geschichte‹ bekamen und die Lebensformen nicht mehr durch vorausgesetzte Artgrenzen fixiert waren. Denn wenn die Artformen nicht mehr durch die Schöpfung präfiguriert waren (Linné), als Manifestationen materiemöglicher Kombinationen organischer Moleküle erschienen (Buffon, Maupertuis) oder als Stufen einer allgemeinen Entwicklungsgesetzen unterworfenen Höherentwicklung betrachtet wurden (Lamarck, Erasmus Darwin), stellte sich nicht nur die Frage nach dem Mechanismus ihrer Veränderung, sondern auch die Frage, aufgrund welcher Gesetze sie in einem vorübergehend stabilen Zustand gehalten wurden, der zumindest einige Generationen andauerte. Erbliche Variationen deuteten auf eine Autonomie des Lebens hin, die sich aber weder mit der Sicht, dass Organismen immer schon an ihre Umwelt angepasst seien, noch mit einer unbegrenzten Plastizität und Vervollkommnungsfähigkeit des Lebens vertrug. Wie Jean Gayon bemerkt hat: »Um sich fest etablieren zu können, erforderte die [Annahme der] natürlichen Selektion eine experimentelle Wissenschaft der Variation und der Vererbung, die es jedoch noch nicht gab.«[15] Evolution und Vererbung bildeten daher zwei Seiten einer Medaille. Insofern ist es auch kein Zufall, dass Darwins Theorie der Vererbung in einer ›Hypothese der Pangenesis‹ kulminierte, die zum Referenzpunkt für die vielfältigen spekulativen Versuche über das Vererbungsphänomen im späteren 19. Jahrhundert wurde.

Darwin, Galton und das Phänomen der Regression

Für Prosper Lucas, auf dessen *Traité philosophique et physiologique de l'hérédité naturelle* Darwin mehrfach Bezug nahm, hatte bereits festgestanden, dass der »allgemeine Fehler aller alten wie modernen Theorien die Gleichsetzung von Zeugung und Vererbung war«.[16] Lucas traf allerdings noch eine weitere Unterscheidung, die im Kontext von Darwins Evolutionstheorie keine Rolle mehr spielen sollte. Er unterschied ein »Gesetz der Vererbung« (*loi d'hérédité*), das für die Konstanz des Arttypus verantwortlich war, von einem »Gesetz der Angeborenheit« (*loi d'innéité*), das für die erbliche Weitergabe individuell erworbener oder spontan entstandener Defekte sorgte und folglich das reguläre Vererbungsgeschehen stören konnte.[17] Eine bei einem Individuum aufgetauchte Veränderung von Eigenschaften konnte also an die Nachkommen weitergegeben werden und damit aus der Perspektive der Nachkommen »angeboren« sein, wirkte sich jedoch nicht auf den erblichen Typus aus. »Es ist klar, dass bezogen auf den spezifischen Typus es immer das Angeborene ist, das sich verliert, und das Vererbte, das bleibt.«[18] Für Darwins Evolutionstheorie, die den hier zugrunde liegenden Typusbegriff nicht mehr kannte, war diese Unterscheidung hinfällig. In ihr gab es nur noch eine Summe potenziell variabler Charaktere sowie Gesetze, die deren »Korrelation« regelten und damit auch ihre voneinander unabhängige Weitergabe in gewissem Maße einschränkten.[19]

Eine der merkwürdigsten Erscheinungen war für Darwin dabei das Phänomen intermittierender Charaktere, die in der Nachkommenschaft einmal verschwinden und in der folgenden Generation wieder auftauchen konnten. Schon im ersten Kapitel des *Ursprungs der Arten* hält er fest:

Die Gesetze, welche die Vererbung der Charaktere regeln, sind zum größten Teile unbekannt, und niemand vermag zu sagen, woher es kommt, dass dieselbe Eigentümlichkeit in verschiedenen Individuen einer Art und in verschiedenen Arten zuweilen vererbt wird und zuweilen nicht; woher es kommt, dass das Kind zuweilen zu gewissen Charakteren des Großvaters oder der Großmutter oder noch früherer Vorfahren zurückkehrt; woher es kommt, dass eine Eigentümlichkeit sich oft von einem Geschlechte auf beide Geschlechter überträgt, oder sich auf eines und zwar gewöhnlich, aber nicht ausschließlich, auf dasselbe Geschlecht beschränkt.[20]

Wir sehen an dieser Stelle, was Darwins Aufmerksamkeit erregte: Es war das ›Eigenleben‹ von Qualitäten, deren Verteilung auf die Nachkommen offenbar nicht durch äußere Umstände erklärbar war, sondern auf einen verborgenen Mechanismus zurückgeführt werden musste. Der epistemische Raum, in dem solche eigentümlichen Charaktere zirkulierten, ließ sich nicht mehr auf das individuelle Verhältnis zwischen elterlichen Erzeugern und ihren Kindern beschränken.

1868 veröffentlichte Darwin ein zweibändiges Werk über *The Variation of Animals and Plants under Domestication*, das zunächst einen Teil des *Ursprungs der Arten* hatte bilden sollen, den Autor aber noch ein knappes Jahrzehnt länger beschäftigte. Hier trug er alles zusammen, was er über Variationen und deren Weitergabe bei Züchtern und in der medizinischen sowie naturhistorischen Literatur hatte finden können, und hier versuchte er im 27. Kapitel, eine »einleuchtende Verbindung« zwischen den ihm wichtigsten Beobachtungen herzustellen: sexuelle Zeugung, Pfropf-Hybride, Xenien, Entwicklung, die funktionelle Unabhängigkeit der Elemente oder Einheiten des Körpers sowie Variabilität und Vererbung. Er fand diese Verbindung in seiner »provisorischen Hypothese der Pangenesis«, die er mit folgenden Worten einführte:

Es wird beinahe allgemein angenommen, dass die Zellen oder die Einheiten des Körpers sich durch Teilung fortpflanzen, dabei ihre Natur bewahren und letztlich in die verschiedenen Gewebe und Substanzen des Körpers verwandelt werden. Neben diesem Vermögen des Wachstums nehme ich nun aber an, dass die Zellen, bevor sie zu völlig passivem oder »geformtem Material« werden, winzige Körnchen oder Atome abwerfen, die frei durch das System zirkulieren und sich, wenn sie mit der geeigneten Nahrung versorgt werden, selbst durch Teilung vermehren und dann zu Zellen entwickeln, die denen gleichen, von denen sie herstammten. Diese Körnchen können um der Unterscheidung willen Zellen-Keimchen genannt werden oder, da die Zelltheorie noch nicht völlig etabliert ist, einfach Keimchen (*gemmules*). Ich nehme an, dass sie von den Eltern an die Nachkommen übertragen werden und im Allgemeinen in der unmittelbar nachfolgenden Generation zur Entwicklung kommen, oft aber auch in einem schlafenden Zustand über mehrere Generationen hinweg weitergegeben werden und dann erst zur Entwicklung kommen. Ich nehme ferner an, dass ihre Entwicklung von ihrer Vereinigung mit anderen teilweise entwickelten Zellen oder Keimchen abhängt, die ihnen im regulären Verlauf der Entwicklung vorausgehen. [...] Demnach sind es genau genommen weder die reproduktiven Elemente noch die Knospen, die neue Organismen erzeugen, sondern die durch den ganzen Körper verteilten Zellen selbst. Diese Annahmen bilden die provisorische Hypothese, die ich Pangenesis genannt habe.[21]

Darwins Hypothese zufolge waren also nicht nur alle relevanten Charaktere eines Organismus als Keimchen in den Sexualzellen versammelt, sondern auch zahllose Keimchen, die von ferneren Vorfahren stammten und im Ruhezustand über Generationen hinweg weitergegeben werden konnten, bevor sie, durch welche Umstände dies auch immer bewirkt wurde, wieder zur Ausbildung gelangten. Damit war für Darwin eines der drängendsten Vererbungsprobleme geklärt, das den Züchtern als Reversion oder als Atavismus zu schaffen machte und auf das er immer wieder zurückkam. Wie das spontane und unvorhersehbare Auftreten von Variationen (*sports*), waren sie für Darwin Hinweise auf die Autonomie, ja die Kapriziosität und Irregularität, die das Leben und seine Entwicklung charakterisierten.[22] Auch die stärkere und schwächere Ausprägung von Charakteren konnte auf unterschiedliche Quantitäten oder eine mehr oder weniger ausgeprägte Durchschlagskraft der Keimchen zurückgeführt werden. Ebenfalls auf ein materielles Substrat der Vererbung zurückgeführt war damit für Darwin das Problem der Entwicklung. Es ist ein Charakteristikum der Vererbungstheorien der zweiten Hälfte des 19. Jahrhunderts, dass sie Erscheinungen der Vererbung und der Entwicklung zwar zunehmend trennten, sie aber noch länger einheitlich und gemeinsam zu erklären versuchten.

Darwins Vetter Francis Galton, dessen explizite Verwendung bürokratischer und politischer Vergleiche schon beschrieben wurde, spielte hier ebenfalls eine Rolle. Bis in die frühen sechziger Jahre des 19. Jahrhunderts hatte er sich vor allem mit geographischen und meteorologischen Arbeiten befasst, doch unter dem Eindruck des *Ursprungs der Arten* sollte er sich für Jahrzehnte dem Problem der Vererbung zuwenden. Galtons Überlegungen führten ihn insgesamt von einer physiologischen zu einer statistischen Theorie der Vererbung und mündeten schließlich in das von ihm postulierte ›Gesetz des Ahnenerbes‹ (*law of ancestral heredity*). Uns interessiert an dieser Stelle nur die Formulierung seiner Vererbungstheorie in der Mitte der siebziger Jahre – erst wenige Jahre zuvor hatte er in ausgedehnten Transfusionsversuchen an Kaninchen nachgewiesen, dass eine pangenetische Keimchenzirkulation, wie Darwin sie angenommen hatte, durch das Blut zumindest nicht in Frage kam.

Schon in seiner ersten Arbeit über Vererbung hatte Galton hypostasiert, dass wir »passive Überträger einer Natur sind, die uns selbst überkommen ist und die wir nicht das Vermögen haben zu verändern«;[23] darin liegt der zentrale Punkt seines Vererbungskonzepts. Jean Gayon hat darauf aufmerksam gemacht, dass Darwin seine »Theorie der Abstammung mit Abänderung« (*descent with modification*) gelegentlich auch als eine Theorie der »Vererbung mit Abänderung« (*inheritance with modification*) bezeichnete.[24] Diese Betonung des Herkommens übernahm auch Galton:

> Wir werden deshalb wohl einen annähernd korrekten Blick auf den Ursprung unseres Lebens werfen, wenn wir davon aus-

> gehen, dass die Embryos, aus denen wir hervorgegangen sind, unmittelbar jenen Embryos entsprangen, aus denen sich unsere Eltern entwickelten, und diese den Embryos *ihrer* Eltern, und so immer weiter. So sollten wir auf die Natur der Menschheit und vielleicht auf die der ganzen belebten Schöpfung als ein kontinuierliches System blicken, das immer neue Zweige in alle Richtungen austreibt, die sich selbst variierend verzweigen und bei jeder Verzweigung in getrennte Leben knospen.[25]

Wie Darwin bezieht Galton das Vererbungsgeschehen auf ein System zirkulierender Keime, aber diese leiten sich nicht direkt aus dem Körper der Eltern ab. Vorfahren *und* Nachkommen entstammen vielmehr *gemeinsam* einem Substrat aus Keimen, in dem sich das Vererbungsgeschehen abspielt. In seinem für unseren Zusammenhang zentralen Aufsatz »A Theory of Heredity« von 1876 geht Galton daher auch von der mit Darwin geteilten Annahme aus, dass organische Körper aus – nicht näher charakterisierten – »organischen Einheiten« bestehen, die besondere Eigenschaften besitzen und zu einem gewissen Grad voneinander unabhängig sind. Diese Einheiten teilt er dann aber in »angeborene« und in »erworbene« ein; entscheidend für die Theorie der Vererbung seien allein Erstere. Darwins Pangenesis-Hypothese, die ja auch ein bequemes Mittel war, um die Vererbung somatisch erworbener Eigenschaften zu erklären, weist Galton entschieden von sich. Seine Theorie baut auf vier Postulaten auf. Erstens ist für jede unabhängige Einheit eines Körpers ein Keim verantwortlich. Zweitens ist die Summe der Keime, die den *stirp* im befruchteten Ei ausmachen, viel größer als die Summe der Keime, die in einem Individuum zur Entwicklung gelangen. Drittens bilden die nicht zur Entwicklung kommenden, latent bleibenden Keime einen »Rest« (*residue*), dessen vitalste Hälfte in die Keimzellen des Organismus eingeht. Viertens nimmt Galton wie Darwin an, dass unter der Annahme spezifischer Anziehungs- und Abstoßungskräfte der Keime, die deren geregelte Strukturbildung und Entwicklung garantieren, auf eine übergeordnete Vitalkraft verzichtet werden kann.[26] »Die Sexualelemente«, konstatiert Galton, »sehe ich als direkt vom ›*residue*‹ hergeleitet, und behaupte« – im Gegensatz zu Darwin – »nicht, dass die Keimchen frei wandern können.«[27] Auf diese Weise kommt Galton zu dem Schluss, dass »direkte Abstammung« im Sinne einer direkten Elternschaft – wir könnten auch sagen, Zeugung im vormodernen Sinne – »in der gängigen Bedeutung dieses Ausdrucks völlig unhaltbar ist«.[28] Gerade diese Alltagsbedeutung von Abstammung, so Galton 1872 in seiner Abhandlung »On Blood Relationship« (Über Blutsverwandtschaft), sei dafür verantwortlich, dass uns die eigentlichen Vererbungserscheinungen oft so »kapriziös« erschienen.[29] Die »eigentliche erbliche Beziehung« verbinde also nicht »die Eltern mit den Nachkommen, sondern die primären Elemente der beiden, so wie sie im neu befruchteten Ei existierten«. Es werde unser Unwissen daher nur unnötig steigern, »Vererbungstatsachen auf der Ebene gewöhnlicher Abstammungslinien zu behandeln – das heißt von den *Personen* der Eltern zu denen ihrer Kinder«.[30]

In »On Blood Relationship« unterscheidet Galton zwischen »patenten« und »latenten« Elementen, die nicht mit dem später definierten Verhältnis zwischen dominanten und rezessiven Erbfaktoren zu verwechseln sind, wohl aber jenen epistemischen Raum abstecken, der für die Entstehung der klassischen Genetik konstitutiv werden sollte. Wie bei Darwin, so war es also auch bei Galton ausgerechnet das Kuriosum der ›Reversion‹, das in seiner vergleichsweisen Marginalität und Unvorhersehbarkeit für das Vererbungsgeschehen zu einer langfristig maßgeblichen Unterscheidung führte, nämlich der zwischen der Weitergabe erblicher Elemente auf der einen und ihrer Rolle in der Entwicklung des Organismus auf der anderen Seite.

Vererbung und Zelltheorie

Fast alle Vererbungstheorien vor 1900, die hier als »Erste Synthesen« zusammengefasst werden, waren an evolutionäre Betrachtungen und Überlegungen zur Entwicklung gekoppelt. Weitergabe der Erbanlagen, evolutionäre Abstammung und Entwicklung bildeten eine theoretische Einheit.[31] Wie schon in Darwins und Galtons Vererbungstheorien zu erkennen ist, löste diese Einheit sich allerdings in dem Maße auf, wie die Zellentheorie ins Zentrum der Vererbungsüberlegungen rückte und Phylogenie sowie Ontogenie als diskrete Prozesse wahrnehmbar wurden. In seinem Aufsatz »From Heredity Theory to *Vererbung*« unterstreicht Frederick Churchill, dass mit den Fortschritten der Zytologie zu Beginn der achtziger Jahre des 19. Jahrhunderts für Vererbungstheorien in dieser Hinsicht eine »Wasserscheide« erreicht war.[32] Die Zelllehre hatte sich allerdings schon vierzig Jahre früher etabliert. François Duchesneau spricht darum mit Bezug auf die Verbindung von Zelllehre und Vererbung von einer »historischen Verspätung«.[33]

Bereits Rudolf Virchow hielt es in seiner *Cellularpathologie* von 1858 für »in hohem Grade wahrscheinlich«, dass der Kern eine außerordentlich wichtige Rolle innerhalb der Zelle spielt, eine Rolle, »die [...] weniger auf die Function, die specifische Leistung der Elemente sich bezieht, als vielmehr auf die Erhaltung und Vermehrung des Elementes als eines lebendigen Theiles«.[34] Nach diesen frühen Bemerkungen zur Arbeitsteilung zwischen Kern und Zytoplasma ließen seit Mitte der siebziger Jahre des 19. Jahrhunderts eine ganze Serie von zytologischen Befunden Überlegungen zur Materialität von Erbfaktoren, vor allem aber zu deren Sitz im Zellkern erheblich plausibler erscheinen.[35] Zu nennen sind beispielsweise Eduard Strasburgers und Oscar Hertwigs Arbeiten zur Kernverschmelzung bei der Befruchtung oder Walther Flemmings Beobachtung der Längsteilung von Kernstäbchen, für die der Ausdruck ›Chromosomen‹ geläufig wurde. 1887 berichteten Oscar Hertwig und Richard Hertwig über Experimente an Seeigeleiern. Durch Schütteln hatten sie die Kerne aus den Eiern entfernt. Die kernlosen Hüllen konnten befruchtet werden und zeigten Zeichen der Teilung. Theodor Boveri griff diesen experimentellen Faden auf. Er wies am Pferdespulwurm *Ascaris megalocephala* die Konstanz und Individualität der Kernelemente nach und zeigte, dass Chromosomen »selbständige Individuen sind, die diese Selbständigkeit auch im ruhenden Kern bewahren«.[36] In der Folge gelang es ihm 1889 an der Zoologischen Station in Neapel, die kernlosen

Hüllen der Seeigelart *Sphaerechinus granularis* mit Spermien von *Echinus microtuberculatus* zu befruchten. Einige davon entwickelten sich zum frühen Larvenstadium, die er als *Echinus*-Larven identifizierte. Damit war klar, dass die Kerne die entstehenden Larvenformen bestimmten und nicht das Eiplasma. Die Larven zeigten ausschließlich die Eigenschaften der Art, der der Kern entstammte. Mit dieser Arbeit verließ die Zellforschung ihre vorwiegend deskriptive Orientierung und trat in ihr experimentelles Stadium ein.[37] Boveris Experiment blieb nicht unbemerkt: Thomas Hunt Morgan übersetzte seinen Bericht vier Jahre später ins Englische.[38] August Weismann schließlich postulierte eine Reduktionsteilung der Gametenkerne vor der Befruchtung, die er dann auch nachweisen konnte. Dies sind nur einige der Befunde, die einander in den zweieinhalb Jahrzehnten zwischen 1870 und 1895 – nicht zuletzt aufgrund neuer mikroskopischer Präparier- und Färbetechniken – in rascher Folge ablösten.

Churchill hat für die frühen achtziger Jahre des 19. Jahrhunderts eine ungewöhnliche Häufung von zytologischen Abhandlungen konstatiert, die den Begriff ›Vererbung‹ nun explizit im Titel führten oder dem Phänomen der Vererbung auf zellulärer Ebene nachgingen. Zu ihnen gehörten neben dem bereits genannten Botaniker Strasburger und den Zoologen Hertwig und Weismann auch Moritz Nussbaum und Albert Kölliker. Sie alle hatten eine bestimmte Vorstellung von erblicher »Kontinuität«, die »das organisierte Material der Transmission durch das disruptive und komplexe Geschehen der Differenzierung hindurch aufrecht erhielt«.[39] Die Zelllehre in der Form, die sie seit Virchow angenommen hatte – mit ihrem Prinzip des *omnis cellula e cellula* –, hatte den radikalen Epigenesis-Vorstellungen des ausgehenden 18. und frühen 19. Jahrhunderts endgültig den Boden entzogen; das Leben schien nun unerlässlich an eine Struktur gebunden – die Zelle –, die sich nur durch Weitergabe in der Zeit erhalten konnte: eine morphologische Struktur, die fortbestand, indem sie sich teilte. Hieran konnte der Vererbungsdiskurs anschließen, insofern mit der Differenzierung der Zellstrukturen, insbesondere dem Kern, die Zelle als *Trägerin* und *Überträgerin* eines Materials gesehen werden konnte, das sich in dieser Übertragung zugleich erhielt. So ließe sich die historische ›Verspätung‹ der Verbindung von Zelllehre und Vererbungsdiskurs, die Duchesneau diagnostiziert, auch umgekehrt als Anbahnung einer Verbindung lesen, ohne die die Mendelsche Vererbungslehre, wie sie um 1900 Gestalt annahm, nicht denkbar gewesen wäre. Auch für Mendel selbst, wie wir im fünften Kapitel noch sehen werden, hatte die Zelllehre einen entscheidenden Ausgangspunkt bereitgestellt.

Die synthetischen Entwürfe von Nägeli, Bernard, De Vries und Weismann

In Deutschland arbeitete Carl Wilhelm von Nägeli in den späten siebziger und frühen achtziger Jahren an einer umfassenden Theorie der Vererbung und fasste seine Überlegungen in seiner monumentalen *Mechanisch-Physiologischen Theorie der Abstammungslehre* von 1884 zusammen. Der Titel weist darauf hin, dass auch Nägeli seine Ideen über Vererbung in den Kontext einer Abstammungstheorie stellte, die er jedoch als Alternative zur Evolutionslehre Darwins betrachtete. Im Rahmen seiner »Molecularphysiologie«[40] traf Nägeli eine folgenreiche Unterscheidung. Er differenzierte im »Stereoplasma« des Organismus zwei unterschiedliche Teile: Das »Trophoplasma« bildete die Körpersubstanz, während das »Idioplasma« als Vererbungssubstanz erschien. Das Idioplasma bestand aus »Modificationen der Albuminate«,[41] die sich zu »Micellen« von quasi-kristalliner Ordnung organisierten – wie die Stärke in Stärkekörnern, so fügte der botanisch versierte Nägeli hinzu, betonte aber zugleich, dass »die Configuration des idioplasmatischen Systems [...] keine geometrische, sondern eine phylogenetische Aufgabe« sei.[42] Mit anderen Worten, seine Struktur konnte nicht aus ersten Prinzipien abgeleitet werden, sondern war ein historisches Produkt. Die Besonderheit jedes idioplasmatischen Systems lag in der Konfiguration des Querschnitts seiner Stränge, in dem auch »die ganze Ontogenie mit allen ihren Eigenthümlichkeiten als Anlage enthalten sein muss«.[43] Das Idioplasma, so Nägeli, ist »somit gleichsam das mikrokosmische Abbild des makrokosmischen (ausgewachsenen) Individuums«, aber, wie Nägeli sogleich hinzufügte, »damit soll [...] selbstverständlich nicht gesagt sein, dass die Micellen des Idioplasmas etwa den Zellen des ausgewachsenen Organismus entsprechen und eine analoge Anordnung besitzen. Diese beiden Anordnungen sind im Gegentheil grundverschieden [...].«[44]

Die idioplasmatische Substanz des Organismus bildete demnach Nägeli zufolge ein eigenes System. In ihm hatte »der Stoff sich zu Einheiten gleicher Ordnung gestaltet«, die – zumindest im Prinzip, wenn auch nicht mit den aktuell zur Verfügung stehenden Mitteln – »unter einander verglichen und durch einander gemessen werden können«.[45] Grundsätzlich ließ sich diese Ordnung also aus sich heraus verstehen und musste nicht auf »hypothetische und unbekannte kleinste Dinge« zurückgeführt werden.[46] Damit wandte sich Nägeli implizit gegen Darwins ›Keimchen‹. Doch wie diese hatten auch die Elemente des Idioplasmas die Fähigkeit, durch Anlagerung weiterer Micellen zu wachsen und sich, ohne ihre phylogenetische Konfiguration zu verlieren, zu vermehren.

Um die Beziehung zwischen Idioplasma und Trophoplasma zu veranschaulichen, bemühte Nägeli das Klavier: »Wir müssen uns also vorstellen, dass das Idioplasma die Anlagen für verschiedene Organe in ähnlicher Weise zur Entfaltung bringe, wie der Klavierspieler auf seinem Instrument die auf einander folgenden Harmonien und Disharmonien eines Musikstückes zum Ausdruck bringt. Derselbe schlägt für jedes a und jeden anderen Ton immer wieder die nämlichen Saiten an. So sind die im Idioplasma neben einander liegenden Gruppen von Micellreihen gleichsam Saiten, von denen jede eine andere elementare Erscheinung darstellt.«[47] Das Idioplasma bestand also aus materiellen, individualisierten Induktoren elementarer organischer Erscheinungen; ihnen, nicht den aus ihnen zusammengesetzten Individuen kam das eigentliche evolutionäre Potenzial zu, wie Nägeli in einem weiteren bemerkenswerten Bild festhielt: »Es muß«, schreibt er in einem 1856 erschienenen Aufsatz, »wenn alle Umstände günstig sind, eine Anlage durch eine Reihe von Generationen hindurch sich immer weiter ausbilden können, wie ein Kapital, zu dem jährlich die Zinsen geschlagen werden, sich vergrössert.«[48]

Nägeli ging davon aus, dass das Idioplasma »durch den ganzen Organismus als zusammenhängendes Netz ausgespannt« sei, dessen Knoten er in den Zellkernen vermutete und das ihm zufolge im befruchteten Ei seine kompakteste Form annahm.[49] So wie den einzelnen Körper, so durchspannte das Idioplasma aber auch die Folge der Generationen. Die gesamte Genealogie war ihm im Prinzip »ein einziges aus Idioplasma bestehendes, continuierliches Individuum«.[50] Ganz ähnlich wie Galton setzte Nägeli voraus, dass dieses Bild die Alltagsvorstellung von Vererbung auf den Kopf stellte. »Denn statt dass die Eltern einen Theil ihrer Eigenschaften auf die Kinder vererben, ist es vielmehr das nämliche Idioplasma, welches zuerst den seinem Wesen entsprechenden elterlichen Leib und eine Generation nachher den seinem Wesen entsprechenden und daher ganz ähnlichen kindlichen Leib bildet.«[51] Das hereditäre System war dem Individuum gegenüber eigenmächtig, beherrschte es. Das Individuum war ihm gegenüber das Ephemere.

Deutlich ist, dass Nägeli scharf zwischen zwei materiellen Regimes trennte. Das Idioplasma war die kontinuierliche genealogische Verkörperung eines anhaltenden phylogenetischen Erwerbs komplexer werdender Strukturen. Das Trophoplasma war die mehr oder weniger vergängliche Hülle, die das evolvierende idioplasmatische System durch die Generationen trug. Im Gegensatz zu Darwins Keimchenhaufen hatte Nägelis Idioplasma, obgleich aus Elementen von unterschiedlicher chemischer Zusammensetzung aufgebaut, Systemcharakter, war in »Schaaren niederer und höherer Abtheilungen zusammengestellt«,[52] und vor allem: Seine Substanz unterschied sich von der Körpermaterie. Von allen Vererbungstheoretikern vor 1900 nahm allerdings nur Nägeli an, dass es sich dabei um zwei unterschiedliche chemische Systeme handelte.

An dieser Stelle lohnt sich ein kurzer Blick auf Frankreich, wo sich der Experimentalphysiologe Claude Bernard in seinem Spätwerk an den Spekulationen um die Vererbung beteiligte.[53] Sie mussten für ihn spekulativ in dem Sinne bleiben, als sie ohne Experimente, so wie er sie von seinen physiologischen Studien kannte, auskamen. In seinen *Leçons sur les phénomènes de la vie communes aux animaux et aux végétaux* von 1878 unterschied Bernard zwischen einer »chemischen« und einer »morphologischen« oder »organisierenden Synthese« im Organismus. Erstere bestand in Lebensfunktionen, die auf physikalisch-chemische Prozesse zurückgeführt werden konnten, sie war somit Experimenten zugänglich. Letztere bestand in der Verkettung, der Subordination und der je besonderen Zuordnung isolierter Lebensfunktionen, ging also der Reproduktion der organischen Formen voraus. Eines stand jedoch für Bernard fest: Ausgangspunkt der Morphogenese war das Ei, das »irgendein geformtes und substanzielles Element der aufeinander folgenden Generationen« enthalten müsse,[54] ein Element, das »sich weitergibt, das beständig ist, aber nicht wie ein dem Individuum als seinem Träger angehöriges Organ, sondern als ein Element, das dem Vorfahr angehört und das in der Ökonomie des gegenwärtigen Wesens tatsächlich so etwas wie einen atavistischen Parasiten darstellt«.[55] Verschiedentlich hat er dieses Element auch als eine »Spur« (*empreinte*) oder eine »Erinnerung« (*souvenir*),[56] als »virtuell eingeschrieben« (*virtuellement inscrit*) oder als eine »Anweisung« (*consigne*) bezeichnet.[57] »Die morphologische Arbeit«, so Bernard in seinen *Leçons*, »ist eine reine *Wiederholung*: sie hat ihre Gründe nicht in einer jederzeit momentan wirkenden Kraft; sie hat ihre Gründe in einer voraus liegenden Kraft. Es gibt keine Morphologie ohne Vorgänger.«[58] »Erblichkeit« (*hérédité*) war demnach der wesentliche Faktor der »Morphologie des Lebens«.[59] An Bernards Unterscheidung sollte 1896 der amerikanische Biologe Edmund Beecher Wilson in seinem einflussreichen Werk *The Cell in Development and Inheritance* anschließen, wobei er die Kontrolle über die »morphologische Synthese« in den Zellkern verlegte.[60]

Kommen wir noch auf zwei prominente, synthetische Entwürfe zu sprechen, die beide zeitlich nach der von Churchill konstatierten zytologischen ›Wasserscheide‹ entstanden, aber jeweils deutliche Rückbezüge auf Darwin bzw. auf Galton aufweisen. Mit seiner *Intracellularen Pangenesis* aus dem Jahr 1889 unternahm es der Amsterdamer Botaniker Hugo de Vries, Darwins Pangenesis-Hypothese den Entwicklungen der Zelllehre des ausgehenden 19. Jahrhunderts anzupassen. Entscheidend war für ihn – wie zuvor für Darwin – die Unabhängigkeit und freie Mischbarkeit der erblichen Anlagen. Über diesen Punkt ließ De Vries keine Zweifel aufkommen: »Selbständigkeit und Mischbarkeit, das sind also die wesentlichsten Eigenschaften der erblichen Anlagen aller Organismen.«[61] Weitergehende Spekulationen über eine stabile Verbindung oder gar eine übergeordnete Architektur der Erbanlagen lehnte er als überflüssig ab. Die von ihm als »Pangene« bezeichneten Elemente waren autonome Lebenseinheiten. Zwar aus physikalischen Atomen bzw. chemischen Molekülen aufgebaut, waren sie dennoch bezüglich der jeweiligen Besonderheiten dieses Aufbaus »historischer« Natur.[62] Diese betraf sie aber nach De Vries gerade als unabhängige Einheiten und verwies nicht wie bei Nägeli auf ein ihnen übergeordnetes System. Insbesondere waren die Pangene mit den beiden grundlegenden Eigenschaften des Lebens ausgestattet: Sie konnten wachsen und sich vermehren.

Im Zentrum der *Intracellularen Pangenesis* stand die Zelle. Für De Vries – wie bereits für Virchow – reflektierte der von den Zytologen beschriebene morphologische Unterschied zwischen Kern und Zytoplasma auch einen funktionellen Unterschied, eine Art Arbeitsteilung: »Die Überlieferung ist die Funktion der Kerne, die Entwicklung ist Aufgabe des Zytoplasma.«[63] Alle unterschiedlichen Pangene eines Organismus wurden im Kern vorgehalten. Solange sie im Kern gelagert waren, blieben sie inaktiv. Entsprechend den Entwicklungsbedingungen des Organismus wurden sie selektiv in das Zytoplasma transportiert, vermehrten sich dort und wurden aktiv: »Es muss also in irgend einer Weise eine Übertragung der erblichen Eigenschaften vom Kerne auf das Zytoplasma stattfinden.«[64] Die Pangene waren demnach nicht nur die Erbanlagen, sondern zugleich die Lebensmoleküle, die durch selektive Vermehrung den differenzierten Körper aufbauten. Sie mussten dazu aber aus den Kernen abgerufen werden. Von Kern zu Kern hingegen wurden sie bei der Zellteilung in ihrer Gesamtheit weitergegeben.

Im Gegensatz zu Nägeli, der die Züchter der Kategorie der

»Praktiker« zuordnete, von denen keine theoretischen Fortschritte zu erwarten seien, bezog sich De Vries – wie Darwin vor ihm – zur Untermauerung seiner zentralen Annahme, dass die Erbanlagen diskrete Charaktere darstellten, häufig auf die Arbeit von Züchtern wie Louis Vilmorin und Wilhelm Rimpau. Insbesondere die Analyse der Entstehung und Fixierung von Variationen sollte ihn einen Schritt über die theoretische Synthese hinausbringen und ihm einen experimentellen Zugang zur Vererbung verschaffen. Im fünften Kapitel werden wir darauf zurückkommen, wie ihm dies ein Jahrzehnt später gelang.

Wie Nägeli unterschied auch August Weismann, zunächst in seinem Essay über *Die Kontinuität des Keimplasmas als Grundlage einer Theorie der Vererbung* von 1885 und 1892 in seinem groß angelegten Werk *Das Keimplasma. Eine Theorie der Vererbung* ein »Keim-«, »Erb-« oder »Idioplasma«, das die Kontinuität der Vererbung durch die Generationen garantiert, vom Körperplasma oder »Soma«, aus dem letztlich die Zellen des individuellen, sich entwickelnden Organismus hervorgingen. Während jedoch Nägeli über diesen funktionellen Unterschied hinaus eine spezielle Art von »Albuminaten« für sein Idioplasma reklamierte, blieb Weismann wie De Vries bei der Annahme, das Keimplasma sei im Prinzip aus den gleichen organischen Molekülen aufgebaut, die auch im restlichen Protoplasma des Somas als Lebensträger vorhanden und aktiv waren. Der Aufbau des Keimplasmas war aber für Weismann ein kompliziertes Gebäude, »eine feste, historisch überlieferte Architektur«,[65] die die »Biophoren« – die elementarsten Lebensträger – in »Determinanten«, die Determinanten in »Ide« und die Ide in »Idanten« integrierte. Letztere waren schließlich in etwa mit den Chromosomen gleichzusetzen (Abb. 8).

Wie De Vries seine »Pangene« sah Weismann die Biophoren als ein Depositum im Kern, dessen Bestandteile während der Ontogenese selektiv in das Soma diffundieren konnten und dort zum »Baumaterial« des Zytoplasmas ausdifferenzierter Zellen wurden.[66] »Die Biophoren«, so behauptete er, »setzen *alles* Protoplasma zusammen, sowohl das zu Zellkörpern differenzirte Morphoplasma, als das im Kern enthaltene Vererbungs- oder Idioplasma.«[67]

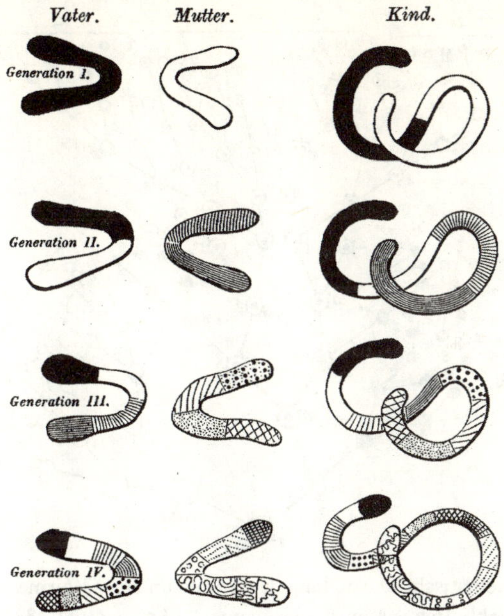

Abb. 8: Schema zur Veranschaulichung der Zusammensetzung der Idanten aus individuell verschiedenen Iden, Abb. 19 aus August Weismann, *Das Keimplasma*, 1892.

Für Weismann blieb die komplette historische Architektur des Keimplasmas, das während der Entwicklung vom Ei zum ausgewachsenen Organismus gemäß einer »idioplasmatischen Mechanik« auf geregelte Weise abgerufen wurde,[68] in der Keimbahn vom sich differenzierenden Körpergeschehen räumlich geschieden und deshalb auch von dessen Modifikationen unberührt (Abb. 9). »Zur Noth«, schrieb er 1885,

> lässt sich der Vorgang der Keimplasma-Entwicklung während der Ontogenese mit einer Armee vergleichen [...]. Die ganze Armee ist das Kernplasma der Keimzelle; bei der ersten Zelltheilung [...] trennen sich die beiden ähnlich zusammenge-

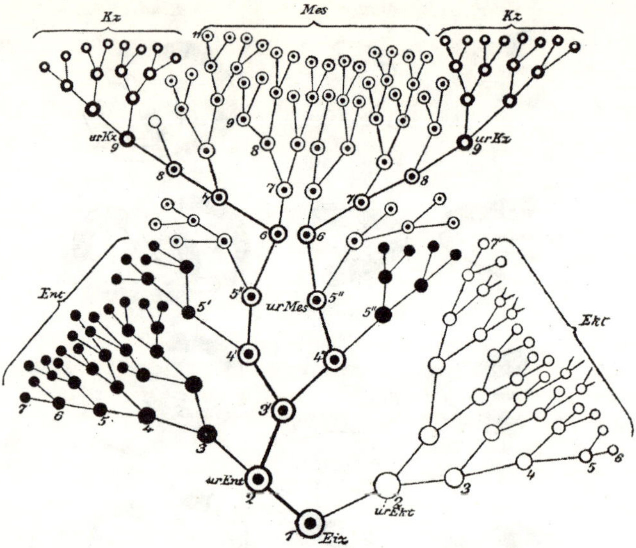

Abb. 9: Schematische Darstellung der Keimbahn eines Wurmes *Ascaris nigrovenosa*, Abb. 16 aus August Weismann, *Das Keimplasma*, 1892.

> setzten, aber doch verschiedene Entfaltungsmöglichkeiten enthaltenden Armeecorps, bei den folgenden Theilungen werden die Divisionen detachiert, bei späteren die Brigaden, Regimenter, Batallione, Compagnien u.s.w., und in dem Maasse, als die Truppenkörper einfacher werden, verringert sich auch ihr Wirkungskreis, ihre Actionssphäre.«[69]

Das in der Keimbahn weitergegebene Kernplasma bestand demgegenüber zwar aus keiner gesonderten Substanz, wie das bei Nägeli der Fall war, aber es war einem anderen Regime unterworfen als das Soma, indem es sich kontinuierlich und in Gänze durch die Generationen zog, sodass sich sein Potenzial erhielt, sich in einem vollständigen, neuen Individuum zu entfalten. Auf der Annahme einer solchen räumlichen Trennung zweier Regimes und der Überlegung, dass kein Weg von einer ausdifferenzierten Körperzelle zur Keimzelle zurückführe – in seinem Bild hieße das, dass die Aufgaben einer ›Armee‹ nicht von einer ›Kompanie‹ übernommen werden können –, beruhte Weismanns Zurückweisung einer Vererbung von Eigenschaften, die ein individueller Organismus im Laufe seines Lebens erworben haben mochte.

Die umfängliche Literatur zu Weismanns Keimplasmatheorie übersieht oft, dass Weismann damit keineswegs meinte, das in der Keimbahn weitergegebene Kernplasma könne keine neuen Eigenschaften erwerben. Neben einer spontanen Variabilität des Keimplasmas nahm er insbesondere auch an, dass es durch äußere Faktoren direkt beeinflusst werden konnte.[70] Seine Experimente mit Schmetterlingen gingen von der Möglichkeit eines solchen direkten und gerichteten Einflusses der Umgebung aus, einer Manipulierbarkeit der Variation des Keimplasmas bzw. einer direkten Wirkung von »Medium-Einflüssen« auf das Keimplasma, wie er sich auch ausdrückte.[71] Entsprechend nahm Weismann an, dass die erblichen Unterschiede in der Flügelfarbe des von Nord- bis Südeuropa verbreiteten Bläulings *Polyommatus phlaeas* auf unterschiedliche klimatische Bedingungen und Nahrungsangebote zurückzuführen waren, vor allem aber auf unterschiedliche regionale Temperaturen. In seinen Schmetterlingszuchten arbeitete er darum mit Temperaturstimuli, um zu sehen, ob er die Effekte auch experimentell induzieren konnte, die in der Natur durch einen Umweltgradienten hervorgerufen und durch Selektion fixiert worden waren. Anders als bei De Vries waren Weismanns Experimente also nicht von den Hybridisierungspraktiken der Züchter inspiriert, sondern verdankten sich physiologischen Überlegungen zur Expression von Charakteren und zur keimbahnbedingten Induktion erblicher Variationen durch Außeneinflüsse; sie blieben jedoch uneindeutig und trugen schließlich nichts Signifikantes zu seiner Vererbungstheorie bei, deren eindrucksvolles Gebäude in auffälligem Kontrast zu seinen experimentellen Bemühungen steht.

»Harte« und »weiche« Vererbung

Am Ende dieses Kapitels bleibt noch, auf die Gründe für die geradezu überquellenden spekulativen Vererbungsvorstellungen am Ende des 19. Jahrhunderts einzugehen. Dieser Überschuss spiegelt nicht nur das Gewicht des neuen epistemischen Feldes, sondern zugleich eine erhebliche Verunsicherung, die sich auch in den häufigen gesellschaftspolitischen Vergleichsbildern seiner Protagonisten niedergeschlagen hat. Bisher haben Wissenschaftshistoriker die Geschichte der Vererbungstheorien des 19. Jahrhunderts vorwiegend an den Gegensätzen von ›weicher‹ *vs.* ›harter‹[72] bzw. ›nicht-mischender‹ *vs.* ›mischender‹ Vererbung (*blending inheritance*)[73] entlang erzählt – im Sinne einer auf die klassische Genetik zusteuernden Entwicklung. Nicht erfasst wird mit diesen Dichotomien jedoch die theoretische, bisweilen auch rein hypothetisch-spekulative Vielfalt dieser Periode. Bei naherem Hinsehen erweist es sich nämlich, dass bis zum Ende des 19. Jahrhunderts allgemeine Spekulationen über den Mechanismus der Vererbung diese Positionen recht indifferent behandelten bzw. sie nur unscharf trennten. Unter Medizinern blieb beispielsweise der Glaube weit verbreitet, dass Krankheiten der Eltern den Kindern ihren ›Stempel‹ aufdrücken könnten. Auch nachdem Weismanns Keimbahnprinzip sich durchzusetzen begann, hinderte die Mediziner nichts an der Zusatzhypothese, dass Substanzen wie etwa der Alkohol die Keimbahn ›vergifteten‹, was implizierte, dass erbliche Änderungen – zumindest in Form von Schäden – doch aktuell und unwiderruflich erworben werden konnten.[74] Die Ärzte standen damit nicht allein. Nicht einmal Weismann selbst mochte ja die Möglichkeit einer Einwirkung der Umwelt auf die Keimbahn ausschließen und versuchte sie sogar experimentell zu erforschen. Darin spiegelt sich eine zugleich ›weiche‹ wie ›harte‹ Vorstellung von Vererbung – weich, insofern Umweltfaktoren eine Veränderung in der Erbsubstanz bewirkten; hart, insofern diese Veränderung, wenn sie einmal stattgefunden hatte – in ersichtlicher Analogie zur Erbsünde –, unerbittlich in der Keimbahn weitergeleitet wurde. So war der ›Sozialdarwinismus‹ des ausgehenden 19. Jahrhunderts ganz überwiegend von lamarckistischen Vorstellungen geprägt, allen voran die einflussreiche Sozialphilosophie Herbert Spencers, ohne dass dies die rassistischen Auswüchse dieser intellektuellen Strömung eingedämmt hätte.[75]

Nicht minder kompatibel erschienen eine Mischung elterlicher Eigenschaften bei den Nachkommen und eine Zusammensetzung der eigentlichen Erbsubstanz aus »nicht-mischenden«, für sich bestehenden Elementen, wie beispielsweise in Darwins Pangenesis-Theorie oder Galtons Theorie des *stirp*. Wie es aussieht, konnten nach ›hart‹ oder ›weich‹, ›mischend‹ oder ›nicht-mischend‹ streng zu trennende Positionen erst dann zu ernsthaften Gegenständen der Auseinandersetzung werden, als sich der Mendelismus nach 1900 durchzusetzen begann. Mit Bezug auf die *blending inheritance* hat Theodore Porter daran erinnert, dass Darwin selbst den Ausdruck gar nicht kannte – bei ihm bezog sich *blending* immer auf die sichtbaren Charaktere, das Resultat der Vererbung also, nicht ihren Prozess. Auch Galton bezog den Ausdruck der ›Mischerbigkeit‹ (*blended inheritance*) ausdrücklich auf das Äußere bestimmter Bastarde und nicht auf einen Vorgang im Inneren des Erbmaterials.[76]

Sehr viel grundlegender erschienen gegen Ende des 19. Jahrhunderts Fragen nach der materiellen Verfasstheit und der Kausalwirkung des Erbmaterials, die darum auch viel heftiger diskutiert wurden. An vorderster Stelle stand die Frage nach dem Verhältnis der an Vererbungsprozessen beteiligten organischen Einheiten zueinander und zu dem übergeordneten System, das sie bildeten: Sind diese Einheiten, wie von Darwin und insbesondere De Vries behauptet, weitgehend autonom, sodass sie sich frei kombinieren und unter geeigneten Umständen individuell entfalten können? Oder werden sie, wie von Nägeli und Weismann unterstellt, von einem historisch gewachsenen, übergeordneten System beherrscht, das bestimmt, wo und wann sie ›abgerufen‹ werden?

Wie für die Zelllehre im Allgemeinen, so stand auch für die auf sie gestützten Vererbungstheorien das Herrschaftsverhältnis zwischen Teil und Ganzem im Vordergrund, was einer Verflechtung biologischer und politischer Anschauungen Vorschub leistete.

Renato Mazzolini hat diese riskanten Wechselbeziehungen an Virchows Begriff des Organismus untersucht.[77] Nach Virchow stellt der Organismus »eine Art von gesellschaftlicher Einrichtung, eine Einrichtung socialer Art« dar.[78] Interessanterweise wandte sich Virchow entschieden gegen Versuche konservativer Zeitgenossen, seine Metaphorik in eine quasi naturgesetzliche Begründung eines autoritären ›Staatsorganismus‹ umzumünzen. »Der Staat«, schrieb er bereits 1849 in seinem Aufsatz »Der Staat und die Ärzte«, »ist freilich und wird nie ein Organismus sein, sondern nur ein Complex von Organismen. Der sogenannte Staatsorganismus gedeiht daher am besten, wenn die Entwicklung der Einzelnen am meisten garantirt ist.«[79] Das »monarchische Princip« einer den Organismus als ganzen beherrschenden »Lebenskraft« war nach Virchow durch das Prinzip einer »Bildungskraft« zu ersetzen, die »den Zellen als erb- und eigentümlich zugeschrieben« werden musste.[80]

Häufig debattiert wurde auch die Frage nach der Vererbung als Kraft oder als materielle Struktur. Wie Jean Gayon gezeigt hat, blieb dieser Gegensatz das ganze 19. Jahrhundert hindurch virulent.[81] Die Vertreter der Vererbung als Kraft konnten mehr oder weniger bruchlos an epigenetische Vorstellungen anschließen, wie sie sich auch in Johann Friedrich Blumenbachs Begriff des ›Bildungstriebs‹ artikulierten. Aus epigenetischer Perspektive war eine solche Kraft kreativ. Unter dem Gesichtspunkt der Vererbung verschob sich ihre Funktion jedoch auf die Bewahrung des Typus. Genau so charakterisierte auch Prosper Lucas sein ›Gesetz der Vererbung‹. In einem eher unspezifischen Sinne sprach dagegen Darwin von einer *force of inheritance* oder *power of inheritance*, wies er doch meist gleichzeitig darauf hin, wie »schwach, kapriziös und defizient« sie gelegentlich sein konnte.[82] Als eine Kraft, die über die Generationen hinweg akkumuliert und verstärkt – durch Nachlässigkeit aber auch geschwächt – werden konnte, dachten vor allem Züchter bis ins späte 19. Jahrhundert Vererbung,[83] und ein eher phänomenologisches Echo fand sie schließlich als messbare Kraft oder ›Tendenz‹ in Galtons *›law of ancestral heredity‹*.

Vererbung als Kraft war aber auch bei Autoren lebendig, die energetistischen oder panpsychistischen Vorstellungen nachhingen. Einer der prominentesten unter ihnen war wohl der Monist und Darwin-Propagator Ernst Haeckel mit seiner *Perigenesis der Plastidule* von 1876. Nach Haeckels Vorstellung bestand das Keimplasma aus Molekülen, die jeweils durch bestimmte Schwingungszustände charakterisiert wurden. Teilten sich Zellen in der Ontogenese, wurden die Tochterzellen jeweils unterschiedlichen äußeren Bedingungen ausgesetzt, wodurch sich die Schwingungszustände veränderten. Auf dieser Grundlage konnte Haeckel einen strikten Parallelismus zwischen ontogenetischer und phylogenetischer Entwicklung veranschlagen; Haeckels »biogenetisches Grundgesetz« sah vor, dass in beiden Entwicklungsprozessen derselbe Mechanismus einer »Vererbung erworbener Eigenschaften« am Werk sei. Vererbung wurde auch hier wesentlich als konservative Kraft verstanden, insofern jedes Einzelwesen seine Stammesgeschichte rekapitulierte. Haeckel mit seiner Vorliebe für Wortschöpfungen nannte diesen Vorgang »Palingenesis«, in die sich Variationen als bloße »Fälschungsgeschichte« (Cenogenese) einschrieben.[84]

Aus dieser kurzen Übersicht geht bereits hervor, dass sich unter dem Sammelbegriff ›Kraft‹ ganz unterschiedliche Konzepte verbergen konnten. Wachsende Geltung verschaffte sich aber trotz dieser allgegenwärtigen Kraft-Vorstellungen zunehmend auch die andere Sichtweise, nach der, wie die in diesem Kapitel ausführlicher dargestellten Beispiele gezeigt haben, Vererbungserscheinungen auf materielle Strukturen zu beziehen waren. Dabei blieben jedoch entscheidende Fragen offen oder wurden kontrovers diskutiert: Ist die Quelle des Erbmaterials der Ahnenorganismus selbst oder etwas unabhängig von ihm Weitergegebenes? In welchem Umfang und unter welchen Bedingungen können erworbene Eigenschaften erblich werden? Besteht das Keimplasma aus einer besonderen Substanz, und wo kann es gegebenenfalls im Organismus lokalisiert werden? Ist es an besondere zelluläre Strukturen wie den Zellkern gebunden? Aus welchen Elementareinheiten setzt sich gegebenenfalls die Erbsubstanz zusammen, und wie verhalten sich diese zueinander? Können sie fusionieren, oder vermischen sie sich bloß? Sind die Erbeinheiten überhaupt partikulär und unabhängig voneinander oder bilden sie ein unauflösliches System?

Auf welche Weise bestimmen sie den zukünftigen Organismus – direkt und lebenslang oder vielleicht nur durch die Determination der ersten Entwicklungsschritte? Schließlich, welche besondere Rolle spielen die beiden Geschlechter bei der Vererbung?

Was die letzte Frage betrifft, lässt sich für die zweite Hälfte des 19. Jahrhunderts ein massiver Einschnitt konstatieren. In Zeugungstheorien der Vergangenheit hatte es nie außer Frage gestanden, dass der Beitrag der zwei Geschlechter zum Zeugungsprodukt asymmetrisch sei, was nicht zuletzt das zeitgenössische rechtliche und politische Verhältnis von Mann und Frau spiegelte.[85] Wurde diese Asymmetrie nicht bereits im Zeugungsvorgang selbst angenommen, wie etwa von Aristoteles oder den »Ovisten« und »Animalculisten« des 17. und 18. Jahrhunderts, galt sie doch auf jeden Fall durch den formenden Einfluss der Schwangeren einschließlich ihrer ›Einbildungskraft‹ auf den Embryo als gesichert.[86] Gerade die Bestimmung des Geschlechts des Embryos wurde für gewöhnlich auch noch im 19. Jahrhundert auf das Verhalten und die Ernährung der Schwangeren zurückgeführt.[87] In der zweiten Hälfte des 19. Jahrhunderts wurde diese Asymmetrie jedoch zum Problem, und zwar nicht wegen, sondern *trotz* der zytologischen Forschungen, die oft extreme Unterschiede in Größe und Gestalt von Spermium und Eizelle zutage brachten. Die Verlegung der Vererbungsvorgänge in den Zellkern und mit Beginn des 20. Jahrhunderts in Austauschprozesse unter Chromosomen kann als – geradezu verzweifelter – Versuch gelesen werden, eine Ebene in der Reproduktion der Organismen auszumachen, auf der sich männlicher und weiblicher Part gleichberechtigt gegenüberstanden; und dies trotz der überwältigenden Fülle bekannter Tatsachen, die dem eigentlich entgegenstanden.[88] Das daraus resultierende ›Kernmonopol‹ hatte zur Folge, dass nicht nur der mütterliche Körper (wie schon bei Harvey) nicht länger dem Wirkungsbereich der Vererbung, sondern der Umwelt zugerechnet werden musste, sondern auch das Zytoplasma der befruchteten Eizelle, obwohl es in einem den väterlichen Beitrag weit übertreffenden Maße mütterlicherseits ›weitergegeben‹ wurde.[89]

Trotz aller intensiven Vererbungsdebatten hatte das späte 19. Jahrhundert noch keine allgemein oder auch nur unter Biologen im engeren Sinn akzeptierten Antworten auf die im Vorangehenden skizzierten Fragen. Eine gewisse Übereinkunft ist jedoch in einer Hinsicht schon im 19. Jahrhundert auszumachen. Seit Darwin stand im Nachdenken über Vererbung allmählich weniger die Beziehung zwischen Vorfahren und Nachkommen im Vordergrund – die vertikale Verbindung zwischen Einzelorganismen –, sondern zunehmend ein horizontal vorgestelltes Verhältnis von Populationen und Generationen zu einem gemeinsamen Erbsubstrat. Dieser Bedeutungsverlust von Vorfahren in der Zeit zugunsten eines gemeinsamen ›Bestands‹ an Erbanlagen scheint unter anderem damit zusammenzuhängen, dass Vererbung im Kontext der gesellschaftlichen Fortschrittseuphorie des späten 19. Jahrhunderts zunehmend mit Zukunft statt mit Vergangenheit assoziiert wurde, mehr mit nachhaltiger Expansion als mit der Begründung und Erklärung des Hergebrachten. Wo die Vergangenheit im kulturellen und lebenswissenschaftlichen Vererbungsdiskurs eine Rolle spielte, tat sie es entweder als Bedrohung der Gegenwart, insbesondere in Form einer schleichenden ›Degeneration‹, oder als kapitalförmiges Erbe, das jede neue Generation sich aneignen musste. War im 18. Jahrhundert Vererbung als juristische Metapher in die Lebenswissenschaften eingewandert, so begünstigte ihr biologischer Begriff nun seinerseits andere Formen der kulturellen Produktivität.[90] Als Modell kann im Bereich der Biologie selbst die nun ganz auf Züchtungsziele gerichtete Pflanzen- und Tierzucht gelten. So verwundert auch nicht die enge Verbindung zwischen der an Mendel anknüpfenden frühen Genetik mit landwirtschaftlichen und viehzüchterischen Anliegen. Die Genetik wurde als ein entscheidender Schritt angesehen, um Vererbungsphänomene fortan »nach vorne, auf zukünftige Generationen hin zu deduzieren«, wie Raphael Falk es ausdrückt.[91] Aus Mendelscher Perspektive konnte die genetische Konstitution eines Organismus weder schlüssig von seinen Vorfahren hergeleitet noch eindeutig an ihm selbst abgelesen, sondern nur aus seinen Nachkommen erschlossen werden.

Kapitel 5

Vererbung, Rasse und Eugenik

Die oft esoterischen, an ein naturwissenschaftlich vorgebildetes Publikum gerichteten theoretischen Überlegungen, denen wir uns im letzten Kapitel zugewandt haben, bildeten nur die Spitze eines Eisbergs. Für die Zeit von der Mitte des 19. bis zur Mitte des 20. Jahrhunderts kann man festhalten, dass die Vererbung beim Menschen, ihre befürchteten Folgen für Staat und Gesellschaft sowie die Maßnahmen, die angesichts dieser Folgen vorgeschlagen und auch durchgeführt wurden, einen Dreh- und Angelpunkt politischer Auseinandersetzungen bildeten. Ihr maßgeblicher Hintergrund waren zwei langfristige historische Entwicklungen: Zum einen vollzog sich in Europa eine Veränderung, die erstmals 1929 von dem amerikanischen Bevölkerungswissenschaftler Warren S. Thompson beschrieben wurde[1] und heute als ›demographischer Übergang‹ (*demographic transition*) bezeichnet wird. Dessen wesentliche Parameter sind schnell benannt: Anstieg der Lebenserwartung, Fall der Geburtenrate, letzterer mit zeitlicher Verzögerung, sodass sich unter dem Strich ein stattliches Bevölkerungswachstum ergab; Migration von ländlichen Gebieten in Großstädte; Produktivitätssteigerung in Landwirtschaft und Industrie und eine allgemeine Anhebung des Lebensstandards. An einem kleinen europäischen Land wie Dänemark kann man die Dimensionen des demographischen Wandels gut veranschaulichen: Zwischen 1801 und 1901 zogen 360 000 Dänen vom Land in die Großstadt Kopenhagen, 143 000 allein in den achtziger Jahren. Von 1901 bis 1950 betrug der Nettoverlust an Landbevölkerung dann noch einmal 850 000 Personen. Im selben Zeitraum wuchs die Gesamtbevölkerung Dänemarks von 929 000 auf 4 281 000 Personen, trotz massiver Auswanderung nach Amerika.[2] Ein Vergleich der Geburtenraten von 1890 und 1911 im Deutschen Reich liefert ein beeindruckendes Beispiel für den dramatischen Rückgang der Geburtenrate, den der demographische Übergang nach sich zog: Im

Jahr 1890 kamen auf 1000 Bewohner durchschnittlich noch 40,9 Geburten, im Jahr 1911 waren es dann nur noch 28,2.[3]

Die zweite, ebenso langfristige Entwicklung bestand in der zunehmenden Vergesellschaftung und damit einhergehenden Politisierung der europäischen Medizin. Sie verlief in den einzelnen Ländern ungleichzeitig – in Frankreich setzte sie zum Beispiel bereits im frühen 19. Jahrhundert ein, in Deutschland bildeten Bismarcks Sozialgesetzgebung (mit der Einführung einer reichsweiten Krankenversicherung im Jahr 1883) und der Erste Weltkrieg markante Wendepunkte, in England hingegen entstand das erste staatliche Gesundheitssystem (National Health Service) erst nach dem Zweiten Weltkrieg; die USA hingegen verfügen bis heute über keine flächendeckende Gesundheitsversorgung. Wie bei der demographischen Entwicklung in den verschiedenen europäischen Staaten lassen sich auch hier einige gemeinsame Parameter festhalten: die zunehmende Professionalisierung, Korporatisierung und Spezialisierung von Heilberufen, die mit der Bekämpfung von ›Quacksalberei‹ und Selbsthilfe einhergingen; die Übernahme administrativer und politischer Funktionen durch ausgebildete Mediziner anstelle von Juristen; die Entstehung und der Ausbau von Spezialdisziplinen wie Demographie, Epidemiologie, Eugenik und Sozialmedizin, die ganze Bevölkerungen zum Objekt ihrer Studien machten; und schließlich eine zunehmende Bereitschaft staatlicher Behörden, zum Zweck der Krankheitsprävention gegebenenfalls auch in die individuelle Lebensführung sowie das Familien- und Sozialleben einzugreifen. Ein Ereignis in der deutschen Geschichte fasst diese Entwicklungen brennpunktartig zusammen: 1911 wechselte die Abteilung für Medizinalangelegenheiten, die bis dahin dem preußischen Kultusministerium (zuständig für Kirchenfragen, Erziehung und Wissenschaft) unterstellt war, in den Geschäftsbereich des Ministeriums des Inneren.[4] Heute hat Deutschland wie die meisten anderen Staaten ein eigenständiges Gesundheitsministerium.

Der demographische Übergang und die Entstehung wie auch immer gestalteter öffentlicher Gesundheitssysteme standen in einem engen, aber keinesfalls deterministischen Zusammenhang.

Der Rückgang der Geburtenrate, zunächst in höheren, dann auch in unteren Einkommensschichten und schließlich sogar auf dem Land, dazu katastrophale hygienische Bedingungen und dadurch bedingte Gesundheitsprobleme, unter denen das städtische Proletariat am meisten zu leiden hatte, wurden von politischen und wissenschaftlichen Eliten als krisenhafte Symptome einer ›Degeneration des Volkskörpers‹ wahrgenommen, insbesondere während des Ersten Weltkriegs.[5] Gesundheit wurde zum Staatsziel, und die öffentliche Gesundheitspflege zu einem vorrangigen Mittel, wie es der britische Medizinhistoriker Paul Weindling formuliert hat, »eine geschlossene und integrierte Gesellschaft während der Umbrüche zu erreichen, die die Industrialisierung hervorrief«.[6] Wie genau auf diese Umbrüche zu reagieren war, war damit keineswegs ausgemacht. Im deutschsprachigen Raum hielt sich beispielsweise bis zum Ersten Weltkrieg eine liberale ärztliche Elite, die hartnäckig auf die souveranen Rechte der medizinischen Profession pochte und sich gegen staatliche Eingriffe in das private Verhältnis von approbierten Ärzten und ihren Patienten zur Wehr setzte.[7] Der Weg in die eugenisch, rassenhygienisch und bevölkerungspolitisch motivierten Verbrechen des Nationalsozialismus verlief weder geradlinig noch zwangsläufig, wie Weindling detailliert belegt hat, sondern war unter anderem durch tiefgreifende ideologische Konflikte über das Verhältnis von Individuum, Professionen und Staat gekennzeichnet. Autoritäre und technokratische ›Lösungen‹, wie sie von einer Reihe von Medizinern, Biologen und Intellektuellen vehement befürwortet wurden, setzten sich nur allmählich und gegen erhebliche Widerstände durch.

Eugenik und Rassenhygiene waren daher auch nicht Teil einer monolithischen politischen Bewegung. In den letzten zwei Jahrzehnten ist eine nahezu unübersehbare Fülle von Büchern zur Geschichte der Eugenik in unterschiedlichen nationalen Kontexten erschienen, die vielfältige Positionen, Programme und Koalitionen zutage gefördert haben. Eugenisch motivierte Initiativen gab es nicht nur in Deutschland, sondern in Nordamerika und Großbritannien, Frankreich, den skandinavischen Ländern, in Russland bzw. dann der Sowjetunion, Südamerika und auch in einigen europäischen Kolonien. Darüber hinaus formierte sich die Eugenik im frühen 20. Jahrhundert auch zu einer internationalen Bewegung.[8] Es waren auch durchaus nicht nur rechte Rassenfanatiker, die auf eine eugenische Bevölkerungspolitik setzten. Karl Kautsky zum Beispiel, einer der führenden Theoretiker der SPD, legte 1910 eine Schrift über *Vermehrung und Entwicklung in Natur und Gesellschaft* vor, in der er für eine »künstliche Zuchtwahl« eintrat, die an Stelle der »natürliche[n] Zuchtwahl, die der Kampf ums Dasein [innerhalb der menschlichen Gesellschaft] bewirkt«, treten sollte.[9] Die sozialistischen Eugeniker setzten jedoch für gewöhnlich nicht auf Zwangsmaßnahmen wie Sterilisation und Euthanasie, sondern auf Aufklärung und freiwillige Geburtenkontrolle; und anders als viele Rassenhygieniker – wie etwa der rechtskonservative Publizist Alexander Tille, der Londons East End einmal als »Nationalheilanstalt« bezeichnete[10] – vertraten sie in der Regel nicht die Meinung, die Anwendung moderner Hygiene- und Therapiemaßnahmen auf breite Bevölkerungsschichten sei abzulehnen, da sie nur zur Erhaltung und Vermehrung ›minderwertiger‹ Bevölkerungselemente führen könne.[11]

Trotz der Vielfalt und weiten Verbreitung eugenischer Motive – »eugenics« war 1910 eines der meist zitierten Stichworte im *Reader's Digest to Periodical Literature*[12] – formierten sich Rassenhygiene und Eugenik auch nicht zu einer echten Massenbewegung. Die britische *Eugenics Education Society*, 1907 gegründet, zählte auf ihrem Höhepunkt 1700 nominelle Mitglieder, und die *American Eugenics Society*, die 1923 aus dem Zusammenschluss verschiedener lokaler und regionaler Vereinigungen hervorging, hatte nur knapp über tausend Mitglieder.[13] In Deutschland sah es ähnlich aus: 1913 verzeichnete die Deutsche Gesellschaft für Rassenhygiene 425 Mitglieder (darunter 111 Frauen), 1930 waren es 1300. Dominiert wurden diese Organisationen außerdem durch eine Schicht, die im englischen Sprachraum gerne als *professional middle-class* bezeichnet wird: Mediziner, Universitätsprofessoren, Ingenieure, Lehrer.[14] Die Beschäftigung mit eugenischen Fragen, so der Soziologe Donald MacKenzie, diente der Legitimation und Stärkung der gesellschaftlichen Position dieser Gruppe. Unter anderem boten sich Mitglieder eugenischer Organisationen Politikern und Behörden als Experten für Fortpflanzungsmaßnahmen an, die zur rationellen Lösung bestimmter sozialer Probleme beitragen sollten.[15] Vor allem die Durchsetzung der mendelschen Genetik nach 1900 wurde weitgehend von solchen Angeboten wissenschaftlich legitimierter ›Sozialtechnologien‹ mitgetragen, ein Punkt auf den wir im folgenden Kapitel noch einmal zurückkommen werden.

Wie der Blick auf Mitgliederzahlen und personelle Zusammensetzung eugenischer Vereine lehrt, ging die fraglose gesellschaftliche Präsenz eugenischer Themen um 1900 also nicht auf eine zentral oder ›von oben‹ organisierte politische Propaganda zurück. Ausschließlich und im engeren Sinne auf eine ›Verbesserung des Erbguts‹ verpflichtete Vereine bildeten vielmehr bloß einen Teil eines breiten gesellschaftlichen Diskurses, in dem eugenische Argumentationsmuster in den unterschiedlichsten Zusammenhängen mit eingeflochten wurden, ob es nun um soziale Reformen oder gar Revolution ging, oder ob der ›Untergang des Abendlands‹ beschworen wurde. Auf den Wandel der europäischen Gesundheitssysteme und die Arbeiterbewegung haben wir schon hingewiesen, ein weiteres Feld war die Frauenbewegung, in der Forderungen nach sexueller und reproduktiver Autonomie nicht selten eugenisch begründet wurden.[16] »Mehr Kinder von den Tüchtigen, weniger von den Untüchtigen«, äußerte sich beispielsweise die amerikanische Frauenrechtlerin Margret Sanger 1919, »das ist das Hauptproblem der Geburtenkontrolle.«[17] Auch in der Diskussion um Prostitution tauchten oft eugenische Denkmuster auf, da man allgemein davon ausging, dass Geschlechtskrankheiten erbschädigend wirkten. Vertreter der Abstinenz denunzierten Tabak und Alkohol als ›Rassengifte‹, und Lebensreformer geißelten moderne, vor allem städtische Lebensbedingungen als Quelle erblicher Degeneration. Dass eugenische Schlagworte und Formeln von rassistischen und nationalistischen Bewegungen rasch aufgegriffen wurden, versteht sich von selbst; weniger bekannt ist dagegen, dass dies zum Teil auch für die zionistische Bewegung gilt.[18] Schließlich kann man sich auch nicht des Eindrucks erwehren, dass eugenische und rassenhygienische Assoziation manchen ihrer Mitglieder bloß als eine Art Eheanbahnungsinstitut diente.[19]

Der Erlass von Sterilisationsgesetzen in den späten zwanziger und frühen dreißiger Jahren in Nordamerika, Deutschland und Skandinavien – Dänemark machte in Europa 1929 den Anfang – wurde daher von einem breiten Konsens getragen. Eugenik war gesellschaftsfähig, ihre Forderungen schienen einer verbreiteten Sorge um das gesundheitliche Wohl zukünftiger Generationen zu entsprechen. Mit Ausnahme einiger Staaten der USA und Kanadas sowie Nazideutschlands spielten in den unterschiedlichen Gesetzeswerken allerdings rein biologische Indikationen und unmittelbarer, staatlicher Zwang nur eine untergeordnete oder überhaupt keine Rolle;[20] meist wurde die Entscheidung zur Sterilisation zumindest von der formellen Einwilligung der, oder seltener des Betroffenen und von der kaum rein biologisch zu beantwortenden Frage abhängig gemacht, ob der oder die Betroffene in der Lage sei Kinder aufzuziehen. Das mag erklären, dass in Ländern wie Schweden Sterilisationen bis in die siebziger Jahre praktiziert wurden, vorrangig aufgrund sozialer Indikationen.[21]

Die meisten vorliegenden Studien zu Eugenik und Rassenhygiene lassen ›Vererbung‹ selbst unhinterfragt und wenden sich vor allem den Folgen dieser Diskurse für das Menschenbild und dessen Auswirkungen auf Politik und Lebenspraxis zu. Allenfalls der im vorhergehenden Kapitel diskutierten Dichotomie von ›harten‹ und ›weichen‹ Vererbungsvorstellungen wird gelegentlich eine wichtige Rolle eingeräumt. Immerhin scheint die Annahme einer Vererbung erworbener Eigenschaften der Verbesserung von Lebensbedingungen noch eine gewisse Rolle im Repertoire ›erbhygienischer‹ Maßnahmen zuzugestehen, während die Ablehnung eines solchen Mechanismus den Schluss nahelegt, dass allein Selektion und gezielte Züchtung langfristig Wirkungen zeitigen können. Tatsächlich sind neo-lamarckistische Positionen besonders häufig in sozialistischen Diskussionen und Schriften anzutreffen, die in erster Linie darauf zielten, durch Umgestaltung gesellschaftlicher Verhältnisse verbesserte Lebensbedingungen für sozial benachteiligte Bevölkerungsteile zu erreichen, sowie in katholisch dominierten Kontexten, wo Geburtenkontrolle und Euthanasie aus religiösen Gründen abgelehnt wurden. Dies ist vor allem am Beispiel der Sowjetunion, Frankreichs und Lateinamerikas gezeigt worden.[22] Aber auch in Hinsicht auf diese Koppelung von wissenschaftlichen und politischen Positionen hat die neuere Literatur zur Eugenik eine erstaunliche Variationsbreite offengelegt. Es gab durchaus rechtsgerichtete Lamarckisten, die davon ausgingen, dass über mehrere Generationen andauernde schädliche Umweltbedingungen irreparable Folgen haben konnten, denen nur noch durch radikale, eugenische Maßnahmen zu begegnen war. Und unter den Apologeten Weismanns oder Mendels vertrat so mancher die liberale Position, dass gerade ein ›harter‹, allen Einwirkungen der Umwelt entzogener Vererbungsmechanismus *nicht* dafür spreche, dass soziale Erscheinungen wie Armut oder Kriminalität auf biologische Ursachen zurückführbar seien. »Nicht jeder Lamarckist war demokratisch und egalitär, noch war jeder Weismannianer reaktionär«, hält die Historikerin Diane Paul dazu fest. »Wissenschaftliche Theorien sind sozial formbar; sie können und werden oft zu widersprüchlichen Zwecken verwendet.«[23]

Allerdings verzichtete ein großer Teil der populären Literatur zur Eugenik überhaupt ganz auf eine Einengung des jeweiligen Vererbungsbegriffs oder auf eine genaue Bestimmung der Mechanismen, die der Vererbung zugrunde lagen. Genau besehen ging es in solchen Schriften nämlich häufig ›nur‹ um medizinisch oder bürokratisch zu bewerkstelligende Eingriffe in die menschliche Fortpflanzung, durch die die Vermehrung des zahlenmäßigen Anteils ökonomisch und sozial unterschiedlich bewerteter Gruppen innerhalb der Gesamtbevölkerung verhindert bzw. befördert werden sollte (›negative‹ bzw. ›positive Eugenik‹). Unter diesem, wie man heute wohl sagen würde ›demographischen‹ Gesichtspunkt reichte für gewöhnlich die Erinnerung an die alte Annahme, dass Gleiches sich Gleiches hervorbringt, um sich und andere davon zu überzeugen, dass die Elimination von ›Schwachsinnigen‹, ›Armen‹ (*paupers* war der unter englischsprachigen Eugenikern gängige Ausdruck), ›Kriminellen‹, ›Vagabunden‹, ›Slawen‹, ›Juden‹ oder generell ›minderwertigen‹ oder ›artfremden Elementen‹ das geeignete Mittel war, um einer befürchteten ›Degeneration des Volkskörpers‹ vorzubeugen und die eigene ›Nation‹ oder ›Rasse‹ zu stärken. Die menschenverachtende Qualität dieser biologistischen Reifikationen liegt heute und lag schon damals auf der Hand; dass sie dennoch gesamtgesellschaftlich so ›erfolgreich‹ waren, hatte mehrere Voraussetzungen, die gelegentlich zu einem geschlossenen szientokratischen Weltbild mit sozialdarwinistischen Elementen zusammenfanden. Zu seinen Komponenten gehörten die enge Bindung der nationalen Identität an die Naturwissenschaften, die gesellschaftlich und kulturell relevantes technisches Wissen zu monopolisieren schienen (und noch scheinen), sowie die Übersetzung von ›Fortschritt‹ in das Überleben dieser nationalen Identität als ›Rasse‹. Das eugenische Kalkül war ein ökonomisches; es bestand keinesfalls darin, dem ›Kampf ums Überleben‹ einfach freien Lauf zu lassen, sondern ganz im Gegenteil, ihn gezielt so zu organisieren, dass ›die Richtigen‹ – d.h. in der Regel Angehörige der eigenen sozialen Statusgruppe, ob nun Klasse, Nation oder Volksgruppe – am Ende auf Seiten der Gewinner standen. Die tief sitzenden Ängste, aus denen dieses Kalkül sich nährte und die es seinerseits selbst immer wieder befeuerte, beherrschten nicht nur das 19. und frühe 20. Jahrhundert, sondern machen sich, rhetorisch subtiler, auch heute noch in Debatten über Immigration, Kriminalität oder Gesundheit bemerkbar. Mit welcher Effizienz sich eugenisch und rassenpolitisch motivierte Maßnahmen auf dieser Grundlage gesamtgesellschaftlich durchsetzen ließen, zeigt nicht zuletzt die Tatsache, dass an der Planung, Verwaltung und Realisierung der nationalsozialistischen Vernichtungspolitik in erster Linie Ökonomen, Geographen und Bevölkerungswissenschaftler beteiligt waren.[24]

Es steht dennoch außer Frage, dass es Biologie und Medizin waren, die der Eugenik ihre Leitbilder lieferten, und dass umgekehrt eugenische und rassistische Diskurse spezifische Voraussetzungen für die Entstehung einer Wissenschaft der Vererbung im 20. Jahrhundert – der Genetik – ins Leben riefen. Diese Voraussetzungen – eine Vielzahl von Institutionen, Praktiken und wissenschaftlichen Instrumenten – können wir hier nur selektiv behandeln. Wir wollen uns in diesem Kapitel auf die Entwicklung von zwei wichtigen Instrumentarien in der zweiten Hälfte des 19. Jahrhunderts konzentrieren, auf die sich später auch die Genetik stützen sollte: die messenden und statistischen Verfahren der physischen Anthropologie, die eine genaue Bezifferung menschlicher Variabilität erlaubten; und Verfahren der vollständigen und analytischen Erfassung von Verwandtschaftsbeziehungen, die vor allem in der medizinischen Vererbungsforschung an Bedeutung gewann. Diese Instrumentarien sind deshalb besonders interessant, weil sie die Vorstellung förderten, dass sich Populationen in differenzielle, Unterschiede markierende Elemente – Merkmale, Anlagen, Gene – zerlegen lassen, aus deren generationenübergreifender Neuverteilung und Rekombination ihrerseits die Individuen hervorgehen, aus denen sich die betrachteten Populationen zusammensetzen. Was hier zur Debatte stand, war also nicht die Binsenweisheit, dass Gleiches meist sich Gleiches erzeugt, sondern eine sehr viel spezifischere Frage, die bereits 1837 von Cyrill Franz Napp, dem Abt des Augustinerklosters in Brünn und Förderer Gregor Mendels, prägnant formuliert wurde; die Frage nämlich, »[w]as vererbt wird und wie«.[25]

Rasse und Anthropometrie

Geschichte als einen Überlebenskampf zwischen verschiedenen Rassen zu denken war sicher eine der unheilvollsten sozial- und geistesgeschichtlichen Innovationen Europas.[26] Die vor allem im nationalsozialistischen Deutschland begangenen Verbrechen, die unter Berufung auf Rassentheorien geplant und ausgeführt wurden, haben die Anwendung des Begriffs der Rasse auf Menschen so nachhaltig disqualifiziert, dass seine weiter zurückreichende wechselvolle Geschichte heute kaum unvoreingenommen betrachtet werden kann.[27] Auf zwei seiner historischen Wurzeln sind wir bereits im zweiten Kapitel eingegangen: auf die Tierzüchtung und auf das System der *castas*, das in Lateinamerika verwendet wurde, um indigene, europäische und aus Afrika stammende Menschen sowie ›Mischlinge‹ unter diesen Gruppen zu Zwecken der Administration und Rechtsprechung zu klassifizieren.

Es gibt eine dritte, weniger bekannte Wurzel, die den Rassebegriff mit der im 19. Jahrhundert dominant werdenden Vorstellung des Überlebenskampfes verband. In der ersten Hälfte des 19. Jahrhunderts begann eine Reihe von Historikern, die politischen Klassen, die sich im Englischen Bürgerkrieg (1642–1649) und in der Französischen Revolution (1789) gegenüberstanden, verschiedenen ›Rassen‹ (frz./engl. *race*) zuzuordnen.[28] Dabei konnten sie sich auf Quellen stützen, die ein entsprechendes historisches Selbstverständnis dieser Klassen belegten; den Adel betreffend lässt es sich auf das Wiederaufleben der Rede vom »edlen Blut« im späten Mittelalter zurückverfolgen. »Es scheint mir«, so resümierte 1835 der französische Historiker Augustin Thierry, »dass trotz der zeitlichen Entfernung so etwas wie die Eroberung der Barbaren heute noch in unserem Land von Bedeutung ist und dass man von dem, was wir heute durchmachen, Stufe um Stufe hinabsteigen könnte bis zum Eindringen einer fremden Rasse in das Innerste Galliens und ihrer gewaltsamen Herrschaft über die eingeborene Rasse.«[29] Gemeint war die Eroberung des römischen Gallien durch die Franken im 5. Jahrhundert, auf die Thierry den Konflikt zwischen Bürgertum und Adel zurückführte, der in der Französischen Revolution seinen vorläufigen Höhepunkt gefunden hatte. In einem Brief an Friedrich Engels nannte Karl Marx Thierry bezeichnenderweise »*le père* [den Vater] des Klassenkampfs«.[30]

Sowohl das *castas*-System als auch die zu Beginn des 19. Jahrhunderts einsetzende Umdeutung religiöser und politischer Konflikte im Europa der Frühen Neuzeit in einen ›Kampf der Rassen‹ zeigen, dass der Begriff der Menschenrasse nicht von Anfang an auf körperliche Merkmale festgelegt war. Die »Biologisierung von sozialen Distinktionen«, so der Kulturwissenschaftler und Soziologe Thomas Becker, ging vielmehr »mit einem explosiven Eindringen soziologisierender Betrachtungen in den Körper einher«.[31] Das ganze 19. Jahrhundert hindurch wurde ›Rasse‹

oft synonym mit Ausdrücken wie ›Nation‹, ›Volk‹ oder ›Stamm‹ (engl. *tribe*) gebraucht und umfasste damit in Selbstbeschreibungen sowie Fremdzuweisungen Gruppen, die sich nicht nur oder auch gar nicht durch körperliche Besonderheiten unterschieden, sondern nach Sprache, Mentalität, materieller Kultur, religiösen Vorstellungen und sozialer Organisation geschieden wurden. »Für viele war ›Blut‹ das Lösungsmittel, in dem sich alle Probleme auflösen ließen und alle Prozesse miteinander vermengten«, schreibt der Anthropologiehistoriker George Stocking über das 19. Jahrhundert und fügt hinzu, dass es »keine klare Grenze zwischen kulturellen und körperlichen Elementen oder zwischen sozialer und biologischer Vererbung« gab.[32]

Die ideologische Wirksamkeit dieses ›Lösungsmittels‹ spiegelt sich im 19. Jahrhundert unter anderem in den häufigen Diskussionen über das ›Aussterben von Menschenrassen‹. Ein Beispiel ist die Rede, die James Cowles Prichard im Jahr 1839 vor der *British Society for the Advancement of Science* hielt und die im Journal der zwei Jahre zuvor gegründeten *British and Foreign Aborigenes' Protection Society* abgedruckt wurde. »Wo immer sich Europäer angesiedelt haben, war ihre Ankunft ein Vorbote der Ausrottung der eingeborenen Stämme [*tribes*]«, heißt es hier unumwunden.[33] Wie andere nach ihm, ging Prichard nicht davon aus, dass die Unterlegenheit »eingeborener Stämme« auf biologische Unterschiede reduzierbar sei. Entscheidend war für ihn die technische und kulturelle Überlegenheit der europäischen Kolonisten, die sich unter anderem in Landwirtschaft, Schrift, militärischer Organisation und Christentum manifestiere, sowie – auf Seiten der ›Wilden‹ – in weit verbreiteten selbstzerstörerischen Mentalitäten und Praktiken wie mangelnde Selbstbeherrschung, Tribalismus und Kannibalismus, womit Prichard gängige europäische Vorurteile artikulierte.[34]

Diese fortschrittsoptimistische Sicht auf die koloniale Expansion Europas bildete in gewisser Hinsicht die diskursive Kehrseite zu den Degenerationsängsten, die europäische Eliten im neunzehnten Jahrhundert erfassten. Exemplarisch ist Prichards Rede, weil sie nur scheinbar objektiv die eigene mit fremden Kulturen vergleicht; sie ließ vielmehr deren Zerstörung als siegreichen Kampf der (einen) Kultur mit der urwüchsigen Natur erscheinen und konnte so dazu dienen, sich über alle zivilisatorischen oder moralischen Bedenken hinwegzusetzen. Der schottische Geologe Charles Lyell etwa beruhigte sich 1832 mit folgendem Argument über die Schattenseiten kolonialistischer Eroberungszüge: »Wenn wir das Schwert der Ausrottung führen, so haben wir doch keinen Grund, über die Verwüstung zu klagen, die wir anrichten [...] Wir müssen uns nur überlegen, dass wir kein exklusives Vorrecht in Anspruch nehmen, wenn wir die Erde in dieser Weise durch Eroberung in Besitz nehmen und die eroberten Gebiete mit Gewalt verteidigen. Jede Spezies, die sich von einem kleinen Punkt aus über ein weites Areal ausgebreitet hat, muss in ähnlicher Weise ihren Fortgang durch die Verminderung oder die gänzliche Ausrottung anderer Spezies markiert haben.«[35] Lyells *Principles* waren eine wichtige Inspirationsquelle für Darwin, in dessen *Abstammung des Menschen* (1870–71) sich ganz ähnliche Aussagen finden.[36] Etwas zynisch lässt sich behaupten, dass das ›Aussterben von Menschenrassen‹ das Modell für den Wirkmechanismus der natürlichen Selektion lieferte.

Die Rede über ›aussterbende Menschenrassen‹ wurde von ähnlich unspezifischen Vererbungsvorstellungen getragen wie der Degenerationsdiskurs. Oft war es bloß der allgemeine Reproduktionszusammenhang – die »goldene Kette der Bildung«, wie sich Johann Gottfried Herder in seinen *Ideen zur Philosophie der Menschheit* (1784–1791) ausdrückte[37] –, der den Fortbestand von Sprache, Kultur und Körperbildung garantierte. Dennoch lässt sich in diesem Kontext bereits früh eine Fokussierung auf die Weitergabe isolierter, präzise beschreib- und messbarer Merkmale konstatieren. Prichard beispielsweise erkennt in seiner Rede einen bezeichnenden Ausweg, um die zum Untergang verurteilten Völker zumindest im virtuellen Raum der Wissenschaft zu »bewahren«:

> Sollten christliche Nationen unterdessen nicht auf den Gedanken kommen, dass es ihre Pflicht ist, einzugreifen und die zahlreichen Stämme ihrer eigenen Spezies vor äußerster

> Vernichtung zu retten, so ist es unter einem philosophischen Gesichtspunkt von größter Wichtigkeit, sehr viel umfassendere Informationen über die physischen und sittlichen Eigenheiten dieser Stämme zu beschaffen. Eine große Zahl merkwürdiger Probleme der Physiologie, die die Geschichte der Spezies erhellen, sowie die Gesetze ihrer Weitergabe, sind bis jetzt noch nicht zufriedenstellend gelöst.[38]

Ein Interesse an isolierten physiologischen und psychologischen Elementen äußerte sich bereits Mitte des 18. Jahrhunderts in der Rezeption bzw. in der eigentümlichen Aneignung des *castas*-Systems durch europäische Naturforscher wie Buffon und Linné. Haut-, Haar- und Augenfarbe hatten, wie schon erläutert, in den bildlichen Darstellungen der *castas* zwar eine gewisse Rolle gespielt, blieben aber in zahlreiche symbolische Bezüge auf den sozialen Status eingebettet, den die dargestellten Personen im lokalen Kontext Lateinamerikas innehatten. In seinem *Systema naturae* von 1735 machte Linné daraus ein Schema, das sich einerseits durch eine radikale Reduktion, andererseits durch seinen universalen Geltungsanspruch von seiner Quelle abhob. Für Linné zerfiel die Spezies Mensch in vier ›Varietäten‹, den »weißen Europäer«, den »roten Amerikaner«, den »braunen Asiaten« und den »schwarzen Afrikaner« (Abb. 10). Spätere Auflagen des *Systema naturae* verbanden dieses Vierer-Schema mit der medizinischen Viersäftelehre und, daraus abgeleitet, mit bestimmten Charaktereigenschaften: Rot assoziierte Linné mit cholerischer, weiß mit sanguinischer, »braun (lat. *fuscus*)« – oder »fahl (lat. *luridus*)«, wie es in den späteren Auflagen hieß – mit melancholischer und schwarz mit phlegmatischer Veranlagung.[39] Auf welche konkrete Quelle Linné bei dieser spezifischen Zuordnung zurückgriff, ist nicht bekannt, es steht aber fest, dass vor seiner Zeit auch lateinamerikanische *savants* mit solchen Relationen operierten, und auch schon im Mittelalter spezifische Verbindungen zwischen Hautfarbe (*complexio*), Säftehaushalt und Charakter hergestellt wurden.[40]

Nach einer These Renato Mazzolinis stand die Frage, wie Un-

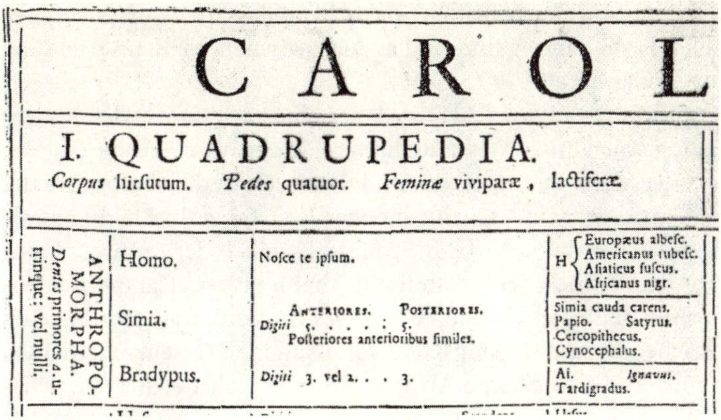

CAROL

I. QUADRUPEDIA.

Corpus hirſutum. *Pedes* quatuor. *Feminæ* viviparæ, lactiferæ.

ANTHROPOMORPHA. *Dentes* primores 4. utrinque: vel nulli.	Homo.	Noſce te ipſum.	H { Europæus albeſc. Americanus rubeſc. Aſiaticus fuſcus. Africanus nigr.
	Simia.	Anteriores. Posteriores. *Digiti* 5. . . . . : 5. Poſteriores anterioribus ſimiles.	Simia cauda carens. Papio. Satyrus. Cercopithecus. Cynocephalus.
	Bradypus.	*Digiti* 3. vel 2. . . 3.	Ai. *Ignavus.* Tardigradus.

Abb. 10: Ausschnitt aus Carl von Linnés *Systema naturae* (1735) mit vier Menschenrassen.

terschiede der Hautfarbe zustande kamen, am Ursprung der physischen Anthropologie im 18. Jahrhundert.[41] Darüber kann man sich eigentlich nicht genug wundern, denn eine weiße, rote oder schwarze ›Komplexion‹ hatte in Europa lange Zeit zuverlässig die variable Relation von Umwelt, Temperament und individueller Lebensführung angegeben – und stand daher keinesfalls mit der Geburt fest. Entsprechend stellte Linné seine vier Farbvarianten umstandslos anderen Kennzeichen wie dick oder dünn, klein oder groß gleich.[42] Farbe galt Naturhistorikern außerdem ganz allgemein als unzuverlässiges, weil höchst variables und letztlich von der subjektiven Wahrnehmung abhängiges Merkmal. Selbst Johann Friedrich Blumenbach, einer der ›Väter‹ der physischen Anthropologie im 18. Jahrhundert, schrieb 1775 in seinem Werk *Über die natürlichen Verschiedenheiten im Menschengeschlechte*, die Hautfarbe des Menschen sei zufälligen Ursprungs und werde durch Klima, Lebensweise und Vermischung verändert.[43] Und ganz ähnlich hatte sich auch schon Buffon ausgesprochen; über Mexiko-Stadt berichtete er in seiner *Histoire naturelle*: »Es gibt dort Weiße aus Europa, Indianer aus Nord- und Südamerika,

Neger aus Afrika, Mulatten, Mestizen; sodass man dort Menschen aller Farbnuancen findet, die sich zwischen weiß und schwarz finden lassen.«[44]

Schon bei Blumenbach ist daher eine Verlagerung des anthropologischen Interesses auf ›härtere‹, dem Anschein nach ›konstante‹ Merkmale zu erkennen. Das Skelett und insbesondere der Schädel – mit seiner scheinbar engen Beziehung zur Physiognomie und Hirnanatomie – zog die Aufmerksamkeit der Anthropologen auf sich.[45] Schon der holländische Anatom Petrus Camper, nebenbei als Bildhauer tätig, hatte im Gesichtswinkel ein untrügliches Zeichen für die Bildungshöhe von ›Nationen‹ gesehen; und 1842 führte der schwedische Anatom Anders Adolf Retzius den Schädelindex ein, der sich aus dem Verhältnis von maximaler Schädelbreite und maximaler Schädellänge errechnete. Laut Retzius unterschied der Schädelindex ›Brachyzephale‹ (Kurzschädlige) von ›Dolicocephalen‹ (Langschädligen), wobei seiner Meinung nach Erstere als Repräsentanten einer auf die Steinzeit zurückgehenden Urbevölkerung zu betrachten seien, von der nur noch ein Restbestand (Basken, Finnen und Lappen) existiere, während die Langschädligen von einer indogermanischen Erobererrasse der Bronzezeit abstammen. Solche holzschnittartigen Theorien wurden schon wenig später kritisiert, etwa von dem Anthropologen Paul Broca, dem Gründer der 1859 ins Leben gerufenen, einflussreichen *Societé anthropologique*, der zum Zweck noch viel umfassenderer Schädelmessungen auch ganz neue Instrumente entwickelte. Im Lauf des 19. Jahrhunderts nahm die Zahl gemessener Variablen und Varietäten kontinuierlich zu. Messverfahren und -instrumente wurden standardisiert und in einem solchen Umfang verbreitet, dass man die Anthropometrie um 1900 treffend als Großforschungsunternehmen bezeichnen kann. Ganze Jahrgänge von Rekruten wurden in Ländern wie Italien und Schweden in alle nur erdenklichen Richtungen vermessen, einzelnen Schädeln wurden Hunderte morphologischer Parameter entlockt, und schließlich dehnten sich die Untersuchungen etwa mit der »Völkerpsychologie« Wilhelm Wundts oder mit den ›Intelligenztests‹, die Alfred Binet und Lewis M. Terman zu Anfang des 20. Jahrhunderts entwickelten, auch auf psychologische und kognitive Merkmale aus.[46]

Für eine Geschichte des Vererbungswissens ist diese Instrumentalisierung und Quantifizierung der Anthropologie – der unbändige Drang nach ›mechanischer Objektivität‹, den die Anthropologie mit den meisten Disziplinen des 19. Jahrhunderts teilte[47] – in zweierlei Hinsicht besonders interessant. Zum einen führten sie selbst in den Fällen, in denen anthropologische Maße bloß als Indizien ganzheitlicher Eigenschaften wie Temperament, Kulturhöhe oder Intelligenzgrad gedacht waren, zu einer analytischen Perspektive, unter der Körper, Kulturen und Sprachen zunehmend als Gegenstände erschienen, die sich aus einfacheren Elementen – Merkmalen, Stilelementen, Phonemen – zusammensetzen. Zum anderen führte diese Perspektive unwillkürlich dazu, dass Eigengesetzlichkeiten bei der statistischen Verteilung der jeweils für sich betrachteten Elemente auf Populationen zutagetraten. Die Entstehung der mathematischen Statistik im 18. und 19. Jahrhundert war in der Tat eng mit demographischen und anthropometrischen Projekten verknüpft.[48] Sie kann hier nicht ausführlich dargestellt werden, doch wenigstens eine Episode dieser Geschichte wollen wir näher beleuchten. Sie illustriert im Kern den wissenshistorischen Zusammenhang zwischen analytischer Vermessung und Erfassung von Populationen und der Entdeckung von ›Vererbungsgesetzen‹.

Der Protagonist dieser Episode ist wiederum Francis Galton, auf dessen Vererbungstheorie wir schon genauer eingegangen sind. Als der französische Astronom Adolphe Quételet die Messfehler-Theorie seines Faches 1835 auf das Studium des Menschen übertrug, war sein Ziel die Ermittlung eines ›mittleren Menschen‹ (*l'homme moyen*), der mit allen seinen physischen wie moralischen Eigenschaften den Mittelwert oder ›Typus‹ seiner Nation repräsentieren und zugleich den Gegenstand der von Quételet angestrebten ›Sozialphysik‹ (*physique sociale*) bilden sollte. Galton hatte Quételet kennengelernt, als dieser 1861 den *International Statistical Congress* in London besuchte; Galton bewunderte sein Werk, doch missfiel ihm seine Kaprizierung auf Mittelwerte. »Einige unverbesserliche Demokraten werden vielleicht mit Wohlbehagen auf eine Meute von Mittelmäßigkeiten [*mob of mediocraties*] blicken«, schrieb er einmal, »aber den meisten Anderen kommen sie alles andere als anziehend vor.«[49] Anders als Quételet schenkte Galton vor allem den Rändern statistischer Verteilungen Beachtung. Im *Hereditary Genius* wies er 1869 beispielsweise nach, dass unter den Verwandten von außerordentlich begabten Musikern, Juristen und Politikern mehr Personen mit einer ebenso außerordentlichen Begabung anzutreffen seien, als bei einer rein zufälligen Verteilung zu erwarten wäre. Den nahe liegenden Einwand, dass dies auf Erziehung, Familientradition oder Nepotismus zurückzuführen sei, wischte er mit der Behauptung vom Tisch, dass solche Faktoren im liberalen England nur eine untergeordnete Rolle spielten – zumindest soweit es um wirklich außerordentliche Begabungen gehe.[50]

Ein Interesse an der Vererbung von Extremen kennzeichnet auch die experimentellen Untersuchungen, die Galton Mitte der siebziger Jahre des 19. Jahrhunderts mit Erbsen durchführte. Im Frühjahr 1876 sandte er verschiedenen Bekannten Erbsensamen, deren Gewicht er zuvor gemessen hatte, und bat darum, die Erbsen jeweils getrennt nach Gewichtsklassen anzubauen. Nachdem er die Ernte zurückerhalten hatte, teilte er die Erbsen nach zwei Gesichtspunkten auf, nämlich zum einen nach ihrem eigenen Gewicht, zum anderen nach dem Gewicht der Samen, aus denen sie gezogen worden waren. Der Vergleich beider Verteilungen machte ein Phänomen sichtbar, dass Galton mit einem Begriff aus Vererbungstheorien seiner Zeit als ›Regression‹ bezeichnete: Die Nachkommen von Erbsen, die vom ›Typus‹ der Gesamtpopulation abwichen, wichen ebenfalls ab, allerdings in einem geringeren Grad als ihre Eltern. Nachkommen schienen zum Typus ›zurückzukehren‹, wobei das Ausmaß der Regression proportional zum Grad der Abweichung der Eltern war: Je größer zum Beispiel die Gewichtsabweichung der elterlichen Erbsen, desto stärker tendierten ihre Nachkommen auch wieder zum Mittelmaß.[51]

Nach Galtons Interpretation diente diese Regression der Erhaltung eines stabilen Typus. Entsprechend entwickelte er Vorstellungen von einer diskontinuierlichen Evolution, die später von Hugo de Vries und Wilhelm Johannsen aufgegriffen wurden. Eine andere Deutung legte der Mathematiker Karl Pearson vor. Angeregt durch Galtons Studien machte er sich in einer Serie von Aufsätzen, die von 1894 bis 1904 unter dem fortlaufenden Titel »Mathematical Contributions to the Theory of Evolution« in den *Philosophical Transactions of the Royal Society* erschienen, an die Ausarbeitung des mathematischen Apparats zur Beschreibung statistischer Zusammenhänge in Populationen. Er begründete damit die sogenannte ›biometrische Schule‹. Für Pearson resultierten Regressionen aus einer ›Korrelation‹ des betrachteten Merkmals mit einer mehr oder minder großen Zahl anderer Merkmale, die ihrerseits im Schnitt näher am Mittelmaß liegen mussten. Sowohl Galton als auch Pearson gingen in ihren Überlegungen von einem ›Gesetz des Ahnenerbes‹ (*law of ancestral inheritance*) aus, wonach sich das Keimplasma aus erblichen Elementen zusammensetzte, die nicht nur von den Eltern, sondern auch von entfernteren Ahnen stammten, wobei der Anteil anzestraler Elemente am gesamten Erbmaterial proportional zur Anzahl der zwischen Nachfahren und Vorfahren liegenden Generationen abnahm. In seiner ersten Formulierung durch Galton sah das Gesetz des Ahnenerbes so aus, dass die Hälfte des *stirp* von den zwei Eltern stammte, ein Viertel von den vier Großeltern, ein Achtel von den acht Urgroßeltern usw. (Abb. 11).[52] Pearson nahm dagegen an, dass die Verhältniszahlen je nach betrachtetem Merkmal variieren konnten. In seinem ›biometrischen Labor‹ am *University College* in London, das ab 1911 unter dem Namen *Galton Laboratory for National Eugenics* firmierte, entwickelte er korrelationsstatistische Verfahren, mit denen die ›Stärke‹ oder ›Intensität der Vererbung‹ bei einzelnen Merkmalen empirisch erfasst werden sollte; sie bildeten die Grundlagen der modernen Variationsstatistik.[53]

Man sieht am Beispiel Galtons und Pearsons, wie die Verteilungsmuster, die sich aus der Betrachtung isolierter Merkmale ergaben, zu selbständigen Forschungsobjekten wurden. Umgekehrt wurde die Regelmäßigkeit der Muster als Garant dafür gesehen,

Abb. 11: Vererbungsschema zur Veranschaulichung von Francis Galtons ›Gesetz des Ahnenerbes‹. Abb. aus Francis Galton, *A Diagram of Heredity*, 1898.

dass man es tatsächlich mit einem wohldefinierten, erblichen Merkmal zu tun hatte. Wo genau dabei die Grenzlinie zwischen der Entwicklung mathematischer Verfahren und biologischer Grundlagenforschung verlief, war anfänglich alles andere als klar. So stammten die Begriffe Regression und Korrelation ursprünglich aus der Vererbungsforschung, wo sie ein zugrunde liegendes Spiel fundamentaler biologischer Kräfte bezeichneten. Heute dagegen sind damit mathematische Beziehungen zwischen beliebigen Häufigkeitsverteilungen gemeint, aus denen sich Aussagen über kausale Verhältnisse, wenn überhaupt, nur mittelbar und mit äußerster Vorsicht ableiten lassen. Man kann sich das am besten am Begriff der Regression klarmachen: Galton selbst bemerkte sehr schnell, dass eine Regression auch im umgekehrten Vergleich von Vorfahren mit Nachkommen festzustellen ist, oder anders gesagt: dass auch die Eltern von Kindern mit extremen

Eigenschaften die Tendenz zeigen, zum Mittelmaß ›zurückzukehren‹. Wie sich in dieser Formulierung schon zeigt, verbot sich in diesem Falle eine kausale Interpretation, nach der Kinder irgendwie auf die physische Konstitution ihrer Eltern einwirkten, ganz von selbst.

Noch etwas gilt es zu verstehen. So sehr statistische Verfahren auch soziale und kulturelle Vorurteile bedienten und zugleich materialisierten, konnten sie doch gleichzeitig als Instrument ihrer kritischen Überprüfung dienen. Die massenhafte Erfassung von Merkmalen in Häufigkeitstabellen und -kurven brachte zum Beispiel ans Licht, dass deren Verteilungen bei spontan als diskret wahrgenommenen ›Typen‹ an den Rändern oft ausfransten oder überlappten. Nicht selten stellte sich sogar heraus, dass der Unterschied zwischen den Mittelwerten zweier Verteilungen gegenüber ihrer jeweiligen Binnenvariation kaum ins Gewicht fiel. Manche Merkmale zeigten bei genauerem Hinsehen zwei- oder gar mehrgipflige Verteilungen, was darauf schließen ließ, dass es sich nicht um einen homogenen Typus, sondern um das Resultat der Überlagerung mehrerer heterogener Typen handelte (Abb. 12). Und oft zeigten Korrelationsstudien – bei denen wie in Galtons Untersuchung an Erbsen im Grunde immer Verteilungen korreliert wurden, die sich aus der Gruppierung derselben Rohdaten nach jeweils unterschiedlichen Gesichtspunkten ergaben –, dass ein vermuteter Zusammenhang zwischen zwei Variablen gar nicht bestand. Die positivistisch motivierte Tendenz zur Präzisierung, Aufgliederung und Umordnung von Rohdaten setzte demnach eine Dialektik in Gang, durch die hergebrachte Rasse- und Geschlechterkategorien nicht nur befestigt, sondern auch tendenziell durch das eigengesetzliche Verhalten isolierter Merkmale unterlaufen wurden.[54]

Ein früher Meister der kritischen Verwendung statistischer Verfahren war Franz Boas. Nach anthropologischen Studien bei Rudolf Virchow und dem Geographen Adolf Bastian sowie einer Expedition in die kanadische Arktis im Jahr 1887 wanderte er in die USA aus, um die dortige Anthropologie für ein gutes halbes Jahrhundert zu dominieren. Boas gilt heute vor allem als Begründer

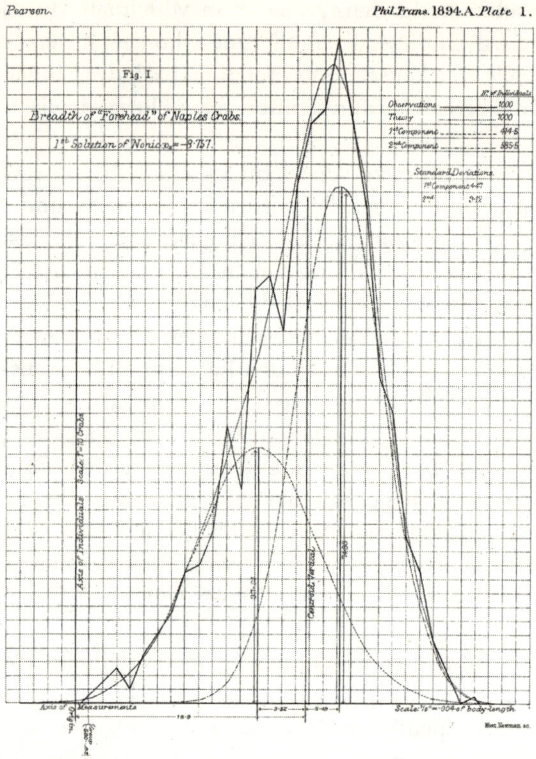

Abb. 12: Kurven von Karl Pearson und Walter F. R. Weldon zur Verteilung von Merkmalen in einer Krabben-Population. Abb. aus Karl Pearson, *Contributions to the Mathematical Theory of Evolution*, 1894.

der amerikanischen Kulturanthropologie. Aus seiner Sicht blieb die physische Anthropologie aber immer integraler Bestandteil einer umfassender verstandenen Anthropologie. Er selbst führte bis zum Ausbruch des Ersten Weltkriegs in den USA zahlreiche anthropometrische Untersuchungen durch. Einer seiner ersten Beiträge auf diesem Gebiet war ein kurzer Artikel, der in der Zeitschrift *Science* unter der Überschrift »Mixed Races« erschien.

Darin zeigte er anhand einer Häufigkeitstabelle, dass Nachkommen aus Mischehen zwischen zwei nordamerikanischen Ethnien – den »Oregonian Athapascans« und den »Southern Californians« – bezüglich des Kopfindexes nicht immer »Mittelformen« zwischen den Eltern bilden, was damals noch einer weit verbreiteten Auffassung entsprach. Stattdessen traten »gemischte Typen [*mixed types*]« auf, die sich dem Typus des einen oder anderen Elternteils näherten.[55] Um die Mitte der neunziger Jahre des 19. Jahrhunderts begann Boas, sich mit Pearsons Korrelationsstatistik vertraut zu machen, und zeigte unter anderem, dass die beiden Variablen, deren Verhältnis den Kopfindex ausmachte, nämlich Schädelbreite und Schädellänge, nicht miteinander korrelierten und daher auch keine gemeinsame Ursache anzeigen konnten, wie etwa die Abstammung von einem gemeinsamen Vorfahren oder einen bestimmten Körperbau.[56]

Boas' anthropometrische Untersuchungen, auf die wir im nächsten Abschnitt zurückkommen werden, können als regelrechte Gedankenexperimente verstanden werden. In der Summe veranlassten sie ihn, den Begriff der Rasse einer kritischen Revision zu unterziehen, die er 1911 in Form einer Monographie mit dem Titel *The Mind of Primitive Man* vorlegte.[57] In ihr finden sich bereits alle Argumente, die 1951 im sogenannten *UNESCO Statement on Race*, das gemeinhin als Signal des endgültigen Scheiterns der Rassenanthropologie angesehen wird, gegen die politische und biologische Bedeutung des Rassebegriffs ins Feld geführt wurden. Boas hatte es durch rege populärwissenschaftliche und wissenschaftspolitische Agitation in den dreißiger und vierziger Jahren noch selbst mit auf den Weg gebracht, war allerdings nicht der Auffassung, dass seine Studien nur dieses gewissermaßen negative Ergebnis hatten.[58] Wie der Titel der 1914 publizierten deutschen Übersetzung seines Buches, *Kultur und Rasse*, vielleicht besser zum Ausdruck bringt, ging es ihm um das genaue Verhältnis der zahllosen Elemente einschließlich körperlicher Merkmale, deren Variation menschliche Vielfalt ausmacht. Dass sich dabei herausstellte, dass viele dieser Elemente entgegen tief verwurzelten Alltagsüberzeugungen nur lose oder überhaupt nicht miteinander einhergingen, galt Boas als das positive Ergebnis seiner Forschungen. Es sprach dafür, dass die gegenwärtige Verbreitung von Kulturerzeugnissen, Sprachelementen und physischen Merkmalen eher auf deren Zirkulation zwischen Kulturen (Diffusionismus) statt auf ihre Evolution in Kulturen zurückging.[59] Namentlich Sprache, Kultur und Physis, deren intergenerationelle Weitergabe und geographische Verbreitung unterschiedlichen Gesetzen gehorchten, ließen sich als separate, in der Summe aber den ganzen Menschen ausmachende Bereiche beschreiben. Boas widmete sich dem Studium von Physis, Sprache und Kultur der Ureinwohner Nordamerikas daher mit gleichbleibender methodischer Strenge und Detailversessenheit.[60] Sein Schüler Alfred L. Kroeber zog dagegen 1917 den Schluss, dass Kultur und Sprache einen Bereich des ›Superorganischen‹ bilden und dass die Besonderheiten dieses Bereichs eine strikte Arbeitsteilung zwischen Kulturanthropologen und Genetikern nahelegten. Pikanterweise griff er dazu auf Weismanns Keimplasmatheorie zurück: Kultur und Sprache waren im Gegensatz zu körperlichen Merkmalen tatsächlich ›erworben‹ und der Modus ihrer Tradierung daher ein fundamental anderer als bei körperlichen Merkmalen.[61] Herders ›Kette von Bildung‹ zerfiel endgültig in separate, wenn auch miteinander verflochtene Stränge.

Einige letzte Bemerkungen sind noch zu dem Begriffspaar *nature* und *nurture* nötig, das aus der Auseinandersetzung um den Zusammenhang zwischen Natur und Kultur um 1900 entstanden ist. Es wurde erstmals von Francis Galton gebraucht und bildet den Titel eines programmatischen Essays von Pearson, der auf seine Rede zur Eröffnung des Jahrestreffens der *Social and Political Education League* im Jahr 1910 zurückgeht.[62] Die Trennlinie zwischen *nature* und *nurture* – für das letztere Wort, das sich im Deutschen je nach Kontext ungefähr mit nährender, hegender und pflegender Versorgung oder Kultivierung wiedergeben lässt – verlief bei Galton und Pearson allerdings quer zu derjenigen, die heutigen Biologen geläufig ist. Sie schieden nicht zwei Organsysteme, von denen eines für die Transmission, das andere für die Entwicklung von Merkmalen verantwortlich sein sollte, sondern zwei Klassen von Ursachen, die statistisch auf Nachkommen wirkten: auf der einen Seite die »zahlreichen, kleinen Ursachen«,[63] die gewissermaßen aus der Vergangenheit in die Gegenwart hineinreichten, indem sie Variationen bei den Vorfahren auslösten und damit mittelbar auch einen »durchschnittlichen Effekt« auf deren Nachkommen hatten; und auf der anderen Seite die mehr oder weniger unmittelbar und instantan wirkenden Faktoren, denen Organismen zu jedem Zeitpunkt ihres Lebens ausgesetzt waren. Wenn in heutigen Debatten um Humangenetik und Verhaltensbiologie (insbesondere Soziobiologie und evolutionäre Psychologie) auf dieses Begriffspaar zu ideologiekritischen Zwecken zurückgegriffen wird, so sollte man bedenken, dass dies unter veränderten wissenschaftlichen Vorzeichen geschieht: Während sich in der älteren Sicht *nature* und *nurture* quantitativ vergleichen ließen, macht dies heute nur noch wenig Sinn.

Genealogie und die Analyse von Verwandtschaft

Pearson geriet im ersten Jahrzehnt des 20. Jahrhunderts in eine erbitterte Debatte mit William Bateson, der in Großbritannien die Institutionalisierung der Mendelschen Genetik vorantrieb. Diese Debatte wird häufig so dargestellt, als sei es um einander ausschließende Paradigmen gegangen und als habe der Mendelismus schließlich den Sieg über die Biometrie davongetragen.[64] Dabei wird jedoch – neben den persönlichen und politischen Differenzen, die die Debatte antrieben[65] – zweierlei übersehen. Zum einen werden auch heute noch korrelationsstatistische Verfahren, vor allem in der Zwillingsforschung, eingesetzt, um die Erblichkeit oder ›Heritabilität‹ von Merkmalen zu ermitteln. Zum anderen waren Biometrie und Mendelismus zwar durch verschiedene Perspektiven charakterisiert, die jedoch durchaus vereinbar waren. Bereits 1902 wies der schottische Biometriker Udny Yule auf diesen Umstand hin: Das Gesetz des Ahnenerbes, so Yule, »ist ein Gesetz, das für Aggregate gilt, und sagt nichts über das Individuum aus«.[66] Biometriker wie Galton und Pearson betrachteten Vererbung als Summe anzestraler Einflüsse, die stochastisch auf Angehörige einer gegebenen Generation einwirkten. Nach Yule implizierte diese Auffassung von Vererbung zwar das Gesetz des Ahnenerbes – die Zahl der Ahnen verdoppelt sich bekanntlich mit jeder Generation, wodurch sie in ihrer Summe schließlich den Mittelwert einer ganzen ›Rasse‹ repräsentieren. So ließ sich die Wahrscheinlichkeit errechnen, mit der Vorhersagen über die Ähnlichkeit zwischen Vorfahren und Nachkommen getroffen werden konnten. Aber das Umgekehrte war eben nicht der Fall: Das Gesetz des Ahnenerbes ließ keine Rückschlüsse auf die tatsächlichen, physischen Beiträge eines Vorfahren zur Konstitution seiner Nachkommen zu.[67] Man kann sich das gerade am Begriff der Heritabilität sehr gut klarmachen: Die Aussage, dass sich mit siebzig oder achtzig Prozent Wahrscheinlichkeit vorhersagen lässt, dass Nachkommen in Hinsicht auf ein bestimmtes Merkmal ihren Eltern ähnlich sein werden, erlaubt keine Rückschlüsse darüber, ob für diese Ähnlichkeiten genetische Faktoren oder Umweltfaktoren verantwortlich sind.[68] Dazu brauchte es Kreuzungsversuche wie die von Mendel, bei denen gerade nicht die Gesamtsumme anzestraler Einflüsse berücksichtigt wurde, sondern das Verhalten einzelner, genau definierter Erbfaktoren in der Nachkommenschaft von Hybriden Aufschluss über deren genetische Konstitution geben sollte.[69] War das Verhalten solcher Faktoren einmal festgestellt, ließ es sich durchaus, wie Yule und wenig später auch Pearson selbst mathematisch demonstrieren konnten, auf der Grundlage des Gesetzes vom Ahnenerbe in Rechnung ziehen.[70]

Die Auseinandersetzung der Biometriker mit den Mendelianern zeigt, dass nicht nur die Entwicklung der Statistik den Vererbungsdiskurs beförderte. Großen Einfluss übte außerdem die Analyse der konkreten, genealogischen Beziehungen zwischen Vorfahren und Nachfahren, kurz: die Analyse von Verwandtschaft aus. Wie im Fall der Statistik hat das 19. Jahrhundert auch in dieser Hinsicht erstaunliche Entwicklungen zu bieten, die allerdings mit Blick auf die Geschichte der Lebenswissenschaften weniger umfassend untersucht worden sind. Im Folgenden wollen wir einige entscheidende und für unseren Zusammenhang relevante begriffsgeschichtliche Stationen benennen.[71]

Eine für die Entstehung des modernen Vererbungsdenkens maßgebliche Umdeutung erfuhr Ende des 18. Jahrhunderts der Begriff der Generation. Darauf hat erst in jüngster Zeit Ohad Parnes nachdrücklich hingewiesen. Generation wurde, so hatten wir im zweiten Kapitel gesehen, vor dem 19. Jahrhundert meist synonym mit Zeugung gebraucht. Dies galt in gewisser Weise auch für die übertragene Bedeutung, die der Begriff der Generation in Chronologie und Genealogie besaß. Historische Zeiträume bzw. Verwandtschaftsgrade wurden nach der Anzahl aufeinander folgender Zeugungsereignisse in Abstammungslinien (etwa bei Dynastien) bemessen. Um 1800 setzte sich ein neues Konzept der Generation sowohl in den biologischen als auch in den Sozial- und Kulturwissenschaften durch. Generationen umfassten nun Kollektive von Menschen und anderen Organismen, die ungefähr zur gleichen Zeit geboren waren. »Neu an diesem Konzept«, betont Parnes, »[war] insbesondere die Annahme, dass Generationen identifizierbare Einheiten innerhalb einer Gesellschaft [sind] und ihre Mitglieder bedeutend mehr miteinander teilten als die bloße Gleichzeitigkeit ihrer Existenz.« Aufeinander folgende Generationen wurden, etwa im Werk Thomas Jeffersons, zu Trägern politischer Souveränität, sodass sie als »distinkte Nationen« aufgefasst werden konnten.[72]

Der Bedeutung, die das neue Denken in Generationen für den Vererbungsdiskurs hatte, haftet etwas Paradoxes an. Generation im Sinne einer ›Kohorte‹ – so der unter Soziologen seit Karl Mannheims bahnbrechender Studie »Das soziologische Problem der Generationen« (1928) verbreitete Ausdruck – etwa gleichzeitig geborener Individuen abstrahiert von der konkreten Abstammung dieser Individuen. Weder folgen Generationen wirklich wie Angehörige einer Deszendenzlinie aufeinander, da eine Gesellschaft zu jedem Zeitpunkt Personen verschiedenster Altersstufen umfasst, noch stehen Angehörige einer Generation in einer gleichmäßigen, verwandtschaftlichen Beziehung zueinander, sondern sind in ganz unterschiedlichen Graden miteinander verwandt. Aber gerade dadurch, so Parnes, eröffnete sich eine »neue Ökonomie der Übertragung – Weitergabe, Erhaltung und Variation wurden nun kalkulierbare Größen«.[73] Die Vieldeutigkeit des Begriffs ›Generation‹ erlaubte verschiedene Aneignungen. Wie Parnes detailliert ausführt, nutzten Sozialphilosophen wie Auguste Comte, John Stuart Mill und Karl Marx die kaum zu leugnende Tatsache, dass die Angehörigen von Gesellschaften geboren werden und sterben, um die Reproduktion von Gesellschaften als Generationenfolge darzustellen, während Biologen wie Carl Nägeli, Alexander Braun und Gregor Mendel auf die daraus resultierenden ökonomischen und politischen Bilder zurückgriffen, um ihrerseits zu einem neuen Verständnis biologischer Reproduktion vorzudringen.

Entscheidend dabei war, wie Parnes hervorhebt, dass der Begriff der Generation Raum bot, die Transformation von ganzen Gesellschaften bzw. Arten zu denken.[74] Generationen waren die Einheiten, auf die das Erbe vorhergehender Generationen entfiel, die – durch dieses Erbe in eine *neue* Ausgangslage versetzt – souverän davon Gebrauch machen konnten und es schließlich, angereichert, an die nächste Generation weitergaben. Der Generationsbegriff versah insofern Vererbung mit diachronen und synchronen Koordinaten, was einen *geordneten* Wandel erkennbar machte. Erst anhand dieser Koordinaten konnten das »Ensemble von Übertragungsbeziehungen«,[75] das den Generationszusammenhang herstellte, und die Gesetzmäßigkeiten, die dieses Ensemble beherrschten, wissenschaftlich problematisiert werden.

Grundlegend für das Verständnis der Übertragungsbeziehungen zwischen Generationen war dabei ein neues Verständnis von Verwandtschaft, das sich ebenfalls im 19. Jahrhundert herausbildete. Im zweiten Kapitel haben wir schon gesehen, dass der vormoderne Begriff von Verwandtschaft recht flexibel eingesetzt wurde, etwa um enge Verwandte formal von der Sukzession auszuschließen, aber auch, um weiter entfernte Verwandte umgekehrt in das Erbe miteinzubeziehen. Verwandtschaftsbeziehungen wurden daher oft unter Ausschluss von weiblichen Verwandten und Seitenlinien auf lineare Folgen reduziert. Noch in Galtons *Hereditary Genius* macht sich dies bemerkbar: Viele (aber durchaus nicht alle, wie manchmal behauptet wird) der im Hauptteil des Buches versammelten *records of families* verzeichnen ausschließlich männliche Verwandte (Abb. 13). Allerdings macht sich selbst in diesen genealogischen Diagrammen schon eine Gliederung in Generationen und eine Ausweitung auf kollaterale Verwandte – Onkel, Neffen, Cousins – bemerkbar, der Versuch also, Verwandtschaftsbeziehungen möglichst vollständig, genau und flächendeckend für jede Generation zu dokumentieren.

Die Alltagssprache lieferte dafür jedoch oft keine hinreichende Basis. Das Wort ›Onkel‹ (*uncle*) hat beispielsweise zwei genealogische Bedeutungen: Es kann den Bruder des Vaters einer Person, aber auch den Bruder der Mutter bezeichnen. Galton versuchte dieses Problem durch eine Notation zu lösen, die sieben Verwandtschaftsbeziehungen (Vater, Großvater, Onkel, Neffe, Bruder, Sohn und Enkel) durch Buchstaben symbolisierte. Durch die Schreibweise dieser Buchstaben wurde dann zusätzlich das Geschlecht der jeweiligen Person angegeben (kursiv für weiblich) und ob es sich

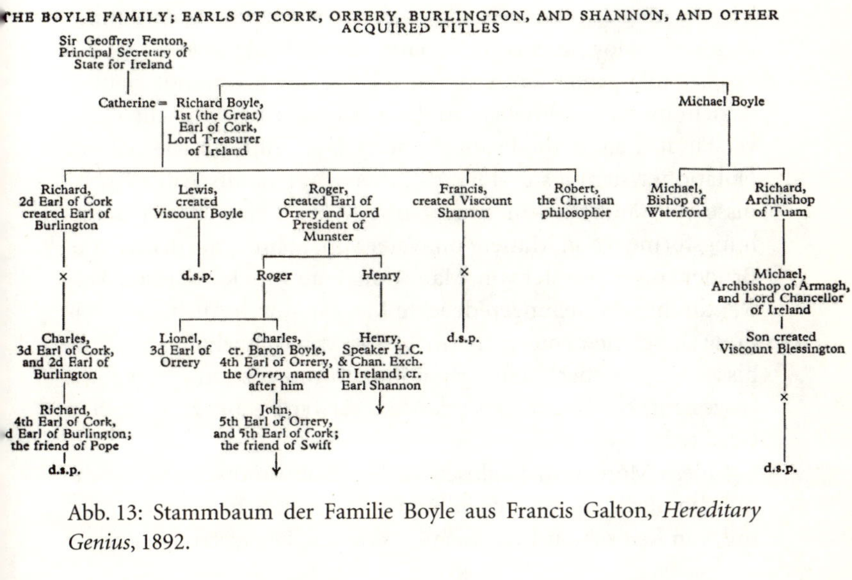

Abb. 13: Stammbaum der Familie Boyle aus Francis Galton, *Hereditary Genius*, 1892.

um Verwandte väterlicherseits (Großbuchstaben) oder mütterlicherseits (Kleinbuchstaben) handelte. Obwohl das »u« für *uncle* stand, verwies »*u.*« demnach auf eine Tante mütterlicherseits. »Die Notation, die ich verwende«, so Galton, »entledigt sich aller konfusen und umständlichen Sprache. Sie entwirrt Beziehungen in einer wunderbar vollständigen und zufriedenstellenden Weise und erlaubt uns, sie methodisch zu erfassen, zu vergleichen und zu analysieren.«[76]

Wieder waren es Anthropologen auf der einen und Mediziner auf der anderen Seite, die diese Analyse weiter trieben. 1871, nur zwei Jahre nach dem Erscheinen des *Hereditary Genius*, veröffentlichte der amerikanische Rechtsanwalt Lewis H. Morgan ein umfangreiches Werk, betitelt *Systems of Consanguinity and Affinity of the Human Family*. Es dokumentiert und analysiert Systeme von Verwandtschaftsbezeichnungen, die Morgan mit Unterstützung der *Smithsonian Institution*, verschiedener Missionsgesellschaften und des amerikanischen Außenministeriums aus der ganzen Welt zusammengetragen hatte. Seine zahlreichen Informanten – Diplomaten, Missionare und Naturforscher – stützten sich bei der Übersetzung dieser Systeme auf ein »neues Instrument der Ethnologie«, das Morgan entwickelt hatte: ein »Schema [*schedule*]«, das »vollständig genug war, um jede erdenkliche [Verwandtschafts-] Beziehung zu beschreiben, und doch nach einer einfachen und verständlichen Methode angeordnet war«.[77] Ähnlich wie Galtons Notationssystem löste Morgans Schema Verwandtschaftsverhältnisse vollständig in einer begrenzten Anzahl elementarer Beziehungsformeln auf: Mutter von, Vater von, Sohn von, Tochter von, Bruder von, Schwester von, Mann von, Frau von. Komplexere Verwandtschaftsbeziehungen drückte Morgan durch Aneinanderreihung dieser elementaren Formeln aus: vom schlichten »my son« bis zu »my mother's mother's mother's brother's son's son's son«. Insgesamt 273 Ausdrücke erfassten Verwandte bis zum fünften Grad (Abb. 14).

Indem Morgan in zahllosen Tabellen Verwandtschaftsbezeichnungen aus allen möglichen Sprachen – von Schwedisch bis Tamil, von Keltisch bis Irokesisch – sowie ihre Übersetzungen in das

Description of persons.	Relationships in Seneca. (Morgan.)	Translation.
1. My great grandfather's father	Hoc′-sote	My grandfather.
2. " great grandfather's mother	Oc′-sote	" grandmother.
3. " great grandfather	Hoc′-sote	" grandfather.
4. " great grandmother	Oc′-sote	" grandmother.
5. " grandfather	Hoc′-sote	" grandfather.
6. " grandmother	Oc′-sote	" grandmother.
7. " father	Hä′ nih	" father.
8. " mother	No-yeh′	" mother.
9. " son	Ha-ah′-wuk	" son.
10. " daughter	Ka-ah′-wuk	" daughter.
11. " grandson	Ha-yä′-da	" grandson.
12. " granddaughter	Ka-yä′-da	" granddaughter.
13. " great grandson	Ha-yä′-da	" grandson.
14. " great granddaughter	Ka-yä′-da	" granddaughter.
15. " great grandson's son	Ha-yä′-da	" grandson.
16. " great grandson's daughter	Ka-yä′-da	" granddaughter.

Abb. 14: Ausschnitt aus Lewis H. Morgans Tabellen zur Verwandtschaftsterminologie, aus Lewis H. Morgan, *Systems of Consanguinity and Affinity of the Human Family*, 1871.

Englische einerseits mit seiner eigenen, analytischen Terminologie andrerseits konfrontierte, konnte er nachweisen, dass Verwandtschaftssysteme natürlicher Sprachen sehr verschiedenen Konstruktionsprinzipien gehorchten. Dies war kein rein philologisches Unternehmen: Morgans Schema – »numerischen Charakters« und »auf der Anordnung der Natur beruhend« – legte »Familienbeziehungen« offen, die »kraft des Gesetzes der Abstammung bestehen, das in der Bewahrung der Art durch die Heiratsbeziehung Ausdruck findet. Ein Verwandtschaftssystem, das auf der Gemeinsamkeit des Blutes beruht, ist nur der formale Ausdruck und die Anerkennung dieser Beziehungen.«[78] In den Verwandtschaftssystemen der Welt, so glaubte Morgan daher, sprachen sich die evolutionären Stufen, die die Menschheit durchlaufen hatte, und die verschiedenen Zweige, in die sie sich gegenwärtig verlor, unmittelbar aus.[79] Verwandtschaftssysteme bildeten die Signatur von Rassen, indem sie die verborgenen Übertragungsmechanismen zum Ausdruck brachten, die die kulturelle und biologische Reproduktion jeder einzelnen Rasse gewährleisteten.

Morgan zählt heute zu den Begründern der Sozialanthropologie. Seine Werke schließen sich an eine Reihe von Klassikern dieser Disziplin an, die Schlag auf Schlag in den sechziger Jahren des 19. Jahrhunderts erschienen: Der Schweizer Johann Jacob Bachofen beschrieb 1861 in seinem Buch *Das Mutterrecht* ein primitives, promiskuitives Stadium der Menschheit, gefolgt von matriarchalen und schließlich partiarchalen Stadien. Der Engländer Henry James Sumner Maine, zeitweise als Berater der Kolonialregierung in Indien aktiv, machte im gleichen Jahr in *Ancient Law* auf die komplexen Beziehungen zwischen Heiratsregeln und territorialen Ansprüchen aufmerksam und unterschied auf dieser Grundlage zwischen ›stationären‹ und ›progressiven‹ Gesellschaften. Der Schotte John F. McLennan führte vier Jahre später in *Primitive Marriage* die analytische Unterscheidung zwischen Exogamie und Endogamie ein. Ebenfalls 1865 gelang es Edward Tylor, wie Morgan, Bachofen, Maine und McLennan ein Rechtsanwalt, in seinen *Researches into the Early History of Mankind and the Development of Civilization* den Zusammenhang zwischen Kreuzkusinenheirat, Exogamie und matrilokaler Residenz erstmals ansatzweise zu klären. Diese kleine Liste zeigt bereits an, dass die komplexen Heirats-, Verwandtschafts- und Erbschaftssysteme, die jede Kultur kennzeichnen, im späten 19. Jahrhundert ebenso in den Brennpunkt anthropologischer Forschung gerieten wie die physische Variabilität des Menschen. Dabei stellte sich allerdings heraus, dass Verwandtschaftssysteme zwar auf Beziehungen der Blutsverwandtschaft zurückgreifen, diese aber nicht einfach nur darstellen, sondern zur Konstruktion autonomer Tausch- und Transmissionsmechanismen nutzen – ein weiterer Beleg für die, mit Kroeber zu sprechen, ›superorganische‹ Natur der Kultur.[80]

Die genannten Werke wurden von Darwin in seinem *Descent of Man* von 1871 und von Friedrich Engels in *Der Ursprung der Familie, des Privateigentums und des Staates* aus dem Jahr 1884 rezipiert und flossen damit indirekt in die wichtigsten weltanschaulichen Strömungen des späten 19. Jahrhunderts ein.[81] Es handelt sich allerdings, dem äußerst komplexen und vielfältigen Gegenstand entsprechend, um theoretisch anspruchsvolle, an Spezialisten gerichtete Literatur. Eine sehr viel unmittelbarere Wirkung entfaltete die medizinische, insbesondere psychiatrische Analyse von Verwandtschaftsbeziehungen, um den Ursachen ›familiärer

Degeneration‹ auf den Grund zu gehen. Von diesen Disziplinen aus sollten sich eugenische Motive mit einem fast allgegenwärtigen Interesse an Familienforschung in zeitgenössischen bürgerlichen Kreisen verknüpfen. Das wiederum bildete die Basis für eine massenhafte Erhebung genealogischer Daten.

In die Psychiatrie fanden familiäre Daten auf zwei miteinander zusammenhängenden Wegen Eingang: Zum einen wurden sie zu administrativen Zwecken erfasst und begannen so schon zu Beginn des 19. Jahrhunderts die Anstaltsstatistiken zu füllen.[82] Zum anderen war insbesondere unter Psychiatern schon früh die Überzeugung verbreitet, dass Geisteskrankheiten auf eine erbliche Veranlagung oder ›Diathesis‹ zurückzuführen seien und von ihrer ungehinderten Ausbreitung daher die Gefahr einer allgemeinen Degeneration ausgehe.[83] Krankengeschichten enthielten deshalb in aller Regel auch Angaben über das Auftreten von Geisteskrankheiten, Schwachsinnigkeit oder Alkoholismus im weiteren Verwandtenkreis des Patienten. Zeitgenössische Anstaltsstatistiken griffen dies auf, indem sie zwischen Kranken mit ›direkt‹, ›indirekt‹ bzw. ›atavistisch‹ und ›collateral‹ ererbter Geisteskrankheit unterschieden, je nachdem, ob unter den Eltern, Großeltern oder kollateralen Verwandten des jeweiligen Patienten die gleiche oder eine vergleichbare Krankheit auftauchte.[84] Doch obgleich viele den Erbfaktoren eine besonders hohe ätiologische Bedeutung zumaßen, blieb Vererbung in diesem Zusammenhang *ein* Moment der ›Bildungsgeschichten‹ von Krankheiten unter anderen.

Nach und nach tauchten ab Mitte des Jahrhunderts in medizinischen und psychiatrischen Veröffentlichungen genealogische Diagramme auf. Am besten untersucht sind die zahllosen Diagramme, die das *Eugenics Record Office* anhäufte, das 1910 von dem Biologen Charles B. Davenport an der *Station for the Experimental Study of Evolution* in Cold Spring Harbor mit Mitteln der *Carnegie Institution* eingerichtet wurde.[85] Diese Diagramme standen am Ende einer langen Geschichte der Standardisierung genealogischer Darstellungen in der Medizin, sind aber gerade deshalb gut geeignet, deren Besonderheiten hervortreten zu lassen (Abb. 15).[86] Während Ahnentafeln die Eltern, Großeltern und Ur-

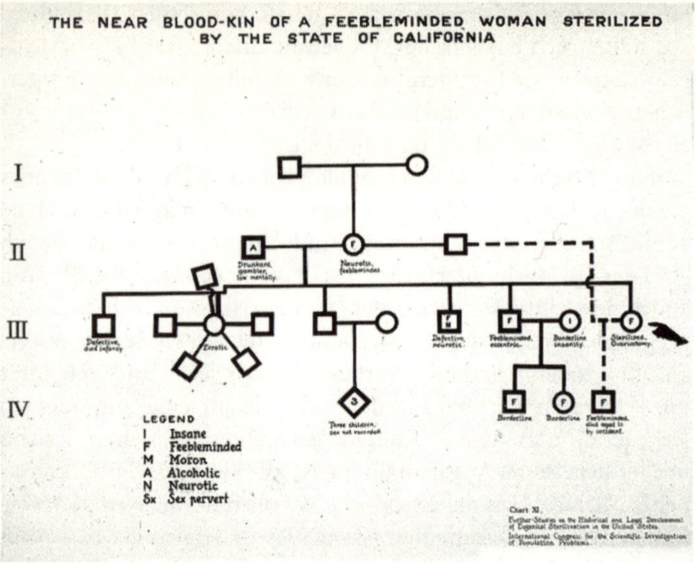

Abb. 15: »Die nahe Blutsverwandtschaft einer Schwachsinnigen, die vom Staat Kalifornien sterilisiert wurde.« Familienstammbaum aus dem Eugenics Record Office, um 1935. The Harry H. Laughlin Papers, image no. 957, aus www.eugenicsarchive.org, zug. am 29. 9. 2008

großeltern eines Probanden verzeichnen, Stammbäume hingegen von einer Person ausgehend deren Kinder, Enkel, Urenkel usw. aufführen, also beide Systeme jeweils nach einem bestimmten Ausschlussprinzip verfahren, um eine auf eine Person zentrierte, pyramidenartige Figur zu erzeugen, blieben zu medizinischen Zwecken entworfene Diagramme eigenartig offen. Man merkt ihnen an, dass sie tendenziell nicht nur bestimmte Verwandte, sondern das ganze Netz der Verwandtschaften erfassen sollten, das sich um eine einzelne Person herum ausdehnt. In letzter Konsequenz war das natürlich nicht möglich. Die Diagramme nahmen daher eine zwar strikt nach Generationen gegliederte, aber auffallend flächige und nach allen Seiten hin ausfransende Formen an, die eher mit der Struktur elektrischer Schaltkreise als mit Baumformen assoziiert scheinen.[87]

Davenport und seinem Mitarbeiter Harry H. Laughlin, einem Landwirtschaftswissenschaftler, ging es vor allem darum, in den zusammengetragenen Genealogien nach Spuren Mendelscher Vererbungsmuster zu suchen. Unterstützt wurden sie von Krankenhausärzten, aber auch von einer großen Zahl von Amateuren, die ihnen entweder selbst zusammengestellte Familiendaten zusandten oder als *field worker* des *Eugenics Record Office* Haushaltsbefragungen durchführten. Dies zeigt, dass mehr im Spiel war als bloße wissenschaftliche Neugier. Familienforschung in bürgerlichen Kreisen wurde mittlerweile geradezu als Volkssport betrieben, was sich in der zweiten Hälfte des 19. Jahrhunderts auch in der Gründung zahlloser kommunaler oder nationaler genealogischer Vereine ausdrückte. Auch hier verstand man Familienforschung als Kartierung möglichst vollständiger Verwandtschaftsnetze, einschließlich der Seitenlinien, die väterlicher- und mütterlicherseits nachgezeichnet wurden; der Reiz dieser Erkundungen bestand nicht zuletzt darin, vielleicht auf eine berühmte historische Figur unter den Vorfahren zu stoßen oder auch Verbindung zu noch lebenden, weitläufig verwandten Personen aufzunehmen.[88]

In der Zusammenführung solcher genealogischer Daten zeichnete sich die Möglichkeit ab, ein ›Inventar des Blutes‹ ganzer Nationen anzulegen. In Deutschland war es ein Historiker, der dieses Potenzial zuerst wahrnahm und im Bündnis mit Psychiatern zu realisieren versuchte. Ottokar Lorenz ging es um die Rehabilitierung der Genealogie, die an deutschen Universitäten als altehrwürdige, aber etwas angestaubte Hilfsdisziplin der Geschichtsforschung ein bescheidenes Dasein fristete. Seine Vision einer ›wissenschaftlichen Genealogie‹ breitete er 1898 in seinem *Lehrbuch der gesammten Genealogie* aus. Lorenz stand dem eugenischen Degenerationsdiskurs skeptisch gegenüber, wie er auch Vorbehalte gegen Galtons rein statistische Untersuchungen hegte. Genealogie war für Lorenz das ›Element historischer Ereignisse‹. Die Existenz von Nationen und Klassen – aber auch von Familieneigentümlichkeiten wie der sogenannten Habsburglippe, deren irreguläres, ›atavistisches‹ Auftauchen in Familienlinien schon immer aufgefallen war – ließ sich durch ein einfaches Prinzip erklären: Verfolgte man Genealogien in Ahnentafeln zurück, so stieg die Zahl der Vorfahren in der Regel nicht einfach streng geometrisch an. Vielmehr resultierten Verwandtenehen in einem systematischen »Ahnenverlust«. »[D]ie Liebe gedeiht am meisten bei Ahnenverlust und Ebenbürtigkeit,« lautete sein konservatives Credo.[89]

Folgenreicher als Lorenz' Theorie des Ahnenverlusts war seine Idee, Psychiater und Historiker zusammenzuführen, um systematisch genealogische Daten zu erheben. Lorenz teilte diese Idee mit führenden Psychiatern wie Emil Kraepelin und Robert Sommer. Mit der 1904 in Leipzig eingerichteten Zentralstelle für deutsche Personen- und Familiengeschichte wurde sie verwirklicht. Viele Krankenhäuser und psychiatrische Anstalten begannen zudem, Genealogien ihrer Patienten zu sammeln, wobei sich zunehmend Probleme der Standardisierung ergaben. 1917 entstand dann mit der Genealogisch-Demographischen Abteilung an der Deutschen Anstalt für Psychiatrie in München ein nationales Forschungszentrum, an dem mit finanzieller Unterstützung der amerikanischen Rockefeller Foundation und der Kaiser-Wilhelm-Gesellschaft vorhandenes empirisches Material zusammengeführt sowie neues Material erhoben wurde, um nach einheitlichen Gesichtspunkten systematisch ausgewertet zu werden.[90]

In der Auseinandersetzung um adäquate Standards genealogischer Aufzeichnungs- und Verzeichnisverfahren, die diese institutionellen Entwicklungen begleitete, kam es in Deutschland zu einer entscheidenden Weichenstellung, die Bernd Gausemeier kürzlich nachgezeichnet hat. Die massenhafte Erfassung genealogischer Daten bot die Chance, über die Analyse individueller Vorfahrenverläufe hinauszugehen und die genealogische Forschung zu einem Werkzeug der Analyse von Populationen, dem Anspruch nach ganzer Bevölkerungen auszubauen. Anfänglich bestand die Idee, ähnlich wie in Cold Spring Harbor, einfach darin, »mehr in die Tiefe als in die Breite zu gehen«, wie der Jenaer Psychiater Wilhelm Strohmeyer sich ausdrückte.[91] Ernst Rüdin, der Leiter der

Genealogisch-Demographischen Abteilung an der *Deutschen Anstalt für Psychiatrie*, wählte Anfang der zwanziger Jahre einen radikal anderen Weg. Der in Stuttgart praktizierende Arzt Wilhelm Weinberg hatte 1908 gezeigt, dass sich die Häufigkeit von Allelen in Populationen nicht ändert, solange Faktoren wie Selektion oder Mutation nicht auf die Population einwirken. Aufbauend auf den Grundlagenarbeiten Weinbergs, ging Rüdin in seinen Untersuchungen zur Erblichkeit schizophrener Erkrankungen von der Rekonstruktion von Stammbäumen zur Konstruktion ganzer Generationen über. Etwas vereinfacht gesagt, bestand sein Verfahren darin, nur die Geschwister und die Eltern von Erkrankten zu erfassen, dies aber für ganze Kohorten zu tun. Unter der Annahme, dass es sich bei Schizophrenie um eine rezessive Krankheit handle, ließ sich dann überprüfen, ob die Häufigkeit ihres Auftretens unter Geschwistern den Erwartungen entsprach, die sich aus den Mendelschen Regeln für Populationen ableiten ließen (25 Prozent bei gesunden Eltern, 50 Prozent bei einem kranken Elternteil).[92] Mit einem Schlag stellten sich zwei Generationen so dar, als seien sie das Produkt einer großen Zahl planmäßig, aber unabhängig voneinander durchgeführter Kreuzungsexperimente.

Franz Boas verwendet einen interessanten Begriff, der diese analytisch-konstruktive Perspektive auf den Punkt brachte. Auf der Grundlage einer groß angelegten anthropometrischen Studie im Auftrag der *US Immigration Commission* hatte Boas 1910 nachweisen können, dass sich physische Merkmale wie Kopfindex oder Körpergröße bei den Kindern von Immigranten verschiedener ethnischer Gruppen oder ›Rassen‹ – Boas erwähnt osteuropäische Juden, Sizilianer, Neapolitaner, Tschechen, Polen und Schotten – änderten. ›Rassenmerkmale‹ waren demnach gar nicht stabil.[93] Um zu diesem Ergebnis zu kommen, hatten Boas und seine Mitarbeiter das anhand von 18 000 Personen erhobene Datenmaterial in ähnlicher Weise analysiert wie Rüdin, indem Eltern mit ihren Kindern zu Einheiten zusammengefasst wurden, die Boas als ›Familienlinien‹ bezeichnete. Wie er später immer wieder hervorhob, bestand ein Spannungsverhältnis zwischen dem Begriff der Rasse und dem der Familienlinie. Was im alltäglichen Sprachgebrauch als ›Rasse‹ bezeichnet wurde, war eigentlich ein Konglomerat aus heterogenen Familienlinien, und das galt auch umgekehrt, wie Boas besonders gern an den Ergebnissen einer Studie des Rassenanthropologen Eugen Fischer aufzeigte. Dieser hatte die sogenannten ›Rehobother Bastards‹ untersucht, eine lokale Population von ›Mischlingen‹ in Deutsch-Südwestafrika. Für Fischer stellten sie den paradigmatischen Fall einer ›Mischrasse‹ dar; in einer 1913 erschienenen Monographie wies er an diesem Fall nach, dass auch Merkmale, die als ›Rassenmerkmale‹ galten, den Mendelschen Vererbungsregeln folgen.[94] Für Boas dagegen waren die Rehoboter Bastards das Paradebeispiel einer »fast reinen Rasse«, da sich in dieser lokalen und endogamen Population nur wenige Familienlinien kreuzten.[95]

Statistische und genealogische Analysen erlaubten es somit zwar, der inneren Mechanik der Vererbung beim Menschen ein Stück weit auf die Spur zu kommen, ein direktes und gezieltes Eingreifen in die menschliche Fortpflanzung zu experimentellen Zwecken und damit ein Vorstoß zur Substanz der Vererbung war aber nicht möglich. Stattdessen waren Eugeniker und Rassenanthropologen darauf angewiesen, historische Ereignisse rückblickend so zu analysieren, als habe es sich um Experimente gehandelt – ein Verfahren, dessen sich schon Darwin gern bediente.[96] An Material fehlte es ihnen nicht. Veronika Lipphardt hat das am Beispiel der zahlreichen Studien zur ›Biologie der Juden‹ gezeigt, die um 1900 erschienen. Grund für diese Studien lieferte nicht nur der weit verbreitete Antisemitismus; das Judentum galt vor allem deshalb als ideales Forschungsobjekt, weil eine dominante ›biohistorische Erzählung‹ davon ausging, dass Juden sich auf Grund ihrer religiös motivierten Endogamie und erzwungenen Isolation in Europas Ghettos über Jahrhunderte als ›reine Rasse‹ erhalten hatten.[97]

Solche biohistorischen Narrationen waren mehrdeutig und wirkten vorrangig ideologisch. Sie wurden im Rahmen politischer Identitätsbildung und gesellschaftlicher Selbstvergewisserung über die Zugehörigkeit zu einer Nation oder ›Rasse‹ funktionalisiert. Eine Debatte, die neben anderen die Anthropologie des

19. Jahrhunderts beherrschte, wurde zwischen ›Polygenisten‹ und ›Monogenisten‹ ausgetragen. Sie mutet aus heutiger Sicht seltsam akademisch, wenn nicht bizarr an. Polygenisten gingen davon aus, dass es sich bei Menschenrassen um distinkte Arten handelte, während Monogenisten mit Verweis auf die Fortpflanzungsfähigkeit von Mischlingen das Gegenteil behaupteten: Es handle sich beim Menschen um eine einzige Art. Diese Debatte ist mit Blick auf die ideologische Funktion biohistorischer Narrationen besonders aufschlussreich. Unabhängig davon nämlich, ob man Menschenrassen als verschiedene Arten oder bloße Varietäten derselben Art ansprach, gingen diese zwangsläufig auf gemeinsame biologische Vorfahren zurück, wenn man von der damals schon vorherrschenden Vorstellung von der gemeinsamen Abstammung aller Arten ausging.[98] Unmittelbar brisant war der Konflikt zwischen Polygenisten und Monogenisten vor allem deshalb, weil er eng mit den politischen Diskussionen über die Legitimität von Sklaverei und Kolonialherrschaft verknüpft war.[99]

Solche Ideologeme allein sind allerdings nicht in der Lage zu erklären, wie sich im Lauf des 19. und frühen 20. Jahrhunderts nicht nur im Werk von Wissenschaftlern, die wie etwa Boas dem Begriff der Rasse von Anfang an skeptisch gegenüberstanden, sondern auch bei rassistisch motivierten Eugenikern und Anthropologen wie Rüdin und Fischer eine analytische Sichtweise durchsetzte, unter der sich Rassen letztlich in zählbare Elemente auflösten. Dazu muss man verstehen, dass nicht nur der Eugenik, sondern der Anthropologie des 19. Jahrhunderts insgesamt daran gelegen war, eine Gesetzmäßigkeit gesellschaftlicher Transformationsprozesse nachzuweisen, nicht zuletzt auch um Möglichkeiten ihrer politischen Steuerung am Horizont des Machbaren erscheinen zu lassen.[100] Die Anthropologie verstand sich nach einem bekannten Wort Tylors als eine »Wissenschaft der Reformer«.[101] Anthropologen konnten sich nicht mit der Beschreibung des Gegebenen zufrieden geben, Populationen mussten sich vielmehr, wollte man ihre Reproduktion in jeweils gewünschte Bahnen lenken, im epistemischen Raum der Vererbung als dynamische Aggregate mehr oder weniger selbständiger Elemente darstellen lassen, die sich unmittelbar identifizieren, befragen und manipulieren ließen. Im Unterschied zu geläufigeren Bestimmungen, wonach der eugenische Diskurs auf eine Reifikation oder ›Verdinglichung‹ sozialer Verhältnisse hinaus war, lässt sich diese Figur vielleicht in Analogie zu einem bekannten chemischen Verfahren, bei dem komplexe Gemische in ihre chemischen Bestandteile zerlegt werden, als ›Fraktionierung‹ bezeichnen.[102]

Mit den Fortschritten der Populationsgenetik in den dreißiger und vierziger Jahren schritt diese Fraktionierung so weit voran, dass Wissenschaftler nach dem Zweiten Weltkrieg selbstsicher behaupten konnten, dass ›Rassen‹ etwas seien, was es ›eigentlich‹, also wissenschaftlich besehen, gar nicht gäbe.[103] Gegenstand dieser Attacke war ein typologischer Rassebegriff, den man mit Vorliebe dem ›Mann auf der Straße‹ unterstellte. An seine Stelle wurde eine dynamische Auffassung von menschlichen Populationen gesetzt, die Rassen als temporären Erscheinungen dynamische Prozesse der Mutation, Selektion, Partnerwahl, Isolation und Hybridisierung zugrunde legte. Wie der russisch-amerikanische Populationsgenetiker und Evolutionsbiologe Theodosius Dobzhansky es einmal prägnant, aber durchaus ambivalent formulierte: »[Race is] not a state of being, but of becoming.«[104] Es war die Auflösung vermeintlicher Gegebenheiten wie ›Rassen‹, die hier zugunsten einer »Rationalisierung des Geschlechtslebens«[105] in den Vordergrund rückte. Das Gen – der zentrale Begriff, um den sich die Lebenswissenschaften seit einem guten Jahrhundert drehen – ist als Resultat dieses Auflösungsprozesses zu verstehen, in dem sich der epistemische Raum der Vererbung, wie wir im nächsten Kapitel sehen werden, zugleich zu einem ›epistemischen Ding‹ verdichtete.

Kapitel 6
Die Disziplinierung der Vererbung

Aus der Perspektive einer Disziplinengeschichte der Biologie lässt sich die zweite Hälfte des 19. Jahrhunderts als eine Zeit der Differenzierung der Lebenswissenschaften in eine ganze Reihe von Einzelfächern charakterisieren. Anatomie und Morphologie trennten sich von der Physiologie, neue Bereiche wie die Zytologie und die Mikrobiologie entstanden, und die Naturgeschichte wandelte sich zur Evolutionsbiologie. Mit dieser Differenzierung der Landschaft biologischer Forschung wuchs aber auch das Bedürfnis nach übergeordneten Perspektiven; Claude Bernards Vorlesungen von 1878 über *Erscheinungen, die sowohl den Tieren als auch den Pflanzen eigen sind*, sind ein frühes Beispiel, und insgesamt mehrten sich Werke, in deren Titel der Begriff der »Allgemeinen Biologie« auftauchte.[1] Wenn sich um 1800 eine biologische Wissenschaft formierte, deren Ziel es war, in Abgrenzung von Physik und Chemie organisierte und sich reproduzierende Körper zu charakterisieren, so ging es der Biologie um 1900 nicht mehr um die Abgrenzung von der Welt des Unbelebten, sondern vielmehr um die Definition einer Ebene, die alle Lebensformen *untereinander* verband. Eine der Folgen dieses Wandels war die Einführung von sogenannten Modellorganismen, deren *besondere* Eigenschaften es erlaubten, *allgemeine* Eigenschaften von Lebewesen auf experimentellem Wege zu charakterisieren.

Insbesondere auf dem akademischen Feld der Diskussion von Vererbungserscheinungen machte sich dieser tiefgreifende Wandel um 1900 bemerkbar. Ein halbes Jahrhundert lang waren hitzige Debatten geführt und weitreichende Spekulationen angestellt worden, die sich vorwiegend auf evolutions- und entwicklungsbiologische Überlegungen und auf die Zytologie stützten, bevor sich in kurzer Zeit – binnen eines Jahrzehnts – ein experimentelles Fach eigener Prägung kristallisierte. Die näheren Umstände dieses Vorgangs sind häufig beschrieben worden und haben längst ihren Platz in der Geschichte wissenschaftlicher Revolutionen.[2] Einer der Begründer der neuen Disziplin, der britische Biologe William Bateson, gab ihr anlässlich der Dritten Internationalen Konferenz über Pflanzen-Hybridisierung in London 1906 den Namen »Genetik« und begründete 1910 mit Reginald Punnett das *Journal of Genetics*. Der dänische Botaniker Wilhelm Johannsen, der als Pflanzenphysiologe an der Landwirtschaftlichen Hochschule in Kopenhagen tätig war, prägte 1909 für die Einheit, um die sich die experimentelle Praxis der Genetik zu drehen begann, den Begriff »Gen«. Aus Johannsens Sicht lag dieser Entwicklung die *Kombination* zweier experimenteller Praktiken zugrunde: zum einen die Produktion reiner Linien, und zum anderen die Hybridisierung von Varietäten. Beide Praktiken hatten ihre Wurzeln im Bereich der angewandten Tier- und Pflanzenzüchtung, aber keine von beiden war bisher systematisch als Werkzeug zur experimentellen Untersuchung von Erbgängen eingesetzt worden – außer von Mendel, der zugleich ein Symbolsystem entwickelte, das es ihm ermöglichte, die Ergebnisse seiner Experimente auch mathematisch-statistisch auszuwerten. Doch die Regeln, die er für seine Erbsengenerationen gefunden hatte, waren – soweit sie im letzten Drittel des 19. Jahrhunderts überhaupt zur Kenntnis genommen wurden – nicht als Modell des Vererbungsvorgangs akzeptiert worden. Wie wir noch sehen werden, hatte auch Mendel selbst seine Ergebnisse sehr zurückhaltend interpretiert.

Um das Vererbungsdenken des ausgehenden 19. und frühen 20. Jahrhunderts möglichst breit zu erfassen, sind wir im letzten Kapitel vor allem seinen medizinischen und biopolitischen Kontexten nachgegangen. Im Folgenden soll gezeigt werden, wie sich mit der Etablierung der Genetik als einer experimentellen Wissenschaft der epistemische Raum der Vererbung zu umschriebenen epistemischen Objekten verdichtete. Dabei wurde vorwiegend mit Pflanzen- und Tiermodellen gearbeitet, die entweder landwirtschaftlich genutzt wurden oder günstige experimentelle Eigenschaften wie kurze Reproduktionszeiten aufwiesen. Wie wir schon im zweiten Kapitel gesehen haben, spielten im 18. Jahrhundert Institutionen wie die botanischen Gärten eine entscheidende Rolle für die Produktion und Identifizierung jener Erscheinungen im Bereich subspezifischer Variation, die zu Kristallisationspunkten des biologischen Vererbungsdiskurses wurden. Im ausgehenden 19. Jahrhundert waren es Konjunkturen zwischen der traditionellen universitären Biologie und Biotechnologien der zweiten industriellen Revolution, die den epistemischen Raum der Vererbung neu konfigurierten.[3] Es ging dabei nicht nur um neue Forschungspraktiken, sondern auch um Veränderungen des Maßstabs, in dem sie betrieben wurden.[4] Biochemie, Mikrobiologie, Reinzucht und Hybridisierung definierten eine Ebene der Lebenserscheinungen, die die hergebrachte Dichotomie von Art und Individuum systematisch unterlief[5]. Man kann sagen, dass sich mit der Genetik im ersten Jahrzehnt des 20. Jahrhunderts eine Allgemeine Biologie als experimentelle Spezialdisziplin mit ausgeprägtem Anwendungsbezug installierte – ein Vorgang, der sich im 20. Jahrhundert mit der Ausbildung von Molekularbiologie, Genomik und Systembiologie noch mehrfach wiederholen sollte.[6]

In diesem Kapitel nähern wir uns den Entwicklungen in einer Weise, die das übliche Bild von wissenschaftlichen Revolutionen als Paradigmenwechseln, die sich relativ rasch innerhalb einzelner wissenschaftlicher Gemeinschaften abspielen, in Frage stellt. Zunächst wollen wir kurz auf Gregor Mendel eingehen und fragen, worin eigentlich das Neue seiner Arbeiten bestand und was ihn dennoch mit seinen Zeitgenossen verband. Es folgt ein Abschnitt, der die Geschichte der Tier- und Pflanzenzucht auf der einen und der Bakteriologie auf der anderen Seite in der zweiten Hälfte des 19. Jahrhunderts nachzeichnet und herausarbeitet, wie zahlreiche Elemente, die in den Mendelismus Eingang fanden, in diesen Kontexten entstanden. Die drei folgenden Abschnitte gehen dann auf die Geschichte der sogenannten »klassischen« Genetik in der Nachfolge Mendels ein, wobei deutlich werden soll, dass diese Disziplin durchgängig von begrifflichen Ambivalenzen und wandelbaren Forschungspraktiken geprägt war. Sie lässt sich nur als lockeres Ensemble von Forschungsstrategien und -technologien begreifen, die nicht zufällig rasch von Nachbargebieten wie Embryologie und Evolutionsbiologie aufgegriffen wurden.

Gregor Mendel und die Hybridisten

Es ist oft beklagt worden, dass die Ergebnisse aus Mendels Experimenten, die er 1866 in den *Verhandlungen des Naturforschenden Vereines in Brünn* veröffentlichte, von zeitgenössischen Biologen nicht zur Kenntnis genommen wurden, hätten sie doch insbesondere Darwin zu einer tragfähigen Vererbungstheorie verhelfen können, dem fehlenden Glied in seiner Evolutionstheorie. Mendel selbst sah das vermutlich anders: Er stellte seine Experimente als »Detailversuche« dar, die in einer seit langem bestehenden, begrenzten Forschungstradition standen.[7] Wir sind im zweiten Kapitel kurz auf diese Tradition eingegangen: Ausgehend von der Entdeckung ›konstanter Varietäten‹, unter anderem durch Carl von Linné, hatten sich eine Reihe von Botanikern mit der Rolle der Hybridisierung bei der Entstehung neuer Arten befasst. Im Lauf der Zeit hatten die dafür angestellten Experimente einen immer größeren Umfang angenommen. Carl Friedrich Gärtner beispielsweise, dessen *Versuche und Beobachtungen über die Bastarderzeugung im Pflanzenreich* von 1849 eine Art Standardwerk der Pflanzenhybridisierung zur Zeit Mendels darstellten, hatte rund 10 000 Einzelversuche an über 700 Pflanzenarten angestellt. Mendel dürfte mit dieser Tradition durch sein Studium in Wien in Kontakt gekommen sein, wo er unter anderem Vorlesungen bei Franz Unger hörte, einem Pflanzengeographen und frühen Vertreter der Zelltheorie. Unger zielte auf eine »Physik« des Pflanzenorganismus, also eine Aufstellung von »Entwicklungsgesetzen« auf der Basis von Transplantationsexperimenten und einer quantitativ betriebenen Biogeographie und Paläontologie. Auf ihn übte unter anderem Carl von Nägeli Einfluss aus, mit dem Mendel nach der Veröffentlichung seines Aufsatzes einen intensiven Briefwechsel führen sollte.[8]

Um zu verdeutlichen, wie sich Mendels Arbeit zur Hybridisierungspraxis der zeitgenössischen Botaniker verhielt, wollen wir sie zunächst der Arbeit seines französischen Zeitgenossen Charles Naudin gegenüberstellen, der in Paris zur gleichen Zeit wie Mendel in Brünn experimentierte. Als einer der geschicktesten

Pflanzenzüchter der Mitte des 19. Jahrhunderts arbeitete Naudin am *Musée d'Histoire Naturelle*, wo ihm seit 1854 die Überwachung der Pflanzenkulturen oblag. Zu Beginn der siebziger Jahre zog er sich in die französischen Pyrenäen zurück, wo er in einem eigens dafür angelegten Garten Experimente zur Akklimatisierung von exotischen Pflanzen unternahm, um schließlich 1876 die Leitung des von Gustave Thuret in Antibes begründeten botanischen Gartens zu übernehmen.

Naudin antwortete mit seiner hier interessierenden Abhandlung auf eine Preisfrage der Pariser Akademie der Wissenschaften, die verlangt hatte, »die pflanzlichen Hybriden unter dem Gesichtspunkt ihrer Fruchtbarkeit und der Erhaltung oder Nicht-Erhaltung ihrer Charaktere zu untersuchen.«[9] Beständige Hybriden waren für die Landwirtschaft von vorrangiger Bedeutung, und ähnliche Preisfragen hatten schon Koelreuter und Gärtner motiviert.[10] Um die Beständigkeit seiner Kreuzungen zu testen, verfolgte Naudin sie über mehrere Generationen hinweg und zeichnete seine Ergebnisse sorgfältig auf. Seine Versuche waren breit angelegt und erstreckten sich über ein ganzes Spektrum gärtnerisch und landwirtschaftlich interessanter Gemüse- und Zierpflanzen. Sein *Mémoire* listet über vierzig verschiedene Kreuzungen auf, von denen er aber selten mehr als wenige Dutzend Nachkommen zog. Dabei konzentrierte sich Naudin nicht so sehr auf Einzelmerkmale, sondern orientierte sich, wie die meisten Hybridforscher vor ihm, am Habitus der Nachkommen, indem er die jeweiligen Merkmalsgesamtheiten von Eltern und Nachkommen verglich. Als empirische Regel hielt er fest, dass die erste Nachkommengeneration ziemlich uniform erschien, wobei jeweils eine Elternform überwog oder »präponderant« war, während sich in der zweiten Generation die Formen »auflösten«.[11] Naudin führte dieses Verhalten darauf zurück, dass Pflanzenarten eine »spezifische Essenz« besaßen, die ihr Wesen bestimmte und sich früher oder später gegen eine zwangsweise Vermischung wieder durchsetzte.[12]

Im Unterschied zu seinen hybridisierenden Zeitgenossen und damit auch zu Naudin beschränkte sich Mendel im Bericht über seine acht Jahre andauernden Kreuzungsversuche darauf, wohl definierte Varietäten einer einzigen Art, *Pisum sativum*, zu beschreiben, seine Beobachtungen auf eines bzw. auf wenige Merkmals*paare* zu konzentrieren und dabei den Vorgang der künstlichen Befruchtung experimentell streng zu kontrollieren, wozu sich seine Erbsen besonders eigneten. Wie er in seinen einleitenden Bemerkungen festhielt, hatte er sich vorgenommen, »ein allgemein giltiges Gesetz für die Bildung und Entwicklung der Hybriden aufzustellen«.[13] Er achtete bei der Wahl seiner Elternpflanzen erstens sorgfältig auf »konstant differirende Merkmale« und bei den Nachkommen auf deren konstant erhaltene Fruchtbarkeit. Zweitens hatte er es sich zur Aufgabe gemacht, die »numerischen Verhältnisse«[14] der in den Nachkommengenerationen auftretenden Formen zu bestimmen; deshalb züchtete er eine große Zahl von Hybriden, die er statistisch auswerten konnte. Er benutzte drittens ein algebraisches Symbolsystem zur Darstellung seiner Annahme, dass jedem von zwei alternativen Merkmalen jeweils ein Faktor zugrunde lag, der vom anderen getrennt über die Keimzellen weitergegeben wurde. Auf diese Weise ließen sich bei mehreren Merkmalspaaren Permutationen darstellen sowie – bei dominant-rezessiven Merkmalspaaren, die Mendel in dieser Arbeit ausschließlich berücksichtigte – die genetische Konstitution vom Erscheinungsbild der Pflanze unterscheiden. Viertens schließlich nahm Mendel an, dass die merkmalsbestimmenden Erbfaktoren im Prinzip frei vertauschbar waren und sich bei der Bildung der Keimzellen nach dem Zufallsprinzip auf diese verteilten. Im Gegensatz zu allen im dritten Kapitel beschriebenen Zeitgenossen ging Mendel dabei implizit davon aus, dass den Ei- und Samenzellen nur jeweils *ein* Faktor mitgegeben wurde, der für die Ausbildung eines Merkmals in der nächsten Generation sorgte. Die Aufteilung für jeden einzelnen Nachkommen war demnach scharf und eindeutig; da sie jedoch zufällig erfolgte, war eine Regel für die Nachkommen nur statistisch zu bestimmen.

In einem letzten Punkt aber argumentierte Mendel ganz ähnlich wie Naudin. So wie Naudin die »spezifischen Essenzen« seiner gekreuzten Arten für nicht dauerhaft mischbar befand, also die Beständigkeit von Bastarden letztlich bestritt, so zog auch Mendel – wenngleich auf der Ebene einzelner Faktoren – aus seinen Experimenten den Schluss, dass »die Ausgleichung der widerstrebenden Elemente« in der befruchteten Zelle vorübergehend war und letztlich »nicht über das Leben der Hybridpflanze hinaus« reichte; dagegen wurden identische Faktoren bei Individuen ein und derselben Art bei der Befruchtung »gänzlich und bleibend vermittelt«, es kam also zu deren »inniger Verschmelzung«.[15] So war und blieb es eine Besonderheit von Hybriden, dass sie in der ersten Generation gleichförmig auftraten, sich aber in der zweiten Generation bei dominant-rezessiven Erbgängen im Verhältnis von 3:1 aufspalteten und zu je einem Viertel zu den Elternformen zurückkehrten. Dass Mendel aber dennoch grundsätzlich an der Möglichkeit »konstanter Hybriden« interessiert war, zeigen sein Briefwechsel mit Nägeli in München und seine zweite botanische Veröffentlichung über *Hieracium*-Experimente. Sie schienen auf eine solche Konstanz hinzudeuten, stellten aber andererseits die »allgemeine Giltigkeit« seines Hybridengesetzes in Frage.[16]

Pedigrees und Reinkulturen – Züchtung in agro-industriellen Kontexten

In seiner Antrittsvorlesung vor dem *Collège de France* nannte Michel Foucault Mendel ein »wahres Monstrum«; das sollte damit zusammenhängen, »dass [Mendel] von Gegenständen sprach, dass er Methoden verwendete und sich in einen theoretischen Horizont stellte, welche der Biologie seiner Epoche fremd waren.« Er bewegte sich daher nicht »im Wahren« (*dans le vrai*) des biologischen Diskurses seiner Epoche.[17] Mit dieser Interpretation wandte sich Foucault gegen jene Historiker, die sich anhaltend über die Unfähigkeit von Mendels Zeitgenossen erregten, die enorme Tragweite seiner Ergebnisse zu erkennen. Allerdings bediente er damit selbst die beliebte Vorstellung des weltabgewandten Mönchs, der ohne Netzwerk vor sich hin experimentierte. Wir haben schon im letzten Abschnitt gesehen, dass Mendels Versuche an eine reich entwickelte Forschungstradition anschließen konnten und zumindest bei dem Münchner Botaniker von Nägeli auf Gehör und Interesse stießen. Seine naturwissenschaftliche Ausbildung an den Universitäten Olomouc (Olmütz) und Wien hatte Mendel mit der mathematischen Kombinatorik, den methodischen Grundlagen physikalischen Experimentierens und, wie bereits erwähnt, mit der Zell- und Evolutionstheorie vertraut gemacht, und nicht zuletzt war er Mitglied in verschiedenen Vereinen, die sich der Naturforschung sowie der Schaf- und Obstbaumzüchtung widmeten – zu den Vereinsmitgliedern zählten Wissenschaftler, wissenschaftlich gebildete Beamte, Industrielle, Gutsbesitzer und Züchter, und in den Vereinszeitschriften wurden Züchtungs- und Vererbungsfragen ausführlich diskutiert. Dass das Brünner Augustinerkloster, dessen wirtschaftliche Schwerpunkte Textilindustrie und Brauerei waren, Mitte des 19. Jahrhunderts eng mit der landwirtschaftlichen Entwicklungsbewegung in Mähren verbunden war, das damals zu den avanciertesten Garten-, Kultur- und Industrielandschaften Kontinentaleuropas zählte, hat zuletzt Vitezslav Orel ausführlich in seiner Monographie über Mendel dargestellt.[18]

Von wissenshistorischem Interesse ist also eher die Tatsache, dass Mendel sehr früh die später paradigmatisch gewordene Methode der klassischen Genetik für sich entdeckte. »Monströs« war allenfalls – im Sinne seiner eigenen Theorie – sein Experimentieren: Wie im vorangehenden Abschnitt beschrieben, fanden in seinen Versuchen Elemente zusammen – Kombinatorik und Statistik, die Methodologie physikalischen Experimentierens, Zelllehre, züchterische Verfahren – die zu seiner Zeit sonst nur vereinzelt vorzufinden waren. Gerade in dieser Hinsicht sah jedoch die Lage um 1900 deutlich anders aus. Im ausgehenden 19. Jahrhundert waren überall in Europa und in Amerika landwirtschaftliche Stationen neu gegründet worden, die im Rahmen der technischen Hochschulbewegung wissenschaftliche Ansprüche entwickelten; das begünstigte das schon erwähnte neue Zusammenspiel der traditionellen universitären Biologie mit den Biotechnologien der industriellen Revolution – wie sich umgekehrt Tier- und Pflanzenzucht auch für avancierte akademische Disziplinen wie die Mikrobiologie öffneten.[19]

Wenden wir uns zunächst der Tier- und Pflanzenzucht zu. Auf Mendels Versuche übten vor allem Debatten Einfluss (teilweise bis in terminologische Details), die in dem 1814 gegründeten »Verein der Freunde, Kenner und Beförderer der Schafzucht, zur noch höheren, gründlichen Emporhebung dieses Oekonomie-Zweiges und der darauf gegründeten, wichtigen Wollindustrie in Fabrikation und Handel« geführt wurden; ihm gehörte auch Mendels Vorgesetzter und Förderer Cyrill Napp an.[20] Dass das Augustinerkloster in Brünn so prominent durch seinen Abt vertreten wurde, hat seinen Grund. Das Kloster war das größte örtliche Wirtschaftsunternehmen. Mährische Schafzüchter hatten durch systematisches Ein- und Auskreuzen Merinozuchten von hervorragender Wollqualität hervorgebracht, und einer der Hauptdiskussionspunkte im Schafzüchterverein bestand in der Frage, wie die Balance zwischen Inzucht und Hybridisierung zu halten war. Sowohl Degeneration als auch unkontrollierte Variationen sollten vermieden werden. Dies spiegelt sich unmittelbar in Mendels Versuchsaufbau, der systematisch zwischen artifizieller Kreuzung und Selbstbefruchtung, der extremsten Form von Inzucht, wechselte.

Im dritten Kapitel wurde schon erwähnt, dass Züchter des 19. Jahrhunderts Vererbung überwiegend als eine ›Kraft‹ verstanden. Die immer weiträumigeren Märkte, die ihre Produkte fanden – die ersten sächsischen Schafe erreichten Australien 1825 und spielten dort eine Schlüsselrolle im Aufbau der Schafzucht[21] –, ließen die Stabilität von Eigenschaften, ihre ›Vererbungsfähigkeit‹, als Zuchtziel in den Vordergrund treten.[22] In der Züchtung landwirtschaftlicher Nutzpflanzen schlug sich dies in einer wichtigen Innovation nieder. Traditionell hatten Züchter in diesem Bereich – meist Bauern und Gutsbesitzer – aus der Ernte schlicht die Pflanzen mit der ihnen am besten erscheinenden Qualität ausgelesen und für den Anbau im nächsten Jahr reserviert. Die mit diesem Selektionsverfahren gewonnenen Populationen – die ›Landsorten‹ – waren sehr heterogen, was sie besonders resistent gegen Wetterextreme und Schädlingsbefall, aber unbrauchbar für eine Verwertung im industriellen Maßstab machte, die auf standardisierte Rohmaterialien angewiesen war. In dieser Hinsicht bot ein in den vierziger Jahren von dem französischen Familienunternehmen Vilmorin entwickeltes Verfahren unschätzbare Vorteile: die sogenannte Pedigree- oder Reinzucht.[23] Bei diesem Verfahren ging man von einzelnen Individuen selbstbefruchtender Arten aus, zog aus diesen sämtliche Nachkommen und »reinigte« sie systematisch von gegebenenfalls auftretenden Varietäten. Der Vorteil bestand darin, dass die Selbstbefruchtung Variabilität durch Kreuzung von Anfang an ausschloss. Bei den auf diese Weise gewonnenen Pedigreekulturen bestand, mit Johannsen gesprochen, »kein Zweifel über den Vater«.[24] Auch Mendel hatte selbstbefruchtende Pflanzen verwendet und testete die ›Stabilität‹ der daraus gezogenen Varietäten über mehrere Jahre, bevor er sie für seine Experimente künstlich befruchtete.

Was die Tier- und Pflanzenzüchtung neben der Entwicklung neuer Zuchttechnologien im 19. Jahrhundert außerdem auszeichnete, waren neue Verzeichnis- und Kalkulationsformen, wie wir sie im vorangehenden Kapitel schon für die Anthropologie und Eugenik beschrieben haben. Züchtervereinigungen legten zentrale Zuchtregister an und veröffentlichten in ihren Zeitschriften detaillierte Genealogien und statistische Tabellen. Diese Parallele hat einen tieferen Grund: Vor allem in der Tierzucht orientierte man sich seit der 2. Hälfte des 19. Jahrhunderts nicht selten an zeitgenössischen Strategien der Familienplanung, und die Eugenik sollte sich bekanntlich in Züchtungsphantasien ergehen, für die zeitgenössische Praktiken der Tier- und Pflanzenzucht konkrete Modelle lieferten.[25] An den gegen Ende des 19. Jahrhunderts entstehenden experimentellen Zuchtstationen weitete sich die systematische und quantitative Verzeichnung von Versuchsergebnissen schließlich in einem Maße aus, dass man von einer »wissenschaftlichen« Züchtung zu sprechen begann. So wurden auf der Station der schwedischen Saatzuchtvereinigung in Svalöf Anfang der neunziger Jahre ca. 2000 durch Pedigreezucht gewonnene Getreidestämme angebaut. Die Entwicklung jedes einzelnen Stammes wurde dabei durch präzise quantitative Erfassung seiner Merkmale (für die teilweise speziell entwickelte Instrumente verwendet wurden) und eine Jahr für Jahr fortlaufende Eintragung der Messergebnisse in ein kompliziert aufgebautes »Register« (bestehend aus »Stammbuch«, »Feldbüchern« und »Analysejournalen«) verfolgt.[26] Zu Beginn des 20. Jahrhunderts wurde der Mendelismus dann nicht zufällig vor allem an solchen Institutionen weiter entwickelt.[27]

Entscheidend für die Kooperation zwischen Mendelscher Genetik und angewandter Züchtungsforschung dürfte die Tatsache gewesen sein, dass die Tier- und Pflanzenzüchter nicht auf eine Auswertung von Daten angewiesen waren, deren Produktion ihrer Kontrolle entzogen war, sondern ihre eigenen genealogischen Konstrukte in die Welt setzen konnten. Im ersten Jahrzehnt des 20. Jahrhunderts hielten zwei Grundbegriffe in die Genetik Einzug, die sich auf solche Konstrukte bezogen: die »reine Linie« Johannsens, die etwa den Vilmorinschen Pedigrees entsprach; und der »Clon«, ein Begriff, den der Botaniker Herbert J. Webber vom Plant Breeding Laboratory des U.S. Department for Agriculture für Populationen einführte. Das Besondere an diesen Begriffen war, dass sie nicht nur auf mögliche Eigenschaften der Nachkommen, vor allem ihre Konstanz, Bezug nahmen, sondern auch auf das genealogische Konstruktionsprinzip.[28]

Die »reine Linie« bietet sich als Beispiel für die Entwicklung solcher Begriffe im Allgemeinen an und führt uns zugleich in einen weiteren, hier vielleicht überraschenden Kontext. Johannsen, auf dessen ›Genotyptheorie‹ wir gleich noch zu sprechen kommen, begann seine wissenschaftliche Karriere nach einer Apothekerlehre und einem anschließenden Botanikstudium 1881 in der chemischen Abteilung des Forschungslabors der Carlsberg-Brauerei, wo er sich mit der Rolle von Stickstoff bei der Reifung und Keimung von Gerste befasste. 1887 wechselte er als Dozent für Pflanzenphysiologie an die Landwirtschaftsschule in Kopenhagen, setzte seine Zusammenarbeit mit dem Carlsberg-Laboratorium aber in Form von Züchtungsexperimenten fort. In diesem Zusammenhang dürfte er auch erstmals die Pedigreemethode angewandt haben, in späteren Schriften legte er aber Wert darauf, dass sein Begriff der reinen Linie einer anderen Quelle entstamme. Am

Carlsberg-Laboratorium hatte in den frühen achtziger Jahren des neunzehnten Jahrhunderts Emil Christian Hansen die Methoden der Reinkultur von Bakterien aufgegriffen, die Louis Pasteur und Robert Koch zu Zwecken der Diagnose und Therapie ansteckender Krankheiten entwickelt hatten. Hansen verwendete dieselben Methoden, bei denen einzelne Bakterien durch Verdünnung oder unter dem Mikroskop isoliert und dann in ein steriles Nährmedium verbracht wurden, um »ganze Serien von Hefearten oder -rassen von unterschiedlichem praktischen Wert« auf Petrischalen darzustellen.[29] Zwei dieser »Rassen« verbreiteten sich binnen weniger Jahre auf Brauereien in aller Welt, da sich mit *Carlsberg bottom yeast no. 1* und *no. 2* Bier von relativ gleichbleibender Qualität produzieren ließ – ob in Dänemark, Deutschland, Nordamerika, Australien oder Indien.[30]

Diese Episode wirft ein Schlaglicht auf charakteristische wirtschaftliche und gesellschaftliche Voraussetzungen der Genetik, etwa die aufkommende agro-industrielle Massenproduktion von organischen Rohwaren, Nahrungsmitteln sowie Arznei- und Impfstoffen am Ende des 19. Jahrhunderts. Ein Beispiel: Die Firma Vilmorin hatte um 1900 mehr als 400 Angestellte. Arbeitsteilung und bürokratische Kontrolle spielten eine wachsende Rolle, was wiederum die Entstehung einer Expertenkultur förderte. Im Vordergrund standen jetzt Analyse, Exaktheit, Berechenbarkeit und Vorhersagbarkeit, und das allgegenwärtige Stichwort lautete ›Reinheit‹. ›Reinheit‹ war ein Instrument der Kontrolle, da die Produktivität von Arbeitsprozessen sich am Input ›reiner‹ Materialien bemessen ließ. Sie erlaubten, Merkmale zu ›fixieren‹ und Produkte herzustellen, die sich problemlos und unabhängig von Zeit und Ort identifizieren, spezifizieren und reproduzieren ließen. Statt mit einem bruchlosen Kontinuum von Variationen hatte man es mit diskreten und stabilen Lebensformen zu tun, die sich rekombinieren ließen, ohne dass es zu den unvorhersehbaren Wechselwirkungen kam, die ›unreine‹ Produkte wie die bewährten Landsorten zeitigten.[31] Reine Vererbungslinien wurden zu einer garantier- und vermarktbaren Qualität von Lebewesen. Am Ende des 19. Jahrhunderts kam es entsprechend zu ersten Versuchen, absatzfördernde Reinheitsversprechen durch die Einführung von Markenzeichen, Qualitätssiegeln und Patenten zu kontrollieren bzw. zu beglaubigen.[32]

Die Biologen, die unmittelbar nach 1900 die Mendelsche Genetik aufgriffen, bewegten sich also in einer von neuen Wesen bevölkerten Welt. Man kann daher verstehen, dass Mendelisten ihre eigene, noch junge Disziplin bevorzugt mit der synthetischen Chemie verglichen, die mit der Erschaffung künstlicher Farb- und Arzneistoffe von sich reden machte.[33] Von den drei »Wiederentdeckern« Mendels standen zwei in enger Beziehung zur angewandten Biologie: Erich von Tschermak-Seysenegg kam aus der Pflanzenzüchtung und wurde zu einem der ersten einflussreichen Vertreter der neuen Genetik im Bereich der Acker- und Zierpflanzen in Österreich. Der Gründung von Groß-Enzersdorf vor den Toren Wiens im Jahr 1903 ließ er die Einrichtung von über zwanzig Experimentalstationen in Böhmen, Mähren, Westungarn und Niederösterreich folgen; Vorbilder lieferten dazu Aufenthalte in Frankreich, Belgien, Holland, Schweden, den USA und Deutschland, wo er auch studiert hatte.[34] Hugo de Vries hatte bei dem Pflanzenphysiologen Julius Sachs in Würzburg studiert und während dieser Zeit im Auftrag des Preußischen Landwirtschaftsministeriums Monographien zu einzelnen Nutzpflanzen verfasst.[35] Außerdem stand er in regelmäßigem Kontakt mit dem Mikrobiologen Martinus Willem Beijerinck, der von 1888 bis 1895 an der Niederländischen Hefe- und Spiritusfabrik in Delft arbeitete. Beijerinck regte De Vries zu seinen Untersuchungen über Mutationen an und machte ihn auch auf Mendels Aufsatz von 1866 aufmerksam.[36]

Das annus mirabilis *1900 und das darauffolgende Jahrzehnt*

Wir haben schon gesehen, dass Mendel seine Ergebnisse als Bestätigung eines speziellen Gesetzes ansah, das nur für Hybriden gültig war. Wenn man die ›Wiederentdeckung‹ Mendels um 1900 mit der Situation um 1865 vergleichen möchte, so liegt genau hier die entscheidende Zäsur. Auch wenn sowohl De Vries' Bericht über das »Disjunktionsgesetz« als auch Carl Correns' Publikation über »Mendel's Regel« den Begriff der »Hybride« bzw. des »Rassenbastards« noch im Titel tragen, so legen doch beide diese Regel als ein *allgemeines Gesetz* der Vererbung aus.[37] Wie unmittelbar dies erkannt wurde, geht beispielsweise aus William Batesons Reaktion auf diese Veröffentlichungen hervor, die mit dem Satz beginnt: »Eine genaue Bestimmung der Gesetze der Vererbung wird wahrscheinlich mehr Veränderung im Weltbild des Menschen und in seiner Macht über die Natur bewirken als jeder andere Fortschritt im Wissen über die Natur, den man vorhersehen kann.«[38] Mendels dreifache Neuerung, die im Rahmen der Hybridenvererbung kein allzu großes Aufsehen erregt hatte – die Kombination einer statistischen, quantifizierenden Behandlung mit einem kombinatorischen Notationssystem und der Definition eines formalen Objekts als Einheit des Vererbungsvorgangs –, sollte es jetzt erlauben, das Vererbungsgeschehen als solches in den Blick zu nehmen. Erst jetzt verschwand der Unterschied zwischen Bastardisierung als einem Sonderfall der Fortpflanzung und dem generellen Vorgang der sexuellen Reproduktion. Und erst jetzt wurde die sexuelle Reproduktion höherer Organismen zu einem universellen Werkzeug, mittels dessen etwas über die genetische Konstitution der beteiligten Lebewesen in Erfahrung gebracht werden konnte. Wiederum hat dies Bateson klar zum Ausdruck gebracht, als er bereits 1899 von der Hybridisierung und Kreuzbefruchtung als einer »Methode wissenschaftlicher Forschung« sprach.[39] Im gleichen Sinne betonte er acht Jahre später am Ende seiner Inauguralvorlesung an der Universität Cambridge:

> Zum ersten Mal haben *Variation* und *Reversion* eine konkrete, greifbare Bedeutung. Bislang dienten sie in allen evolutionären Debatten als bequeme Geniusse, die so wenig oder so viel ausrichteten wie es ihre Beschwörer wünschten. Dieser nebelhafte Zustand ihres Daseins ist vorbei; und wir sehen Variation zu einem definierten physiologischen Ereignis werden, nämlich der Zufügung oder Weglassung eines oder mehrerer definierter Elemente; und Reversion zu jener besonderen Addition oder

Subtraktion, die die Gesamtheit der Elemente zurückbringt zu einem früheren Zustand in der Geschichte der Rasse.[40]

Erst vor diesem Hintergrund wird die Geschwindigkeit verständlich, mit der sich Mendelsche Vererbungsexperimente zwischen 1900 und 1910 ausbreiteten und vor allem im deutschsprachigen Raum, in Skandinavien, England und Amerika Fuß fassten. Wenn wir im dritten Kapitel anlässlich der dort vorgestellten Synthesen des 19. Jahrhunderts über einen epistemischen *Raum* sprachen, in dem sich Vererbung als biologische Denkfigur formierte, so beobachten wir um 1900 die Etablierung eines Experimentalsystems, in dem sich das frühere Sonderphänomen Vererbung zu einem verallgemeinerten Modell, einem epistemischen *Objekt* verdichtete. Der Erfolg dieses Systems, das innerhalb der Biologie bald einen privilegierten Platz einnehmen sollte, lässt sich gerade auf seine Beschränkung zurückführen. Es erlaubte, so könnte man es mit Max Hartmann ausdrücken, den Raum der »generalisierenden Induktion« zu verlassen und sich Grundfragen der allgemeinen Biologie in experimenteller Form zu nähern.[41] Damit erschien auch die Arbeit mit Modellorganismen in einer neuen Perspektive. Die neue Wissenschaft der Genetik war in ihrem eigenen Wirkungsbereich von Anfang an mit Problemkonstellationen konfrontiert, die wir hier – für die Gründungsphase des neuen Experimentalregimes – anhand der Überlegungen von Johannsen und Correns abschließend noch kurz vorstellen wollen.[42]

Johannsen, der als Erster die Grundeinheit der Genetik als »Gen« bezeichnete und auch den Begriff des »Genotyps« in Umlauf brachte,[43] fasste 1911 für den *American Naturalist* zusammen, was aus seiner Sicht das erste Jahrzehnt des 20. Jahrhunderts an genetischem Wissen etabliert hatte. Wie schon erwähnt, sah er eine zweifache experimentelle Grundlage der genetischen Forschung – im engeren Sinn »alle[r] wirklich analytischen Experimente in Sachen Genetik« –, nämlich einerseits die Herauszüchtung »reiner Linien«, der er selbst (bei der Prinzessbohne *Phaseolus vulgaris*) seit 1892 am Kopenhagener Agrikulturkolleg einen großen Teil seiner experimentellen Arbeit gewidmet hatte, und andererseits das Kreuzungsexperiment in der Nachfolge Mendels.[44] Wie er im Vorwort zur ersten Auflage seiner *Elemente der exakten Erblichkeitslehre* bemerkte, erlaubten es diese beiden experimentellen Vorgehensweisen, aus dem »großen und verschwommenen Feld« der Erblichkeitslehre ein »engeres Gebiet« durch »schärfere Begrenzung« festzulegen.[45] Reinkultur und Kreuzung waren Johannsen zufolge dafür verantwortlich, dass die Vorstellung der Vererbung als einer »Transmission« in dem Sinne, dass die Eltern ihre persönlichen Eigenschaften an die Nachkommen weitergeben, für obsolet erklärt werden konnte, und dass sich die entgegengesetzte Ansicht durchsetzen konnte, nach der »die Eigenschaften sowohl der Vorfahren als auch der Nachkommen in ganz derselben Weise durch die Natur der ›Sexualsubstanzen‹ – das heißt der Gameten – bestimmt werden, aus denen sie sich entwickelten«.[46] So radikal hatte sich bisher nur Nägeli in seiner *Mechanisch-Physiologischen Theorie der Abstammungslehre* geäußert, den Johannsen an dieser Stelle allerdings nicht erwähnte. Vielmehr verglich er den Übergang vom alten Transmissionsdenken zum neuen genetischen Denken mit dem Übergang von der Chemie des Phlogistons zur Chemie des Sauerstoffs, was mit seiner Ausbildung als Pharmazeut und seiner Assistententätigkeit für Johan Kjeldahl als Chemiker am Carlsberg-Laboratorium zu tun haben mag. Dort hatte außerdem zur gleichen Zeit der schon erwähnte Emil Christian Hansen in der bakteriologischen Abteilung an der Herstellung von Hefe-Reinkulturen gearbeitet.

Den »Genotyp« definierte Johannsen als »die Summe aller ›Gene‹ in einem Gameten oder einer Zygote«.[47] Aber obwohl Kreuzungen nach Mendel nahe legten, dass der Begriff des Gens »eine Realität abdeckt«, war Johannsen davon überzeugt, dass es vorläufig »in Bezug auf die Natur der ›Gene‹ sinnlos ist, irgendeine Hypothese vorzutragen«; insbesondere wandte er sich dabei gegen die »phantastischen morphologischen Spekulationen der Weismann-Schule«.[48] Er war sogar geneigt, den Begriff des »Genotyps« einzuklammern, da er in dem Wort eine unangemessene Verdinglichung erblickte, und sprach lieber von »genotypischen Unterschieden« oder von »Genodifferenzen«.[49] Während sowohl

Nägeli als auch Weismann unermüdlich betont hatten, dass ihr »Idioplasma« bzw. »Keimplasma« eine »historische« Struktur besaß, also aus seiner Gewordenheit heraus begriffen werden musste, sah Johannsen den Genotyp genau umgekehrt als einen »ahistorischen« Begriff – der eben dasjenige in den Lebewesen bezeichnete, was durch die Generationen hindurch identisch erhalten blieb und womit man deshalb auch wie mit Molekülen in der Chemie und mit Atomen in der Physik experimentieren konnte.[50] Er parallelisierte somit Gene mit komplexen chemischen Substanzen, lehnte aber zugleich jegliche Hypothese über ihren materiellen Charakter ab. Um es mit Frederick Churchill zu sagen: Johannsen bemühte sich mit der Identifizierung von Genen zwar um eine »vertikale« Analyse der Vererbung, enthielt sich aber einer »horizontalen« Analyse, die in der Bestimmung des genauen Verhältnisses der isolierten Vererbungseinheiten bestanden hätte.[51] In der Tat fällt auf, dass Johannsen selbst die zweite von ihm erwähnte Technik, die Hybridisierung, nicht als experimentelles Werkzeug einsetzte.

Unter den Botanikern, die um die Jahrhundertwende auf Hybridisierung als experimentelles Werkzeug zurückgriffen, war Correns wohl der bedeutendste. Er hatte in München studiert und war einer der letzten Schüler Nägelis. Correns begann seine Hybridisierungsexperimente nicht, weil er am Vererbungsverhalten von Bastarden interessiert war, sondern um dem Phänomen der Xenien nachzugehen. Wenn bestimmte Pflanzen mit dem Pollen einer anderen Varietät befruchtet wurden, zeigten sich Eigenschaften der pollengebenden Pflanze nicht erst in der nächsten Pflanzengeneration, sondern bereits an den Samen und Früchten der Mutterpflanze – ein Phänomen, das schon Darwins Interesse erregt hatte und von dessen Untersuchung sich Correns Aufschluss über die Physiologie der Vererbung erhoffte. Er bemerkt dazu in einer späteren autobiographischen Skizze: »Während der zehn Jahre, die ich in Tübingen Privatdozent war, gingen meine Arbeiten und Veröffentlichungen großenteils auf den schon bereits betretenen Pfaden. [...]. Daneben fing ich, sobald ich durch meine Habilitation die Möglichkeit hatte, einen botanischen Garten benutzen zu können, an, nebenher allerlei Versuche zu machen, die wir jetzt ›genetisch‹ nennen würden.«[52] Neben, später dann anstelle der Xenien begannen Correns die statistischen Regelmäßigkeiten zu interessieren, die in den Nachkommengenerationen seiner Kreuzungen auftraten. Zwischen 1894 und 1899 kreuzte er Mais- und zwischen 1896 und 1899 bestimmte Erbsenvarietäten; entscheidend für diese Wahl war, dass für beide Arten Xenien beschrieben worden waren. Die Xeniensuche verlief zumindest bei den Erbsen negativ. Stattdessen fand Correns, zeitgleich mit De Vries in Amsterdam und Tschermak in Wien, der wie Correns von Xenien-Studien ausgegangen war, Mendels Zahlenverhältnisse bei den Nachkommen seiner Bastarde.[53]

Wie Johannsen war auch Correns Teil einer neuen Generation von biologischen Forschern, die sich von den theoretischen Synthesen ihrer Vorgänger fernhielten. Sie beschränkten ihre Überlegungen auf Einzelannahmen, die ihre wesentlichen experimentellen Ergebnisse erklären konnten. Correns' Schlüsse waren umso folgenreicher.[54] Auf der Suche nach einem Mittelweg zwischen einer »Architektur« des Idioplasmas oder des Keimplasmas (wie sie Nägeli und Weismann annahmen) und der freien Vermischbarkeit und Vertauschbarkeit der Erbfaktoren (wie De Vries sie vertrat), unterschied Correns klar zwischen »Anlagen« und »Merkmalen«, womit er Johannsens Unterscheidung zwischen Gen(otyp) und Phän(otyp) gewissermaßen vorwegnahm. Die Aufgabe des an Vererbungsfragen interessierten Biologen war es, »Schlüsse aus dem Verhalten der *Merkmale*« – die man beobachten konnte – »auf das Verhalten ihrer *Anlagen* zu ziehen« – die unsichtbar blieben.[55] Die Experimente in der Nachfolge Mendels galten den unsichtbaren Entsprechungen, die den sichtbaren Erscheinungen zugrunde lagen: Es ging darum, Aussagen über die »Anlagen«, nicht die »Merkmale« zu machen.

Von Anfang an hatte Correns aus seinen Experimenten zwei Schlussfolgerungen gezogen: »1. dass für jedes Merkmal eine *besondere*, ich möchte sagen *individualisirte* Anlage vorhanden ist, und 2. dass die einzelnen Anlagen im Keimplasma einer Sippe nicht fest mit einander verbunden sein können.«[56] Zudem ging er davon aus, dass die komplementären Anlagen zweier Keimzellen in der Zygote nicht verschmolzen, sondern individualisierte Einheiten blieben, die im Verlauf der nächsten Reduktionsteilung der Chromosomen wieder voneinander getrennt und auf verschiedene Keimzellen verteilt wurden.

Zwei Punkte gilt es hier festzuhalten. Erstens waren Correns' »Anlagen« im Unterschied zu Darwins und Galtons »Keimchen«, Nägelis »Mizellen«, De Vries' »Pangenen« oder Weismanns »Biophoren« nicht in vielfachen, sondern als einzelne, individuelle Kopien in der Zelle vorhanden. Zweitens waren diese Einheiten nicht in eine »dauernd feste« Architektur höherer Ordnung eingebunden. Folgt man, wie Correns, in dieser Hinsicht De Vries, dann »bleibt aber, wie Weismann, meiner Meinung nach, mit ebenso viel Recht, de Vries gegenüber hervorgehoben hat, unverständlich, wie die *Entwickelungsfolge* der Anlagen bestimmt wird. Die Berücksichtigung dieses Punktes hat Weismann, gerade wie Nägeli, zu einer festen Verbindung der Anlagen im Idioplasma geführt.«[57] Correns' Dilemma bestand darin, dass Aussagen über das Transmissionsgeschehen keine Aussagen über das Entwicklungsgeschehen mehr implizierten.

Beobachtungen wie diejenige, dass eine einzige Disposition verschiedene Merkmale an verschiedenen Stellen und in verschiedenen Entwicklungsstufen des Organismus hervorrufen konnten, veranlassten Correns dann zu der folgenden Überlegung:

> Bei dem Bestreben, den auf der Hand liegenden Widerspruch zu beseitigen, bin ich auf eine Vorstellung gekommen, mit der ich nicht hinter dem Berge halten will, obschon ich weiss, dass sie als arge Ketzerei aufgenommen werden wird. Ich möchte nämlich den Sitz der Anlagen, ohne feste Bindung, in den Kern, speciell die Chromosomen verlegen, und daneben noch ausserhalb des Kernes, im Protoplasma, einen Mechanismus annehmen, der für ihre Entfaltung sorgt. Die Anlagen können nun beliebig durch einander gewürfelt werden, wie die bunten Steinchen in einem Kaleidoskop; sie entfalten sich an der richtigen Stelle.[58]

Damit trennte Correns vielleicht noch radikaler als Johannsen, der den *Typus* auf der Ebene der Gene nicht ganz aufgeben mochte, zwischen Entwicklung und Erbanlagen. Beide folgten jeweils eigenen Regeln. Nägeli und Weismann hatten die Entwicklungsordnung der Architektur des Keimplasmas auferlegt. Correns definierte dafür einen eigenen physiologischen Raum, in dem sich die Wirkungen der Erbanlagen entfalten konnten. Die Struktur dieses physiologischen Raumes wie auch die Beziehung zwischen den beiden Ordnungen blieb allerdings vorläufig im Dunkeln, und Correns hütete sich davor, über den vorgeschlagenen protoplasmatischen »Mechanismus« zu spekulieren, sollte sich jedoch in seiner späteren Forschungsarbeit zunehmend dafür interessieren. Mehr über die physiologischen und entwicklungsbiologischen Wirkungen der Erbanlagen hoffte er durch Korrelationen etwa folgender Art in Erfahrung zu bringen: Erbsen mit grünen Samen gaben gelbe Samen, wenn man sie mit der gelbsamigen, dominanten Varietät kreuzte. Die Samen konnten sich aber auch gelb färben, wenn die Erbsen von den Larven eines Erbsenkäfers befallen waren – das hatte übrigens schon Mendel beobachtet. Für Correns musste hier eine »chemische Einwirkung« vorliegen, und gerade solche Fälle hielt er für besonders geeignet, experimentell untersucht zu werden. Über die materielle Konstitution der Erbanlagen selbst schwieg er sich – wie Johannsen – aus, obwohl auch er deutlich zu chemischen Konzepten neigte und sich weigerte, die Erbfaktoren gemäß gängigen Vorstellungen »beinahe zu Mikroorganismen« zu erheben. Er mag an Weismanns Biophoren gedacht haben, als er erklärte, selbst lieber »Bausteine zu einer anderen Auffassung sammeln« zu wollen.[59] Correns wie Johannsen trieben den Erbeinheiten das Leben aus, das diese in den großen Entwürfen des 19. Jahrhunderts noch besessen hatten.[60]

Seine Experimente machten Correns zu einem frühen Verfechter der grundsätzlich freien Rekombinierbarkeit der Erbanlagen (Abb. 16). Er gehörte aber auch zu den ersten, die das Phänomen der *Kopplung* von Erbfaktoren beschrieben.[61] Diese versuchte er mit einer eigenen Version der Chromosomentheorie der Vererbung zu erklären, bei der sich die Anlagenpaare zu einer doppelten

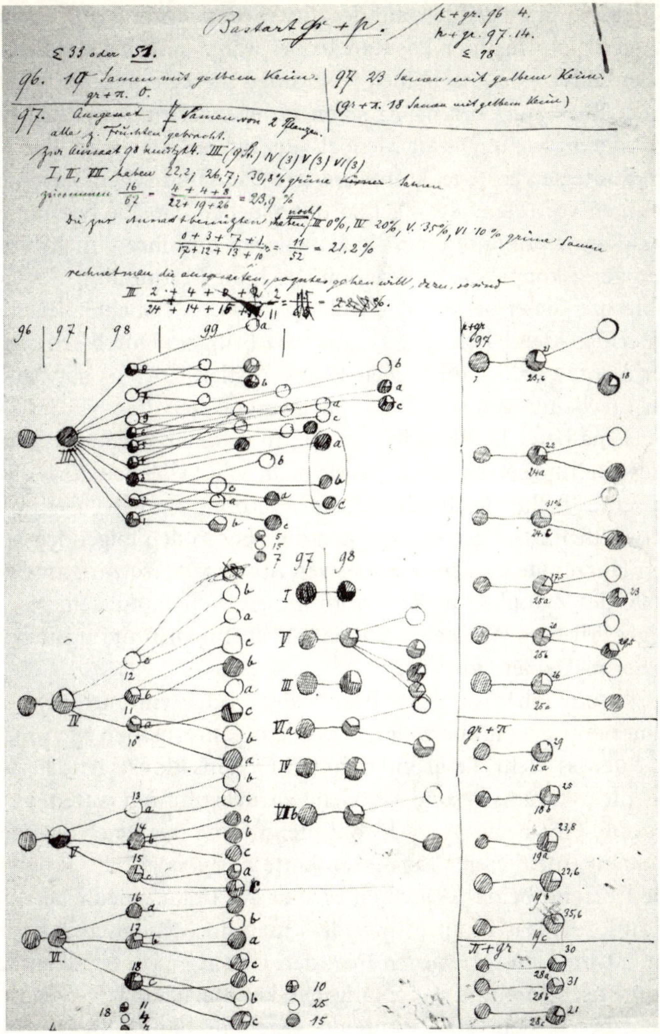

Abb. 16: Carl Correns' Protokollblatt ›Bastart gr + p‹ zur Hybridbildung bei den Erbsenarten ›grüner Folger‹ und ›Purpurschote‹. (Mit freundlicher Genehmigung des Archivs der Max-Planck-Gesellschaft, Nachlass Carl Correns, III. Abt., Rep. 17, Nr. 115, Loses Blatt, nicht datiert, um 1900.)

Perlenschnur aufreihten, auf der die Glieder ganzer Gruppen von Perlenpaaren in ihrer Position fixiert waren und bei der Keimzellenbildung demnach auch zusammen segregierten. Wirft man einen Blick auf Correns' Arbeiten im ersten Jahrzehnt nach der ›Wiederentdeckung‹ von Mendels Regeln, so sieht man, dass er die Strategie verfolgte, kompliziertere Fälle und scheinbare Ausnahmen von Mendels Regel zu untersuchen. Sie alle bestätigten das ›Kern‹-Monopol über die Erbanlagen und ihre – mehr oder weniger gekoppelte – Segregation. Auch die Bestimmung des Geschlechts, die er bei der Zaunrübe *Bryonia* untersuchte, ließ sich unter das Mendelsche Spaltungsgesetz bringen. Durch seine Experimente mit buntblättrigen Pflanzen stieß Correns aber auch auf Erscheinungen wie Chlorophyllvariationen, die über das Zytoplasma bzw. die Plastiden des Plasmas weitergegeben wurden. Diese Befunde erschütterten zwar nicht seine Überzeugung, dass, wie er festhielt, »für die eigentliche Vererbung der Kern allein verantwortlich ist«.[62] Sie veranlassten ihn aber in den folgenden beiden Jahrzehnten zu einer intensiven Auseinandersetzung mit der Rolle des Zytoplasmas im Vererbungsgeschehen, die sein Nachfolger Fritz von Wettstein am Kaiser-Wilhelm-Institut für Biologie in Berlin-Dahlem fortsetzte.

Obwohl Johannsen den Begriff des ›Gens‹ einführte, war er keineswegs davon überzeugt, dass alle organismischen Merkmale und gewiss nicht die grundlegenden Organisationseigenschaften auf die Wirkung besonderer Gene zurückzuführen waren. »Die gesamte Organisation wird wohl nie in Gene ›segregiert‹ werden können«, meinte er.[63] Johannsen hatte hier das gleiche Problem wie Correns, beide versuchten es aber auf unterschiedliche Weise zu lösen. Das Problem war, dass man im Mendelschen Experiment mit den Erbanlagen bzw. den Genen gewissermaßen auf atomistische Art und Weise umgehen konnte; beide waren jedoch nicht bereit, den Organismus deswegen als bloßes Mosaik von Genen oder durch sie verursachten Merkmalen aufzufassen. Die ›Reproduktion‹ der Lebewesen, so könnte man mit den Begriffen des ausgehenden 18. Jahrhunderts sagen, ließ sich analytisch konfigurieren, ihre ›Organisation‹ widersetzte sich jedoch dem

Mendelschen Zugriff. Correns delegierte sie an das Zytoplasma, das die individuellen Genwirkungen in eine Ordnung brachte. Diese Ordnung konnte man, zumindest im Prinzip, dem physiologischen Experiment unterziehen. Johannsen hingegen verstand die Organisation als Ausdruck des Genotyps – allerdings um den Preis einer gewissen Ambiguität. »Segregierbar« und damit dem genetischen Experiment nach Mendel zugänglich waren nämlich nur bestimmte Gene und mit ihnen korrelierte Merkmale des Phänotyps; der »Typus« selbst hingegen, den Johannsen nicht aufzugeben bereit war, weil er die Organisation verbürgte, entzog sich dem experimentellen Zugriff. »Persönlich glaube ich an ein großes, zentrales Etwas«, schrieb Johannsen noch 1923 in einem kritischen Rückblick auf die Fortschritte der Genetik, »das sich bis jetzt noch nicht in getrennte Faktoren aufteilen läßt.«[64]

Dennoch definierte Johannsen Vererbung kurz und bündig als »die Präsenz identischer Gene in Vorfahren und Nachkommen«.[65] Wie die Gene materiell beschaffen waren, brauchte man beim Experimentieren mit reinen Linien und bei der Analyse ihrer Kreuzungen nicht zu wissen. So wurde die neue Disziplin denn auch oft als ›formale Genetik‹ charakterisiert. Um ihr formales Funktionieren zu gewährleisten, musste aber erhebliche praktische Arbeit in die Reinigung der Linien investiert werden, auf denen die Kreuzungsprogramme aufgebaut wurden. Sie verlangten nach genetischer Homogenität, das heißt nach Modellorganismen, die sich in der Natur als solche gar nicht auffinden ließen und von Laboratorien und Versuchsanstalten hergestellt und bezogen werden mussten. Solche Reinzuchten wurden zu wichtigen materiellen Voraussetzungen biologischer Experimentalkulturen. Mit ihrer Hilfe konnten dem »Gen« Konturen einer handhabbaren epistemischen Sache verliehen werden.

Drosophila melanogaster *und die Verdinglichung des Gens*

Trotz Johannsens Widerstand gegen die Auffassung der Vererbung als Transmissionsgeschehen setzte sich der Begriff der ›Transmissionsgenetik‹ für die klassische Genetik durch. Damit distanzierte sich die so verstandene Vererbungsforschung von Fragen der Evolution der Organismen zunächst ebenso wie von Fragen der Embryonalentwicklung. Transmission, Evolution und Entwicklung blieben zwar aufeinander bezogen, waren aber als drei organische Dynamiken getrennt, die jeweils für sich erforscht werden konnten. Ihren Durchbruch erlebte die Transmissionsgenetik zweifellos mit dem Forschungsprogramm, das Thomas Hunt Morgan auf der Basis des Modellorganismus *Drosophila melanogaster*, der schwarzbäuchigen Frucht- oder Taufliege, im Zeitraum zwischen 1910 und 1930 zuerst an der *Columbia University* in New York und anschließend am *California Institute of Technology* in Pasadena aufbaute und betrieb.[66] Der Übergang zu einem Modellorganismus, der sich relativ problemlos in Massenzuchten auf kleinem Raum vermehren ließ und zudem pro Jahr zwischen zwanzig und dreißig Vermehrungszyklen durchlief, kann in seiner Bedeutung für die Entwicklung der klassischen Genetik gar nicht hoch genug geschätzt werden (Abb. 17).[67] Nachdem es gelungen war, gekoppelt vererbte Gene bestimmten Chromosomen zuzuordnen, wurden die vier Chromosomenpaare der Fruchtfliege zum Ziel eines groß angelegten Genkartierungsunternehmens. Dem Projekt lag die Annahme zugrunde, dass Gene entlang den Chromosomen linear angeordnet waren und dass die Frequenz der Rekombination zwischen homologen Chromosomen und damit die Unterbrechung von bereits etablierten Kopplungsgruppen von Genen ein Maß für deren relative Positionierung zueinander und deren relativen Abstand voneinander abgaben. In diesem System war das Gen nicht nur als Einheit der Transmission, sondern zugleich als Einheit der Mutation und der Rekombination definiert. In den Massenzuchten traten immer wieder neue Mutationen auf, die das Arsenal der zu kartierenden Genorte immer dichter bevölkerten. Dabei experimentierten die *Drosophila*-Genetiker in Größenordnungen, die es in der Biologie bisher praktisch nicht gegeben hatte. Auch die Logistik war neuartig. Morgan sammelte eine ganze Forschergruppe um sich, unter ihnen Alfred Sturtevant, Calvin Bridges und Hermann Joseph Muller, und ermutigte

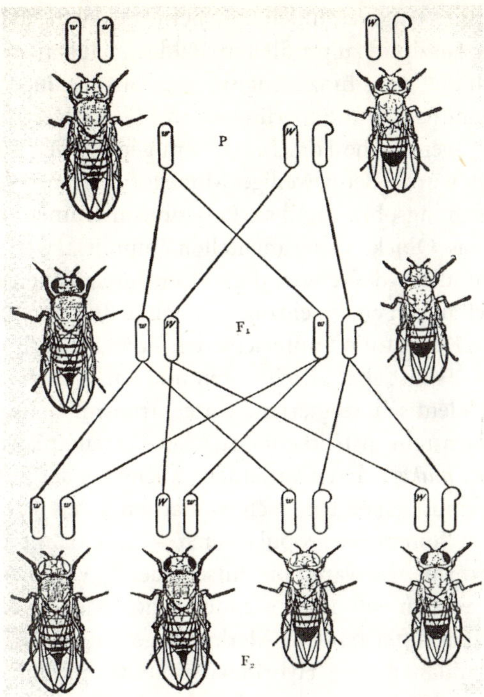

Abb. 17: Schema der geschlechtsgebundenen Vererbung bei Kreuzung von weiß- und rotäugigen Mutanten von Drosophila. Abb. aus Thomas H. Morgan u. a., *The Mechanism of Mendelian Heredity*, 1915.

andere Forscher, ebenfalls *Drosophila*-Genetik zu betreiben. Ein eigens herausgegebenes Nachrichtenblatt hielt die Gemeinschaft der Drosophilisten über die neuesten Forschungsergebnisse auf dem Laufenden. Man einigte sich auch auf eine gemeinsame Terminologie, um eine effiziente Kommunikation zwischen den Labors zu ermöglichen.

Die Konzentration auf einen Modellorganismus, der erstens weit vom Menschen entfernt war und zweitens auch nicht unmittelbar mit landwirtschaftlichen Interessen in Verbindung gebracht werden konnte, trug wesentlich dazu bei, die Genetik als besondere biologische Disziplin zu profilieren. Bald jedoch kamen Mais und später auch die Maus hinzu. Maisexperimente schlugen die Brücke zum Landbau, und Experimente an Mäusen veränderten die medizinisch-genetische Forschung.[68] Im genetischen Kreuzungsexperiment wurde der jeweilige Modellorganismus gleichzeitig als Untersuchungsobjekt und als Präzisionsinstrument eingesetzt, mit dem das Objekt experimentell manipuliert werden konnte. Die Grundlage dafür war, dass Modellorganismen aus Reinzuchten sich nur in einem einzigen, genau definierten Punkt ihrer genetischen Konstitution unterschieden – dies ließ sich zumindest annehmen –, sonst aber gleich waren und daher auch auf gleiche Umstände identisch reagierten. Unter Transmissionsgenetikern war daher ein rein instrumentalistisches Verständnis von Genen als *difference makers*, deren Varianten (Allele) bei der Entwicklung des Organismus »einen Unterschied machen«, weit verbreitet.[69]

Genetisch homogene Populationen – und damit genetische Modellorganismen – waren die entscheidende Voraussetzung für Kreuzungsexperimente nach Mendel. Schon Mendel selbst hatte jene »constant differirenden« Merkmale gefordert, die Varietäten aufweisen mussten, um Hybridexperimente mit ihnen durchzuführen. In der Konsequenz hieß das aber auch, dass bei der Kreuzung reiner Linien eigentlich keine neuen Merkmale auftreten konnten. Was durch fortgesetztes Kreuzen allein zu bewerkstelligen war, so schien es, war das Einkreuzen eines bestimmten Merkmals aus einer Varietät in eine andere und ihre Weiterzucht zu einer reinen Linie. Doch eröffneten die Massenzuchten, die bei Mendelschem Experimentieren und beim Herstellen reiner Linien nach Johannsen erforderlich wurden, auch die Möglichkeit, das ›spontane‹ Auftreten ganz neuer Variationen zu beobachten, die ausgelesen und ihrerseits wieder auf ihre Beständigkeit überprüft werden konnten – eine Praxis, die, wie schon beschrieben, unter Züchtern weit verbreitet war. Für solche Varianten setzte sich mit der zweibändigen *Mutationstheorie* von De Vries der Begriff der Mutation durch. Schon der Untertitel des Werks – *Versuche und Beobachtungen über die Entstehung der Arten im Pflanzenreich* –

macht deutlich, dass De Vries den Mutationen zumindest theoretisch die Hauptverantwortlichkeit für die Evolution selbst zuschrieb.[70]

Die einzelnen Stämme stellten in diesen Experimentalkulturen zugleich auch materielle Ressourcen dar, in denen genetisches Wissen verbürgt, stabil gehalten und in neue Experimentalanordnungen eingebracht werden konnte. Es etablierten sich experimentelle Netzwerke, durch die Forschungsergebnisse auch über räumliche Trennungen hinweg kohärent und aufeinander beziehbar blieben.[71] Schon deshalb nahmen die Gegenstände der Genetik zunehmend dinghafte Gestalt an. Zum Beispiel konnte sich der Protozoologe Herbert Spencer Jennings, der mit *Paramaecium*-Kulturen (Pantoffeltierchen) experimentierte, schon in derselben Ausgabe der Zeitschrift *American Naturalist*, die Johannsens bereits genannten Aufsatz *The Genotype Conception of Heredity* druckte, gegen dessen skeptische Haltung wenden. »Diese Dinge, wie immer wir sie nennen«, insistierte er mit Bezug auf Johannsens Genotypen, »sind konkrete Realitäten – Realitäten so solide wie die getrennte Existenz von Hunden, Katzen und Pferden.«[72]

Parallel zu den durch die Arbeit mit Massenzuchten geschaffenen Voraussetzungen für die Erkennung von zufällig auftretenden Mutationen wurden schon im ersten Jahrzehnt des 20. Jahrhunderts – etwa von Albert Blakeslee in Cold Spring Harbor – die gerade neu entdeckten radioaktiven Stoffe, insbesondere Radium, eingesetzt, um Mutationen *auszulösen*. In den späten zwanziger Jahren setzten Muller und Lewis Stadler dann gezielt Röntgenstrahlen ein, um experimentell weiterverwendbare Mutanten von *Drosophila* und von Mais zu erzeugen; und in Berlin gründeten Nikolai Timoféeff-Ressovsky, Karl Zimmer und Max Delbrück ihre genetische Treffertheorie auf Strahlenversuche an *Drosophila*. Diese genetische Kultur der Variationen drückte sich im gleichen Zeitraum auch in Pflanzengärten und Tierställen aus, die eigens für die Experimente angelegt wurden. Sie wurden entweder kommerziell betrieben, wie das 1929 von Clarence C. Little begründete *Jackson Memorial Laboratory* für Mauszuchten in Bar Harbor,[73] oder – als »für die Forschung notwendige Gemeinschaftsarbeiten« – von Forschungsorganisationen wie der Notgemeinschaft für die Deutsche Wissenschaft gefördert.[74]

Differenzierungen blieben nicht aus. Bereits Nägeli und später Morgan hatten zwischen erblichen Variationen und nichterblichen Modifikationen unterschieden. Die Arbeit von Victor Jollos an dem Einzeller *Paramaecium* ließ Aspekte einer »Dauermodifikation« ins Blickfeld der Genetiker treten; der Begriff verband sich mit der Frage nach zytoplasmatischen Formen der Vererbung.[75] Jollos zufolge konnten Dauermodifikationen selektiert und von einer Generation zur nächsten weitergegeben werden, unterschieden sich aber von der Kernvererbung dadurch, dass sie letztlich immer wieder, wenn auch oft erst nach vielen Generationen, verschwanden. In seinen ausgedehnten Anbauversuchen mit dem Löwenmäulchen *Antirrhinum majus* gelangte Erwin Baur, der an der Berliner Landwirtschaftlichen Hochschule arbeitete, in den zwanziger Jahren zur Unterscheidung zwischen »faktoriellen« Mutationen, wie sie zumeist im Mendelschen Experiment Verwendung fanden, und »Kleinmutationen«, die winzige morphologische oder physiologische Veränderungen betrafen, jedoch erblich waren und sich nur den im Umgang mit Modellorganismen Erfahrenen zu erkennen gaben.[76]

Überhaupt ist die klassische Genetik durch eine Tendenz zu immer höherem Auflösungsvermögen gekennzeichnet. Muller verknüpfte mit der Treffertheorie die Hoffnung, zu den molekularen Dimensionen des Gens vorzustoßen, und führte zu diesem Zweck in den dreißiger Jahren in Berlin, in Moskau und schließlich Edinburgh komplexe Versuche an *Drosophila* durch. Was ihm noch versagt blieb, gelang schließlich Seymour Benzer in den späten fünfziger Jahren mit der Feinkartierung des Genoms des Bakteriophagen T4. Benzer sprach übrigens seither von »Gen« als einem »schmutzigen Wort«, da sich bei diesem Unternehmen auch herausgestellt hatte, dass sich das Gen als Einheit der Funktion und als Einheit der Rekombination bzw. Mutation nicht decken.[77] Auch Barbara McClintocks Untersuchungen zu Farbvariationen in Maisblättern, die sie in Cold Spring Harbor durchführte, bewegten sich auf molekulare Dimensionen zu. Die Entdeckung von »springenden Genen« trug ihr 1983 nachträglich den Nobelpreis für Medizin oder Physiologie ein.[78]

Letztlich beruhten die Genkartierungsprojekte der klassischen Genetik auf der Bestimmung möglichst vieler Genorte, die nur durch Mutationen zu identifizieren waren. Die physiologische Entwicklungsgenetik war hingegen daran interessiert, Kaskaden von Genwirkungen auf einen bestimmten Stoffwechselprozess auszumachen. Komplexe Merkmale, die sich zunächst einer Mendelschen Analyse entzogen, konnten zwar durch Mutationen eventuell in ihre genetisch bedingten Komponenten aufgelöst und damit einer Kreuzungsanalyse zugänglich gemacht werden. Dabei wurden aber auch die Grenzen experimenteller Mutagenese deutlich. Denn vieles, was man auf künstlichem Wege über Strahlung oder die Einwirkung von Chemikalien an genetischen Veränderungen erzeugen konnte, war entweder nicht lebens- oder nicht reproduktionsfähig und damit für die klassische Genetik als Untersuchungsobjekt oder als Analysewerkzeug verloren.

Auch durch die Zytologie erfuhr das Gen eine Verdinglichung als verortbare und bemessbare Sache. Parallel zur ›Wiederentdeckung‹ der Mendelschen Regeln verbreitete sich die Annahme, dass die der Vererbung zugrunde liegenden Einheiten als Zellbestandteile anzusehen waren und innerhalb der Zelle auf den Chromosomen des Zellkerns ihren Platz hatten. Bereits um die Mitte der achtziger Jahre des 19. Jahrhunderts hatte sich, wie im dritten Kapitel dargestellt, die Zytologie in den Vererbungsdiskurs eingeschaltet. Der an der Experimentalisierung der Zytologie maßgeblich beteiligte Boveri war es auch, der neben Walter Sutton in den ersten Jahren des 20. Jahrhunderts mit seinen Experimenten zur Doppelbefruchtung von Seeigeleiern, die er zusammen mit seiner Frau Marcella Boveri in Neapel durchführte, die Grundlage für die »Chromosomentheorie der Vererbung« im engeren Sinne legte. Sie zeigten, dass homologe Chromosomen äquivalent, aber qualitativ verschieden waren und sich nach dem Zufallsprinzip auf die Keimzellen verteilten.[79]

Die in der Zytologie erhobenen experimentellen Befunde ließen sich mit Befunden der experimentellen Kreuzungsgenetik parallelisieren. Wenn auch mit Bezug auf den mikroskopischen materiellen Charakter der Erbanlagen, der Elementareinheiten der neuen Wissenschaft, alle Argumente hypothetisch blieben, so konnten doch auch makroskopische Chromosomenveränderungen diagnostiziert werden, die mit Veränderungen im Phänotyp einhergingen. Chromosomenanomalien wurden zu einem wesentlichen Werkzeug der experimentellen Zytogenetik. Hierher gehören die Beobachtungen von Blakeslee am Stechapfel *Datura*, die er Radiumstrahlen ausgesetzt hatte.[80] Ebenfalls mit Radiumstrahlen arbeitete Emmy Stein bei Erwin Baur in Berlin am Löwenmäulchen *Antirrhinum*. Auch die bei vielen Kulturpflanzen vorkommende Vervielfachung von ganzen Chromosomensätzen, die Erscheinungen der Polyploidie, konnten in ihren phänotypischen Auswirkungen genetisch interpretiert werden.

1927 gelang es Morgans Schüler Herman Muller, wie erwähnt, bei *Drosophila* mit Röntgenstrahlen Mutationen auszulösen, die sich nach Mendelschen Regeln auf die Nachkommen vererbten. Obwohl sich im Gefolge dieser Untersuchungen bald eine Strahlengenetik etablierte, die vor allem auf Schwellenwerte und Dosiswirkungen zielte, ergab sich auch aus ihr zwar ein eindeutiges Argument für die Materialität der Erbfaktoren – diese konnten physikalisch beeinflusst werden und wurden in veränderter Form weiter vererbt –, jedoch kein Hinweis auf die Substanzen, die diesen Veränderungen unterlagen. Noch am 50. Jahrestag der ›Wiederentdeckung‹ von Mendels Arbeit musste Muller feststellen:

> Der eigentliche Kern der Gentheorie liegt immer noch zutiefst im Unbekannten. Das heißt, wir haben bis heute kein wirkliches Wissen über den Mechanismus, der jener einzigartigen Eigenschaft zugrunde liegt, die ein Gen zu einem Gen macht – nämlich seine Fähigkeit, die Synthese einer ihm ähnlichen Struktur zu veranlassen, in welche auch die Mutationen des ursprünglichen Gens kopiert werden. Solche Dinge kennen wir in der Chemie bislang nicht.[81]

Immerhin war aber das Arbeitsfeld der Zytogenetik mit der formalen Genetik an *Drosophila* verknüpft worden und verschmolz so mit dem Kern der genetischen Forschung. In den dreißiger Jahren gelang es dem Zoologen Theophilus Painter, auf den Riesenchromosomen der Speicheldrüsenzellen von *Drosophila* sichtbare Veränderungen im Bandenmuster mit formalen Genortverschiebungen auf den Morganschen Genkarten zu korrelieren. Barbara McClintock identifizierte mit ihrem Lichtmikroskop durch Röntgenstrahlen verursachte Translokationen, Inversionen und Deletionen auf den Chromosomen ihrer Maispflanzen und bezog sie erfolgreich auf die Merkmalsveränderungen, die ihre Maispflanzen dadurch erfahren hatten. Morgan und Sturtevant beschrieben ihrerseits Mutationen wie »Bar«, bei der Augenveränderungen der Fliegen auf die Verdopplung eines Gens zurückzuführen waren. Aufsehen erregten auch Befunde eines sogenannten »Positionseffektes«: Die Augenfarbe und damit die Expression eines Gens konnte variieren, je nachdem an welcher Position auf dem Chromosom das betreffende Gen eingefügt war. Wenn aber die Funktion eines Gens von seiner Lage auf dem Chromosom abhängig war, so konnte auch vermutet werden, dass seine physiologische und entwicklungsbiologische Funktion womöglich auf die Organisation des genetischen Materials insgesamt und nicht einfach auf seine Eigenschaft als Partikel zurückzuführen war.[82] Diese Möglichkeit hatte seinerzeit bereits Johannsen offen gelassen.

Weiterungen der Transmissionsgenetik

Muller hatte zwei Grundeigenschaften der Gene unterschieden: »Autokatalyse« erlaubte es ihnen, sich zu verdoppeln, und »Heterokatalyse« war dafür zuständig, dass eine phänotypische Wirkung entstand und sich Merkmale ausprägten. Es war nun aber ersichtlich, dass über beide Vorgänge weder aus dem Kreuzungsexperiment noch aus zytogenetischen Untersuchungen mit dem Mikroskop Entscheidendes in Erfahrung zu bringen war. Nachdem er sich in Berlin bereits mit der Natur der Genmutationen und der Genstruktur beschäftigt hatte, kam Max Delbrück in den späten dreißiger Jahren auf die Idee, dass man das Problem der *Auto-*

katalyse und damit der Verdopplung der Gene an Bakterienviren studieren konnte. Dem war ein für ihn enttäuschender Besuch in Morgans Labor in Pasadena vorausgegangen. In den Phagen sah Delbrück nun die einfachsten in der Natur vorkommenden Modelle für genetisches Material. Sie konnten infizierte Bakterienzellen dazu veranlassen, sich ganz der Vermehrung von Viren, die sie befallen hatten, unterzuordnen und durch diese Umprogrammierung selbst zugrunde zu gehen. Aber das Phagensystem, über das wir im nächsten Kapitel ausführlicher berichten, da es historisch in die Molekularbiologie führt, blieb zunächst ebenso formal wie die klassische Drosophila-Genetik.

Ebenfalls in den späten zwanziger und den dreißiger Jahren wandten sich Alfred Kühn und seine Gruppe in Göttingen der *Heterokatalyse* zu, um die Wirkung von Genen näher zu beleuchten. Kühn ging es darum, die Genetik in Richtung Physiologie weiterzuentwickeln. Durch Organtransplantationen zwischen Wildtypen und Augenpigment-Mutanten der Mehlmotte konnte er gemeinsam mit Ernst Caspari und anderen zeigen, dass zwischen »Genwirkketten« und »Substratketten« unterschieden werden musste und dass die Gene über die Zwischenstufe von Fermenten – er nannte ihre Wirkung »Primär-Reaktionen« – in die Katalyse der Substratketten eingriffen (Abb. 18). In dieser Verknüpfung sah er die Zukunft der Genetik: »Wir stehen«, meinte er,

> erst am Anfang eines großen Forschungsgebietes; seine Erschließung wird noch sehr viel biologisch-biochemische Zusammenarbeit erfordern. Aber es heben sich schon allgemeine Züge der Wirkungsweise der Erbanlagen heraus. Unsere Auffassung der Ausprägung der Erbmerkmale wandelt sich von einer in gewissem Sinne statisch-präformistischen in eine dynamisch-epigenetische. Die formale Zuordnung einzelner, an bestimmten Chromosomenorten liegender Gene zu bestimmten Merkmalen hat nur einen bedingten Sinn. Jeder Schritt in der Merkmalsverwirklichung ist gleichsam ein Knoten in einem Netzwerk von Wirkketten, in das zahlreiche Genwirkungen einstrahlen. Ein Merkmal erscheint zu einem einzelnen Gen in einfacher Beziehung so lange zu stehen, als die andern Gene

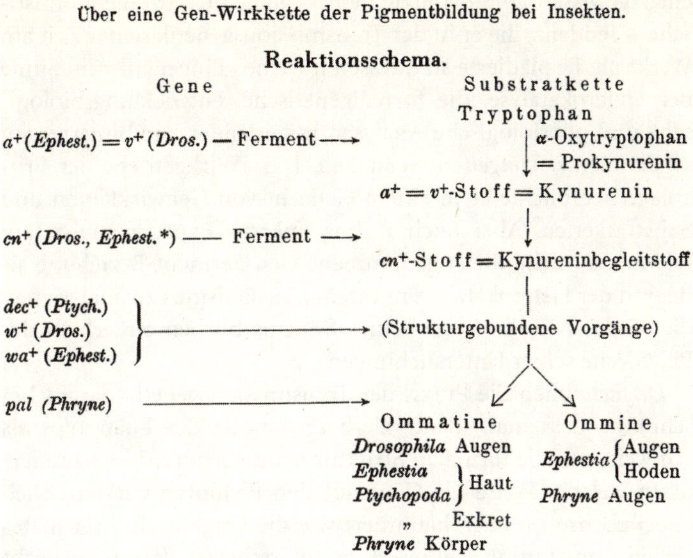

Abb. 18: Schema der Beziehung zwischen einer Gen-Wirkkette und einer Substratkette, aus Alfred Kühn, *Über eine Gen-Wirkkette*, 1941.

> derselben Wirkkette und anderer Wirkketten, die mit ihr in denselben Knoten geknüpft sind, gleich bleiben. Erst die planmäßige genetische, entwicklungsphysiologische und biochemische Analyse einer großen Anzahl von Einzelmutationen kann das *Wirkgetriebe der Erbanlagen* allmählich enthüllen.[83]

Dazu war wiederum ein genetisch als homogen ausgewiesener Modellorganismus unabdingbar. Kühns System basierte auf der Mehlmotte *Ephestia kühniella* als Experimentalorganismus. Gegenüber *Drosophila* hatte sie den Vorteil, dass sich an ihr Transplantationsexperimente viel leichter vornehmen ließen, jedoch den Nachteil, dass sie zytologisch ein sehr unübersichtliches Chromosomenbild bot.

Kühn sah seine Experimente als einen ersten Schritt weg von

einer gewissen »präformistischen« – gemeint war eine atomistische – Tendenz, die er in der Transmissionsgenetik seiner Zeit am Werk sah. Er plädierte stattdessen für eine »Epigenetik« im Sinne der Heterokatalyse, die formalgenetische, entwicklungsbiologische und physiologische Analysen miteinander kombinierte, um so die Gen*wirkungen* zu verstehen. Das »Wirkgetriebe der Erbanlagen« erblickte er in einem Geflecht von Genwirkketten und Substratketten. Aber auch Kühns *Ephestia*-Experimentalsystem erlaubte es nicht, die angenommene Gen-Ferment-Beziehung als Beginn der Heterokatalyse in ihrem Mechanismus zu analysieren: die »Primär-Reaktionen« seines Systems blieben außerhalb der Reichweite seiner Untersuchungen.

De facto blieb die Praxis der Transmissionsgenetik darauf beschränkt, dass man identifizierbare Aspekte des Phänotyps als Hinweise auf die formalen Strukturen des Genotyps interpretierte. In welcher Weise die Gene auf den Phänotyp wirkten, blieb dabei ebenso oft ausgeklammert wie die Frage nach ihrer materiellen Konstitution. Lenny Moss unterscheidet darum zu Recht die »Gen-P«-Perspektive der klassischen Genetik (P steht sowohl für »preformationist« als auch für »predictive«) von der »Gen-D«-Perspektive (»developmental«), die für die molekulare Genetik der darauf folgenden Jahrzehnte charakteristisch ist und das Gen als eine Entwicklungsressource des Organismus gelten lässt.[84] Morgan selbst hatte übrigens den formalen Charakter seines Programms nie aus den Augen verloren. Anlässlich seines Nobelpreisvortrags erklärte er noch 1933: »Auf der Ebene genetischer Experimente spielt es keine Rolle, ob das Gen eine hypothetische Einheit ist oder ein materielles Partikel.«[85]

Die wesentliche Faszination des klassisch-genetischen Arbeitens lag in der Präzision, mit der Ergebnisse erzielt werden konnten. Nicht zufällig griffen Populationsgenetiker wie Ronald Fisher, J. B. S. Haldane und Sewall Wright bei der Entwicklung elaborierter mathematischer Modelle zur Beschreibung von Mutations- und Selektionsvorgängen auf die genetische Konstitution von Populationen auf eben dieses abstrakte Gen zurück. Eine Zeit lang war, vor allem im Gefolge von De Vries' Mutationstheorie, die Mendelsche Vererbung (von Mutationen) als alternative Evolutionstheorie propagiert worden; sie sollte Darwins Selektionshypothese und damit auch den von den Biometrikern postulierten Gradualismus überflüssig machen, ob er nun einer darwinistischen oder antidarwinistischen Perspektive diente. Nun wurde Evolution genetisch neu definiert als der Wandel von Genfrequenzen im Genpool von Populationen. Den Ausgangspunkt bildete dabei die Formel eines für panmiktische Bedingungen formulierten Gleichgewichts, wie sie von Wilhelm Weinberg und dem englischen Mathematiker Godfrey Hardy bereits 1908 bestimmt worden war.[86] Diese Definition wurde zur Grundlage des Neodarwinismus bzw. der sogenannten evolutionären Synthese der dreißiger Jahre. Vorgänge wie Mutation, Selektion und Anpassung ließen sich nun mit präzisen mathematischen Bedeutungen versehen. Darwins Evolutionstheorie, die Mitte des 19. Jahrhunderts zu einem der Kristallisationspunkte des Vererbungsdenkens geworden war und von der klassischen Genetik der ersten beiden Jahrzehnte des 20. Jahrhunderts zunächst beiseite geschoben wurde, kehrte in Form der Populationsgenetik zurück.

Ersichtlich wird aus diesen Entwicklungen, dass sich der Genbegriff der klassischen Genetik bei weitem nicht auf einen Nenner bringen ließ. Je nach experimentellem Kontext wurde der Gegenstand der Genetik einmal als Einheit der Transmission, der Rekombination, der Mutation oder auch der Funktion adressiert. Aus wechselnden Kombinationen unterschiedlicher Vererbungserscheinungen resultierte aber keineswegs immer abstrakt vorausgesetzte Eins-zu-Eins-Beziehung zwischen einer Erbanlage und einem Merkmal. Mit den Mechanismen der Autokatalyse und der Heterokatalyse blieben die wichtigsten Begriffe der klassischen Genetik weitgehend formal und operational, man könnte auch sagen, die klassische Genetik war eine phänomenologische Wissenschaft: Sie schloss vom Phänotyp, der ihr zugänglich war, auf den Genotyp, der zwar manipuliert, aber nicht als solcher sichtbar gemacht werden konnte. Zugleich drängte sie ständig über den Phänotyp hinaus, indem sie beständig auf ihr ›eigentliches‹ Objekt verwies, aber weder in der Kreuzungstechnik noch in der experimentellen Zytologie die Werkzeuge fand, um es auch *materialiter* zu einem epistemischen Objekt zu verdichten. Das sollte der Molekularbiologie gelingen, auf die wir im nächsten Kapitel zu sprechen kommen.

In der Regel lässt sich der Stand der Institutionalisierung einer Disziplin in einem Wissenschaftsbereich an der Gründung von Lehrstühlen, Gesellschaften und spezialisierten Zeitschriften ablesen. Die Genetik in Deutschland betreffend hat hier Jonathan Harwood Pionierarbeit geleistet. Sein Buch *Styles of Scientific Thought: The German Genetics Community, 1900–1933* zeigt das Aufeinanderprallen eines pragmatischen und eines akademischen Forschungsstils innerhalb der Genetik, das durchaus produktiv wirken konnte.[87] Erwin Baur zum Beispiel, der ursprünglich aus der Medizin kam und später bei der Etablierung der botanischen Genetik eine tragende Rolle spielte, gründete 1908 die *Zeitschrift für induktive Abstammungs- und Vererbungslehre* – die weltweit erste Zeitschrift für Genetik überhaupt. Baur war es auch, der an der Universität Berlin ab 1907 erste genetische Vorlesungen hielt und 1914 zum Leiter des ersten Instituts für Vererbungswissenschaft an der Landwirtschaftlichen Hochschule Berlin berufen wurde. 1921 gründete er gemeinsam mit Carl Correns und Richard Goldschmidt die Deutsche Gesellschaft für Vererbungswissenschaft. 1928 wurde er der erste Direktor des neu gegründeten Kaiser-Wilhelm-Instituts für Züchtungsforschung in Müncheberg, das er bis zu seinem Tod 1933 leitete.

Der Titel der von Baur gegründeten Zeitschrift verklammert Genetik und Evolution absichtsvoll. Baur hielt die Option offen, mit der Genetik grundsätzlich auch die Evolutionsbiologie zu einer induktiven Wissenschaft umgestalten zu können. Vertreter der schon erwähnten *evolutionary synthesis* in den späten dreißiger und frühen vierziger Jahren und in ihrem Gefolge auch eine ganze Reihe von Biologiehistorikern hoben später oft und gerne ein Auseinanderdriften von Genetik, Evolutionslehre und Entwicklungsbiologie nach der Jahrhundertwende hervor, das erst nach Jahrzehnten überwunden worden sei: für die Evolutionsbiologie durch die Entstehung der Populationsgenetik und für die Entwicklungsbiologie dann erst im Gefolge der Molekulargenetik. Vermutlich kann man hier von einem Artefakt der Geschichtsschreibung sprechen, das die Historiographie der Genetik aber doch erheblich beeinflusst hat.[88] In einzelnen Ländern wie den Vereinigten Staaten, Großbritannien, Frankreich oder Deutschland fiel diese Trennung ganz unterschiedlich aus. Faktisch wurde ein wesentlicher Teil der Arbeiten, die wir heute als genetisch bezeichnen würden, in den ersten Jahrzehnten der 20. Jahrhunderts an Lehrstühlen und Instituten für Zoologie und Botanik betrieben. Dabei lag in Deutschland ein Schwerpunkt auf der Zytogenetik, herausragend vertreten durch Boveri. Andererseits etablierte sich mit Goldschmidt, Correns und Hartmann eine physiologisch orientierte Genetik, die am Kaiser-Wilhelm-Institut für Biologie in Berlin-Dahlem ihre institutionelle Heimat fand.[89] Bereits 1908 hatte William Bateson in Cambridge eine »Professur für Biologie« angetreten, die »gegründet wurde im Verständnis, dass ihr Inhaber sich einer besonderen Klasse physiologischer Probleme widme, deren Studium mit dem Ausdruck Genetik bezeichnet wird«.[90] Dass sowohl Batesons Professur als auch das KWI »Biologie« im Titel führten, verweist darauf, dass genetisches Arbeiten wesentlich als eine Art experimentelle »Allgemeine Biologie« aufgefasst wurde. Zunächst kam es aber an den Universitäten kaum zu einer auch terminologisch sichtbaren Überwindung der klassischen Zweiteilung der Biologie in Botanik und Zoologie. Am KWI für Biologie wurden hingegen mit Goldschmidt zoologische, mit Correns botanische und mit Hartmann mikrobiologische Organismen als Modelle für Vererbungsexperimente erprobt. In der einen oder anderen Weise betrafen alle diese Experimente Fragen einer physiologischen und entwicklungsbiologischen Genetik der Sexualität.[91] 1927 wurde innerhalb der außeruniversitären Kaiser-Wilhelm-Gesellschaft, die sich als Schnittstelle zwischen Industrie und Grundlagenforschung verstand, zudem ein Institut für Anthropologie, menschliche Erblehre und Eugenik gegründet, für dessen Einrichtung sich sowohl Baur als auch Correns und Goldschmidt eingesetzt hatten. Erster Direktor wurde Eugen Fischer, der als früher Vertreter der eugenisch motivierten Humangenetik gilt. Wie im vierten Kapitel dargelegt, spielten dieses Institut wie auch die Abteilung von Ernst Rüdin am KWI für Psychiatrie in München – sein Schwerpunkt lag in der menschlichen Populationsgenetik und man betrieb insbesondere Zwillingsforschung – sowohl vor als auch während der Zeit des Nationalsozialismus eine wichtige Rolle als Zentren für vergleichende Erbpathologie und für Rassenhygiene.[92] Auch am KWI für Hirnforschung in Berlin-Buch gab es eine Abteilung, an der durch Nikolaj Timoféeff-Ressovsky experimentelle Genetik, vor allem *Drosophila*-Genetik, betrieben wurde. Man kann festhalten, dass die biologischen Institute der Kaiser-Wilhelm-Gesellschaft als Motor der Genetik in Deutschland während der ersten beiden Jahrzehnte ihrer Existenz von der Erforschung von Vererbungsfragen geprägt waren; die Physiologie der Vererbung, Populationsgenetik und Humangenetik standen dabei im Vordergrund.

Insgesamt bildete sich die klassische Genetik in einem sozialen und politischen Umfeld heraus, in dem eugenisches Denken einen selbstverständlichen Horizont der Forschung abgab. Ihre experimentellen Verfahren im engeren Sinn waren allerdings in der eugenischen Praxis am Menschen von geringer Bedeutung. Ilana Löwy und Jean-Paul Gaudillière sprechen in dieser Hinsicht sogar von einer »vergeblichen ›Mendelisierung‹ der Klinik«.[93] Insbesondere in der Epidemiologie wurden aus ihrer Sicht Fragen der Vererbung, Ansteckung und Immunisierung so vermengt, dass die vertikale und die horizontale Dimension der Weitergabe von Krankheiten unmöglich zu trennen waren.[94] Ähnliches gilt auch für andere Anwendungsbereiche der Genetik nach Mendel, wo sie keineswegs sofort dominierte – von Ausnahmen wie Groß-Enzersdorf bei Wien oder Svalöf in Schweden oder auch der *Agricultural Experiment Station* des Staates New York, die 1923 Teil der Cornell University wurde, abgesehen –, etwa für die Pflanzenzüchtung[95] und in verstärktem Maße auch für die Tierzüchtung.[96] Zu weiten Teilen gilt es auch für jene Untersuchungen über Vererbung, die in der ersten Hälfte des 20. Jahrhunderts im Bereich der Mikrobiologie mit Bakterien und in der Protozoologie mit eukaryotischen Einzellern vorgenommen wurden – hier wurden Formen der nicht-Mendelschen Vererbung über einen längeren Zeitraum geradezu als alternative Lösungen erforscht.[97] Wie gezeigt, waren alle diese Bereiche schon vor der Wende zum 20. Jahrhundert in den Sog vererbungsbiologischer Fragestellungen geraten und hatten der Mendelschen Genetik den Boden bereitet. Ihre komplexen Gegenstände entzogen sich jedoch dem Mendelschen Zugriff auch dann noch, als die klassische Genetik längst disziplinäre Gestalt angenommen hatte. Dies sollte sich erst nach 1945 ändern.

Am raschesten wirkte die Botschaft der neuen Genetik zweifellos in einer Form, die Georges Canguilhem einmal als »wissenschaftliche Ideologie« bezeichnet hat – als ein Denken, das die Gegenstandsbereiche, die es unter seine Kontrolle bringen will, hyperbolisch überformt. Seine Lösungen sind darum mit den Gegenständen, auf die gezielt wird, inkommensurabel, wirken aber gerade durch diese Hyperbolik orientierend und modellhaft.[98] Man sollte auch die diskursiven Binnendifferenzierungen der neuen Disziplin nicht außer Acht lassen. Sie differenzierte sich rasch in eine theoretisch orientierte Populationsgenetik und eine stärker experimentell orientierte Transmissionsgenetik, während sie sich zugleich von der Evolutionsbiologie, Embryologie und Physiologie rhetorisch abgrenzen musste. Erst danach konnte sie ihrerseits Einfluss auf diese Bereiche üben. So kann man in der rhetorischen Distanzierung sogar eine Bedingung für die prinzipielle Kompatibilität von Genetik, Evolutions- und Entwicklungsbiologie sehen. James Griesemer hält zum Beispiel fest, dass Genetiker Fragen der Entwicklung und Evolution keinesfalls ausklammern wollten, sondern von Anfang an »Entwicklungsinvarianten« im Auge hatten.[99]

Die Epoche der Durchsetzung der klassischen Genetik als Disziplin lässt sich somit weder auf den vergleichsweise engen Bereich der reinen Transmissionsgenetik Morganscher Prägung reduzieren, noch geriet der gesamte Bereich der Vererbung als biologisches Phänomen auf einmal unter das Diktat der Mendelschen Vererbung. In der Sowjetunion wurde der »Mendelismus« zur Zeit Stalins als »kapitalistische Wissenschaft« sogar unter allgemeinen Ideologieverdacht gestellt und zugunsten einer die

Praxis betonenden Anpassungs- und Akklimatisierungsbiologie bekämpft, die sich auf die russische Tradition der Pflanzenzüchtung von Iwan Wladimirowitsch Mitschurin bis Trofim Lysenko stützte. Diese Geschichte wird häufig erzählt, um vor politischen Manipulationen der Forschungsautonomie zu warnen.[100] In gewisser Weise wird damit aber die soziale Verfasstheit des Wissens zur Ausnahme erklärt. Wir haben in diesem Kapitel dagegen gesehen, dass die Kristallisierung des Vererbungswissens zu einer biologischen Disziplin nicht nur eines neuen Experimentalregimes bedurfte, sondern auch vor einem sozialen und kulturellen Horizont erfolgte, der gesättigt war von der Vorstellung, für zentrale Fragen des gesellschaftlichen und wirtschaftlichen Lebens biologische Lösungen parat zu halten.

Kapitel 7

Vererbung und Molekularbiologie

Das 20. Jahrhundert ist zu Recht das Jahrhundert des Gens genannt worden.[1] Die Genetik selbst hat nicht nur den Lebenswissenschaften und der Medizin des 20. Jahrhunderts ihren Stempel aufgedrückt; ihr organisierendes Objekt, das Gen, bildete den epistemischen Kern eines Vererbungsdiskurses, der auf vielerlei Weise auf das soziale, kulturelle und politische Geschehen ausstrahlte. Die Entwicklung der Genetik brachte ihre eigenen Zäsuren hervor, ist aber auch in die europäische Kriegsgeschichte des 20. Jahrhunderts verwoben und verwickelt. In den beiden vorangehenden Kapiteln wurde die Vielschichtigkeit dieser Interrelationen für die Periode der klassischen Genetik nachgezeichnet, die sich im ersten Jahrzehnt des 20. Jahrhunderts herausbildete und bis in die vierziger Jahre den Ton des genetischen Diskurses angab.

Die weitere Geschichte lässt sich wiederum nicht linear bis in die Gegenwart forterzählen. Der gründliche Wandel des klassischgenetischen zum molekulargenetischen Dispositiv der Vererbung verlief weder kontinuierlich noch planmäßig, sondern wurde durch Entwicklungen außerhalb des Diskurses der Genetik mitbestimmt. Davon, aber auch von der Veränderung der begrifflichen Grundlagen des Vererbungsdenkens sprach der noch in ›klassischer‹ Genetik ausgebildete Hans Stubbe am Ende seiner *Kurzen Geschichte der Genetik*. Hier ist – 1965 – von »neuen Problemen« die Rede, »die eine dynamische Epoche der Genetik kennzeichnen«.[2] In ihr wurde das Vererbungsdenken molekularisiert und in eine ganz neue Experimentalkultur eingebettet, deren Bestandteile wir hier etwas ausführlicher darstellen wollen.[3] Wir lassen dieser komprimierten Geschichte der Molekulargenetik dann im letzten Kapitel eine Skizze der dritten Phase der Genetik im 20. Jahrhundert folgen – die Stichworte lauten Gentechnologie und Genomik. Der Übergang vom einen zum anderen erfolgte erneut unter besonderen kulturellen sowie disziplinären Vorzeichen.

Die Molekularisierung der Genetik ergab sich nicht unmittelbar aus dem zwar differenzierten, aber auch hermetischen Experimentalregime, das die klassische Genetik prägte: Kreuzungsversuche, statistische Analyse von Nachkommenpopulationen und mikroskopische Zytologie. Ausschlaggebend war vielmehr eine umfassende Molekularisierung der Biologie, die sich parallel zur Herausbildung der klassischen Genetik, aber weitgehend unabhängig und bis auf wenige Ausnahmen unbeachtet von ihr vollzog. Rekonstruktionen der Geschichte der Molekularbiologie aus molekulargenetischer Sicht – sie hat sich seit den sechziger Jahren durchgesetzt – sind allerdings häufig einseitig genetikzentriert.[4] Die Molekularbiologie griff zunächst auf mannigfaltige Versuche zurück, neue *physikalische* und *chemische* Verfahren für die Untersuchung von Lebensprozessen zu nutzen.[5] Mit diesen Verfahren sollten Phänomene außerhalb der Reichweite der klassischen analytischen Chemie und der physikalischen Mechanik erfasst werden. Die Fragen, die dabei leitend waren, hatten zumeist mit Genetik gar nichts zu tun. Es ging wesentlich darum, biologisch relevante Moleküle in ihrer Konfiguration und Funktionsweise, das heißt jenseits ihrer bloßen atomaren Zusammensetzung zu verstehen. So traten in der Molekularbiologie neue Forschungstechnologien und Experimentalsysteme zusammen, die es nach und nach erlaubten, eine ganze Palette von neuen biologischen ›Wirkstoffen‹ zu charakterisieren. Zu ihnen gehörten Vitamine, Hormone, Antikörper, Enzyme und schließlich Antibiotika. Dazu gesellten sich erst etwa seit Mitte der dreißiger Jahre die Gene, deren molekulare Analyse auch am längsten ausstehen sollte.

Im Rahmen dieser Analysen entstand eine Vorstellung von biologischer Spezifität, die häufig als ›Schlüssel-Schloss-Prinzip‹ umschrieben wurde. Emil Fischer hat es erstmals im Jahr 1894 formuliert, um das Verhältnis von Enzymen zu ihren Substraten zu beschreiben.[6] Der Nachweis von Enzymen – einer Klasse von Biokatalysatoren, die von Drüsen in bestimmte Körperorgane oder Körperhöhlen abgesondert wurden, darüber hinaus aber auch das Stoffwechselgeschehen innerhalb der Zelle beeinflussten – wurde seinerseits zum Ausgangspunkt der Biochemie als einer neuen biologisch-chemischen Spezialdisziplin. Die hier zugrunde liegende Vorstellung von biologischer Spezifität bewährte sich in zahlreichen experimentellen Domänen der molekularbiologischen Analyse, wie der Enzymologie und Biochemie im weiteren Sinne, der Immunologie und der Endokrinologie. Im Kernbereich der molekularen Genetik musste sie jedoch später zugunsten einer neuen Vorstellung von biologischer Spezifität aufgegeben werden. Das Schlüssel-Schloss-Prinzip wirkte damit als Katalysator für die Molekularisierung der Biologie und zugleich, um einen Ausdruck Gaston Bachelards zu verwenden, als »epistemologisches Hindernis« für die Molekularisierung der Genetik.[7]

Insgesamt handelte es sich um die Etablierung einer neuen biologischen Forschungskultur neben der klassischen Genetik. Aus der Konjunktur beider Entwicklungen ging schließlich die Molekulargenetik hervor. Im Folgenden werden wir verschiedene ihrer Elemente etwas näher darstellen. Sie bildeten sich in praktischen Zusammenhängen heraus, die für die gesamte Wissenschaftsentwicklung der ersten Hälfte des 20. Jahrhunderts charakteristisch sind: zum einen die Kooperation von Grundlagenforschung und Industrie, die sowohl die chemische wie die physikalische Seite des Molekularisierungsprozesses prägte, in beiden Bereichen aber unterschiedliche Formen annahm.[8] Die Erforschung und der therapeutische Einsatz von Vitaminen entwickelten sich zum Beispiel in enger Zusammenarbeit zwischen Forschungslabors wie dem von Adolf Windaus in Göttingen und pharmazeutischen Industrien wie Merck und Bayer. Ein weiteres Beispiel ist die Kooperation von Adolf Butenandt, einem Schüler Windaus', mit forschungsnahen Industrien wie Schering oder I.G. Farben; Butenandt arbeitete zunächst in Danzig, anschließend am KWI in Berlin und später in Tübingen an der Aufklärung der Struktur und Funktion von Sexualhormonen.[9] Eine ähnliche Kooperation gab es in der Schweiz zwischen Leopold Ruzicka von der ETH in Zürich und der CIBA in Basel, und in Deutschland wurden in den zwanziger Jahren mehrere Kaiser-Wilhelm-Institute gegründet, die sich hauptsächlich mit der molekularen Analyse bestimmter Rohstoffe wie etwa Faserstoffen oder Leder befassen sollten – auch sie kooperierten eng mit den entsprechenden Industrien. Auf der physikalischen Seite ist die Entwicklung des Elektronenmikroskops exemplarisch, an der Ernst Ruska bei Siemens & Halske in Berlin in den späten dreißiger Jahren entscheidenden Anteil hatte: Biologische Anwendungsmöglichkeiten des Geräts wurden von Medizinern der Charité in Berlin und Biologen von der Biologischen Reichsanstalt in Berlin-Dahlem gemeinsam herauskristallisiert. In den Vereinigten Staaten ist unter anderem die Kooperation der Laboratorien von *Radio Corporation of America* (RCA) in Camden, New Jersey, mit dem Fernsehpionier Vladimir Zworykin und dem Biologen Thomas Anderson zu nennen,[10] und in England unterstützte und finanzierte die Textilindustrie William Astburys Röntgenstrukturuntersuchungen an Faserstoffen wie Keratin und Kollagen, um nur einige Beispiele zu nennen.

Der zweite Kontext der Entstehung der Molekulargenetik ist das Vordringen einer molekularen Perspektive in Biologie und Medizin als »biomedizinischen Plattformen«.[11] Als wissenschaftliche Plattformen definieren Peter Keating und Alberto Cambrosio lokal vernetzte und um ein gemeinsames Objekt bemühte Expertengruppen, die gleichwohl unterschiedlichen Arbeitskulturen verpflichtet sein können. An Forschungskliniken wie dem *Rockefeller Institute* in New York – mit dem Pathologen und Virologen Peyton Rous, dem Onkologen und Zytologen Albert Claude, dem Arzt und Bakteriologen Oswald Avery –, nahm die Molekularisierung der Biologie in verschiedenen Domänen zwischen Forschung und Klinik Gestalt an, insbesondere auf den Gebieten der Mikrobiologie und der Immunologie; das Gleiche gilt für das *Massachusetts General Hospital* in Boston – mit den Onkologen Joseph Aub und Paul Zamecnik sowie dem Biochemiker Fritz Lipmann –, das *Institut Pasteur* in Paris oder auch die Pathologischen Laboratorien des Gesundheitsministeriums in London mit dem Bakteriologen Frederick Griffith.

Der prominenteste praktische Kontext der sich herausbildenden Molekulargenetik war wohl die Krebsforschung. Nachdem Hygiene, Bakteriologie und Immunologie die Infektionskrankheiten seit dem späten 19. Jahrhundert eingegrenzt und gezielten Behandlungen zugänglich gemacht hatten, gewann die Erforschung und Behandlung von Krebs eine neue Priorität. Was die Ätiologie der unterschiedlichen Krebskrankheiten angeht, nahm die Onkologie des beginnenden 20. Jahrhunderts vielfältige Ursachen zwischen Infektion, Erblichkeit und Umweltstress an; in diesem Feld, dem zunehmend privat organisierte und staatliche Mittel zuflossen, war alles offen. Es wurde klar, dass Röntgen-, Radio- und Chemotherapien, die allmählich die Chirurgie ergänzten, auf lange Sicht nur effizient einzusetzen waren, wenn man mehr über die zellulären Grundlagen des malignen Wachstums in Erfahrung brachte.

Bei unserer hier anschließenden Beschreibung der Elemente einer Laborkultur der Molekularbiologie wird uns die Krebsforschung mehrfach wieder begegnen. Während der Vererbungsdiskurs für die Entstehung der neuen Forschungstechnologien kaum eine Rolle spielte – er tritt darum vorläufig in den Hintergrund –, wäre die Molekulargenetik ohne dessen spätere Aneignung hingegen undenkbar gewesen.

Eine Landschaft neuer Forschungstechnologien

Die Entstehung und Verbreitung neuer Forschungstechnologien war eine der Voraussetzungen der Molekularisierung der Biologie. Schon vor einigen Jahren haben Terry Shinn und Bernward Joerges darauf hingewiesen, dass Forschungstechnologien, wie sie zwar bereits im 19. Jahrhundert entstanden – etwa die zellbiologische Mikroskopie oder die Selbstschreibegeräte der Physiologie des 19. Jahrhunderts –, aber erst im 20. Jahrhundert forschungsbestimmend wurden, in einem Zwischenraum zwischen Forschung und Industrie angesiedelt waren. In diesem Zwischenraum wurden transversale Anwendungsprofile entwickelt, wodurch Wissenschaft und Technik sich verzahnten und ihre jeweiligen Entwicklungsprozesse beschleunigten.[12] Auch der wissenschaftliche Instrumentenbau als eigene Industrieform erhielt dabei wesentliche neue Impulse. Forschungstechnologien lassen sich vielleicht grundsätzlich dadurch kennzeichnen, dass sie einen Überschuss verkörpern, denn der Umgang mit ihnen generiert Fragen, die ohne sie gar nicht hätten gestellt werden können. Insofern sind Forschungstechnologien immer zugleich Forschung *ermöglichende* Technologien.[13]

Bei der Entstehung der Molekularbiologie spielte eine Reihe neuer Forschungstechnologien eine zentrale Rolle. Der Biologiehistoriker Richard Burian sieht im Kern der Molekularbiologie sogar nichts weiter als eine »Batterie von Techniken«.[14] Die Biologiehistorikerin Lily Kay hat in diesem Zusammenhang von einer neuen »technologischen Landschaft« gesprochen.[15] Im Begriff der Landschaft ist Technik nicht als Außen des Denkens begriffen, sondern als die es überhaupt erst ermöglichende Einbettung. Zunächst ist hier eine Reihe von biophysikalischen Techniken zu nennen. Obwohl sie letztlich die Voraussetzung für eine neue, molekulare Genetik schufen, hatte ihre Entstehung, wie schon gesagt, mit Vererbungsfragen kaum zu tun.

Das zeigt sich insbesondere am Beispiel der analytischen Ultrazentrifugation, deren Anfänge bis in die zwanziger Jahre zurückreichen und die zur Entwicklung des Begriffs biologischer Makromoleküle führte. Der Begriff des Makromoleküls löste in den zwanziger Jahren den Begriff des Protoplasmas ab.[16] Er hatte nicht nur die Biochemie, sondern auch die Vererbungstheorien des ausgehenden 19. Jahrhunderts geprägt. Entscheidend für die Plasmakonzeption war die kolloidchemische Vorstellung einer gelartigen Verfasstheit des zellulären Plasmas aus kleineren Molekülen in wechselnder Zusammensetzung. Dieser Vorstellung setzte die von dem Kolloidchemiker Theodor Svedberg in Zusammenarbeit mit dem Hämatologen Robin Fåhraeus in den USA und in Schweden begründete Technologie der analytischen Ultrazentrifugation ein Ende. Für die Analyse von Kolloiden konstruiert, ergab ihre Anwendung auf Proteine den auch für die Beteiligten überraschenden Befund, dass diese Substanzen – das Hämoglobin war eines der ersten Testproteine – sich im Schwerefeld der Ultrazentrifuge wie diskrete Partikel mit vergleichsweise scharf begrenzten molekularen Massen verhielten. Damit ermöglichte die Ultrazentrifugation einen quantifizierenden Zugriff auf eine Ebene der Organisation des Lebendigen, die sich der experimentellen Analyse bisher entzogen hatte. Sie wurde zu einer der Schlüsseltechnologien bei der Absteckung jenes Feldes, das in den dreißiger Jahren erst vereinzelt als Molekularbiologie angesprochen wurde, für das sich dieser Name aber um die Mitte des Jahrhunderts auf breiter Front durchsetzte. Disziplinäre Hybridnamen wie ›physikalische Biologie‹, ›Biophysik‹ oder ›biophysikalische Chemie‹ verschwanden dagegen zunehmend.

Das Beispiel zeigt, wie eng sich Technik und Begriffsbildung unter Umständen verschränken können. Diese Verschränkung ist ebenfalls kennzeichnend für die oben erwähnte »Überschüssigkeit« von Forschungstechnologien. Nicht weniger wichtig war für die Entwicklung der makromolekularen Analyse die Ausbildung der Elektrophorese, die auf den schwedischen Biochemiker Arne Tiselius zurückgeht und sich die unterschiedlichen elektrostatischen Ladungen verschiedener Makromoleküle zunutze macht.[17] Tiselius war ein Schüler von Svedberg, wirkte wie dieser an der Universität in Uppsala und erprobte seinen Elektrophoreseapparat in den dreißiger Jahren an Serumproteinen. Die präparative Hochgeschwindigkeits-Zentrifugation, die ohne die Optik der analytischen Ultrazentrifuge entschieden leichter zu handhaben war, ermöglichte unter vielen anderen Anwendungen die Isolierung von Zellbestandteilen wie Mitochondrien, die bereits bekannt waren, oder den neu beschriebenen Mikrosomen, und damit eine Zellbiochemie im Reagenzglas. Albert Claude und seine Kollegen am *Rockefeller Institute* in New York Rollin Hotchkiss, Walter Schneider und George Hogeboom leisteten in diesem Bereich entscheidende Pionierarbeit.[18] Die Entwicklung der Röntgenstrukturanalyse durch Henry und Lawrence Bragg in Cambridge, die zuerst im Bereich kleiner Moleküle und dann in der angewandten Faserstoff-Forschung eingesetzt wurde, eröffnete die Möglichkeit einer Strukturuntersuchung biologischer Makromoleküle. Sie wurde in internationalen Wissenschaftszentren zum biologischen Forschungsinstrument entwickelt, vor allem von Linus Pauling am *California Institute of Technology* – er untersuchte Hämoglobin und Desoxyribonukleinsäure (DNA);[19]

von Lawrence Bragg, Max Perutz und John Kendrew am *Cavendish*-Laboratorium der *Cambridge University* – ihr Ziel war die molekulare Analyse von Hämoglobin und Myoglobin;[20] von William Astbury and der *Leeds University* – er spezialisierte sich auf Keratin und Desoxyribonukleinsäure; von John Bernal am *Birkbeck College* in London – sein Objekt war das Tabakmosaikvirus –; sowie von Michael Polanyi und Hermann Mark – die mit der Charakterisierung von Zellulose, Seide und Wolle am KWI für Faserforschung in Berlin-Dahlem beschäftigt waren.[21] Mit der Ultraviolett-Mikroskopie, mit der Stoffe selektiv sichtbar gemacht werden konnten, die wie beispielsweise die Nukleinsäuren ultraviolette Strahlung absorbierten, schufen Torbjörn Caspersson in Stockholm und Jack Schultz am *Caltech* die Voraussetzungen dafür, Desoxyribonukleinsäure- und Ribonukleinsäuremoleküle in der Zelle und in ihren Kompartimenten zu lokalisieren. Die ersten Anwendungen der Elektronenmikroskopie auf biologische Präparate, in Berlin durch Ruska, Gustav Kausche und Edgar Pfankuch und in den USA durch Anderson und Salvador Luria, halfen mit, die Vorstellung von der Partikelnatur von Viren wie dem Tabakmosaikvirus sowie von Bakteriophagen wie den T-Phagen des Bakteriums *Escherichia coli* oder auch dem Sarkomvirus von Rous zu festigen.

Diese wenigen Beispiele müssen an dieser Stelle genügen, um einen Eindruck davon zu vermitteln, wie intensiv die Erschließung der Welt der biologischen Großmoleküle von neuen biophysikalischen Forschungstechnologien abhing – und diese von ihr. Nicht nur fußte das Bild, das man sich von der Struktur und der Lage von Großmolekülen in der Zelle machen konnte, auf der Anwendung dieser Technologien. Die Moleküle als Objekte der Forschung führten die Technologie der Elektronenmikroskopie an die Grenzen ihres Auflösungsvermögens und forderten gezielte technische Weiterentwicklungen heraus, zum Teil auch erst eine grundsätzliche Ausrichtung auf biologisch relevante Untersuchungen. Diese Ausrichtung betraf weniger das physikalische Prinzip der jeweiligen Technologie als vielmehr die variable Schnittstelle zwischen dem Gerät und den biologischen Objekten, an denen ja biologisch relevante Eigenschaften unter möglichst nativen Bedingungen (und nicht einfach physikalische oder chemische Parameter) bestimmt werden sollten. Es fand also eine gegenseitige Kalibrierung zwischen Forschungsinstrument und Forschungsobjekt statt, die zunächst grundsätzlich erprobt und dann immer wieder neu justiert werden musste.[22] Das ist auch der Grund dafür, dass im Rahmen der Etablierung einer auf Großmoleküle ausgerichteten Biologie interdisziplinäre Kooperationen zwischen Physikern, Chemikern, Biologen und Instrumentenbauern sowie die Schaffung transdisziplinärer Arbeitszusammenhänge eine ungewöhnlich große Rolle spielten. Diese Forschungen, wie die ihnen zugrunde liegenden Technologien, fügten sich oft nicht in die bestehenden Disziplinengrenzen, was erklärt, warum entsprechende Schlüsselveröffentlichungen häufig von zwei oder mehreren Forschern mit unterschiedlichem disziplinären Hintergrund gezeichnet sind. Forschungen an transdisziplinären Objekten wurden in Amerika vor allem von der *Rockefeller Foundation* gefördert; Warren Weaver, der Direktor ihrer naturwissenschaftlichen Abteilung von 1932 bis 1955, ermutigte insbesondere Physiker und Chemiker, sich mit biologischen Problemen zu befassen.[23] Der Einfluss der *Rockefeller Foundation* erstreckte sich aber nicht nur auf die Vereinigten Staaten, sondern auch auf Europa, vor allem Großbritannien, Frankreich und Deutschland. Die Naturwissenschaftliche Sektion der *Rockefeller Foundation* gab zwischen 1932 und 1959 mehr als neunzig Millionen Dollar an Forschungsgeldern aus – ein großer Teil davon ging an die biologischen – biophysikalischen und biochemischen – Wissenschaften.[24] Auch von den achtzehn Nobelpreisen, die zwischen der Identifizierung der Struktur der DNA-Doppelhelix 1953 und der definitiven Entschlüsselung des genetischen Codes 1965 im weiteren Bereich der Molekularbiologie vergeben wurden, gingen siebzehn an Wissenschaftler, die in den Jahrzehnten zuvor von der *Rockefeller Foundation* unter Weaver unterstützt worden waren.[25]

Wie Kay schrieb, gründete die lebenswissenschaftlich ausgerichtete Förderpolitik der *Rockefeller Foundation* in der Zwischenkriegszeit auf dem Gedanken, die Kontrolle über den biologischen

Aufbau des Menschen und sein biologisches Funktionieren werde letztlich auch seine maximale soziale Kontrolle ermöglichen. Weaver, der übrigens im Rahmen seiner Förderpolitik persönlich den Begriff »Molekularbiologie« geprägt haben soll, teilte diese Sicht, aber nicht die Hoffnung auf deren rasche Erfüllung. In der Praxis seiner Forschungspolitik ging er von der Einschätzung aus, dass hierzu noch alle physikalischen und chemischen Voraussetzungen fehlten.[26] Die Mobilmachung der Biowissenschaften in der Zwischenkriegszeit führte allerdings zu irreversiblen Veränderungen in der Forschungslandschaft. Im Zweiten Weltkrieg setzte sie sich ungebrochen fort, und während des Kalten Krieges erreichte die molekularbiologische Forschung mit staatlicher Unterstützung ein bisher unerreichtes Niveau.[27]

Experimentalsysteme

Die Instrumente, die in Forschungstechnologien wie den eben beschriebenen eingesetzt werden, erfordern zwar – im Sinne der erwähnten ›Kalibrierung‹ – einen andauernd hohen Bedienungs- und Wartungsaufwand. Das Instrument als solches ist dabei aber in der Regel nur für begrenzte Zeit zentrales Objekt des Forschungsinteresses. Vielmehr müssen Forschungstechnologien, um sich durchsetzen zu können, in verschiedenen Experimentalsystemen einsetzbar sein. Das epistemische Interesse an diesen Systemen ist wesentlich weniger eng mit der jeweiligen Technik verknüpft. Für die Instrumente bedeutet dies, dass ihr Einsatz in der Regel generischer Natur ist. Daher waren es auch Experimentalsysteme – und nicht die Instrumente für sich, die allerdings die entscheidenden technischen Rahmenbedingungen lieferten –, die das biologische Forschungsgeschehen des 20. Jahrhunderts bestimmten.[28] Wir wollen hier ein wenig darauf eingehen, wie Experimentalsysteme ganz unterschiedlicher Natur die Molekularisierung der Biologie und um die Mitte des Jahrhunderts dann auch die Molekularisierung der Genetik allererst ermöglichten. Insbesondere erlaubten es sogenannte *In-vitro-* oder Reagenzglassysteme durch ihren spezifischen Aufbau, in den Bereich der molekularen Funktionsanalyse der Zelle vorzustoßen. Die experimentelle Erschließung des subzellulären Bereichs knüpfte dabei an Boveris frühe Schüttelexperimente zur Trennung von Kern und Kernhülle an, die wir im letzten Kapitel erwähnt haben, zielte aber gleichzeitig auf eine systematische Fraktionierung des Zellinhalts. Diese Arbeiten leiteten sich zu Anfang vielfach aus der Krebsforschung, häufig also aus einem medizinisch-klinischen Kontext her. Am *Rockefeller Institute* in New York, das hier wiederum eine Rolle spielt, untersuchte der bereits erwähnte belgische Arzt Albert Claude seit den späten zwanziger Jahren den Partikelcharakter des Geflügelsarkomvirus von Rous; der Verlauf seiner Untersuchung führte ihn jedoch vom Virus weg und hin zu einer durch die Hochgeschwindigkeits-Zentrifugation von homogenisiertem Gewebe ermöglichten Charakterisierung des granulären Inhalts gesunder Zellen. Dadurch wurden vor allem Zellkomponenten wie Mitochondrien und Mikrosomen der enzymatischen Analyse zugänglich. Die Technik der Extraktion von Zellen und der Trennung ihrer Bestandteile durch Ultrazentrifugation wurde unmittelbar nach dem Zweiten Weltkrieg von denjenigen Forschergruppen aufgegriffen, die sich, ebenfalls im Rahmen der Krebsforschung und der Erkundung des malignen Wachstums, mit dem Problem der Proteinsynthese befassten. Zu nennen ist vor allem die Gruppe um Paul Zamecnik und Mahlon Hoagland am *Massachusetts General Hospital* in Boston. Damit schloss diese Forschung, die im Verlauf eines guten Jahrzehnts den Schritt von den intakten Organellen zu den in ihnen enthaltenen Makromolekülen vollzogen hatte und nunmehr in den Kernbereich der molekularen Genetik führen sollte, auch an den allgemeineren lebenswissenschaftlichen Trend zu einer physiologischen *In-vitro*-Forschung an. Die Differenzierung zwischen *In vitro-* und *In-vivo*-Systemen – auch hier ließe sich von der Entstehung einer experimentellen ›Landschaft‹ oder ›Umgebung‹ sprechen – entwickelte sich zu Beginn des 20. Jahrhunderts, nachdem Chemiker wie Eduard Buchner gezeigt hatten – hier am Beispiel der alkoholischen Gärung –, dass nicht nur von Drüsen ausgeschiedene Enzyme, sondern auch intrazelluläre »Fermente«, wie sie zu Beginn des 20. Jahrhunderts meist genannt wurden, in der Lage waren, ihre Funktion außerhalb von Zellen, das heißt im Reagenzglas unter bestimmten Pufferbedingungen auszuüben. Gewiss war das Arbeiten mit toten Körpern und die Herstellung von leblosen Präparaten eine in der Biologie und Medizin viel weiter zurückreichende Praxis; sie hat unter anderem die Geschichte der Pathologie und vor allem der Mikroskopie des 19. Jahrhunderts geprägt. Aber die *In-vitro*-Systeme der ersten Hälfte des 20. Jahrhunderts stellten andere Anforderungen. Sie beruhten auf der Annahme, dass Extrakte in der Lage sind, »das lebende System zu wiederholen oder zu spiegeln«.[29] Um diese Eigenschaft nutzen zu können, mussten für die Extrakte künstliche Umgebungen geschaffen werden, die es erlaubten, die Vorgänge, die normalerweise *in vivo* abliefen, nun außerhalb des lebenden Körpers und außerhalb der Zelle zu charakterisieren. Als solche markierten diese Systeme den Übergang von einem organismischen und zellulären zu einem subzellulären und schließlich zu einem molekularbiologischen Wissensregime. *In-vitro*-Systeme, so kann man festhalten, sind in der Regel reduzierte Systeme: Sie heben bestimmte Kennzeichen oder Elemente eines Netzwerks aus Stoffwechselreaktionen hervor und eliminieren andere. Da sie anfällig sind für Artefakte, was im gewählten Zugang selbst begründet ist, bedarf es einer ständigen Kontrolle durch die Rückbindung der Reagenzglassysteme an die *In-vivo*-Situation. Diese ist jedoch ihrerseits nur über weitere Experimentalsysteme fassbar. Das bedingt ihre Proliferation. Ein guter Teil der Geschichte der Biologie des 20. Jahrhunderts, insbesondere aber der Molekularbiologie, lässt sich durch diesen Zirkel, dieses besondere Spiel der Überprüfung, Berichtigung und rekursiven Weiterung beschreiben.

Der Erfolg der in molekulare Bereiche vorstoßenden *In-vitro*-Biochemie hing aber von der zusätzlichen Einführung einer Technik ab, die die gesamte biologisch motivierte Reagenzglas-Chemie um die Mitte des 20. Jahrhunderts revolutionierte. Es handelt sich um die radioaktive Markierung von einzelnen Molekülen und Molekülbausteinen, die im Stoffwechsel umgesetzt werden. Sie wird hier behandelt, da ihre Wirkung weniger der eines definierten makroskopischen Instruments glich; eher verband sie sich wie ein Kapillarsystem mit den untersuchten molekularen Prozessen. Als Markierungstechnik hing sie von technologischen Großsystemen ab, denn die Herstellung von radioaktivem Schwefel, Wasserstoff und schließlich Kohlenstoff wurde erstmals durch die Zyklotron-Technologie der dreißiger Jahre möglich, und in größeren Mengen wurden geeignete radioaktive Isotope erst Mitte der vierziger Jahre verfügbar, nämlich als Nebenprodukte des Reaktorbaus und der ersten Atommeiler in den Vereinigten Staaten.

Die Atomenergiekommission der Vereinigten Staaten lancierte nach dem Zweiten Weltkrieg im Rahmen ihrer Initiative *Atoms for Peace* die Verwendung radioaktiver Isotope im gesamten Bereich der Biomedizin.[30] Zwischen 1945 und 1956 erhöhte sich dann – um den Erfolg der Technik annähernd zu beziffern – z. B. der Prozentsatz aller im *American Journal of Biological Chemistry* veröffentlichten Studien, denen die Verwendung radioaktiver Isotope zugrunde lag, von vorher einem Prozent auf etwa vierzig Prozent. Auch komplexe, radioaktiv markierte Moleküle gerieten bald in den Bereich des biochemisch Machbaren und biologisch Einsetzbaren. Entstanden die ersten dieser Moleküle noch in den Forschungslabors selbst, so übernahm diese Aufgabe bald eine neue chemische Isotopenindustrie. Radioaktiv markierte Moleküle (wie etwa die Bausteine von Eiweißen, die Aminosäuren oder die Bausteine von Nukleinsäuren, die Nukleotide) konnten nun auf dem Markt gekauft werden. Bis zu ihrem Zerfall verhielten sie sich chemisch und physiologisch im Wesentlichen genau wie unmarkierte Moleküle. Sie ließen sich als Sonden in den Stoffwechsel einschleusen, nahmen dort an verschiedenen Umsetzungen teil und hinterließen beim Zerfallen eine Spur, die man registrieren konnte.

Die radioaktive Markierung wirkte insofern wie eine Art biochemisches Elektronenmikroskop. Zum einen ermöglichte sie es im Prinzip, eine definierte Reaktion wie etwa den Einbau von Aminosäuren in Eiweiße oder den Einbau von Nukleotiden in Nukleinsäuren auch außerhalb der Zelle in einem Stoffgemisch zu verfolgen, aus dem nicht alle anderen Bestandteile vorher entfernt worden waren. Es genügte, am Ende der Reaktion die überschüssige, nicht eingebaute Radioaktivität aus der Probe abzuscheiden und zu entfernen. Da die Messung nicht mikrochemisch, sondern physikalisch über die Zählung radioaktiver Zerfallsereignisse erfolgte, wurden so zum einen die Verfahren der präparativen Chemie verzichtbar, ohne dass man deshalb zur intakten Zelle zurückkehren musste. Zum anderen wurde die Messempfindlichkeit gegenüber dem üblichen Messbereich der analytischen Chemie um mehrere Größenordnungen gesteigert.

Die Verbindung von differenzieller Zellfraktionierung und radioaktiver Markierung transferierte die *In-vitro*-Biochemie mit ihren Experimentalsystemen schließlich in die Domäne der zellulären Aufbauvorgänge von Makromolekülen und damit auch ins Zentrum der nach dem Zweiten Weltkrieg sich herausbildenden Molekulargenetik. Denn sie glich die gewöhnlich durch die Reagenzglasbehandlung eintretende Dämpfung der zu untersuchenden biologischen Funktionen technisch aus: Was der Zellsaft an biologischer Aktivität verlor, wurde ihm an ›Radioaktivität‹ zurückgegeben. Die Einführung von Radioaktivität in die Laborkulturen der Biologie hatte aber auch Auswirkungen auf die allgemeine Laborarchitektur und das Laborleben insgesamt. Zum Beispiel war die Möglichkeit, radioaktive Spuren geringster Stärke in biologischen Proben zu messen, entschieden von einer unkontaminierten Umgebung des Experiments abhängig. Eine Verschleppung von ›negativen Spuren‹ der Radioaktivität musste um jeden Preis vermieden werden, sollten nicht potenzielle Signale im Hintergrund der Strahlung verschwinden. Das hatte nicht nur ein völlig neues Laborregime zur Folge, sondern wiederum massive Auswirkungen auf die Anordnung der Experimente selbst.

Ersichtlich lässt sich die Technologie der radioaktiven Spurenerzeugung nicht auf ein Instrument oder einen Stoff reduzieren. Ihre verästelte Struktur durchzog eine umgrenzte Landschaft von Experimentalsystemen, deren Konturen sie zugleich prägte. Die Tracertechnik trieb die Entwicklung neuer Messverfahren an,[31] deren Integration in die Experimentalsysteme wiederum deren Umfang und Charakter veränderte. Dass sie das aktuelle Wissen von Biologen, Chemikern, Physikern und Ingenieuren materiell vermittelte – in ihrer Anlage aus Isotopenherstellung, Chemie der radioaktiven Markierung, Chemie der Flüssigkeits-Szintillation, Physik der Photomultiplikation, Elektronik, biologische Probenzubereitung –, verhalf der physikalisch-chemischen Interdisziplinarität der Molekularbiologie zu ihrer faszinationsgeschichtlichen Bedeutung. Sie bedingte ein biologisches Experimentieren, eine biologische Laborkultur als ›Lebensform‹, die der klassischen Genetik – selbst dort, wo sie auf physikalische Techniken wie die UV-Bestrahlung zurückgriff – weitgehend fremd geblieben war. Ihre Faszination wurde von einer Gemeinschaft getragen, die neben ihrer Interdisziplinarität auch eine Form der Internationalität praktizierte, die eine in ihren Ausmaßen bisher ungekannte Zirkulation zwischen Laboren in Gang brachte.

Neue Modellorganismen

Auch die Organismen, die bei der Molekularisierung der Biologie und des Vererbungswissens tragende Rollen spielten, wechselten. Kaum einer der für die Molekulargenetik entscheidenden experimentellen Befunde, kaum einer ihrer neuen Begriffe ist mit *Drosophila* oder einem anderen Modellorganismus der klassischen Genetik verknüpft, vielleicht mit Ausnahme der ›springenden Gene‹ der Maisgenetikerin Barbara McClintock.[32] In der *In-vitro*-Biologie erlangten neben Meerschweinchen vor allem Mäuse und Ratten bzw. insbesondere die Rattenleber aufgrund ihrer herausgehobenen Stoffwechselaktivität Bedeutung. Die Ratte war aber nicht zuletzt das Erbe biologisch-klinischer Arbeitskontexte, in denen man sich – am *Rockefeller Institute* in New York, am *Massachusetts General Hospital* in Boston und an einigen anderen medizinischen Fakultäten in amerikanischen und europäischen Universitäten – vor, während und unmittelbar nach dem Zweiten Weltkrieg vorzugsweise mit Krebsforschung befasste und aus denen die Forschungssysteme zur Analyse von Zellkomponenten und zum Mechanismus der Proteinsynthese hervorgingen. Wie im sechsten

Kapitel angesprochen, wurden Ratten und vor allem Mäuse seit den zwanziger Jahren immer häufiger und unter zunehmend standardisierten Bedingungen als klinische Modelle für bösartiges Wachstum verwendet; die ersten Experimente, die schließlich zur Etablierung des *In-vitro*-Systems zur Untersuchung der Proteinsynthese führen sollten, wurden faktisch durchgeführt, um herauszufinden, ob normales und bösartiges Lebergewebe sich in der Geschwindigkeit ihrer Eiweißherstellung unterschieden. Das auf der Basis von Lebergewebe aufgebaute System blieb anderthalb Jahrzehnte lang in Gebrauch, bis es Anfang der sechziger Jahre von Bakterienextrakten – vor allem *Escherichia coli* – abgelöst wurde.[33] Das *E.-coli*-System diente dann für zwei weitere Jahrzehnte als molekulargenetisches Leitsystem, bis in den späten siebziger Jahren ein neuer Umschwung in der genetischen Forschung des 20. Jahrhunderts einsetzte, der Gegenstand abschließender Überlegungen im letzten Kapitel sein wird.

Modellorganismen sind wie Forschungstechnologien entscheidende Komponenten von Experimentalsystemen. Oft werden sie durch kontingente Umstände ›entdeckt‹, entwickeln dann aber eine eigene, allerdings zeitgebundene Dynamik. Das Wissen, das sie und die mit ihnen korrelierten Systeme verkörpern, bildet einen wertvollen Bestand, den die Forscher ungern wieder preisgeben. Er kann daher auch Erkenntnis verzögernd wirken. Welche Organismen sich als Modelle eignen, hängt von den epistemischen Objekten, die im Zentrum der wissenschaftlichen Aufmerksamkeit stehen, ebenso ab wie von den verfügbaren Techniken, mit denen sie erforscht werden können. Wie diese müssen sie bis zu einem gewissen Grad standardisiert werden, um ihre Funktion übernehmen zu können. Die Produktion von homogenen, vor allem genetisch reinen Linien hat in der Genetik und in der medizinischen Forschung des 20. Jahrhunderts mindestens die gleiche Bedeutung erlangt wie die Entwicklung neuer Forschungstechnologien und ist wie sie auch zum Gegenstand eigener Untersuchungen geworden.[34]

Im hier behandelten Zeitraum der dreißiger bis sechziger Jahre vollzog sich die Molekularisierung der Genetik besonders an

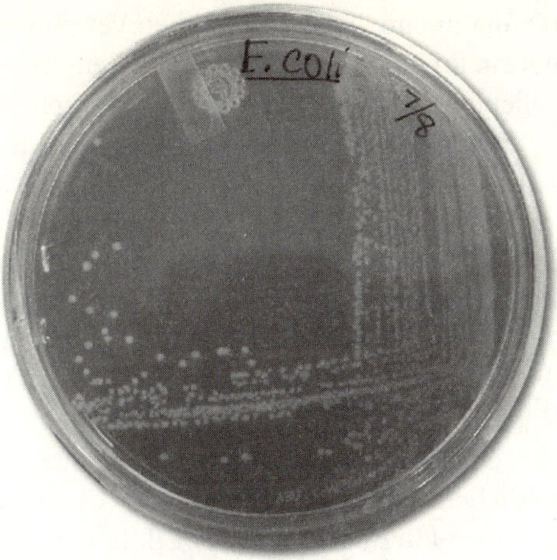

Abb. 19: *Escherichia-coli*-Kultur in einer Petri-Schale, aus www.bioweb.unce.edu, zug. am 18. 8. 2008.

niederen Pilzen, Bakterien und Viren. Ihre Verwendung führte zur Ausbildung neuer Schnittstellen zwischen Organismen und angewandten Analysetechniken. Vor allem führten diese Organismen über den Rahmen der Kreuzungsanalyse hinaus, in dessen Grenzen die klassische Genetik operierte: Mit dem Tabakmosaikvirus, dem Schlauchpilz *Neurospora crassa*, den T-Phagen, den Pneumokokken und dem Bakterium *Escherichia coli* wurde eine neue Genetik auf den Weg gebracht (Abb. 19).

So kam es fast einer Sensation gleich, als der zum Chemiker ausgebildete Wendell M. Stanley 1935 am *Rockefeller Institute* in Princeton die Isolierung eines Proteins mit den Eigenschaften des TMV ankündigte.[35] Aus dem *contagium vivum fluidum*, das an der Jahrhundertwende von Martinus Beijerinck als ein phytopathologisches Ultrabakterium unbestimmter Natur beschrieben worden war, war ein kristallines Partikel geworden. Viren – unsichtbar im Lichtmikroskop, von Bakterienfiltern nicht auffangbar und auf sterilem Nährboden nicht vermehrbar – avancierten in den dreißiger Jahren zunehmend zu prototypischen Vererbungspartikeln. Man vermutete in ihnen so etwas wie ›nackte Gene‹, die sich innerhalb von befallenen lebenden Zellen ›autokatalytisch‹ vermehrten. Die Tatsache, dass man ein Virus kristallisieren konnte, schien wie ein Symbol für eine bevorstehende endgültige Durchbrechung der Grenze zwischen Biologie und Genetik einerseits und Physik und Chemie andererseits. Das TMV-Protein fügte sich zudem nahtlos in die herrschende und von kaum jemandem in Zweifel gezogene Vorstellung von der Proteinnatur der putativen Gene. Daran änderte auch die Tatsache nichts, dass der Diplomlandwirt Frederick Bawden von der englischen Rothamsted Agricultural Station – einer der wenigen frühen Molekularbiologen mit landwirtschaftlichem Hintergrund – und der Chemiker Norman Pirie in Cambridge kurz nach Stanleys Erfolg eine Nukleinsäure im TMV nachwiesen.

Das Tabakmosaikvirus wurde zu einem jener Modellorganismen, auf die sich die geballte Kraft der Ende der dreißiger Jahre relevanten physikalischen Analysetechniken konzentrierte: von der Ultrazentrifugation (Stanley in Princeton) über die Röntgenstrukturanalyse (Bernal in London) bis zur Elektronenmikroskopie (Ruska in Berlin). Die biochemisch orientierte TMV-Forschung der Arbeitsgruppe um Gerhard Schramm am KWI für Biochemie in Berlin-Dahlem führte noch während des Zweiten Weltkriegs zu ersten Versuchen, das Partikel in seine Komponenten zu zerlegen und wieder zusammenzusetzen. Nach dem Krieg verlagerte sich das Zentrum der biochemischen TMV-Forschung an das von Stanley neu gegründete Viruslabor in Berkeley, während Schramm seine Arbeiten am Max-Planck-Institut für Virusforschung in Tübingen fortführte. Mitte der fünfziger Jahre wurde von diesen Gruppen die Ribonukleinsäure des TMV-Partikels als das infektiöse Prinzip nachgewiesen und damit die Nukleinsäure als der Bestandteil des Virus identifiziert, der als Erbmaterial anzusehen war.

Mit dem Schlauchpilz *Neurospora crassa* hatte sich George Beadle in Stanford seit 1937 einem Modellorganismus zugewandt, der aufgrund seines leicht kontrollierbaren Stoffwechsels und seiner raschen Vermehrungsweise um die Mitte des 20. Jahrhunderts ins Zentrum eines der produktivsten Experimentalsysteme biochemisch orientierter Genetik rückte.[36] Die entscheidende biochemische Wende der physiologisch-vererbungswissenschaftlichen Studien zum genetisch gesteuerten Aufbau von Augenpigmenten, die Alfred Kühn seit den frühen dreißiger Jahren in Göttingen an der Mehlmotte *Ephestia kühniella* durchführte und die Beadle und Boris Ephrussi dann in Paris und in Pasadena an *Drosophila* erprobten, hing zweifellos mit dem Übergang zum *Neurospora*-System zusammen – und mit der Tatsache, dass der »ungewöhnliche Farmer« Beadle, wie ihn Paul Berg und Maxine Singer in ihrer Biographie nennen,[37] mit dem Chemiker Edward Tatum eine Arbeitsgemeinschaft bildete, die klassische genetische Kreuzungstechniken mit chemischen Analysen kombinierte. Mittels Röntgenstrahlung erzeugten sie eine ganze Batterie von Pilzmutanten, die nicht mehr in der Lage waren, bestimmte Aminosäuren zu synthetisieren. Aus der kreuzweisen Rekombination der Mangelmutanten konnten sie auf Enzymketten schließen, die zur Synthese der Aminosäuren führten, deren Zwischenstufen sich chemisch charakterisieren ließen. So bildete sich die Grundlage für die Überzeugung heraus, dass jeweils ein Gen für die Erzeugung eines Enzyms verantwortlich war, das seinerseits gezielt einen intermediären Stoffwechselschritt katalysierte.

Zwei Bakteriologen, Frederick Twort in England und Félix d'Hérelle in Frankreich, hatten gegen Ende des Ersten Weltkriegs erstmals virusartige Entitäten näher charakterisiert, die Bakterien befielen, sich in ihnen vermehrten und sie schließlich zur Auflösung brachten. Doch nur wenige knüpften in den dreißiger Jahren an diese Arbeiten an. Unter ihnen befand sich Emory Ellis am *Caltech*. Als Max Delbrück 1937 mit einem Rockefeller-Stipendium aus Berlin nach Kalifornien kam, war er zwar wenig begeistert von Morgans ›Fliegenlabor‹, aber fasziniert von Ellis' Arbeit mit Phagen. Ihn beeindruckten sowohl ihre Vermehrungsgeschwindigkeit als auch die verblüffend einfachen Techniken, mit denen sie visualisiert werden konnten, und schließlich die Quantifizierungsmöglichkeiten bei der Auszählung von Plaques und der Herstellung von Verdünnungsreihen. Wie schon im sechsten Kapitel geschildert, hatte der ausgebildete Physiker Delbrück in Berlin mit Karl Zimmer und Nikolai Timoféeff-Ressovsky über Genmutationen und die physikalische Natur der Gene gearbeitet. In den vierziger Jahren entwickelte er dann zusammen mit dem italienischen Mediziner Salvador Luria die Phagentechniken zu quantitativen Verfahren. Auch Delbrück hielt Gene für Proteine mit autokatalytischen Eigenschaften, und theoretisch sah er Phagen als deren einfachste Modelle an. Luria und Delbrück gelang der Nachweis, dass einerseits Bakterienviren wie höhere Organismen mutieren können und dass andererseits unter veränderten Selektionsbedingungen keine spontane Anpassung an die neuen Verhältnisse stattfindet, sondern in der Phagenpopulation bereits vorhandene Varianten ausgelesen werden. Damit war ein Anschluss der Phagenarbeit an die klassische Genetik geschaffen, der zugleich die Hoffnung nährte, dass die Verwendung von Bakterienviren die Genetik in das molekulare Zeitalter führen würde.

Über die ›Phagengruppe‹ um Delbrück ist viel geschrieben worden,[38] insbesondere über den Einfluss, den Niels Bohr und Erwin Schrödinger auf sie übten – Bohr mit seinem physikalischen Denken in Begriffen der Komplementarität und Schrödinger mit seinem Konzept des erblichen »code-scripts«[39] als »aperiodische[s] Kristall«[40], das er in seinem Buch *What is Life* entwickelt hatte. Gunther Stent beschrieb die Gruppe um Delbrück als Wiege des ›Informationsdenkens‹ in der Molekulargenetik,[41] worauf wir im nächsten Abschnitt zurückkommen. Zweifellos war Delbrück einer der führenden theoretischen Köpfe der sich entwickelnden Molekularbiologie. Im Rückblick weisen allerdings weniger seine theoretischen Visionen als seine technischen und vor allem wissenschaftsorganisatorischen Neuerungen den Phagen ihren Platz in der Geschichte der Molekularbiologie zu: so die Einführung quantitativer Techniken in die Analyse der Virus-Replikation, die Standardisierung des Phagen-Systems, zu der auch die freiwillige Beschränkung aller Mitglieder der informellen Gruppe auf die Arbeit mit T-Phagen gehörte, und der Aufbau einer langfristig funktionierenden internationalen Kooperation. Zentral für den laufenden Informationsaustausch war seit 1945 der legendär gewordene jährliche Phagenkurs in Cold Spring Harbor. Delbrück verstand es, die Arbeit am Phagensystem gemeinschaftsbildend umzusetzen. Dennoch ging der erwartete Durchbruch, die Klärung der Natur des Gens, nicht unmittelbar aus dieser Arbeit hervor.

In Cold Spring Harbor kreuzten sich sämtliche Wege der Genetik in der ersten Hälfte des 20. Jahrhunderts. 1904 richtete die 1890 gegründete *Carnegie Institution* dort eine Station für Experimentelle Evolution ein. 1910 wurde Charles Davenport Direktor des *Cold Spring Harbor Laboratory* – einst Biometriker, dann Mendelianer, studierte Davenport Aspekte der menschlichen Vererbung und wurde zu einem der führenden Eugeniker Amerikas[42]. Der Botaniker Albert Blakeslee, über dessen Experimente zu Radium-induzierten Mutationen beim Stechapfel wir im letzten Kapitel berichtet haben, kam 1915 nach Cold Spring Harbor. Milislav Demerec – mit seinem landwirtschaftlichen Hintergrund in Österreich-Ungarn, seiner Ausbildung zum Maisgenetiker in Cornell und seinen 1923 beginnenden *Drosophila*-Experimenten in Long Island – folgte Blakeslee 1941 als Direktor des *Cold Spring Laboratory* und wandte sich unter dem Einfluss von Delbrück der Bakterien- und Phagengenetik zu. Zugleich bot er aber Barbara McClintock die Möglichkeit, ihre langwierigen genetischen Maisforschungen fortzusetzen. Unter seiner Leitung wurden die *Quantitative Symposia on Biology*, auf die wir weiter unten zurückkommen werden, in den vierziger Jahren zu einem der intellektuellen Brennpunkte der molekularen Vererbungsforschung. So spiegelt sich in Cold Spring Harbors wechselnder wissenschaftlicher Belegschaft mit besonderer Schärfe der innerhalb eines halben Jahrhunderts vollzogene Wandel der biologischen Modellorganismen: vom Menschen über wirtschaftliche Nutzpflanzen zu *Drosophila* und von dort schließlich zu Bakterien und Viren.

Die hartnäckige Überzeugung, dass Gene Proteine seien, wurde weder auf dem Gebiet der *Neurospora*-Genetik noch durch die TMV-Forschung oder die Phagengenetik ins Wanken gebracht. Ermöglicht wurde die Wende vom Proteinparadigma zum Nukleinsäureparadigma des Gens durch die Arbeit mit Bakterien, auch wenn im Anschluss an diesen Umschwung sowohl die Phagengenetik als auch die TMV-Forschung Entscheidendes zu seiner Befestigung beitrugen. Die Arbeit der Gruppe um Oswald Avery am *Rockefeller Institute* in New York, die mit virulenten und nicht-virulenten Pneumokokken experimentierte, hatte einen medizinischen Hintergrund, ging es doch um die Produktion wirksamer Immunseren. Man bediente sich dazu aller damals am Institut verfügbaren enzymologischen und biochemischen Methoden. Die Unterscheidung einer rauen und einer glatten Form von Pneumokokken und die Beobachtung ihrer Interkonversion schloss dabei an Frederick Griffiths Beobachtungen in London an, und die typologische Klassifikation der Pneumokokken an Fred Neufeld am Robert-Koch-Institut in Berlin. Die Typen wurden als verschiedene Spezies betrachtet, die S- und R-Formen als Varianten innerhalb eines Typus. Griffith berichtete 1928 über die Transformation einer lebenden R-Form von Typ I durch eine abgetötete S-Form von Typ II, doch Avery war von der Konstanz der Typen überzeugt und zögerte, dem Ergebnis Glauben zu schenken: Weder wurde es zunächst in genetischer Terminologie diskutiert, noch war zu dieser Zeit auch nur annähernd geklärt (da ein Zellkern bei Bakterien lichtmikroskopisch nicht aufzufinden war), ob Bakterien ähnliche Vererbungsmuster aufwiesen, wie sie bei höheren Organismen festgestellt worden waren. Die Sprache der Bakteriologie stand zu dieser Zeit eher in der Tradition allgemeiner Vorstellungen über den Nährstoffwechsel und seine Anpassung an äußere Bedingungen zum einen und über Immunspezifität zum anderen. Diese Vorstellungen bestimmten daher auch die Suche nach der Substanz, die für das, wie sich in Griffith's Versuchen gezeigt hatte, hitzelabile Transformationsereignis verantwortlich war.

Erneut war es ein *In-vitro*-System, das es Avery erlaubte, in der Charakterisierung der transformierenden Substanz einen entscheidenden Schritt weiterzukommen. Es gelang ihm, Pneumokokkenzellen auf schonende Weise aufzuschließen und den Zellsaft unter Verwendung eines Filters von den Zellhüllen abzutrennen. Aus dem so gewonnenen Filtrat ließ sich mit Alkohol eine Substanz niederschlagen, die weiterhin in der Lage war, intakte Pneumokokken von der nicht-virulenten Form in die virulente umzuwandeln. Im Gegensatz zu Griffith führte Avery eine ganze Serie enzymatischer, chemischer und physikalischer Charakterisierungstechniken in das Transformationssystem ein. Auf diesem Weg gelang ihm eine schrittweise Eingrenzung der in Frage kommenden Stoffklasse. Die Indizien sprachen für Desoxyribonukleinsäure als das transformierende Agens. Der Befund wurde schließlich 1944 veröffentlicht. Zu diesem Zeitpunkt war Avery die mögliche genetische Bedeutung seines Ergebnisses bewusst, doch hatte sich seine bisherige Arbeit nie an kühnen genetischen Hypothesen orientiert. Die Überzeugung, die ihn geleitet hatte, war allein, dass *biologische* Spezifität – das hieß in diesem Fall, die krankheitsauslösende Eigenschaft eines Bakteriums – letztlich auf einer *chemischen* Spezifität beruhen musste.

Führende Genetiker, Biochemiker und Biophysiker wie Delbrück, Luria, Beadle und Pauling unterschätzten die Tragweite seines Befundes. Zu tief verwurzelt war die Vorstellung einer repetitiven Struktur der DNA und die eines sehr viel komplexeren Aufbaus der Proteine. Wenn Averys Experimente eine »Revolution« ankündigten, wie sein französischer Kollege André Boivin meinte, dann vollzog sie sich zwar öffentlich, wurde aber anfangs kaum wahrgenommen.[43] Es verging ein weiteres halbes Jahrzehnt, bis der Biochemiker Erwin Chargaff zeigte, dass die DNA verschiedener Arten von Mikroben und niederen Pilzen einen unterschiedlichen Mengenanteil an den Basen Guanin/Cytosin gegenüber Adenin/Thymin enthielt, dass aber das Verhältnis von Guanin zu Cytosin – wie auch das von Thymin zu Adenin – immer etwa eins zu eins blieb. Dieser Befund verdankte sich übrigens einer molekular auflösenden Technik, der Papierchromatographie, die sich im Gegensatz zu den meisten anderen neuen molekularen Forschungstechnologien mit sehr einfachen Mitteln an der Laborbank realisieren ließ, aber erst in den späten 1930er Jahren in die Analyse von organischen Molekülen und deren Komponenten eingeführt worden war.

Mit der Analyse von *Neurospora*-Mutanten sowie der Transformation von Pneumokokken begann sich – auf der Grundlage unterschiedlichster Voraussetzungen und Experimentaltraditionen – eine neue Genetik niederer Organismen abzuzeichnen.[44] Endgültig etabliert wurde die Bakteriengenetik dann durch Edward Tatum und Joshua Lederberg. Mit Tatum, der mittlerweile von Stanford nach Yale gewechselt war, führte Lederberg 1946 die ersten Experimente durch, die den Nachweis von Sexualität und damit Austausch von Erbmaterial bei Bakterien führten und so den Grundstein zur genetischen Rekombination bei Prokaryonten legten. Tatum besaß aus seiner Zeit mit Beadle in Stanford eine Sammlung von Mutanten des *Escherichia-coli*-Stammes K12, die jeweils in mehreren Stoffwechselschritten defizient waren. Lederberg brachte je zwei dieser Mutanten in einem Vollmedium zusammen, erntete sie und säte sie anschließend in einem Minimalmedium aus. Tatsächlich fanden sich Kolonien, in denen die Mehrfachdefekte aufgehoben waren. Lederberg schloss auf einen Rekombinationsprozess, den er auf bakterielle »Konjugation« zurückführte – das Äquivalent zur sexuellen Vereinigung bei höheren Organismen. Sechs Jahre später zeigte er mit Norton Zinder bei Salmonellen, dass Bakteriophagen Teile des Bakteriengenoms von einer Zelle auf die andere übertragen können. In der Verbindung von Phagengenetik und Bakteriengenetik nahm das klassische genetische Kreuzen mit Mikroorganismen ganz neue Formen an. Innerhalb eines Jahrzehnts entstanden auf diesem Weg die ersten bakteriellen und viralen Genkarten.[45] Gegenüber der klassischen Genetik besaß die Bakterien- und Phagengenetik den unschätzbaren Vorteil, dass die Vermehrungszyklen unter optimalen Bedingungen nicht länger als eine halbe Stunde dauerten. Überdies waren mit der Variation des Nährmediums sowie der Züchtung von Bakterienrasen auf festem Agar in Petrischalen außerordentlich sensitive und gleichzeitig einfache Instrumente gegeben, um genetische Veränderungen durch phänotypische Selektion unter Millionen von Zellen rasch und sicher ausfindig zu machen und genetisch reine Linien herzustellen – Klone, die dann wiederum als genetische Werkzeuge eingesetzt werden konnten (vgl. Abb.

19). Das Bakterium *Escherichia coli* nahm dabei eine Sonderstellung ein. Es avancierte während der hier beschriebenen Phase zum meistverwendeten Modellorganismus der Molekularbiologie und molekularen Genetik.

Assemblage

Zusammenfassend kann man sagen, dass für die Forschungstechnologien und die Modellorganismen, die sich zwischen 1930 und 1950 zu neuen Experimentalsystemen verbanden, drei unterschiedliche Formen einer Reagenzglasumgebung charakteristisch waren. Einerseits wurde, aus der Krebsforschung, aber auch der Enzymforschung kommend, eine Art von Biochemie relevant, die ihre Komponenten aus homogenisierten Zellen schöpfte. Andererseits erfolgte eine Miniaturisierung der Genetik: Die Konzentration auf zumeist einzellige Modellorganismen – niedere Pilze oder Hefen, Bakterien wie *Escherichia coli*, Viren wie das Tabakmosaikvirus oder Bakteriophagen wie die in *E. coli* parasitierenden T-Phagen und seit den frühen fünfziger Jahren *lambda* als lysogener Bakteriophage – führte zur *In-vitro-* Genetik. Und schließlich bildeten die Röhrensysteme der analytischen Großgeräte wie etwa der Ultrazentrifuge eine dritte Form von ›gläserner‹ Umgebung. Sie alle machten Schnittstellen zum biologischen Material möglich, an denen sich neue Formen einer mehr oder weniger molekularen Darstellung biologischer Sachverhalte entwickelten, die auch eine neue Sprache nach sich zog.

Viele dieser Entwicklungen hatten sich, wenn auch nicht unbemerkt, so doch in ihren jeweiligen Kontexten weitgehend unabhängig voneinander vollzogen. Genetische Fragestellungen und Kompetenzen spielten zwar besonders dort eine Rolle, wo es um die Wahl kleinerer und sich schneller vermehrender Modellorganismen ging, aber keineswegs überall. Auch die disziplinären Spezialkompetenzen der beteiligten Forscher waren äußerst divers, wenn ihre Netzwerke auch zusammenwuchsen. Es lohnt sich, einen Blick auf die Themen der oben erwähnten *Symposia on*

Quantitative Biology in Cold Spring Harbor zwischen 1940 und den frühen fünfziger Jahren zu werfen. Genetisch ausgerichtete Themen wurden hier in folgenden Jahren verhandelt: 1941 (»Gene und Chromosomen«), 1946 (»Vererbung und Variation in Mikroorganismen«), 1947 (»Nukleinsäuren und Nukleoproteine«), 1949 (»Aminosäuren und Proteine«), 1951 (»Gene und Mutationen«), 1953 (»Viren«). Hinzu kam seit 1945 Delbrücks jährlicher Phagenkurs. Doch in den übrigen Jahren ging es beispielsweise um die »Beziehung zwischen Hormonen und Entwicklung« (1942), die »Biologische Anwendung von Tracerelementen« (1948), den »Ursprung und die Evolution des Menschen« (1950) oder »Das Neuron« (1952). Gut zu erkennen ist hier der breitere Kontext einer molekularen, quantitativ orientierten Biologie, in den die molekulare Genetik eingebettet war.

Der neue Diskurs der molekularen Genetik formierte sich zwischen 1953 und 1965. Den Anfang dieser Episode markieren die Aufklärung der Doppelhelixstruktur der DNA durch Francis Crick und James Watson (Abb. 20) und die definitive Aufklärung des genetischen Codes durch die Gruppen um Marshall Nirenberg und Heinrich Matthaei sowie um Severo Ochoa. Das Helixmodell der DNA steht für die strukturorientierte biophysikalische Molekularbiologie mit ihren Forschungstechnologien, vor allem die Röntgenkristallographie (Abb. 21). Verfahren des Molekülmodellbaus waren in die Strukturaufklärung der Desoxyribonukleinsäure aber ebenso involviert wie Befunde aus der Nukleinsäurechemie, etwa Erwin Char-

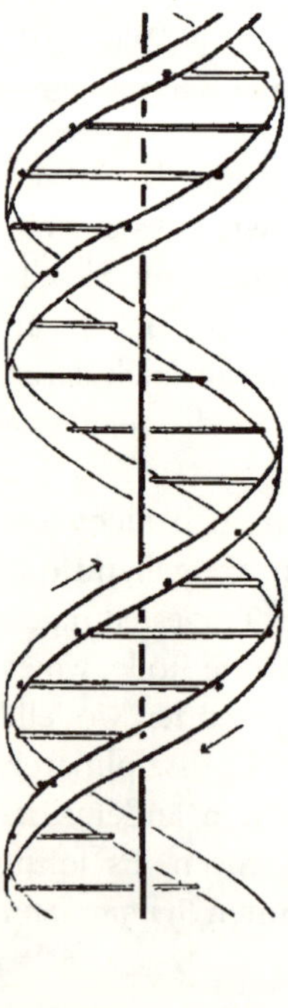

Abb. 20: Modell für die Molekularstruktur der Desoxyribonukleinsäure aus James Watson und Francis Crick, *Molecular Structure of Nucleid Acids*, 1953.

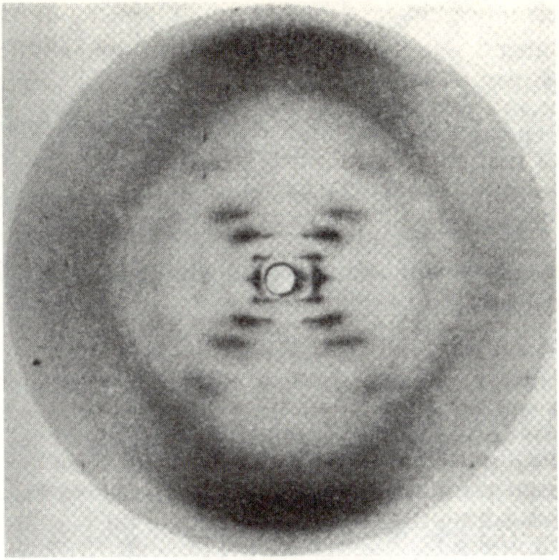

Abb. 21: Röntgenstruktur-Diagramm für Desoxyribonukleinsäure (B-Form) aus Rosalind Franklin und Raymond Gosling, *Molecular Configuration in Sodium Thymonucleate*, 1953.

gaffs Basenpaarregeln. Die Entschlüsselung des genetischen Codes steht andererseits für die funktionsorientierte biochemische Molekularbiologie mit ihren auf Zellkomponenten aufbauenden Experimentalsystemen. Ihrer Entwicklung zwischen 1950 und 1960 verdankt sich die Charakterisierung von drei unterschiedlichen Klassen von Ribonukleinsäuremolekülen, die bei der Synthese der Proteine eine Rolle spielen und unter den Namen ribosomale RNA, Transfer-RNA und Boten-RNA bekannt wurden.[46] Da mit ihnen die Brücke zwischen Genen und Enzymen geschlagen werden konnte, war es möglich, binnen eines Jahrzehnts den Raum der molekularen Genetik im engeren Sinne abzustecken. Dabei war es von besonderer Bedeutung, dass man das genetische Grundgeschehen zunehmend als einen Informationsfluss definierte. Am Anfang dieser folgenreichen Entwicklung stand jener kurze Satz, mit dem die erste Veröffentlichung von Watson und Crick über die DNA-Doppelhelix endete: »Es ist unserer Aufmerksamkeit nicht entgangen, dass die spezifische Basenpaarung, die wir postuliert haben, unmittelbar einen möglichen Kopiermechanismus des genetischen Materials nahe legt.«[47] Wenige Jahre später formulierte Crick die ›Sequenz-Hypothese‹ und das ›Zentrale Dogma‹ der Molekulargenetik. Der Sequenz-Hypothese zufolge liegt die Spezifität der Nukleinsäuren ausschließlich in der Sequenz ihrer Basen, die ihrerseits die Aminosäure-Sequenz der Proteine determiniert. Die Beziehung zwischen den linearen Sequenzen dieser beiden Klassen von Makromolekülen, die einen Informationsträger, die anderen Funktionsträger, wird dabei durch einen ›Code‹ vermittelt.[48] Zu Beginn der sechziger Jahre stellte sich heraus, dass dieser Code aus Tripletts von Nukleotiden bestand, die in nichtüberlappender Folge eine DNA-Sequenz bildeten. Das Zentrale Dogma besagte: Der molekulare Informationsfluss verläuft von der DNA über die RNA zu den Proteinen; der umgekehrte Weg einer Informationsübertragung von den Proteinen zum Erbmaterial ist ausgeschlossen. Um 1960 wurde das ›Zentrale Dogma‹ in der gesamten Molekularbiologie – also nicht nur von der engeren molekulargenetischen Gemeinde – als die definitive molekulare Form von Weismanns ›Erbe‹ betrachtet.

Damit wurde auch ein Strich unter jene Formen der Vererbung erworbener Eigenschaften gezogen, wie sie während des Gründungsjahrzehnts der westlichen Molekulargenetik in der Sowjetunion unter dem Regime des Pflanzenzüchters Trofim Lyssenko propagiert und gegen ›Mikroorganismus-Mendelismus‹ ins Feld geführt worden waren. Es war kein Zufall, dass der 5. Internationale Biochemiekongress in Moskau stattfand, und als Marshall Nirenberg hier im August 1961 die Entschlüsselung der ersten genetischen Codeworte präsentierte, setzte das einen Schlusspunkt unter den Lyssenkoismus in den sozialistischen Ländern. Wenige Jahre später erfolgte die ›Rehabilitierung‹ Gregor Mendels in Brno anlässlich der Hundertjahrfeier von Mendels Vortrag über Pflanzen-Hybriden 1865.

Man könnte die späten fünfziger und frühen sechziger Jahre als eine Zeit der ›Assemblage‹ im Sinne des Wissenschaftsanthropologen Paul Rabinow bezeichnen. In seiner kürzlich veröffentlichten, auf eine Diagnose der zeitgenössischen Vernunft zielenden Aufsatzsammlung *Anthropologie der Vernunft* verwendet Rabinow den auf Gilles Deleuze zurückgehenden Begriff der Assemblage oder des ›Gefüges‹, um jene besonderen, von Zeit zu Zeit eintretenden historischen Situationen zu beschreiben, in denen neues Wissen entstehen kann: Konstellationen von Akteuren, Dingen und Institutionen, in denen sich etwas entfaltet, das Rabinow zufolge »aus lauter kleinen Entscheidungen hervorgeht; Entscheidungen, die zwar Bedingungen unterliegen, aber nicht völlig vorbestimmt sind« – oder wie es an anderer Stelle heißt: »neue Formen, die etwas Besonderes an sich haben; etwas, das bereits vorhandene Akteure, Dinge und Institutionen in einen neuen Existenzmodus hebt, sie in ein neues Gefüge einspannt; ein Gefüge, das die Dinge in einer anderen Weise geschehen lässt«.[49] In der Terminologie, die wir hier zur Beschreibung von Experimentalkulturen verwenden, könnte dies lauten: Auf *Experimentalsystemen* – einer speziellen Art von Gefügen zur Erkenntnisproduktion – gründen die zeitgenössischen empirischen und insbesondere biologischen Wissenschaften. Von Zeit zu Zeit – und für gewöhnlich eher durch ein Zusammentreffen inkrementeller Entscheidungen als aufgrund von geplant herbeigeführten Revisionen oder Paradigmenwechseln – ereignen sich in oder zwischen solchen Systemen Konjunkturen, welche die Dinge von da nicht nur in einem neuen Licht erscheinen, sondern auch in einer anderen Weise geschehen lassen. Daher sollten wir, Rabinows Rat folgend, »lernen, besser mit Emergenz und Virtualität zu leben; sie können unsere Freunde sein«.[50]

Nach der molekulargenetischen Gefügeverschiebung ›geschah‹ in der Genetik nichts mehr in der Form, die für die klassische Genetik charakteristisch gewesen war. Es wurde auch nicht mehr in den gleichen Begriffen gedacht wie in der ersten Hälfte des 20. Jahrhunderts. Im Rahmen der Molekulargenetik bildete sich ein Diskurs über biologische Spezifität heraus, aus dem die speziellen biologischen Kräfte und die spezielle biologische Materie des ausgehenden 18. Jahrhunderts ebenso verschwunden waren wie die Versuche des ausgehenden 19. Jahrhunderts, die Erbsubstanz mit der zeitgenössischen Physik entlehnten atomistischen oder energetischen Wendungen zu beschreiben. An ihre Stelle traten Ausdrücke wie ›genetisches Programm‹, ›Speicherung‹, ›Verarbeitung von Information‹, ›Replikation‹, ›Transkription‹, ›Translation‹ und ›genetischer Code‹ als neue Leitbegriffe. Das Gen der klassischen Genetik hatte sich zwar materialisiert, aber zugleich war seine formale Funktion als unsichtbarer Platzhalter für einen sichtbaren Effekt neu gedeutet worden: Es fungierte nun als Träger biologischer Information. Paradoxerweise hatte gerade der chemische und physikalische Zugriff auf lebende Systeme diese nun nicht mehr mechanische oder energetische Begrifflichkeit hervorgebracht – gewissermaßen unter der Hand, da sie weder im Funktionsdenken der Delbrück-Schule noch im Strukturdenken der Biophysik noch im Regulationsdenken der Gruppe um Jacques Monod und François Jacob verankert war. Sie inspirierte ein neues Verständnis des Organismus, das Vererbung nicht mehr im Horizont des Herkommens von Eigenschaften oder ihrer Weitergabe an Nachfahren beobachtete, sondern als Informationssystem.

Molekularbiologen wie Monod oder Jacob haben den Einfluss der Kybernetik, moderner Kommunikationstechnologien und Computerwissenschaften auf diese neue Interpretation des Organismus explizit hervorgehoben.[51] Schon 1948 hatte Norbert Wiener in seinem Buch *Cybernetics or Control and Communication in the Animal and the Machine* drei Zeitalter der Konzeptualisierung des Organismus ausgemacht: »Wenn das 17. und das frühe 18. Jahrhundert das Zeitalter der Uhren war und das späte 18. und das 19. Jahrhundert das Zeitalter der Dampfmaschinen, so ist die gegenwärtige Zeit das Zeitalter der Kommunikation und der Regelung.«[52] Zwar war das anfängliche Netzwerk der Kybernetiker sicher direkter mit der neurobiologischen Forschung der vierziger und frühen fünfziger Jahre verknüpft als mit der molekularen Genetik. Aber im Lauf der fünfziger Jahre wurde die Modellierung genetischer Regulationsvorgänge doch deutlich kybernetisch geprägt; auch die – allerdings vergeblichen – Versuche, den genetischen Code mit Hilfe der neuesten damals zur Verfügung stehenden Computertechnologie und kryptologischer Verfahren zu entschlüsseln, wie sie beispielsweise George Gamow nach der Bekanntmachung der DNA-Struktur verwendete, belegen den wechselseitigen Einfluss von digitaler Informationsverarbeitung, formalen Regelwissenschaften und Biologie, der die beiden Jahrzehnte nach dem Zweiten Weltkrieg prägte.[53]

Die klassische Genetik war im Rahmen eines größeren Diskurses entstanden, der wesentlich um Fragen der Eugenik, der Rassenidentität und der Sexualität, kurz, um eine Biopolitik des ›Volkskörpers‹ kreiste und im Zweiten Weltkrieg kulminierte. Obwohl die frühen Förderer der molekularen Genetik durchaus nicht jenseits dieses Diskurses standen, ergaben sich ihre neuen Fragestellungen aber doch eher am Rand oder zum Teil sogar jenseits dieses biopolitischen Regimes. Eine ganze Nachkriegsgeneration verstand sie als neuen, internationalen und interdisziplinären Außenseiter-Diskurs, der von den atompolitischen Verstrickungen der Physik ebenso weit entfernt war wie von einer im gesellschaftlichen Maßstab realisierten humangenetischen Politik. Die Doppel-Helix-Struktur des DNA-Moleküls setzte sich vielmehr als Ikone eines menschheitsgeschichtlichen Erbes durch,[54] und an die Stelle des alten Rassendiskurses traten Erzählungen vom gemeinsamen Ursprung der Menschheit in Afrika.[55]

Eine brisante politische Dimension fehlte dem molekulargenetischen Diskurs gleichwohl nicht. Er transportierte – oft auch explizit – einen biologischen Determinismus, den die westlichen Staaten keineswegs nur gegen die sowjetische Lyssenkobiologie richteten, sondern auch direkt gegen eigene soziale Ideale, wie beispielsweise die Herstellung von Chancengleichheit im Bereich der Bildung. Auf dem CIBA-Symposium in London über *Man and His Future* im Jahr 1962 tauschten sich Genetiker der klassischen Periode wie Herman Muller mit Molekulargenetikern der nachfolgenden Generation wie Joshua Lederberg darüber aus, wie der Mensch zukünftig – auf biologischem Weg – seine Evolution selbst in die Hand nehmen werde. Das Symposium erregte öffentliches Aufsehen. Einen großen Teil seiner Überzeugungskraft bezog der Vererbungsdiskurs der Molekulargenetik aber aus langfristigen Hoffnungen, die sich aus dem Nachweis der molekularen Basis von Krankheiten ergaben. Das Signal für eine zukünftige ›molekulare Medizin‹ hatte Linus Pauling bereits 1949 gegeben, als er bekannt gab, die Sichelzellenanämie – eine nach Mendelschen Regeln rezessiv vererbte Anlage – als »molekulare Krankheit« identifiziert zu haben, für die man in Zukunft auch molekulare Abhilfe schaffen werde.[56] Darauf kommen wir im folgenden Kapitel noch zurück. Visionen dieser Art lagen jedenfalls der zeitgenössischen amerikanischen, aber auch europäischen Wissenschaftspolitik zugrunde, die der Molekulargenetik zu ihrer – kurzlebigen – Existenz als eigenständige wissenschaftliche Disziplin verhalf.

Kapitel 8

Gentechnologie, Genomik, Postgenomik. Ein Ausblick

In den letzten drei Jahrzehnten des 20. Jahrhunderts hat sich die Molekularbiologie und mit ihr auch die Art und Weise, wie man molekulare Genetik betreiben und sich zu Fragen der Vererbung verhalten konnte, noch einmal grundlegend verändert. In diesem Kapitel wollen wir zumindest in groben Linien abzustecken versuchen, welche Entwicklungen das Vererbungsdenken im Zeitalter von Genomik, Postgenomik und molekularer Medizin durchgemacht hat und welche Rekonfigurationen im Verhältnis von akademischer Forschung und industrieller Biotechnologie damit einhergegangen sind. In den Worten von Eric Vettel gilt es dabei zu verfolgen, »wie ein so komplexes Gebilde wie die Biotechnologie-Industrie entstanden ist und wie sie sowohl zu einer Speerspitze des gegenwärtigen Weltkapitalismus als auch zu einem Brennpunkt ethischer Debatten wurde«.[1] So sichtbar sich dies heute vor unseren Augen abspielt, so unabgeschlossen ist die hier sich vollziehende kulturelle Transformation.

Wir beginnen mit der kurzen Beschreibung eines – mit Bachelard zu sprechen – ›phänomenotechnischen Gestaltwandels‹, in dessen Verlauf das Vererbungsgeschehen zum technisch manipulierbaren Kopiervorgang wurde. Dieser epistemische Wandel, der sich zwischen 1970 und 1980 abspielte, wurde durch die Reindarstellung jener Enzyme vorbereitet, die in der Zelle einerseits das molekulargenetische Geschehen der Verdopplung des Erbmaterials sowie seiner Übersetzung steuern und andererseits in der Lage sind, Nukleinsäuren zu manipulieren. Mit ihrer Hilfe wird die genetische Information getrimmt und in Zellstrukturen und -funktionen umgesetzt. Zu diesen Enzymen und Enzymkomplexen gehören die Nukleinsäure-Polymerasen. Die DNA-Polymerasen dienen der Verdopplung des genetischen Materials. Ihre Darstellung geht auf Arthur Kornberg in Stanford zurück. Die RNA-Polymerasen stellen die für die Zelle wichtigen RNA-

Moleküle her. Einige dieser Enzyme wurden bereits in den späten fünfziger und frühen sechziger Jahren identifiziert. Ihre Reinigung in aktiver Form erwies sich jedoch als anspruchsvolles und langwieriges enzymologisches Unterfangen. 1970 beschrieben Howard Temin in Madison und David Baltimore in Boston eine virale Polymerase, die RNA in DNA umschrieb und die unter dem Namen ›reverse Transkriptase‹ bekannt wurde. Die einfache Form des molekularbiologischen Dogmas – ›DNA macht RNA, RNA macht Protein‹ – musste somit revidiert werden. DNA konnte nicht nur in RNA überschrieben werden, auch der umgekehrte Vorgang war möglich. Die Charakterisierung der ersten sogenannten Restriktionsenzyme, einer Klasse von bakteriellen Enzymen, die definierte DNA-Doppelstrangsequenzen erkannten und spezifisch schnitten, gelang Ende der sechziger Jahre Daniel Nathans in New York sowie Werner Arber in Basel. Parallel dazu fanden sich Enzyme in der Bakterienzelle, die Bruchstücke von Nukleinsäuren miteinander verbanden, die DNA-Ligasen.

Mit diesen Molekülen als Werkzeugen eröffnete sich grundsätzlich die Möglichkeit zur Herstellung hybrider oder, wie man sie auch nannte, ›rekombinanter‹ Nukleinsäuremoleküle. Als besonders geeignete Vektoren erwiesen sich Plasmide, kleine, ringförmige DNA-Moleküle, die man aus Bakterienzellen isolieren konnte.[2] Die genannten Enzyme bildeten die Grundlage für die Möglichkeit einer Manipulation des Erbmaterials im Reagenzglas wie in der Zelle, zunächst in Bakterienzellen, bald aber auch in Zellen von höheren Organismen. Sie ermöglichten somit eine Gen*technologie* im engeren Sinn, deren zentrale Instrumente – Polymerasen, Restriktionsenzyme, Ligasen, Plasmide – charakteristischerweise alle selbst molekulare Einheiten waren und eine zweite Generation molekularbiologischer Technologien verkörperten. Diese Technologie beruht nicht mehr auf schwerem analytischem Gerät, das nach physikalischen Prinzipien aufgebaut ist. Die Scheren und Nadeln, mit denen Gene geschnitten und gespleißt werden, und die Vektoren, in die sie eingebaut werden und mit denen man sie transportiert, sind selbst von der Größenordnung von Makromolekülen. Sie stellen eine ›weiche‹ oder ›nasse‹ Technologie dar, einen molekularen Werkzeugkasten, mit dem man einerseits Makromoleküle synthetisch im Reagenzglas herstellen, mit dessen Produkten man aber andererseits auch in die Zelle zurückkehren kann.[3]

In beide Richtungen ist die Gentechnologie der siebziger Jahre aufgebrochen. 1972 gelang es Paul Berg erstmals, ein hybrides DNA-Molekül aus zwei Viren – dem Phagen *lambda* und dem infektiösen Affenvirus SV40 – herzustellen. Ein Jahr später fanden Stanley Cohen in Stanford und Herbert Boyer in San Francisco einen Weg, ihre Arbeit an Plasmiden und Restriktionsenzymen zu verbinden und im Reagenzglas ein Stück Virus-DNA in ein Plasmid – ein Nebenchromosom – eines Bakteriums einzubauen, es in Bakterienzellen zurückzuschleusen und auf sozusagen natürlichem Weg von den Bakterien vermehren zu lassen. Diese Experimente bildeten die Grundlage für das Klonieren ganzer Gene und den definitiven Startpunkt der Gentechnologie. Sie lösten eine heftige Debatte über Risiken und notwendige Regulierungen der Gentechnologie aus und bildeten zugleich den Auftakt für deren Industrialisierung. Auf beides kommen wir im nächsten Abschnitt noch ausführlicher zu sprechen. Mit der Möglichkeit, die genetische Reproduktionsmaschinerie der Zelle für die Vermehrung eigens konstruierter Nukleinsäure-Matrizen zu verwenden, verließen Molekularbiologen – als Gentechnologen bzw. Geningenieure – das Arbeitsfeld der klassischen Biophysiker, Biochemiker und Genetiker. Sie konstruierten nicht länger Reagenzglasbedingungen, unter denen die Moleküle des Organismus und ihre Reaktionsfolgen den Status wissenschaftlicher Untersuchungsobjekte annahmen. Sie drehten den Spieß um: Molekulartechnologen konstruierten nun Information tragende Moleküle und benutzten das Milieu der Zelle als angemessene technische Einbettung, um ihre Moleküle zu reproduzieren, sie zu exprimieren und die Wirkungen ihrer Produkte zu testen. Der Organismus selbst wurde damit in ein Labor, einen *locus technicus* verwandelt. Von nun an ging es nicht länger um die extrazelluläre Repräsentation intrazellulärer Strukturen und Prozesse, sondern umgekehrt um die intrazelluläre Repräsentation eines extrazellulären Projekts.

Wie Wacław Szybalski, ein zeitgenössischer Beobachter und selbst Onkologe am *McArdle Laboratory* in Madison, 1978 anlässlich der Verleihung des Nobelpreises an Werner Arber, Hamilton Smith und Daniel Nathans konstatierte: »Die Arbeit mit Restriktions-Nukleasen erlaubt es uns nicht nur, auf einfachem Wege rekombinante DNA-Moleküle zu konstruieren und einzelne Gene zu analysieren; sie hat uns auch in die neue Ära einer ›synthetischen Biologie‹ geführt, die nicht mehr nur existierende Gene beschreibt und analysiert, sondern neue Gen-Anordnungen konstruiert und evaluiert.«[4] Sheila Jasanoff hat dies noch zugespitzt: Die Biotechnologie »setzt neue Entitäten in die Welt und verändert dadurch unseren Sinn dafür, was recht ist und was nicht in Natur und Gesellschaft«.[5]

Insbesondere für die gentechnologische Herstellung von Proteinen höherer Organismen einschließlich des Menschen erwies sich die bereits erwähnte reverse Transkriptase als Schlüsselenzym. Im Zuge der Versuche zur Expression von Genen von Eukaryonten fanden Philip Allen Sharp und Richard Roberts nämlich in den späten siebziger Jahren zur größten Überraschung der gesamten molekularbiologischen Gemeinschaft heraus, dass deren DNA in der Regel aus codierenden (Exons) und nicht-codierenden (Introns) Elementen zusammengesetzt ist und im Zuge der Überführung in eine übersetzbare Boten-RNA zerstückelt und gespleißt wird. Da den Bakterien dieses Vermögen fehlte, bot die reverse Transkriptase die Möglichkeit, nicht vom Gen auszugehen, sondern die gespleißte Boten-RNA zu isolieren und sie in eine doppelsträngige DNA (cDNA) umzusetzen, um sie dann in Plasmide einzubauen und in Bakterien – als den Reaktoren der molekularen Biotechnologie – zu vermehren. Auf diese Weise ließen sich ganze cDNA-Banken mit Eukaryonten-Genen anlegen.

Nur einige wenige enzymatische molekulare Verfahrenstechniken der späten siebziger und frühen achtziger Jahre seien hier noch exemplarisch genannt. 1977 berichtete Fred Sanger aus Cambridge über ein Verfahren zur Sequenzierung von DNA, das auf der Verwendung von DNA-Polymerase beruhte. Dabei wurde das zu analysierende Nukleinsäuremolekül nicht wie bei der gleichzeitig entwickelten Methode von Allan Maxam und Walter Gilbert abgebaut, sondern differenziell um statistisch jeweils eine Base verlängert. Das Gemisch konnte anschließend aufgetrennt werden. Damit ließ sich das Genom eines Virus wie etwa des Bakteriophagen phiX-174 von knapp über 5000 Nukleotiden Länge im Prinzip in wenigen Tagen sequenzieren. Robert Holley hatte, als er 1958 mit der Sequenzierung der ersten Transfer-RNA begann, noch ein ganzes Forschungsteam und acht Jahre benötigt, um eine Sequenz der Länge von etwa achtzig Nukleotiden darzustellen. Nun war rasches Sequenzieren von Genfragmenten, von Genen und von Genkomplexen möglich geworden und gehörte bald zur Routine molekulargenetischer Laboratorien (Abb. 22 a und b). Ebenso bestand jetzt die Möglichkeit, durch eine Kombination von Restriktionsfragmentierung, Einbau von Fragmenten in Plasmide oder andere DNA-Vektoren sowie Sequenzanalyse physikalische Karten von Chromosomen anzulegen. 1978 führte David Botstein am *Massachusetts Institute of Technology* Restriktionsenzyme zur Charakterisierung menschlicher DNA mittels des sogenannten Restriktionsfragment-Längenpolymorphismus (RFLP) ein. Schließlich entwickelte in den frühen achtziger Jahren Kary Mullis, ein Wissenschaftler der *Cetus Corporation*, die Polymerase-Kettenreaktionstechnologie (PCR).[6] Mit ihr ließen sich kleinste Mengen von DNA *in vitro* mittels einer wärmebeständigen DNA-Polymerase zyklisch beliebig vermehren. Die 1971 in Berkeley gegründete Biotech-Firma *avant la lettre* Cetus patentierte die als Emblem der molekularbiologischen Revolution der achtziger Jahre empfundene PCR-Technologie und verkaufte das Patent 1991 für 300 Millionen Dollar an Hoffman-La Roche.

Zu diesen selbst zu Techniken verwandelten Enzymen und Genvektoren gesellten sich in den späten siebziger und achtziger Jahren Verfahren zur gezielten Genmutation, zur Herstellung großer molekularer Vektoren wie etwa künstlicher Hefechromosomen (YACs) sowie zusätzlich neue und elegante analytische Verfahren zur Synthese von Nukleinsäuren, daneben noch die Pulsfeld-Gelelektrophorese zur Trennung großer DNA-Fragmente. In diesen Techniken materialisierte sich zunehmend jene Informations-,

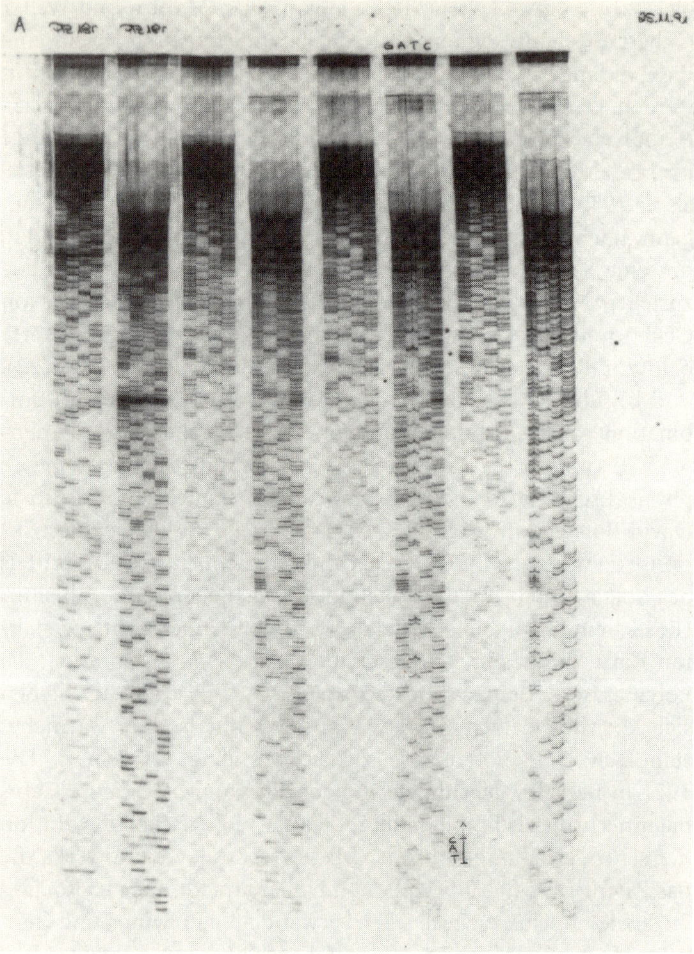

Abb. 22 a: Teilsequenz des Gens für das ribosomale Protein L1 von *Halobacterium halobium*. (Mit freundlicher Genehmigung von François Franceschi, Max-Planck-Institut für molekulare Genetik.)

```
POLYLINKER
SELECTION
   #resistance  Ap
   #indicator beta-galactosidase
SUMMARY  pTZ18R    #length 2871    #checksum 6457
SEQUENCE

 Ptz18hll.Seq  Length: 3507  November 29, 1991  17:22 Check: 7065
..

       1 CCCATTCGCC ATTCAGGCTG CGCAACTGTT GGGAAGGGCG ATCGGTGCGG
      51 GCCTCTTCGC TATTACGCCA GCTGGCGAAA GGGGGATGTG CTGCAAGGCG
     101 ATTAAGTTGG GTAACGCCAG GGTTTTCCCA GTCACGACGT TGTAAAACGA
     151 CGGCCAGTGC CAAGCTTGCA TGCCTGCAGG TCGACTCTAG AG
                                                     >SEQED
         (include) of: L1HAHAECOBAM.REV check: 8386 from: 1
         to: 657>
                                                     GATCCTGC
     201 AGCTAGCAGT AGGCAACCTC CACGGCAGGC CCCATCGTTG TCTTCACGTA
     251 GACGGAGTCC ACGTTCAGCG GGCCTTTTTC GAGGTTCGCG TGCAGCCGAC
     301 GCATGATGAC GTCGATGTTG CTGGCGATGT CCTCGGCGGA CATGTCCTCC
     351 GCGCCGACGC GCGTGTGGAA CGTGCGGCGG TCGCGGCTGC GGATCTGCAC
     401 GGTGTTTTTC ATGCGGTTGA CTGTGTCGAC GACGTCGTCG TCGGGCTGGA
     451 GCGGGGTCGG CATTTTCCCG CGCGGACCAA GCACTTGACC GAGCGCACCC
     501 GCGATGTCCT GCATCATGGG TGCTTCCGCC ACGAAGAAGT CCGTCTCGTC
     551 TGCGAGATCC TTCGCGGCGT CGGTGTCGTC TGCGAGGTCG CTGAGGTCGT
     601 CCTCGTCGAG GACGTCGTCA GCGACGTCGT CCGCGCGAAC CGCGGTTTCG
     651 CCGTCTGCGA AAACCACGAT CTGCGTCTCC TGTCCGGTGC CCGACGGCAG
     701 CACGACGCCC TCGTCGACTC GTTGCGACGG GTCGTTGAGG TCGAGGTCGC
     751 GCAGGTTGAC TGCGAGGTCT ACCGTCTCAC GGAAGTTCCG CTGTGGGGCA
     801 TCCTCAAGTG CGCGAGCTAC GGCCTCTTCT ATATCGTTGT CTGCCA
                                                  <····⊢ >SEQ
         ED : start codon for HL1 going to the left>
                                                        TGG
                                                        ⊣   <

         SEQED (include) of: L1HAHAECOBAM.REV check: 8386
         from: 1 to: 657<
                                                          A
     851 ATTCCCTATA GTGAGTCGTA TTAAATTCGT AATCATGGTC ATAGCTGTTT
     901 CCTGTGTGAA ATTGTTATCC GCTCACAATT CCACACAACA TACGAGCCGG
     951 AAGCATAAAG TGTAAAGCCT GGGGTGCCTA ATGAGTGAGC TAACTCACAT
    1001 TAATTGCGTT GCGCTCACTG CCCGCTTTCC AGTCGGGAAA CCTGTCGTGC
    1051 CAGCTGCATT AATGAATCGG CCAACGCGCG GGGAGAGGCG GTTTGCGTAT
    1101 TGGGCGCTCT TCCGCTTCCT CGCTCACTGA CTCGCTGCGC TCGGTCGTTC
```

Abb. 22b: Computer-Ausdruck der dazugehörigen Buchstabenfolge. (Mit freundlicher Genehmigung von François Franceschi, Max-Planck-Institut für molekulare Genetik.)

Schrift- und Textmetaphorik, die den Aufstieg der Molekularbiologie begleitet hatte: Lesen als DNA-Analyse; Schreiben als DNA-Synthese; Kopieren als Polymerase-Kettenreaktion; Editieren als Veränderung von Gensequenzen durch punktgenaue Mutationen. Der Unterschied war nun, wie Kaushik Sunder Rajan konstatiert hat, »dass die Genomik es der *Metapher* des Lebens-als-Information erlaubt, eine *materielle* Wirklichkeit zu werden, die geeignet ist, die Form von Waren anzunehmen«.[7]

Kaum ein halbes Jahrzehnt verging, bis Mitte der achtziger Jahre alle diese Verfahren in automatisierte Maschinen umgesetzt wurden. Im Juni 1986 berichteten Leroy Hood und Lloyd Smith vom *Caltech* über eine erste automatisierte DNA-Sequenziermaschine. Solche Maschinen bevölkerten bald die molekularbiologischen und biomedizinischen Laboratorien, zusammen mit gentechnologisch relevanten Enzymen und dazugehörigen Reagenzien in handlichen Packungen; solche standardisierten ›Kits‹ hatte die biochemische Industrie in kürzester Zeit in Produktion gegeben. Anlässlich des 40. Jahrestages der Aufklärung der DNA-Doppelhelixstruktur brachte David Jackson, ein Vertreter der neuen Generation von Industrie-Gentechnologen bei *DuPont Merck*, die Situation Mitte der neunziger Jahre wie folgt auf den Punkt:

> Ich möchte behaupten, dass die Fähigkeit, die DNA zu lesen, zu schreiben und zu redigieren, etwas in der bisherigen Geschichte der Menschheit noch nie Dagewesenes darstellt. Vorher konnten wir lediglich zwischen verschiedenen Genkombinationen wählen, die uns die Mechanismen der Genetik zuspielten. Und obwohl wir bereits leistungsfähige und ausgeklügelte Selektionsverfahren entwickelt hatten, ist doch die Auswahl zwischen mehreren Alternativen, über die man so gut wie keine Kontrolle hat, in keiner Weise zu vergleichen mit der Fähigkeit, einen eigenen Text zu schreiben und zu bearbeiten –

und zu vervielfältigen, möchte man hinzufügen. Jackson fuhr fort: »Die Fähigkeit, DNA zu schreiben und zu editieren, ist die Grundlage für synthetische und kreative Möglichkeiten der Biologie, wie sie bisher nicht existiert haben.«[8]

Ein langes Jahrhundert der *In-vitro*-Forschung hatte somit die Voraussetzungen dafür geschaffen, dass die Biologie den Weg zurück in die Zelle und den Organismus antreten konnte. Sie stülpt das Innere nicht mehr nach außen; jetzt wird umgekehrt das Außen, »synthetisch und kreativ«, der Zelle einverleibt und dort fortgeschrieben. Der Vererbungsmechanismus wurde so einerseits umgemünzt in einen biotechnologischen Kopiervorgang, mit dessen Hilfe sich medizinisch relevante Produkte herstellen lassen sollten; andererseits konnten gezielte Eingriffe in den Genbestand eines individuellen Organismus nun dazu verwendet werden, nicht nur diesen selbst umzuprogrammieren, sondern auch seine Nachkommen zu verändern.

Politisch-ökonomische Rekonfigurationen

Mit den gentechnologischen Optionen, die sich seit Beginn der siebziger Jahre abzeichneten, änderte sich die Situation auf dem Feld der molekularen Vererbung drastisch. Die Aussicht, Organismen in Zukunft gentechnisch zu verändern, schien zwar zunächst vor allem Mikroorganismen und Viren zu betreffen, doch schon 1974 gelang es Rudolf Jaenisch am *Salk Institute* in La Jolla in Kalifornien, artfremde DNA stabil in Mäuseembryonen einzubringen. Eine gezielte Veränderung des Erbgutes von Lebewesen einschließlich des Menschen und damit eine neue, manipulative Genetik schien möglich, was zu einer teilweise hitzigen Auseinandersetzung über die potenziellen Risiken der neuen Technologie führte.[9] Sie wurde anfänglich von selbst an der Entwicklung der neuen Technologien beteiligten Forschern vorangetrieben; ihre warnenden Manifeste standen in einer nach dem Zweiten Weltkrieg begründeten Tradition. Paul Berg tat sich besonders hervor, als er mit zehn weiteren Kollegen zu einem weltweiten Moratorium aufrief, dem sich die Molekulargenetiker freiwillig unterwerfen sollten, bis verbindliche Richtlinien für den Umgang mit der Gentechnologie formuliert seien; Berg selbst erklärte sich bereit, seine Arbeit an der Rekombination viraler und bakterieller

DNA bis dahin auszusetzen. Auf der von Berg und seinen Kollegen einberufenen Konferenz im kalifornischen Asilomar, zu der sich 1975 über hundert im Umfeld der Gentechnologie arbeitende Wissenschaftler zusammengefunden hatten, wurde ein Erlass staatlicher Regelungen gefordert. Die *National Institutes of Health* in den USA gründeten daraufhin ein »Recombinant DNA Advisory Committee«, das ein Jahr später die ersten Regeln implementierte, die dann zum Vorbild für Regelungen in anderen Ländern wurden.[10] Im Mittelpunkt standen zum einen die Schaffung und die Bereitstellung von bakteriellen Laborstämmen, die außerhalb ihrer Laborumgebung nicht lebensfähig waren, zum anderen gestaffelte Vorschriften zur Laborsicherheit – Letzteres betraf den Umgang mit gentechnisch veränderten Mikroben, die sich, so wurde befürchtet, als neue Krankheitserreger epidemisch ausbreiten und unvorhersehbaren Schaden anrichten könnten. Die beteiligten Wissenschaftler bewegten sich bei ihrem Versuch, eine Technik *in statu nascendi* zu reglementieren, zwischen der Wahrnehmung einer geahnten gesellschaftlichen Verantwortung, eigenen Interessen an einer möglichst raschen Verwertung von Ergebnissen und dem Management der innerhalb der Bevölkerung kursierenden Ängste.[11] In Deutschland wurden entsprechende Richtlinien 1978 erlassen, die nach einer langen öffentlichen und parlamentarischen Auseinandersetzung durch das Gentechnikgesetz von 1990 abgelöst wurden. Gesetzliche Regelungen wurden auch in vielen anderen europäischen Ländern verabschiedet, nicht jedoch in den USA.

1976, noch im Jahr des Erlasses der ersten NIH-Regeln, gründete Herbert Boyer zusammen mit dem Risikokapitalanleger Robert Swanson mit Genentech Inc. auch die erste Gentechnologiefirma im engeren Sinne. Damit setzte eine stürmische, zunächst aber auf die USA beschränkte Entwicklung ein, die das biologische Forschungsregime der ersten zweieinhalb Nachkriegsjahrzehnte nicht nur von der sich als Grundlagenforschung verstehenden Molekularbiologie zur angewandten Forschung verschob, sondern auch diese Unterscheidung selbst in Frage stellte. Wir nennen nur einige Marksteine der zunehmenden Marktorientierung und Kommerzialisierung der Gentechnologie: Bereits 1977 berichtete Genentech von der erfolgreichen Klonierung des ersten Humanproteins, Somatostatin. 1978 gab die Firma bekannt, dass sie das menschliche Gen für Insulin erstmals in Bakterien exprimiert habe, fünf Jahre später war es auf dem Markt. 1980 ging Genentech an die Börse. Der sogenannte Bayh-Dole Act brachte in den USA wesentliche Erleichterungen für den Transfer von Technologien zwischen akademischen Forschungsstätten und der Industrie. Im gleichen Jahr erlaubte der oberste Gerichtshof der USA dem Biochemiker Ananda Chakrabarty von der *General Electric Company*, einen ölvertilgenden Mikroorganismus aus der Gruppe der Pseudomonas-Bakterien zu patentieren.[12] Damit war zumindest in den USA das Tabu gebrochen, das bis dahin die Patentierung von Lebewesen ausgeschlossen hatte. Drei Jahre später beantragte die Stanford University ein Patent für einen stabilen, zu multiplen Klonierungszwecken verwendbaren und für das Bakterium *E. coli* geeigneten Expressionsvektor. Nun stiegen auch die amerikanischen und allen voran die kalifornischen Universitäten in das gentechnologische Patentgeschäft ein. Noch im gleichen Jahr wurden zudem die ersten U.S.-Patente für gentechnisch veränderte Pflanzen ausgegeben. Ein Jahr darauf, 1984, erhielt Stanford ein erstes *Produkt*patent für prokaryotische DNA. Wieder ging man damit einen Schritt über die traditionelle – den Schutz von Verfahren betreffende – Patentpraxis hinaus. 1985 kam es zu den ersten Freilandversuchen mit transgenen Pflanzen, in die artfremde Gene mit Resistenzen gegen Insekten, Viren und Bakterien eingeschleust worden waren. Zehn Jahre nach der Gründung von Genentech war die Zahl vergleichbarer neuer Start-up-Firmen in den USA auf etwa vierhundert gestiegen. 1988 erhielten die Harvard-Wissenschaftler Philip Leder und Timothy Stewart das erste Patent für ein genetisch verändertes Säugetier, eine Krebsmaus; 1990 hielten die *Stanford University* und die *University of California* in San Francisco dann bereits hundert rekombinante DNA-Patente. Die Vergabe von entsprechenden Lizenzen wurde allmählich zum Geschäft.

Im Verlauf der achtziger Jahre trat die frühe Debatte über die möglichen Risiken einer außer Kontrolle geratenen Proliferation genetisch modifizierter Organismen in den Hintergrund. Sie wurde abgelöst durch eine viel weiter reichende Diskussion über die ethischen, juristischen, sozialen und kulturellen Perspektiven sowie Konsequenzen dieser Umwälzung in den Technologien des Umgangs mit lebensrelevanten Molekülen und mit Lebewesen selbst einschließlich des Menschen. Unter den neuen Themen befanden sich: die Aussicht auf eine molekularisierte und an der genetischen Ausstattung des Individuums orientierte Humanmedizin; die am Horizont erscheinende Möglichkeit somatischer und zukünftiger Keimbahn-Gentherapien; die Diagnostik einer rasch wachsenden Zahl genetisch bedingter oder genetisch beeinflusster Krankheiten; Veränderungen im Reproduktionsverhalten auf der Grundlage neuer reproduktiver Technologien wie dem Klonieren einschließlich der Gewinnung von Stammzellen zu therapeutischen und reproduktiven Zwecken; schließlich die Kontroversen um gentechnisch veränderte Lebensmittel und nachwachsende Rohstoffe einschließlich der mit deren Anbau und deren Konsum verbundenen ökologischen, ökonomischen und gesundheitlichen Risiken. Diese Auseinandersetzung wird seither durch allesamt mehrdeutige politische, ökonomische, soziale, kulturelle, technische und wissenschaftliche Faktoren in Gang gehalten, die permanent re-artikuliert und neu verknüpft werden. Herbert Gottweis spricht hier von einer »Mikropolitik der Grenzziehung«.[13] Mit Sunder Rajan könnte man auch explizieren: »Die Anfänge der Biotechnologie-Industrie in den späten siebziger und frühen achtziger Jahren waren [...] gekennzeichnet durch eine Koproduktion neuer Formen von Wissenschaft und Technologie und damit einhergehender Veränderungen der gesetzlichen, regulatorischen und Marktstrukturen, die die Ausrichtung dieser Technowissenschaft organisierten.«[14] Die damit verbundenen Grenzziehungen erfolgten zwischen mehreren Verhandlungsgegenständen und -parteien gleichzeitig und waren wesentlich innovationsgetrieben. Zum einen ging es um Rekonfigurationen zwischen grundlagenorientierter und anwendungsorientierter Forschung. Dies bedeutete gleichzeitig neue Allianzen zwischen kommerziellen und akademischen Interessen nicht nur im Spannungsfeld zwischen Wissenschaft und Industrie, sondern auch innerhalb der Industrie zwischen etablierten Pharmakonzernen und den neuen Biotechnologiefirmen, wie auch innerhalb der Universitäten und akademischen Institutionen zwischen etablierten Disziplinen und sich neu bildenden Forschungsfeldern. Ferner ging es um die Abwägung von möglichen Gefahren und Risiken, die insbesondere mit der medizinischen und der landwirtschaftlichen Anwendung der Gentechnik verbunden sein konnten, und um soziale und politische Schranken, wie die Regelung des Zugangs zu genetischen Informationen und des Eigentums an gentechnischen Produkten. Schließlich ging es aber auch um ethische Grenzen. Sie wurden insbesondere dort gezogen, wo die Möglichkeiten der Manipulation humaner Zellen die Perspektive eröffnete, die Forschung an Modellorganismen hinter sich zu lassen und sie am Menschen selbst zu erproben. Innerhalb solcher komplexer diskursiver Netzwerke können kleine Ereignisse große Umschichtungen hervorrufen, zunächst als wichtig empfundene Ereignisse können aber auch kollabieren und durch Dissipation wieder verschwinden. Ein Beispiel für Letzteres ist die mit der bakteriellen Genmanipulation verbundene Risikodebatte der siebziger Jahre.

So hatte die Gentechnologie und die um sie als eine der wichtigsten Zukunftstechnologien sich ausweitende Debatte innerhalb nur einer Dekade eine hohe ökonomische, politische und kulturelle Dynamik gewonnen.[15] Die Konferenz in Asilomar selbst war Ausdruck einer massiven Rekonfiguration akademischer und ökonomischer Interessen in einem Forschungsbereich, der bis dahin für eine profitable Verwertung unzugänglich gewesen war. Biotechnologische Optionen verliehen aber auch dem Vererbungsgeschehen neue Konturen. Denn bei der gentechnischen Herstellung von Medikamenten und anderen Wirkstoffen wird der zelluläre Mechanismus der Vererbung mit seinem Kern, der identischen Verdopplung und Vermehrung der Erbsubstanz, in ein technisch gelenktes biologisches Produktionsverfahren umgemünzt. Als Reaktoren dienen dabei Bakterienkulturen. Ihr Reproduktionsapparat wird, analog zu den Vorgängen bei einem Befall mit Phagen, zur Genkopiermaschine und Proteinfabrik umfunktioniert.

Genomforschung

1985, zehn Jahre nach Asilomar, organisierte Robert Sinsheimer, damals Präsident der *University of California* in Santa Cruz, ein Meeting, auf dem die Machbarkeit einer Sequenzierung des gesamten menschlichen Genoms erörtert wurde. Gleichzeitig lancierten Charles DeLisi und David Smith vom *U. S. Department of Energy* (DOE) eine Tagung, die im Frühjahr 1986 Genomexperten am *National Laboratory* in Los Alamos mit dem gleichen Ziel versammelte. Diese Aktivitäten lösten wiederum eine kontroverse Diskussion aus.[16] Die Gemeinschaft der Molekularbiologen war gespalten. Sydney Brenner an der *University of Cambridge* zum Beispiel griff die Initiative auf und forderte auch europäische Anstrengungen zur Sequenzierung des menschlichen Genoms. Andere, unter ihnen etwa David Botstein, waren vorwiegend aus drei Gründen skeptisch. Zum einen war vielen Biologen, ob in ihren akademischen oder industriellen Laboratorien, die Initiative des *Department of Energy* nicht geheuer. Sie sahen eine zu große Nähe zu den staatlich gelenkten militärischen Großprojekten der Physik. So wird Botstein nachgesagt, das Projekt ein »Unternehmen unbeschäftigter Bombenbauer« genannt zu haben.[17] Zum anderen misstrauten viele Molekularbiologen der Größenordnung des Projekts. Sie waren der Meinung, dass die biologische Laborarbeit sich nicht mit derartigen Mammutunternehmen vertrug und der bürokratische Aufwand enorm sein würde. Schließlich konnten sich viele Experimentalbiologen nicht vorstellen, ihre genuinen Forschungsfragen einem solchen Großprojekt unterzuordnen, das selbst vermutlich keine wissenschaftlich interessanten Fragestellungen erzeugen würde. Die Debatte erreichte einen ersten Höhepunkt auf einem Meeting in Cold Spring Harbor über »Die Molekularbiologie des *Homo sapiens*« im Juni 1986.

Das Projekt gewann dennoch an Fahrt. 1987 flossen erste Gelder vom *Department of Energy* in ein Pilotvorhaben. 1988 etablierten die *National Institutes of Health* ihr eigenes *Office of Human Genome Research* und gewannen James Watson, den Direktor des Labors in Cold Spring Harbor, als dessen Leiter. Eine seiner ersten Initiativen bestand in dem Vorschlag, in Zukunft drei Prozent der Projektgelder der Humangenom-Initiative für die Erforschung der ethischen, juristischen und sozialen Fragen zu reservieren, die durch die Kartierung und Sequenzierung des Humangenoms aufgeworfen würden. Noch im gleichen Jahr wurde die *Human Genome Organization* (HUGO) mit Victor McKusick, dem Begründer der Datenbank *Mendelian Inheritance in Man*, als erstem Präsidenten ins Leben gerufen. 1989 wurde das NIH-Office zum *National Center for Human Genome Research* (NCHGR) befördert, und am 1. Oktober 1990 verkündeten NIH und DOE zusammen den offiziellen Start des auf fünfzehn Jahre angelegten und in Fünfjahres-Schritten zu bewältigenden Projekts. Gleichzeitig begannen Sequenzprojekte mit den vier Modellorganismen *Mycoplasma capricolum*, einer Kleinstmikrobe, dem Darmbakterium *Escherichia coli*, dem Fadenwurm *Caenorhabditis elegans* und der Bäckerhefe *Saccharomyces cerevisiae*, die das Humangenom-Projekt flankieren sollten.[18]

Die Sequenzierung des menschlichen Genoms war damit definitiv auf den Weg gebracht[19] und weitete sich zu einer globalen internationalen Kollaboration aus – wobei das Unternehmen weiterhin von den Vereinigten Staaten dominiert wurde. Weltweit kam es zur Gründung von neuen nationalen Instituten, die in die Humangenom-Forschung einsteigen sollten. 1990 wurde in Frankreich mit Unterstützung einer privaten Patientenorganisation, der *Association française contre les myopathies* (Verein zur Bekämpfung der Muskeldystrophie) das Genominstitut Généthon gegründet, das unter der Leitung von Daniel Cohen bereits 1994 eine erste physikalische Karte des Humangenoms vorlegte.[20] Nach einer Auseinandersetzung über die Patentierung von DNA-Fragmenten aus Hirngewebe verließ Craig Venter 1992 die *National Institutes of Health* und gründete das *Institute for Genomic Research* (TIGR),[21] das 1995 die erste Sequenz eines freilebenden

Organismus – *Haemophilus influenzae* – veröffentlichte. Watson trat nach dem Patentdisput von 1992 von seinem Posten als Leiter des NCHGR zurück, neuer Direktor wurde Francis Collins, Venters Gegenspieler für die kommenden zehn Jahre. 1993 gründeten der *Wellcome Trust* und der *Medical Research Council* in England das *Sanger Centre* bei Cambridge. Konsortien zur Sequenzierung von weiteren Modellorganismen kamen hinzu. In Japan startete 1991 ein Reisprojekt, und die Europäische Gemeinschaft lancierte 1992 ein Projekt zur Sequenzierung des Hefepilzes.

Technische Entwicklungen wie neue Algorithmen für den Sequenzvergleich, neue Strategien zur physikalischen Kartierung und Sequenzierung wie STS (*sequence tagged sites*) und EST (*expressed sequence tags*), DNA-Chips, die 1996, und Kapillarsequenziermaschinen, die 1997 erstmals auf den Markt kamen, beschleunigten die Projekte in einem Ausmaß, das niemand vorhergesehen hatte. 1996 komplettierte das europäische Hefekonsortium seine *Saccharomyces cerevisiae*-Sequenz. 1997 folgte die Sequenz von *E. coli*. 1998 gründete Venter die kommerzielle Firma *Celera* und kündigte an, das komplette Humangenom mit 300 Millionen Dollar innerhalb von drei Jahren auf der Basis einer neuen Strategie – der »whole-genome shotgun method« – durchzusequenzieren.[22] John Sulston vom *Sanger Centre* meldete Ende 1998 die komplette Sequenz von *C. elegans*, Venter von Celera im März 2000 die von *Drosophila melanogaster*, und im gleichen Jahr noch gab ein internationales Konsortium die Sequenz des pflanzlichen Modellorganismus *Arabidopsis thaliana* bekannt. Im Juni 2000 kündeten Collins (NIH) und Venter (Celera) auf einer Zeremonie im Weißen Haus ›Arbeitssequenzen‹ des Humangenoms an, publiziert wurden sie im Februar 2001 in den Fachzeitschriften *Science* und *Nature*. Die Konkurrenz zwischen einer kommerziellen und einer staatlichen Institution hatten dem Projekt zusätzlichen Antrieb verliehen, sodass es vorzeitig, zumindest in vorläufiger Form, und rechtzeitig zum 50. Jahrestag der Entdeckung der DNA-Doppelhelix im Jahre 2003 abgeschlossen werden konnte. Während wir diese Zeilen schreiben, sind in der Datenbank des *European Bioinformatics Institute* am European *Molecular Biology Laboratory* die kompletten Sequenzen von 416 Phagen, 1450 Viren, 51 Archaebakterien, 569 Bakterien und 73 Eukaryonten eingetragen.[23] Die Listen verändern sich täglich.

Die Initiative zur Sequenzierung des menschlichen Genoms bildete den Rahmen für eine Vielzahl einzelner Sequenzierungsunternehmen, und Genomik gehört seither zum Programm der molekularen Genetik. Das Humangenom-Projekt hat in der Biologie neben bisher nicht gekannten Formen der Kooperation auch neuartige Konkurrenzen zwischen Universitäten, staatlich finanzierten Forschungsinstituten, kommerziellen Biotechnologie-Unternehmen sowie privat finanzierten Laboratorien erzeugt. In dieser Forschungslandschaft wurden die Grenzen zwischen wissenschaftlichen und wirtschaftlichen Interessen zunehmend verwischt, und es spielten auch ganz neue, von Patienteninteressen geleitete Forschungsorganisationen eine Rolle. Généthon in Frankreich ist ein gutes Beispiel für das Eingreifen einer nicht gouvernementalen Organisation in den internationalen Forschungsprozess.[24] Um das Humangenom-Projekt herum entstand damit auch eine neue Form biologischer Wissenschaft als *big science*, deren Organisationsformen in der bisherigen physikalischen Großforschung kein Vorbild hatten. Der Patchworkcharakter dieser ›distribuierten‹ Großforschung erzeugte auch neue Herausforderungen. Chancen lagen in der innovationsfreundlichen Natur eines derartigen Netzwerks. Ohne im Einzelnen voraussehbar zu sein, konnten neue Technologien an jedem Punkt des Netzwerks entstehen, sich bewähren und kapillar ausbreiten. Das war insofern entscheidend, als die Technologien, die nötig waren, um das Humangenom-Projekt zu bewältigen, zu Beginn des Projekts gar nicht vorlagen; sie entwickelten sich mit seinem eigenen Fortschreiten. Das Projekt erzeugte also nicht nur wissenschaftliche Produkte, sondern fortlaufend auch die Mittel zu ihrer Herstellung. Charles Cantor, damals einer der Genwissenschaftler am *Department of Energy* und einer der Begründer der Pulsfeld-Gelelektrophorese, bemerkte dazu Anfang der neunziger Jahre: »Keine dieser Methoden hat vor zehn Jahren existiert« – und fügte sogleich hinzu: »Es wäre außerordentlich anmaßend anzunehmen, dass auch nur eine von ihnen nach weiteren zehn Jahren noch in allgemeinem Gebrauch sein wird.«[25]

Die größten Herausforderungen bestanden zum einen in der wissenschaftlichen Koordination und sozialen Organisation der Arbeit, vor allem aber auch in der Koordination der generierten Sequenzdaten und in deren synchronisierter Auswertung.[26] Diese Koordinationsleistung war an die Entwicklung neuer bioinformatischer Datenbanken und algorithmischer Instrumente gebunden, mit denen die neu erzeugten Daten fortlaufend eingespeist und bearbeitbar sowie gegenseitig vergleichbar gemacht werden konnten. Datenbanken – von Protein- und dann zunehmend Gensequenzen – haben die Entwicklung der Molekularbiologie von Anfang an begleitet,[27] aber erst mit der Genomik erforderte die molekularbiologische Datenflut neue Ordnungsstrukturen. In der Genomik ist die Entwicklung neuer Geräte und technischer Verfahren mit der Entwicklung der Datenverarbeitung eine enge Verbindung eingegangen; beide Seiten haben sich gegenseitig angetrieben.

Dieser Daten-Aspekt der Projekte hat auch die Frage nach dem Zugang und dem Zugriff auf die Daten virulent werden lassen. Dabei ging und geht es grundsätzlich einerseits um den Konflikt, der entsteht, wenn kommerzielle und nicht kommerzielle Institutionen gemeinsam in Forschungsprojekte involviert sind und damit private Verwertungsinteressen auf dem Spiel stehen. Es ging und geht aber andererseits auch um Fragen der wissenschaftlichen Priorität, um Fragen der Autorschaft, der Kontrolle, der Haftung und einer möglichen Zurückverfolgung von Fehlerquellen. Welche Daten wann zugänglich sein sollen und für wen sind Fragen, die sich mit der elektronischen Verfügbarkeit von Information als einem in der zweiten Hälfte des 20. Jahrhunderts entwickelten Medium wissenschaftlicher Kommunikation in eine viel breitere Debatte einfügen. Sie weist über die Genomik hinaus, die aber einen ihrer zentralen Schauplätze darstellt.

Eine der vielleicht bemerkenswertesten wissenschaftlichen Überraschungen der Humangenom-Sequenzierung war, dass frühere Schätzungen, wonach das menschliche Genom bis zu 100 000

Gene beherbergen sollte, auf eine Größenordnung von 20 000 bis 30 000 herunterkorrigiert werden mussten. Diese Zahl lag viel näher an der anderer höherer Organismen, als man bis dahin vermutet hatte. Überraschend war aber nicht die Zahl allein, denn gleichzeitig häuften sich die schon in den späten siebziger Jahren einsetzenden Hinweise auf ein wesentlich komplexeres Expressionsgeschehen, bei dem Teile codierender Sequenzen, auf unterschiedlichste Weise prozessiert, neu zusammengesetzt wurden. Um es mit François Gros zu sagen, der Genbegriff »explodierte«.[28] Codierende DNA-Sequenzen wandelten sich von Determinanten bestimmter Merkmale – von ›Genen für‹ – in Ressourcen, die im Entwicklungs- und im Stoffwechselprozess des Organismus zu höchst variablem und differenziellem Einsatz kamen. Der biologische Leitbegriff des Gens, der sich zu Beginn des 20. Jahrhunderts mit der Herausbildung der klassischen Genetik fest etabliert und in der frühen Molekularbiologie seine molekulare Materialisierung gefunden hatte, begann am Ende des Jahrhunderts seine Konturen zu verlieren. Wurde zu Beginn des Humangenom-Projekts noch ›das Gen‹ beschworen, so etablierte sich an seinem Ende die Sprache der Postgenomik und Epigenetik, die das Gen seinen beherrschenden Platz kosten sollte. Wir kommen darauf am Ende dieses Kapitels noch einmal zurück.

Schließlich – vielleicht die umfassendste Herausforderung – geht es auch um Fragen der individuellen sowie ethnischen Identität. Die vergleichende Humangenom-Forschung hat in einem bis dahin undenkbaren Maßstab deutlich werden lassen, dass die Humangenetik immer schon ein hybrider Diskurs war, der neben der Vererbung von Merkmalen auch um die Zugehörigkeit von Individuen zu Gruppen und um die Definition und um die Herkunft dieser Gruppen kreiste. Drei Beispiele mögen dies abschließend verdeutlichen. 1998 erließ das isländische Parlament ein Gesetz, das es der von Kári Stefansson 1996 gegründeten privaten Firma *deCode Genetics* erlaubte, eine Datenbank zu entwickeln, die die auf traditionellem Weg erhobenen krankheitsbezogenen Daten der gesamten isländischen Bevölkerung speichern und sie mit gentechnisch ermittelten Daten verbinden sollte.[29] Dieses Projekt löste heftige Kontroversen über die Rechtmäßigkeit einer solchen – auch noch kommerziell motivierten – Zusammenführung privater Krankeninformationen aus.[30] Gísli Pálsson hat gezeigt, wie sich in diesem isländischen Projekt gentechnisch erhobene mit traditionellen medizinischen Daten zu einem Konglomerat verbinden, das die Identitätspolitik einer ganzen Bevölkerung betrifft und sowohl politisch wie ökonomisch, ethnisch wie epidemiologisch, öffentlich wie privat konnotiert ist.[31] Nach jahrelangen Auseinandersetzungen brachte der Oberste Gerichtshof Islands das Datenbankprojekt Ende 2003 in seiner geplanten Form zu Fall. Für Stefánsson bleibt jedoch die Art von computerisierter Populationsgenetik, wie sie die isländische Firma *deCode* betreiben sollte, unerlässlich für eine zeitgemäße Gesundheitsdiagnostik und Gesundheitsvorsorge; er prophezeit, dass in zehn bis fünfzehn Jahren jede Gesellschaft über eine solche Datenbank verfügen wird. Tatsächlich hat auch Estland mittlerweile eine nationale Gendatei auf den Weg gebracht, und Großbritannien verwaltet bereits eine Datenbank mit Genomdaten von mehr als einer halben Million Individuen.

Ebenfalls in den neunziger Jahren entstand an der *Stanford University* das wesentlich durch Luigi Cavalli-Sforza inspirierte *Human Genome Diversity Project* (HGDP). Auch dieses Projekt, das sich der Untersuchung der genetischen Diversität menschlicher Populationen widmet, gab Anlass zu anhaltenden Kontroversen, die um die Gefahr einer kommerziellen Ausbeutung von zu Forschungszwecken erhobenen Daten kreisten, insbesondere aber auch um die Gefahren eines molekularen Rassismus und um Fragen der Herkunft und der Identität ethnischer Gruppen und Minderheiten.[32] Doch andererseits wird heute unter anderem eine wachsende Nachfrage nach individuellen Genomprofilen registriert, die im Rahmen der Suche nach den eigenen Ahnen erstellt werden.

Um Identität geht es auch im dritten, hier noch kurz zu erwähnenden Bereich, in den die Methoden der Genomik Eingang gefunden haben: die Gerichtsmedizin. Seit der Entwicklung der Methode des genetischen Fingerabdrucks durch den britischen

Genetiker Alec Jeffreys Mitte der achtziger Jahre können DNA-Proben systematisch miteinander verglichen werden. Ein Hauptanwendungsbereich dieser Methode sind Vaterschaftstests, doch werden DNA-Proben auch immer öfter dazu verwendet, um eine gerichtsverwertbare Identifizierung von Individuen vorzunehmen. Die Verfeinerung der PCR-Methode hat dazu geführt, dass geringste Mengen an DNA genügen, um aufgefundene Spuren – es muss nicht mehr als ein Haar oder ein Hautpartikel sein – mit Blutproben zu vergleichen. Das ›DNA-Fingerprinting‹ ist ein Beispiel dafür, wie wissenschaftlich-technische Methoden in die Praxis des Rechtswesens eingreifen und es verändern können; ebenso für die Entwicklung und die Dilemmata wissenschaftlicher Expertise im Gerichtssaal.[33]

Genetisch modifizierte Organismen

Aussichten auf eine profitable Verwertung genetisch modifizierter Pflanzen, Tiere und Mikroorganismen bewegten die Gentechnologie von Anfang an. Die Verwendung von Bakterien als Reaktoren zur Herstellung von Genprodukten wie dem menschlichen Insulin auf der Basis von Plasmiden war eine erste pharmazeutische Anwendung. Seither sind eine Vielzahl von transgenen Mikroorganismen für die Forschung, für die industrielle Produktion, für die Ernährung, für Umwelttechnologien und für die Biomedizin entwickelt und eingesetzt worden. Insbesondere die vergleichende Genomik von Mikroorganismen, der heute fast täglich neue Gesamtgenom-Sequenzen hinzugefügt werden, hat der gezielten Konstruktion rekombinanter Mikroben wesentlichen Vorschub geleistet.

Die Entwicklung transgener Pflanzen, auch ›grüne‹ Gentechnologie genannt, begann mit Jeff Schells 1980 erfolgreich verlaufendem Versuch, das Bodenbakterium *Agrobacterium tumefaciens* als Vektor zu verwenden, um Gene anderer Arten in Pflanzen einzuschleusen. Drei Jahre später wurden in den USA erste Patente auf transgene Pflanzen vergeben, 1985 begannen erstc Freilandversuche mit Pflanzen, die Resistenzgene gegen Viren, Bakterien und Insekten trugen. Das amerikanische Landwirtschaftsministerium hielt keine grundsätzlich neuen Regelungen über die Einführung transgener Ackerpflanzen für nötig und beließ es bei den bereits bestehenden Vorschriften. 1994 kam die FlavSavr™-Tomate auf den Markt, 1995 und 1996 folgten gentechnisch veränderte Sojabohnen, Mais und Baumwolle. 1996 wurden in den USA und fünf weiteren Ländern der Welt gentechnisch veränderte Nutzpflanzen bereits auf fast zwei Millionen Hektar Land angebaut, vier Jahre später war die Anzahl der Länder auf dreizehn und die Anzahl der Hektar bebauten Landes auf 44 Millionen angestiegen. Daneben wurden in den letzten Jahren aber auch neue Methoden der Umordnung von Pflanzengenomen (cisgene Pflanzen) und neue Methoden der Züchtung (*smart breeding*) erprobt.[34]

In Europa hingegen stieß die grüne Gentechnik auf erheblichen öffentlichen Widerstand. 1998 erließ die Europäische Gemeinschaft ein *Defacto*-Moratorium betreffend die Einfuhr neuer gentechnisch modifizierter Pflanzen, das jedoch 2004 aufgehoben wurde. Bisher findet Anbau in keinem nennenswerten Umfang statt, Freilandversuche unterliegen strengen Auflagen.[35] Die Auseinandersetzung konzentriert sich dabei auf zwei Punkte. Zum einen lehnen über zwei Drittel der Bevölkerung der EU es ab, gentechnisch veränderte Lebensmittel zu verzehren. Zum anderen gibt es eine intensive Diskussion über mögliche Risiken eines großflächigen Anbaus solcher Pflanzen, die sich vorwiegend um das Problem ihrer Auskreuzung und andere mögliche Auswirkungen auf die Ökologie dreht. Drittens, damit verbunden (Beispiel Soja): Südliche Länder werden dazu getrieben, ihre Landwirtschaft umzustellen; dadurch werden neue Abhängigkeiten geschaffen, und die Kluft zwischen arm und reich vergrößert sich eher als dass sie sich verringerte.

Die kommerzielle Herstellung transgener Tiere begann mit Phil Leders Krebsmaus, die 1988, vier Jahre nach dem entsprechenden Antrag, patentiert wurde.[36] Bekannt wurden in den achtziger Jahren auch die Arbeiten des Veterinärmediziners Ralph Brinster von der *University of Pennsylvania* und des Molekularbiologen

Richard Palmiter von der *University of Washington*, die durch das Einbringen eines Wachstumshormon-Gens in normale Mäuse Riesenmäuse erzeugten und dann auch sogenannte Superschweine genetisch konstruierten.[37] Bisher ist aber Daniel Kevles zufolge eine profitable transgene Tierzucht in den USA nicht entstanden, weder auf dem Gebiet der Veredlung von Produkten noch auf dem Gebiet der Verwendung von Tieren, die der Instrumentalisierung von Bakterien als ›molekulare Farmen‹ gleichkäme. Dennoch gab es bis 2003 in den USA annähernd 500 Tierpatente, die Hälfte soll landwirtschaftliche Interessen schützen, die andere Hälfte betrifft genetisch modifizierte Tiere, die im Bereich der biomedizinischen Forschung Verwendung finden sollen.[38] Beispielhaft dafür stehen die sogenannten *Knockout*-Mäuse, die von Mario Capecchi, Martin Evans und Oliver Smithies Ende der achtziger Jahre generiert wurden. Das sind experimentelle Tiere, bei denen ein bestimmtes Gen gezielt ausgeschaltet ist oder ausgeschaltet werden kann. Die Mäuse dienen dem Studium einzelner Genwirkungen. Sie führten unter anderem zu der überraschenden Beobachtung, dass der Stoffwechsel von höheren Organismen ein erhebliches Kompensationspotenzial besitzt. Tiere sind oft in der Lage, für ausgeschaltete Gene zu kompensieren, auch für solche, die bislang als essenziell erachtet werden.

Bei der Herstellung genetisch modifizierter Organismen, die entweder für die Forschung selbst oder für den Konsum Nutzen versprachen, wurde ein horizontaler Austausch von Vererbungsmaterial über Artgrenzen hinweg – vom Bakterium bis zum Säugetier – erkundet und zunehmend praktisch relevant. Er war der klassischen Genetik verschlossen geblieben, die sich in ihrer Experimentalpraxis ausschließlich auf die sexuelle Reproduktion und die damit verbundene Vermischung von arteigenen oder zumindest artverwandten Erbmerkmalen stützen konnte. Im dritten Kapitel haben wir zwar festgestellt, dass bereits mit Darwin die Vererbung immer weniger als eine vertikale Beziehung von Generationenfolgen und immer mehr als eine horizontale Beziehung zwischen Individuen in einer Population zu erscheinen begann. Die transgenen molekularen Techniken mit ihren Genfähren und

Vektoren haben diesen Zug des Vererbungsdenkens ins Horizontale aber noch entschieden radikalisiert. Wenn man so will, haben sie die Zirkulation von Erbmaterial von eng umschriebenen, sexuell reproduzierenden Populationen auf die Welt der Lebewesen insgesamt ausgeweitet und globalisiert und dabei nicht nur Artgrenzen, sondern auch die Reiche von Pflanzen, Tieren und Mikroben durchlässig gemacht. Damit wurden aber auch organische Grenzen zur Disposition gestellt, die im 18. Jahrhundert weitgehend als fix und im 19. Jahrhundert als nur in evolutionären Zeiträumen veränderbar angesehen wurden. Der evolutionär entstandene Genpool des Lebens insgesamt wurde so zu einem universalen Werkzeugkasten, und an der Weiterentwicklung jedes einzelnen Werkzeuges kann mit molekulargenetischen Mitteln »fortgebastelt« werden, um einen Ausdruck Jacobs zu bemühen.[39] Die Folgen der mit den Eigenschaften ›rekombinant‹, ›transgen‹ und ›chimärisch‹ nur angedeuteten Grenzüberschreitungen für die weitere, vom Menschen produzierte – weniger gelenkte als vielmehr induzierte – biologische Evolution sind jedoch heute noch schwer abzuschätzen.

Molekulare Medizin – medizinische Genetik

Bereits 1949 hatte der damals schon weltbekannte, exzentrische Proteinchemiker und Nobelpreisträger Linus Pauling einen Artikel veröffentlicht, in dem er das Phänomen der Sichelzellenanämie, das den Medizinern seit Beginn des 20. Jahrhunderts bekannt war, auf einen Ladungsunterschied im Sauerstoff transportierenden Blutfarbstoff Hämoglobin zurückführte. Begleitet wurde diese Veröffentlichung von Paulings triumphaler Feststellung, die Sichelzellenanämie sei damit die erste identifizierte »molekulare Krankheit« – damit einher ging die publikumswirksame Ankündigung einer entsprechenden molekularen Medizin (vgl. Ende des letzten Kapitels). Tatsächlich wird das Erscheinungsjahr dieser Veröffentlichung oft als ›Geburtsstunde‹ der Molekularmedizin bezeichnet. Es sollte auch nicht lange dauern, bis der von Pauling festgestellte Ladungsunterschied einem Aminosäureaustausch im Hämoglobin zugeordnet war. Die aufstrebende Molekularbiologie der fünfziger Jahre machte klar, dass hinter diesem Aminosäureaustausch eine Nukleotidmutation in dem für das Enzym Hämoglobin verantwortlichen Gen stand.

Die Sichelzellenanämie ist ein Beispiel für die heute viel zitierte Ambivalenz der molekularen Medizin, die in den letzten Jahren mit einem aus dem Amerikanischen übernommenen Ausdruck auch immer häufiger als »genetische Medizin« apostrophiert wird,[40] oder als, wie Thomas Caskey von den National Institutes of Health sie genannt hat, »Medizin auf der Grundlage der DNA«.[41] Es kennzeichnet einen in der zweiten Hälfte des 20. Jahrhunderts vollzogenen molekularbiologischen Perspektivwandel, dass Pauling selbst in der unmittelbaren Nachkriegszeit zwar von einer ›molekularen Medizin‹, aber *nicht* von genetischen Therapiemöglichkeiten sprach. Mit seinen Resultaten war eine molekulare *Diagnose* für diese besonders unter der schwarzen Bevölkerung Amerikas verbreitete Krankheit gegeben – einer von zwölf Amerikanern afrikanischer Herkunft ist Träger, einer aus 500 manifestiert die rezessive Krankheit –, doch ist bis heute dafür keine genetische Therapie entwickelt worden. Der mit der Krankheit einhergehenden erhöhten Infektionsgefahr konnte man nach dem Krieg zunächst am effizientesten mit den neuen Antibiotika begegnen, und aus genetischer Sicht gab es noch in den späten sechziger Jahren nur die Lösung, die Träger des Gens kenntlich zu machen und sie auf die Risiken einer Weitergabe aufmerksam zu machen. Als auf dem Höhepunkt der Menschenrechtsbewegung in den USA die Sichelzellenanämie zu einem Symbol des körperlichen Leidens der schwarzen amerikanischen Bevölkerung geworden war und 1972 der *National Sickle Cell Anemia Control Act* den Kongress passierte, fiel diese erhöhte Aufmerksamkeit genau mit den Anfängen der Gentechnologie zusammen. Anfang der siebziger Jahre war es jedoch zunächst eine Harnstofftherapie, die versprach, die Symptome der Krankheit zu lindern. Bald sich einstellende Nebenwirkungen ließen die Harnstofftherapie dann aber innerhalb weniger Jahre in einem Debakel enden. In den achtziger Jahren wurden zunehmend Drogen angewendet, von denen man annahm, sie könnten als ›Genschalter‹ wirken. 5-azacytidine, das bei Krebspatienten mit einigem Erfolg eingesetzt wurde, weckte auch bei der Sichelzellenanämie Hoffnung, die sich jedoch ebenfalls bald zerschlug. Mitte der neunziger Jahre war es Hydroxyharnstoff, der an die Stelle des modifizierten Nukleotids trat, wegen Langzeitnebenwirkungen aber auch rasch wieder verschwand. Heute ist die Transplantation von Knochenmark, eine Art Gentherapie, die auf der Transplantation gesunder bluterzeugender Zellen beruht, in der Diskussion. Auch sie ist jedoch mit schweren Risiken verbunden.

Technisch galt es bei der Gentherapie im Prinzip drei Probleme zu bewältigen. Zum einen mussten die defekten Gene bekannt und die entsprechenden nicht krankmachenden Sequenzen verfügbar sein. Zweitens mussten für diese Sequenzen geeignete Vektoren gefunden werden, mit deren Hilfe man die Gene in die kranken Zellen schleusen konnte. Drittens mussten Bedingungen beschrieben werden, unter denen das eingeschleuste genetische Material in der Zelle stabil eingebaut werden und nicht seinerseits andere Expressionsvorgänge stören konnte. Trotz dieser komplizierten gentechnologischen Sachlage wurde von der Ethikkommission der *University of California* in Santa Cruz bereits 1984 die Erlaubnis für einen ersten gentherapeutischen Eingriff beim Menschen erteilt. Die Behörden waren alarmiert, der Eingriff wurde verhindert, und 1985 erließen die *National Institutes of Health* Richtlinien für Experimente zur Gentherapie am Menschen. Fünf Jahre später unternahm French Anderson die erste Gentherapie an einem vierjährigen Mädchen, das an einer Immunschwäche litt. 1995 schlugen Therapieversuche an Patienten mit zystischer Fibrose (Mukoviszidose) fehl, die Ron Crystal (NIH), der zugleich Mitbegründer der Firma *GenVec Inc.* war, mit einem modifizierten Adenovirus als Vektor unternommen hatte. Die zystische Fibrose ist wie die Sichelzellenanämie autosomal rezessiv mendelnd vererbbar und verbreitet, im Gegensatz zu dieser jedoch eine ›weiße‹ Krankheit. Jeder fünfundzwanzigste bis dreißigste Amerikaner kaukasischer Abstammung oder Ashkenasim trägt das Gen, bei einem von 2500 bis 4500 Trägern kommt es zum Ausbruch der Krankheit. Auch gentechnische Versuche zur Therapie von Muskelatrophie schlugen fehl. 1999 starb der achtzehnjährige, an einer defekten Ornithin-Transcarbamylase erkrankte Jesse Gelsinger an den Folgen einer Gentherapie. Der verantwortliche Leiter der Versuche an sechs Patientengruppen, James Wilson von der *University of Pennsylvania*, hatte sich zuvor nach vorangegangenen Fehlschlägen von Therapieversuchen bei Patienten mit zystischer Fibrose abgewandt.[42] Schließlich wurden 2002 bei einem Patienten mit der schweren kombinierten Immundefizienz X-SCID, dem 1999 gentechnisch veränderte Blutstammzellen injiziert worden waren, krebsartige Wucherungen gefunden, die auf die bei der Therapie verwendete retrovirale Genfähre zurückgeführt werden konnten. Im gleichen Jahr noch kam es in Deutschland, Frankreich und auch den USA zu einem Moratorium für Gentherapien, bei denen Retroviren als Vektoren eingesetzt wurden.

Keith Wailoo und Stephen Pemberton fassen den historischen Verlauf der Genetisierung und der genetischen Behandlung des Tay-Sachs-Syndroms, der zystischen Fibrose und der Sichelzellenkrankheit wie folgt zusammen: »Mit den späten neunziger Jahren begann der rapide Verfall des Unternehmens, seine Versprechungen gingen in einer Flut von experimentellen Fehlschlägen, letalen Verlaufsformen, neuen Befürchtungen über Krebsrisiken und schließlich durch das Platzen der ganzen Biotechnologieblase unter.«[43] Die Gentherapeuten sind zu Beginn des neuen Jahrtausends in die Forschungslaboratorien zurückgekehrt. Wenn French Anderson noch 1996, auf dem Höhepunkt der Gentherapiewelle, behaupten konnte, binnen zwanzig Jahren werde die medizinische Praxis gentherapeutisch revolutioniert und für so gut wie jede Krankheit eine passende Gentherapie gefunden sein, so sind die Prognosen heute wesentlich vorsichtiger. Die Sequenzierung des Humangenoms wurde nicht zuletzt durch wirksam geschürte gesellschaftliche Hoffnungen auf effiziente Gentherapien getragen und wäre ohne sie wohl undenkbar gewesen. Doch wurde keine einzige effiziente Strategie zur Therapie von Genen hervorgebracht. Die Sichelzellenanämie belegt die Kluft zwischen dem Stand der molekularbiologischen Diagnostizierbarkeit genetischer Krankheitsursachen und dem weit komplexeren Gebiet der Krankheitstherapien bzw. der Therapie bei veränderten Genen. Eric Lander hat das zugrunde liegende Problem auf eine knappe Formel gebracht. »Die Genetik bietet sehr gute Möglichkeiten, das System dingfest zu machen, das aus dem Ruder gelaufen ist – herauszufinden, welche Gene und welche biologischen Vorgänge hinter einer Krankheit stehen. Aber das heißt noch lange nicht, dass man sie auch genetisch therapieren muss.«[44]

Sogenannte monogene Krankheiten, die durch ein einzelnes defektes Gen ausgelöst werden und meist auch an ihren mehr oder weniger klaren mendelschen Erbgängen erkannt werden können, sind nicht nur an sich in der Minderzahl; die meisten unter ihnen treten in der Bevölkerung auch weitaus seltener auf als komplexe Störungsmuster wie Herz- und Kreislaufkrankheiten, zahlreiche Krebsarten, Immunkrankheiten, Erkrankungen des Nervensystems sowie Dispositionen zu Infekten und Entzündungen, die oft auch als Volkskrankheiten bezeichnet werden. Zwar haben alle diese verbreiteten Erkrankungen auch genetische Hintergründe, die jedoch von einem Individuum zum anderen erheblich variieren können. Daran scheitert die Suche nach auf bestimmte Krankheiten ›passenden‹ Gentherapien im Sinne der neunziger Jahre. Heute konzentriert man sich auf die analytisch-diagnostische Erfassung individueller genetischer Dispositionen; die Hoffnung besteht darin, eines Tages mit individualisierten Arzneiangeboten antworten zu können. Diese Form der genetisch basierten Medizin wird auch als Pharmakogenetik bezeichnet.

Weder die Gentherapie noch die Pharmakogenetik sind jedoch bislang über Ansätze hinaus entwickelt. Was heute aber bereits in breitem Umfang zur Verfügung steht und sich mit einem eigenen Horizont sozialer, juristischer und ethischer Probleme verbindet, ist die genetische Diagnostik. Sie hat sich seit der Einführung der RFLP-Technologie um 1980 entscheidend erweitert.[45] Ein Beispiel dafür unter vielen anderen sind Tests auf eine erbliche Veranlagung für bestimmte Krebsformen. Da solche Voraussagen naturgemäß statistischer Art sind, stellt sich hier neben der Frage nach dem Recht auf genetisches Wissen auch die nach dem Recht auf Nichtwissen; weiter stellt sich die Frage nach der Notwendigkeit von irreversiblen präventiven Eingriffen – beispielsweise einer Brustamputation –, die wiederum mit ganz anderen Folgen für das individuelle Leben verbunden sind.[46] Hier kommt auch die problematische Erhebung von Daten durch Dritte – Arbeitgeber, Krankenkassen oder Versicherungen – ins Spiel. Ein weiteres Feld diagnostischer Praxis, ihrer Potenziale und ihrer Dilemmata sind die Pränataldiagnostik, also das vorgeburtliche genetische Screening des Embryos (PND) und, bei einer Befruchtung *in vitro*, die Präimplantationsdiagnostik vor der Einpflanzung des Embryos in die Gebärmutter (PID). Gerade in diesen Bereichen wurde und wird oft von ›therapeutischen‹ Möglichkeiten gesprochen; faktisch geht es jedoch um Möglichkeiten der genetischen Selektion. Individuelle Selbstbestimmungsrechte, wirtschaftliche Interessen und die Diskussion um Standards der öffentlichen Gesundheit stehen hier in einem unauflöslichen Spannungsverhältnis zueinander.

Die genannten Beispiele machen klar, dass das Feld der öffentlichen Gesundheit und der individuellen Erkrankungen in einer umfassenden, genetisch konnotierten Rekonfiguration begriffen ist. Ihr technologisches Momentum ist die molekulare und zunehmend auf die genetische Ebene zugreifende Medizin, realitätsmächtig sind jedoch weit weniger greifbare therapeutische Ergebnisse als Hoffnungen und Ängste, die durch das Phantasma einer genetischen Optimierung des Menschen verstärkt werden. Tendenziell flächendeckend werden heute und vermutlich bis auf weiteres Formen der genetischen Diagnostik angewandt. Sie bilden daher ein immer wichtigeres Segment des Biotechnologiemarktes und umfassen gezielte Tests für einzelne Gene und deren Mutationen, die bestimmte Krankheiten auslösen können. Auf Nukleinsäuretechnologien beruhende Tests kommen aber auch zunehmend im Bereich der Infektionskrankheiten zum Einsatz, da mit ihnen sonst schwer nachweisbare Erreger identifiziert werden können. Vermutlich wird die Gendiagnostik, je umfassender sie sich gestaltet, umso deutlicher vor Augen führen, dass die genetische Struktur des Organismus zwar bis in die Einzelheiten von Entwicklung und Stoffwechsel reicht, dass sich darauf aber kein genetischer Determinismus gründen lässt, oder anders gesagt, dass damit nur eine unter vielen Ebenen des Körpergeschehens beschrieben ist. Damit wird zwar Vererbung als Tatbestand nicht verschwinden; aber ihr Diskurs würde nicht mehr durch eine die Biologie beherrschende Disziplin, die Genetik, gesteuert, sondern könnte sowohl auf der Ebene der individuellen Körper wie auch auf der Ebene ihrer sozialen Interaktionen wesentlich differenzierter und komplexer werden. Darauf werden wir im nächsten Abschnitt noch einmal zurückkommen. Wenn Walter Bodmer, Direktor des *Imperial Cancer Research Fund* und Präsident der *Human Genome Organization* zwischen 1991 und 1993, noch vor zehn Jahren annehmen konnte, dass die Gesamtinformation über das menschliche Genom »im Grunde jeden Unterschied zwischen Menschen genetisch analysierbar machen wird«,[47] so würde heutigen Molekular- und Humangenetikern eine derart sorglose Verwechslung von *pars* und *toto* kaum noch unterlaufen.

Postgenomik

Dass mit der Sequenz alles erklärt sei, war zu Beginn des Genom-Projekts häufig zu hören. Nach zwanzig Jahren der Sequenzierung gibt es neue Schlagworte: Postgenomik, Proteomik, sogar ›Organomik‹. Sie belegen, dass der Teufel im Detail steckt: in den Netzwerken der Entwicklung und des Stoffwechsels. Ernst Ludwig Winnacker, damals Präsident der Deutschen Forschungsgemeinschaft, war einer der Ersten, die bereits 1997 ein heraufziehendes postgenomisches Zeitalter vermuteten: Wenn Biologen sich noch bis vor kurzem für einzelne, isolierte Gene interessiert hätten, so müsse in Zukunft gefragt werden, wie individuelle Gene zur Bildung ganzer Zellen, ganzer Gewebe und schließlich ganzer Organismen beitragen. Die Zeiten der Fixierung auf Teile des Organismus seien vorbei. Stattdessen stehe der Organismus als Ganzes auf der biologischen Tagesordnung.[48]

Für Wissenschaftshistoriker sind das keine ganz neuen Töne. Biologen haben schon öfter die Überwindung reduktionistischer Perspektiven zugunsten einer ›ganzheitlichen‹ Betrachtung der Lebewesen proklamiert. Das Bedürfnis scheint in Jahrhundertwellen zu kommen. In der romantischen Naturforschung artikulierte es sich zu Beginn des 19. Jahrhunderts mit der ganzen Emphase, die ihre Vertreter gegen die ›Zergliederung‹ aufbieten konnten. Nach einem langen Zwischenspiel forderten ganzheitlich motivierte Biologen zu Beginn des 20. Jahrhunderts, die als reduktionistisch und positivistisch kritisierte Entwicklungsmechanik einschließlich der Mendelschen Transmissionsgenetik zu überwinden. Sie taten dies im Namen systemtheoretischer Vorstellungen des Organismus. Zu Beginn des 21. Jahrhunderts fordern nun Molekularbiologen und Molekulargenetiker, den genetischen Reduktionismus im Namen und mit den vereinten Kräften der Genomforschung selbst hinter sich zu lassen. Darin liegt möglicherweise ein neuer Aspekt der gegenwärtigen ›Ganzheitswende‹: Wir haben es zum ersten Mal nicht mit einer Gegenbewegung zu tun. Die Konsequenz, mit der die reduktiven Strategien der Molekularbiologie und Gentechnologie verfolgt wurden, hat offenbar selbst zu einer systemischeren Sicht auf das Funktionieren, die Entwicklung und die Evolution der Organismen geführt. Wir wollen abschließend noch einige Fäden dieser Geschichte zusammenführen, um den Platz der Vererbung in den Lebenswissenschaften des beginnenden 21. Jahrhunderts näher bestimmen zu können.

Mitte der neunziger Jahre wurden die ersten DNA-Chips und damit eine neue Form der Nukleinsäuretechnologie entwickelt. Sie war sowohl diagnostisch als auch in der Erforschung zellulärer Aktivitätsmuster anwendbar. Der erste Gen-Chip mit über 6000 Hefegenen wurde 1996 in Kalifornien vorgestellt. Chips enthalten auf einer geeigneten Unterlage immobilisierte Gene oder Genfragmente ganzer Chromosomen oder Genome. Mit ihrer Hilfe lassen sich durch Nutzung der Paarungseigenschaften von Nukleinsäure-Strängen beispielsweise differenzielle Aktivitätsmuster von Zellen erstellen, indem die in der Zelle zu bestimmten Zeitpunkten enthaltenen Boten-RNAs gegen die entsprechenden Gensequenzen auf dem Chip hybridisiert und – meist durch Fluoreszenzmarkierung – sichtbar gemacht werden. Dass der Weg von den Genen der Molekularbiologie zu den Genomen der Gentechnologie mit einer solchen Geschwindigkeit beschritten werden konnte, verdankt sich wesentlich den Eigenschaften der Nukleinsäure selbst. Fast alle molekulare Technologie, die auf diesem Weg entstanden ist, nutzt die Basenkomplementarität dieser Moleküle. Sie bieten gegenüber den viel schwieriger zu handhabenden Proteinen unschätzbare Vorteile.

Die Chip-Technologie hat die Erfassung von Systemzuständen des zellulären Stoffwechsels auf eine neue Grundlage gestellt. Sie ist jetzt in einem bisher ungekannten Ausmaß möglich. Diese und neue physikalische Verfahren zur Identifizierung kleinster Mengen von Proteinen sind bei weitem effizienter als traditionelle zweidimensionale Verfahren zur Auftrennung von Proteinen und haben ein Arbeitsgebiet eröffnet, das heute auch als Proteomik bezeichnet wird. Wenn man sich vor Augen hält, dass viele Gene höherer Organismen einschließlich des Menschen zu einer Vielzahl gespleißter RNA-Produkte und schließlich Proteinen führen, und dass jedem Differenzierungs- und Aktivitätszustand einer Zelle ein bestimmtes derartiges Expressionsmuster korrespondiert, kann man ermessen, dass die Struktur des Proteoms, insbesondere was die zeitliche Abfolge seiner Wechselwirkungen betrifft, noch vor ganz andere Herausforderungen stellt als die des Genoms. Hier setzt die Epigenetik oder auch Epigenomik ein, die die Stabilisierung wie auch die Weitergabe von Zellzuständen untersucht. Beide beruhen auf zellulären Systemen der Informationsspeicherung, die das Genom mit seinen über evolutionäre Zeiträume hinweg stabilen Strukturen überformen.

Für die weitere Differenzierung einer solchen systemischen Sicht und die Integration der Datenmengen, die diese Technologien liefern, sind interaktive Netzwerke entscheidend. Sie können nur von einer theoretisch modellierten und auf bioinformatische Entwicklungen gestützten Biologie bereitgestellt werden. Damit ist ein wesentlich neues Prozedere der neuen Systembiologie gegenüber den spekulativen Systemansätzen der Vergangenheit benannt; eine der entscheidenden Herausforderungen für die Bioinformatik besteht darin, geeignete Sprachen und entsprechende sogenannte ›Ontologien‹ zu entwerfen, durch die Genom-, Proteom- und Epigenomdatenbanken der Zukunft maximal vernetzbar werden.

Während sich die Molekularbiologen, die zu Anfang der siebziger Jahre die erste Gentechnologiewelle ausgelöst hatten, zu einem guten Teil der Entwicklung und kommerziellen Verwertung der neuen Nukleinsäuretechnologien zuwandten und schließlich das Humangenom-Projekt auf den Weg brachten, vollzog sich gleichzeitig die Molekularisierung der Entwicklungsbiologie.[49] Sie begann mit der Identifizierung von Genen, die in Entwicklungs- und Differenzierungsprozesse eingreifen. Anfang der achtziger Jahre bemächtigten sich einige Molekularbiologen – ausgestattet mit den neuen molekularen Instrumenten – wieder des Haustiers der klassischen Genetik, *Drosophila melanogaster*, als dem bis dahin genetisch am besten charakterisierten vielzelligen Organismus.[50] Sie konnten dabei auf Arbeiten von Ed Lewis am *Caltech* und Antonio García-Bellido in Madrid zurückgreifen. Lewis war ein Schüler von Thomas H. Morgan, der in der Zeit, als Molekularbiologen mit Bakterien arbeiteten, mit klassischen Methoden weitere Gene der Fliege identifizierte (darunter eine vierflüglige Mutante), die den Körperbau der Fliege mit seiner Segmentierung betrafen. García-Bellido, seinerseits Schüler von Lewis und Ernst Hadorn, untersuchte ebenfalls Segmentierungsmutanten und die Morphogenese der Flügel auf zytogenetischem Weg. Walter Gehrings gentechnische Arbeiten in Basel über die Funktion homöotischer Gene bei der Bildung des Insektenauges und Eric Wieschaus' und Christiane Nüsslein-Volhards Sammlung von Mutanten, die die Oogenese und Embryonalgenese betrafen, führten zum Verständnis von Entwicklungsgenen als einem System molekularer ›Schalter‹, die auf geordnete Weise in Gang bzw. außer Kraft gesetzt werden. Neue Modellorganismen für Wirbeltiere wie der Zebrafisch sind seitdem hinzugekommen. Am anderen Ende der Skala der Modellorganismen hat sich seit den späten sechziger Jahren aufgrund der Initiative von Sydney Brenner in Cambridge der Fadenwurm *Caenorhabditis elegans* als Modellorganismus für Vielzeller etabliert.[51]

Viele dieser molekularen Schalter sind im Tierreich (von den Würmern über die Insekten bis zu den Säugetieren) hochkonserviert. Sie erinnern an die Regulatorgene, die Jacob und Monod um 1960 im Rahmen ihres Operonmodells postulierten. Aber im Unterschied zu den seit langem aus dem Reich der Bakterien bekannten Regulatorgenen, deren Funktion auf ihrer Fähigkeit beruht, den Stoffwechsel reversibel auf eine Veränderung der Umweltbedingungen einzustellen, setzen Entwicklungsgene irreversible Prozesse in Gang. Sie codieren für sogenannte Transkriptionsfaktoren, die an Kontrollregionen der chromosomalen DNA binden und die Frequenz bestimmen, mit der ein Gen oder eine Gruppe von Genen exprimiert wird. Unter ihnen sind auch Regulatoren zweiter Ordnung, die diese Kontrolle ihrerseits regulieren und modulieren. Sie fungieren als Weichensteller und gehören zu den evolutionär bestkonservierten Strukturen. Ein Beispiel ist die *pax*-Genfamilie, die auf einem Spektrum von den Insekten bis zu den Vertebraten den gesamten komplexen Prozess der Augenbildung kontrolliert. Zur großen Überraschung der beteiligten Forscher stellte sich heraus, dass ein *pax*-Gen, das man einer Maus entnommen hatte, in der Embryonalgenese von *Drosophila* die Bildung eines Insektenauges veranlassen kann. Viele dieser Gene oder Genfamilien, wie etwa die Homöobox-Familie, greifen in die räumliche Musterbildung und ihre zeitliche Abfolge im Verlauf der Embryonalgenese ein.

Michel Morange hat zwei bemerkenswerte Befunde hervorgehoben, die in diesem heute noch stark im Fluss befindlichen Forschungsfeld als gesichert gelten können.[52] Erstens sind Regulatorgene für eine geordnete Entwicklung unerlässlich. Zweitens scheinen nicht nur einzelne Gene, sondern ganze Genkomplexe mitsamt ihrer genomischen Struktur evolutionär konserviert zu sein. Sie bezeugen also, dass Genome nicht nur Konglomerate von Genorten, sondern hierarchisch strukturierte Systeme sind. Eine weitere Klasse solcher hochkonservierter Regulatoren betrifft die intrazelluläre und die interzelluläre Signalgebung. Es ist offensichtlich, dass diese Prozesse für die Entwicklung vielzelliger Organismen von entscheidender Bedeutung sind.

Dennoch war es, wie bereits erwähnt, eine der großen Überraschungen der massiven Anwendung der Gen-Knockout-Technologie, dass der Organismus für einzelne Gene, die man für bestimmte Lebensäußerungen als unerlässlich erachtete, offensichtlich auf alternativen Wegen kompensieren kann. Die molekulare Entwicklungsbiologie wurde dadurch – und nicht zufällig spricht man mittlerweile viel öfter von molekularer Entwicklungsbiologie als von Entwicklungsgenetik – mit der Tatsache konfrontiert, dass entwicklungsrelevante Prozesse redundant funktionieren. Sie sind offensichtlich massiv gepuffert und erstaunlich robust gegenüber wechselnden inneren und äußeren Bedingungen. Dabei spielen zwar Genprodukte eine wichtige Rolle, aber die Prozesse selbst werden nur teilweise durch Gene bestimmt. Ein anderes unerwartetes Resultat von auf Chiptechnologie basierenden Studien zur embryonalen Genexpression besteht darin, dass die gleichen codierenden Sequenzen in verschiedenen Entwicklungsstadien und in ganz verschieden differenzierten Geweben abgerufen werden können und dass die korrespondierenden Genprodukte in unterschiedlichen Stoffwechselprozessen und zellulären Vorgängen verschiedene Funktionen haben können. Auch diese Multifunktionalität gibt Anlass, das Verhältnis zwischen genetisch determinierenden Faktoren und dem Leben von Organismen zu überdenken und neu zu modellieren.

Ein weiterer Bereich, der in diesem Zusammenhang erwähnt werden muss, ist die Reproduktionsbiologie höherer Organismen, die manipulative Beherrschung ihrer Vermehrung und insbesondere die Begründung der Klontechnologie.[53] In den frühen sechziger Jahren zog John Gurdon, ein britischer Entwicklungsbiologe in Oxford, Kaulquappen aus den Kernen der Darmzellen des erwachsenen südafrikanischen Krallenfrosches *Xenopus laevis*, die er in entkernte befruchtete Eizellen verpflanzt hatte. Damit war erstmals erwiesen, dass Gewebezellen höherer Organismen das genetische Potenzial konservieren, das zur Differenzierung aller Zelltypen führt. Doch erst 25 Jahre später gelang es Ian Wilmut und

Keith Campbell 1996 am *Roslin Institute* in Schottland, diese Methode auf Säugetiere anzuwenden; die Öffentlichkeit wurde darauf besonders durch die spektakuläre Generierung des Klonschafs Dolly aufmerksam. 1998 wurden an der Universität Hawaii drei Generationen von Mäusen aus adulten Kumuluszellen des Maus-Ovariums erzeugt, und im gleichen Jahr klonten Wissenschaftler an der Kinki Universität in Japan acht identische Kälber durch Kerntransfer. Das Erzeugen von adulten, genetisch identischen Individuen durch Embryonensplitting wurde 1981 bei Kühen und Mäusen in den USA erstmals erfolgreich durchgeführt und 1997 am *Oregon Regional Primate Research Center* in Beaverton auf Primaten (Rhesusaffen) angewendet. Die Erzeugung von Säugetierchimären gelang 1984 mit einem Schaf und einer Ziege.

Die menschliche Reproduktionsbiologie war und ist von dieser Entwicklung nicht ausgenommen. Weltweites Aufsehen erregte 1978 das erste im Reagenzglas erzeugte menschliche Lebewesen, das ›Retortenbaby‹ Louise Brown. Die *Invitro*-Fertilisation ist seitdem zur medizinischen Routine geworden. Im November 1998 berichteten zwei Arbeitsgruppen von der *Johns Hopkins University* in Baltimore und der *University of Wisconsin* unter der Leitung von John Gearhart, erstmalig menschliche embryonale Stammzellen isoliert und im Labor fortgezüchtet zu haben. 2001 führten Wissenschaftler von *Advanced Cell Technology*, einer Biotech-Firma in Worcester in Massachusetts, erstmals an menschlichen Embryozellen einen somatischen Kerntransfer durch und legten damit den Grundstein für das therapeutische Klonen am Menschen. 2004 berichtete Hwang Woo Suk von der *Seoul National University* in Südkorea, aus derart klonierten embryonalen Stammzellen mehrzellige menschliche Embryonen gewonnen zu haben. Ein Jahr später erwiesen sich seine Versuchsergebnisse jedoch als Fälschung. Mit dem therapeutischen Klonen verbindet sich eine gewisse Hoffnung auf die Gewinnung von immunverträglichen Geweben und Organen, mit denen unter Umständen eine Vielzahl von Krankheiten behandelt werden könnte. Viele verbinden mit der Entwicklung dieser Technologie aber vor allem die Befürchtung, dass sie den Einstieg in die reproduktive Klonierung von Menschen bildet. Die humane Stammzellforschung ist gegenwärtig eines der umstrittensten Forschungsgebiete der Humanmedizin, insbesondere im Hinblick auf die Erzeugung von Embryonen zu Forschungszwecken (sogenannte verbrauchende Embryonenforschung). Einzelne Länder haben auf diesem Gebiet unterschiedliche Regelungen eingeführt. In Amerika ist die Förderung der Stammzellforschung durch öffentliche Gelder auf die Verwendung bestimmter Stammzelllinien beschränkt, die von überzähligen Embryos aus einer Reagenzglas-Befruchtung stammen. Die kommerzielle Forschung unterliegt jedoch keinen Einschränkungen. In England ist die embryonale Stammzellforschung bis zu einem bestimmten Entwicklungsstadium des Embryos seit dem Jahr 2000 durch Parlamentsbeschluss grundsätzlich erlaubt. In Deutschland bleibt sie aufgrund des bereits 1990 erlassenen Embryonenschutzgesetzes weiterhin verboten, wobei die Arbeit mit importierten Stammzellen unter Beachtung strenger Auflagen möglich ist.

Auf beiden genannten Forschungsfeldern – der molekularen Entwicklungsbiologie und der Reproduktionsbiologie – ist die Genetik überaus präsent. Auf beiden Gebieten sind Fragen der Vererbung aber auch sichtbar eingebettet in breitere biologische, biosoziale und biopolitische Kontexte, die sich zunehmend in den Vordergrund schieben und deren Problemstellungen weder rein genetisch zu definieren noch mit rein genetischen Mitteln zu lösen sind. Die Lebenswissenschaften, insbesondere aber die Humanbiologie und Humanmedizin kehren in gewisser Weise zurück zu der Tatsache, dass ihr Gegenstand auf mehreren Ebenen zugleich determiniert wird und dass diese Determinationen sich auf vielfältige Weise überschneiden oder kreuzen können.

Der Genozentrismus der Biologie des 20. Jahrhunderts mit seiner disziplinären Privilegierung der Genetik war, wie Ken Waters zu Recht behauptet hat, epistemologisch und nicht ontologisch begründet, obwohl er zumeist ontologisch interpretiert wurde.[54] Die klassischen Gene boten einen bevorzugten Zugang zum Organismus, und die durch Nukleinsäuretechnologien manipulierbaren molekularen Gene potenzierten diese Zugangsmöglichkeiten.

Es gibt jedoch keinen Grund, diese historisch verfasste Episteme zu ontologisieren. Im Gegenteil, wenn die systembiologischen Zeichen der Zeit nicht trügen, könnte sich die Genetik eher – als separate Disziplin – in den Lebenswissenschaften der Zukunft wieder auflösen. Ein Jahrhundert lang war die genetische die am leichtesten experimentell zu handhabende Ebene des Organismus. Nicht zuletzt mit Hilfe gentechnologischen Wissens stehen wir jetzt an einem Punkt, an dem Lebewesen zwar (in technischen Grenzen) genetisch analysiert werden können, aber auch die vollständigste genetische Analyse nur einen Bruchteil des gesamten biologischen Geschehens abzubilden vermag.

Das Weltbild der Genetik des 20. Jahrhunderts konstituierte sich um zwei einflussreiche Bildfelder – Gene als biologische Atome und Gene als biologische Informationsträger. Beide Vorstellungen waren eng mit den jeweils angewandten experimentellen Technologien verzahnt, oder genauer: Sie wurden durch sie materialisiert und dadurch letztlich wirkmächtig. Die Konsequenz dieser Annahme ist, dass neue biologische Technologien diese älteren Leitvorstellungen historisieren werden. Mit dem weitgehend aus dem späten 19. und frühen 20. Jahrhundert stammenden Bild von diskreten und unabhängigen Elementareinheiten, die auf den Chromosomen linear angeordnet sind und jeweils für ein bestimmtes körperliches oder geistiges Merkmal verantwortlich sein sollen, ist das bereits geschehen. Die molekularen, vor allem aber die gentechnologischen ›Gene‹ haben sich als weit kompliziertere Strukturen erwiesen. Ihre Definition ist, wie Morange treffend festhält, »heute unmöglich geworden«.[55]

Das zweite Bildfeld, ein Vermächtnis der mittlerweile ebenso klassisch gewordenen Molekulargenetik und ihres Instrumentariums, setzt sich aus Schrift- und Informationsmetaphern zusammen. Deren kulturelle Reichweite ist kaum zu ermessen. Molekulare Kopiertechnologien, die eine Zeit lang als Gipfelpunkt der molekularen Beherrschung des Lebens galten, haben sie auf eine scheinbar unhintergehbare Weise materialisiert und die Begegnung mit dem vieldeutigen ›Buch des Lebens‹ in das konzertierte Großprojekt seiner ›Entschlüsselung‹ überführt. Lily Kay

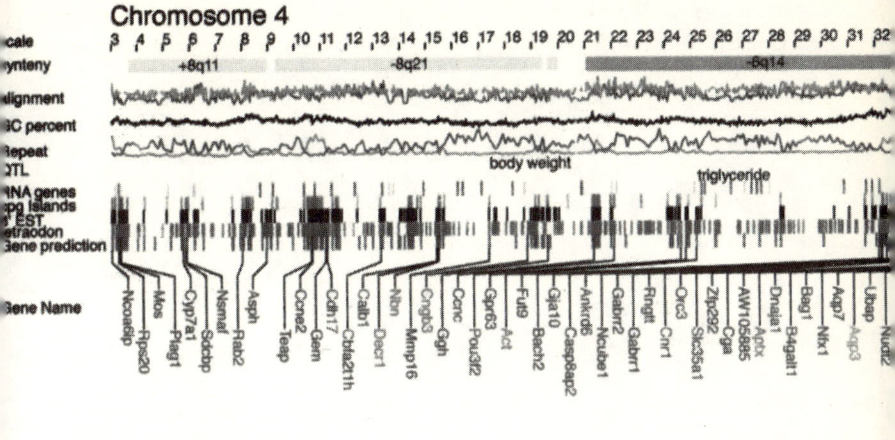

Abb. 23: Ausschnitt aus der anotierten Chromosomenkarte der Maus, aus *Nature*, 420, 2002.

hat diesen – auch für unseren überhöhten Begriff von isolierbarer Information maßgeblichen – Vorgang im Detail beschrieben.[56]

Damit zusammenhängend zeichnet sich heute aber noch ein weiteres Bildfeld ab: die Karte. Seine Wurzeln liegen im Vererbungsdenken des 19. Jahrhunderts, und es hat sich auch in die klassische und in die molekulare Phase des Vererbungsdenkens eingeschrieben,[57] beginnt aber erst heute, eine prominente Rolle bei der Darstellung genetischer und postgenetischer Sachverhalte zu spielen.[58] Chromosomen-Karten (Abb. 23), Entwicklungskarten, Stoffwechselkarten und Evolutionskarten werden zu unerlässlichen Orientierungshilfen in einer Landschaft überquellender Daten, die zu signifikanten Gebilden komprimiert werden müssen. Wenn der epistemische Raum, den die Vererbung im 18. und 19. Jahrhundert absteckte und ausbildete, sich im 20. Jahrhundert zu epistemischen Objekten kondensierte, so haben sich diese zu Beginn des 21. Jahrhunderts wieder ausgefaltet und nehmen erneut flächige, netzartige Formen an.

Anhang

Anmerkungen

Vorwort

1 Dunn 1965, Stubbe 1965, Carlson 1966.
2 Jacob 2002 (1970), S. 20–25.
3 Wir folgen dabei Dominique Pestre, der mit dem Begriff »régime de savoir« über den disziplinären Blick auf die Wissenschaften im engeren Sinn hinausgeht, nicht nur um eine Kontextualisierung des Wissens vorzunehmen, sondern auch um *longue durée*-Aspekte der Wissensentwicklung in den Blick zu bekommen; vgl. Pestre 2003, S. 30–37.
4 Einen Querschnitt durch neuere Ansätze der Wissenschaftsgeschichte bietet Hagner (Hg.) 2001.
5 Vgl. programmatisch dazu Weigel und Jussen 2004.
6 Kulturwissenschaftliche Untersuchungen zur Geschichte von Begriffen, die in enger Beziehung zu dem der Vererbung stehen, nämlich Genealogie und Generation, sind kürzlich von Sigrid Weigel sowie Ohad Parnes, Ulrike Vedder und Stefan Willer vorgelegt worden; vgl. Weigel 2006 und Parnes, Vedder und Willer 2008.
7 Schmidgen 2008, S. IX.
8 Vgl. Rheinberger 1992.
9 Es handelt sich dabei um die Preprints No. 222, 247, 294 und 343. Sie können unter der Adresse http://www.mpiwg-berlin.mpg.de/en/research/preprints.html im Internet abgerufen werden; vgl. auch Müller-Wille und Rheinberger (Hg.) 2007.

Kapitel 1 Vererbung zwischen Wissen und Macht

1 Porphyrios 1998, S. 162.
2 Heinrich 1983, S. 99. Hervorhebung im Original. Vgl. Gayon und Wunenburger 1995, S. 8.
3 Ebd., S. 123.
4 Bäckstedt 2002, S. 4–5. Übersetzungen stammen, wenn nicht anders angegeben, von den Autoren.
5 Ähnlich argumentiert Philip Thurtle in Bezug auf die Formierung der Genetik um 1900; vgl. Thurtle 2008, Kap. 12.

6 Vgl. Jordanova 1995, S. 375.
7 Vgl. Olby 1985 (1966), S. 55–63 und Gayon 1998, S. 105–106.
8 Eine ausführliche Darstellung antiker Zeugungslehren mit vielen Belegstellen findet sich in Lesky 1951.
9 Galton 1876, S. 330.
10 Ebd., S. 331.
11 Ebd., S. 336.
12 Ebd., S. 330.
13 Ebd., S. 331.
14 Zum Begriff des epistemischen Dings vgl. Rheinberger 2006a (2001).
15 Galton 1883, S. 24–25.
16 Galton 1876, S. 336.
17 Ebd.
18 Galton 1873, S. 127.
19 Zur politischen Verortung Galtons vgl. Buss 1976, S. 52–53 und Cowan 1977, S. 154–157.
20 Vgl. MacKenzie 1981, S. 51–72.
21 Galton 1892 (1869), S. 1.
22 Darlington in Galton 1962 (1892), S. 9.
23 Galton 1892 (1869), S. 350.
24 Foucault 1983 (1976), S. 128–129.
25 Ebd., S. 164.
26 Ebd., S. 170; zum Begriff der Bio-Politik vgl. auch Foucault 1991.
27 Galton 1892 (1869), S. 376.

Kapitel 2 Zeugung, Reproduktion, Evolution

1 Buffon 1749–1767, Bd. 2, S. 32.
2 Vgl. McLaughlin 2001, S. 174–179, zur theologischen Vorgeschichte des Begriffs Reproduktion; zur Geschichte des Reproduktionsbegriffs in Lebenswissenschaften vgl. Rey 1989 und Jordanova 1995.
3 Jacob 2002 (1970), S. 27–28.
4 Vgl. Russel 1986, S. 40, Allen 1986, Churchill 1987, Maienschein 1987, Bowler 1989, S. 6, und López Beltrán 2004b, S. 43–62.
5 Detailliert belegt hat das Zirkle 1935 und 1959.
6 Aristoteles 1959, S. 82 (*De gen. anim.* 735a25); weitere Belegstellen finden sich bei Lesky 1950, S. 139, und Glass 1968 (1959), S. 31.
7 Aristoteles 1959, S. 122 (*De gen. anim.* 747b33–36).
8 Aristoteles 1957, S. 372 (*Hist. anim.* 606b19–607a8). Dies bildete die

Grundlage des Sprichworts, wonach alles Neue aus Afrika kommt; vgl. Feinberg u. Solodow 2002.

9 Vgl. Zirkle 1935, S. 7–41.

10 Vgl. Terrall 2007, S. 267.

11 Locke 1988 (1690), Bd. 2, S. 67.

12 Ray 1686, Bd. 1, S. 40–42.

13 Zur Definition von spontaner und äquivoker Zeugung vgl. McLaughlin 1994. Überblicke über die Geschichte dieser Problemkreise liefern Lippmann 1933 und Farley 1974.

14 Vgl. Smith 2006b.

15 Vgl. De Renzi 2007.

16 Vgl. Céard 1996 und Daston und Park 2002 (1998).

17 Hippokrates 1936, S. 19; vgl. zu dieser Schrift Stubbe 1965, S. 18–21.

18 Hippokrates 1588, S. 10 und 15. Beide Übersetzungsvarianten sind insofern »richtig«, als das griechische κϱατυνει sowohl »beherrschen« als auch »stärken, kräftigen« bedeuten kann.

19 Lévi-Strauss 1965 (1962), S. 97. In *Das wilde Denken* plädiert Lévi-Strauss dafür, diese »Logik totemistischer Klassifikationen« auf die Analyse der Werke von »Naturforscher[n] und Geheimwissenschaftler[n] der Antike und des Mittelalters [...]: Galen, Plinius, Hermes Trismegistos, Albrecht den Großen« anzuwenden; s. Lévi-Strauss 1973 (1962), S. 55.

20 Aristoteles 1995, S. 31 (*Phys.* 194b13); vgl. Falcon 2005, S. 9.

21 Descartes 1986, Bd. 11, S. 507.

22 Ebd., S. 253. Der Vergleich mit Bier lag nahe, da die Konsistenz des männlichen Samens meist als »schaumig« beschrieben wurde; vgl. Roger 1993 (1963), S. 53; zu Descartes' Zeugungstheorie vgl. ebd., S. 142–154.

23 Sterne 1983 (1759), Bd. 1, S. 9.

24 Vgl. Lesky 1951, Roger 1993 (1963) und Smith (Hg.) 2006c.

25 Vgl. zum Folgenden auch Parnes, Vedder und Willer 2008, die den historischen Wandel des Begriffs der Generation nachzeichnen.

26 Bayon 1947, S. 51–52.

27 Pagel 1957, S. 153; vgl. Jucovy 1976.

28 Vgl. Roger [1963] 1993, S. 112.

29 Harvey 1651, S. 286.

30 Einen guten Überblick über die Probleme vormoderner Zeugungstheorien liefern Roger 1993 (1963) und Smith (Hg.) 2006c.

31 Vgl. Wolff 1978, S. 184–191.

32 Aristoteles 1959, S. 22 (*De gen. anim.* 716a14); vgl. zu dieser Unterscheidung Lesky 1951, S. 127.

33 Harvey 1651, S. 275.

34 Harvey 1651, S. 299; die Stelle bei Aristoteles, die Harvey paraphrasiert, findet sich in Aristoteles 1959, S. 100 (*De gen. anim.* 740b35–a6).
35 Vgl. Lennox 2006, S. 27–28.
36 Vgl. ausführlicher dazu Lesky 1957, S. 369–372.
37 Vgl. Roger 1993 (1963), S. 115–118.
38 Harvey 1651, S. 299.
39 Harvey 1651, S. 182–183; vgl. dazu Keller 1999, S. 46–48.
40 So sprach Harvey im Vorwort zu den *Exercitationes* von seinem »neuen und bisher nicht beschrittenen Weg«; s. Harvey 1651, S. 31–36; zur Methode Harveys, die sich stark an Aristoteles orientiert, in entscheidenden Punkten aber auch von ihm abweicht, vgl. Lennox 2006.
41 Harvey 1651, S. 123; vgl. White 1986, S. 239–255.
42 Goltz 1986.
43 Vgl. Bayon 1947, S. 58–72.
44 Harvey 1651, S. 420.
45 Ebd., S. 531.
46 Ebd., S. 321; zu Harveys Spekulationen über die spontane Zeugung von Lebewesen vgl. Foote 1969, S. 139–163.
47 Smith 2006a, S. 9; zur Bedeutung des Mikroskops für das Aufkommen dieser Vorstellung vgl. Pyle 2006.
48 Vgl. Duchesneau 1998, S. 218–220; Cohen 1994, S. 187–210; Di Meo 1995.
49 Harvey 1651, S. 291. Die zitierte Passage findet sich in Aristoteles 1958, S. 265 (*De gen. et corr.* 336a32–b2).
50 Vgl. Gregory 2001.
51 Vgl. Fuchs 1992, S. 95–109.
52 Vgl. Hill 1964 und Keller 1999.
53 Vgl. Roger 1993 (1963), S. 125–131.
54 Zur Unterscheidung von Präexistenz und Präformation vgl. Roger 1993 (1963), S. 325 f., und Bowler 1971.
55 Zit. n. Cole 1930, S. 10. Überblicksdarstellungen zu den Präexistenztheorien des 17. und 18. Jahrhunderts liefern außer Cole noch Gasking 1967 und Pinto-Correia 1997.
56 Malebranche 1991 (1688), S. 253. Malebranche bezieht sich im Original auf Bienen und ihre Larven.
57 Vgl. Adelmann 1966, Bd. 2, S. 872, Lepenies 1976, S. 45, und Müller-Sievers 1997, S. 26–30.
58 Zit. n. Linné 1749–1769, Bd. 1, S. 327.
59 Ebd., S. 347–349.
60 Ebd., S. 368.

61 Ebd., S. 359.
62 Wolff 1764, S. 25.
63 Zit. n. Linné 1749–69, Bd. 1, S. 344, 351, 354, 358.
64 Linné 1751, S. 38.
65 Vgl. Stevens und Cullen 1990.
66 Linné 1735, unpag. [S. 1].
67 Zit. n. Linné 1776–1778, Bd. 1, S. 269–270.
68 Linné 1735, unpag. [S. 1]; vgl. Müller-Wille 2000.
69 Vgl. Müller-Wille 1999, S. 267–284.
70 Zit. n. Linné 1749–1769, Bd. 2, S. 2.
71 Zit. n. Linné 1749–69, Bd. 6, S. 18; s. dazu Limoges 1972 und Müller-Wille 2003.
72 Kielmeyer 1993 (1793), S. 5; vgl. Richards 2002, S. 238–251.
73 Foucault 1978 (1966), Kap. 7.3; Jacob 2002 (1970), Kap. 2.
74 Coleman 1971 liefert ein Porträt der Biologie des 19. Jahrhunderts, das diese Dimension gerade ausblendet.
75 Vgl. Ritterbush 1964, Kap. 5; Roger 1993 (1963), S. 567–582; Jacob 2002 (1970), S. 88–92; Lenoir 1982, Kap. 1; Larson 1994, Kap. 5; Spary 2000, Kap. 3.
76 Buffon 1749–1767, Bd. 1, S. 30.
77 Parnes 2005.
78 Kant 1913 (1790), S. 369–376; zu Kants Konzept »sich selbst organisierende[r] Wesen« (ebd., S. 374) vgl. Jacob 2002 (1970), S. 100–104, und McLaughlin 1989, S. 42–47; allgemein zur Geschichte dieses Begriffs im späten 18. und 19. Jahrhundert vgl. Lenoir 1982 und Müller-Sievers 1997.
79 Bonnet 1762, Bd. 1, S. 52; s. dazu Duchesneau 2006.
80 Zu Blumenbachs Begriff des Bildungstriebs vgl. Lenoir 1980, McLaughlin 1982 und Richards 2000; zu Buffons Begriff des *moule intérieur* Roger 1993 (1963), S. 542–558, und Ibrahim 1987.
81 Vgl. Detlefsen 2006.
82 Darwin 1966 (1859), S. 422.
83 Ebd., S. 117; zu Darwins Diagramm und seinen Vorstufen vgl. Voss 2007, Kap. 2.
84 Darwin 1966 (1859), S. 315.
85 Vgl. Hodge 1985.
86 Darwin 1988 (1868), Bd. 2, S. 30–31. Bei Quatrefages bezieht sich der Ausdruck »tourbillon vital« auf die »merkwürdige Bewegung [...] in der quasi-fleischlichen Substanz, die das Horn- oder Kieselskelett gewisser meeresbewohnender Schwämme bekleidet«; vgl. Quatrefages 1879 (1861), S. 3.
87 Vgl. Müller-Wille 2007.

88 Bachelard 1988 (1934), S. 22.
89 Koyré 1998 (1943).

Kapitel 3 Vererbung in verstreuten Domänen

1 Vgl. López Beltrán 2004a.
2 Black 1999, s.v. »heredity«.
3 Ludes et al. (Hg.) 2003, s.v. »heredity«.
4 Vgl. Lugt (im Druck).
5 Fernel 1554, Bd. 2 (Pathologia), S. 15.
6 Burton 1621, S. 61.
7 Vgl. Lesky 1951, S. 148–155.
8 Montaigne 1906–1909 (1580), Bd. 2, S. 582.
9 Zedler 1732–1750, Bd. 47 (1747), S. 510; vgl. dazu McLaughlin 2007, S. 281.
10 Roumy (im Druck) hebt hervor, dass *hereditas* im römischen Recht in eben diesem technischen Sinne verwendet wurde. In der Rechtspraxis wurden Familienverhältnisse natürlich berücksichtigt, und zwar seit der Spätantike in zunehmendem Maße.
11 Vgl. Goody 1983, S. 123.
12 Vgl. ebd., S. 136–144.
13 Vgl. Sabean 1998, Kap. 3.
14 Vgl. Heck und Jahn, Hg., 2000.
15 Vgl. Goody 1983, S. 142–146.
16 Vgl. Sabean 2007.
17 Bracton, 1968–1977, Bd. 2, S. 184.
18 Miramon (im Druck).
19 Sabean, 1984, Kap. 3.
20 Vgl. Miramon (im Druck).
21 Marx und Engels 1975 ff., Bd. I.2, S. 115. Hervorhebungen im Original.
22 Vgl. Oschema (im Druck).
23 Marx und Engels 1975 ff., Bd. I.2, S. 109.
24 Gans 1824–1835.
25 Vgl. Wolff (Hg.) 2001 (1808), § 732, 735, 745.
26 Beispiele sind E.T.A. Hoffmanns Erzählung »Das Majorat« von 1817 oder Achim von Arnims Erzählung »Die Majoratsherren« von 1819; vgl. Vedder 2007.
27 Tocqueville 1848, Bd. 1, S. 75.
28 Vgl. Browne 2002, Kap. 8.

29 Sabean 2007, S. 45.
30 Vgl. De Renzi 2007.
31 Vgl. Carol 1995, S. 17–26, und Lugt (im Druck).
32 Vgl. Lugt (im Druck).
33 Zur humoralpathologischen Krankheitslehre vgl. Schöner 1964.
34 Zu Dino del Garbo und John of Gaddesden vgl. Lugt (im Druck).
35 Ebd.
36 Zit. n. Musto 1961, S. 361.
37 Vgl. Lugt (im Druck).
38 Vgl. López Beltrán 2007a.
39 Vgl. Olby 1993.
40 Vgl. López Beltrán 2007a.
41 Pomata 2003, S. 150.
42 Vgl. Wilson 2007, über Gicht als »Patrizierkrankheit« vgl. auch Porter und Rousseau 1998.
43 Vgl. Cartron 2007.
44 Vgl. Waller 2002.
45 Vgl. López Beltrán 2007a.
46 Vgl. La Berge 1992 und Williams 1994.
47 Vgl. Lugt und Miramon (im Druck).
48 Kant 1923a (1785) und b (1788); zu Kants Rassenlehre vgl. Lagier 2004 und McLaughlin 2007.
49 Vgl. Müller-Wille 2004.
50 Zur Geschichte botanischer Gärten im 17. Jahrhundert vgl. Stearn 1961 und Wijnands 1988; zu Botanik und Kolonialismus vgl. Drayton 2000.
51 Ray 1686, Bd. 1, S. 40.
52 Buffon 1749–1767, Bd. 4 (1753), S. 384.
53 Vgl. Müller-Wille 1998.
54 Vgl. Zirkle 1946, Bowler 1992, Kap. 4, und Lefèvre 2005.
55 Vgl. Osborne 1994.
56 Gärtner 1849, S. 234–235; vgl. Olby 1985 (1966), Kap. 1 und 2 sowie Müller-Wille und Orel 2007.
57 Zu Buffons Hybridisierungsexperimenten vgl. Spary 2000, S. 112–114.
58 Zur Tierzucht im Mittelalter vgl. Lugt und Miramon (im Druck).
59 Vgl. Wood 2007, S. 230–232.
60 Lauremberg 1631, S. 8.
61 Vgl. Russell 1986 und Wood 2007.
62 Sebright 1982 (1809), S. 7.
63 Vgl. Wood und Orel 2001, S. 125–131.
64 Vgl. Ratcliff 2007.

65 Vgl. Olby 1979 und Bowler 1989, Kap. 5.

66 Vgl. Orel und Wood 2000.

67 Buffon 1971, S 352.

68 Vgl. Müller-Wille 2005a.

69 Vgl. Braude 1997.

70 Vgl. Mazzolini 1994.

71 Vgl. Pethes 2007.

72 Sloan 1995, S. 114.

73 Mazzolini 2007, S. 365.

74 Zu Wolfskindern vgl. Pethes 2007; zur Ideologie des *self-made man* White 2007; und zur Geniedebatte Willer 2007.

75 Vgl. Müller-Sievers 2007.

Kapitel 4 Erste Synthesen

1 López Beltrán 2007, S. 125.

2 Vgl. Lesky 1951; Stubbe 1965, Kap. 1–3; Rey 1989.

3 Maupertuis 1965 (1768), Bd. 2, S. 115, 118; vgl. Terrall 2002, Kap. 7.

4 *Forerunners of Darwin, 1745–1859* ist der Titel einer klassischen Aufsatzsammlung über Zeugungstheorien des 18. Jahrhunderts, vgl. Glass, Temkin u. Strauss (Hg.) 1959.

5 Zit. n. Jacob 2002 (1970), S. 91; vgl. Terrall 2002, S. 215–221.

6 Vgl. Terrall 2007.

7 Vgl. Lagier 2004.

8 Vgl. Ritvo 1987.

9 Vgl. Koerner 1999.

10 Vgl. White 2007.

11 Darwin 1966 (1859), S. 13; zu Darwins Vererbungstheorie vgl. Winther 2000.

12 Darwin 1966 (1859), S. 331.

13 Vgl. Cartron 2007.

14 Vgl. Bajema 1982.

15 Gayon 1998, S. 11.

16 Lucas 1847–1850, Bd. 1, S. XVI.

17 Ebd., Bd. 2, S. 509.

18 Ebd., S. 900.

19 Vgl. Darwin 1966 (1859), Kap. 1.

20 Darwin 1992, S. 32.

21 Darwin 1868, S. 374.

22 Vgl. dazu Voss 2007.
23 Galton 1865, S. 322.
24 Gayon 1998, S. 9; s. Darwin 1966, S. 350 f.
25 Galton 1865, S. 322.
26 Galton 1876, S. 331.
27 Ebd., S. 343.
28 Zur Rezeption dieser Schlussfolgerung im 20. Jahrhundert s. auch das fünfte Kap. in diesem Band.
29 Galton 1876, S. 346.
30 Galton 1872, S. 401.
31 Vgl. Laubichler und Maienschein (Hg.) 2007.
32 Churchill 1987, S. 337.
33 Duchesneau 2007, S. 310.
34 Virchow 1858, S. 9 f.
35 Vgl. Cremer 1985.
36 Boveri 1888, S. 5.
37 Boveri 1889, S. 73–83, vgl. Laubichler und Davidson 2007.
38 Boveri 1893, S. 222–232.
39 Churchill 1987, S. 355.
40 Nägeli 1884, S. 46.
41 Ebd., S. 23.
42 Ebd., S. 42 f.
43 Ebd., S. 42.
44 Ebd., S. 26.
45 Ebd., S. 583.
46 Ebd., S. 583.
47 Ebd., S. 44.
48 Zit. n. Parnes 2000, S. 252; Nägeli 1856, S. 203.
49 Nägeli 1884, S. 41.
50 Ebd., S. 275.
51 Ebd.
52 Ebd., S. 25.
53 Vgl. Rheinberger 1994.
54 Bernard 1966 (1878), S. 313.
55 Ebd., S. 311.
56 Bernard 1965 (1867), S. 178.
57 Bernard 1966 (1878), S. 315, 336.
58 Ebd., S. 331.
59 Ebd., S. 342.
60 Wilson 1986, S. 261 ff.

61 De Vries 1889, S. 33.
62 Ebd., S. 40.
63 Ebd., S. 194.
64 De Vries 1889, S. 189.
65 Weismann 1892, S. 82.
66 Ebd., S. 66.
67 Ebd., S. 60.
68 Ebd., S. 104.
69 Weismann 1885, S. 230 f.
70 Vgl. Winther 2001.
71 Weismann 1892, S. 544.
72 Vgl. Mayr 1973 und 1982, S. 793–797.
73 Vgl. Olby 1985 (1966), Kap. 3.
74 Vgl. Snelders et al. 2005.
75 Vgl. Stocking 1982, Kap. 10.
76 Vgl. Porter 2005 und Bulmer 2003.
77 Vgl. Mazzolini 1988.
78 Virchow 1858, S. 12–13.
79 Virchow 2006 (1849), S. 60
80 Virchow 1847, S. 216–217.
81 Gayon 1995.
82 Darwin 1988 (1868), Bd. 2, S. 17 f.
83 Vgl. Gayon u. Zallen 1998.
84 Vgl. Churchill 2007.
85 Vgl. Eigen 2000.
86 Paul 1995, S. 41.
87 Vgl. Mittwoch 2005.
88 Vgl. Satzinger 2005.
89 Vgl. Harwood 1993, S. 315–350; Sapp 1987.
90 Vgl. Willer 2005.
91 Falk 2006, S. 229.

Kapitel 5 Vererbung, Rasse und Eugenik

1 Thompson 1929.
2 Zahlenangaben nach Andersen 1979.
3 Weindling 1989, S. 261.
4 Vgl. ebd., S. 260.
5 Vgl. Soloway 1995.

6 Weindling 1989, S. 5.
7 Vgl. ebd., Kap. 3 und 4.
8 Zu eugenischen Bewegungen in Deutschland vgl. Weingart, Bayertz und Kroll 1992 (1988); in Großbritannien und den USA Kevles 1985; in Frankreich Schneider 1990 und Carol 1995; in Skandinavien Broberg und Roll-Hansen (Hg.) 1996; in Lateinamerika Stepan 1991; im kolonialen Kenia Campbell 2007. Kühl 1997 diskutiert die Eugenik als internationale Bewegung.
9 Zit. n. Weingart, Bayertz und Kroll 1992 (1988), S. 110.
10 Zit. n. Weindling 1989, S. 111.
11 Vgl. Paul 1984; zu Eugenik und Arbeiterbewegung in Deutschland vgl. Mocek 2002.
12 Paul 1995, S. 10.
13 Kevles 1985, S. 59.
14 Vgl. die statistischen Angaben in Weindling 1989, S. 145–146 und 499.
15 Vgl. MacKenzie 1976, S. 523–527, und Weingart, Bayertz und Kroll 1992 (1988), Kap. 3.
16 Vgl. Richardson 2003.
17 Zit. n. Paul 1995, S. 20.
18 Vgl. Efron 1994.
19 Vgl. Kevles 1985, S. 24–27 und Weindling 1989, S. 146.
20 Zur nazistischen Eugenik vgl. insbesondere Proctor 1988.
21 Vgl. Koch 2004.
22 Vgl. Adams (Hg.) 1990.
23 Paul 1995, S. 45.
24 Vgl. Aly und Heim 1991.
25 Anon. 1837, S. 227.
26 Vgl. Arendt 2003 (1955), Kap. 6 und 7, sowie Foucault 1991.
27 Vgl. Reardon 2005, S. 18.
28 Vgl. Foucault 1999 (1996), S. 89–95 und 115–130.
29 Zit. n. Rignol 2002.
30 Marx und Engels 1975 ff., Bd. III.7, S. 130.
31 Becker 2005, S. 31.
32 Stocking 1994, S. 6.
33 Zit. n. Gruber 1970, S. 1293; vgl. Stocking 1987, S. 240–245.
34 Vgl. Brantlinger 2003 und Stocking 1987, Kap. 6. Der Gedankengang findet sich schon in der Schrift *Idee zu einer allgemeinen Geschichte in weltbürgerlicher Absicht* (Kant 1928 [1784]); vgl. McCarthy 2004.
35 Lyell 1832–1833, Bd. 2, S. 156.
36 Vgl. Darwin 1989 (1870–71), Bd. 1, S. 188–198.

37 Herder 2002 (1785–1791), 314.
38 Zit. n. Gruber 1970, S. 1293.
39 Vgl. Sloan 1995, S. 112–151.
40 Zu *castas* und Temperamentenlehre vgl. López Beltrán 2007b; zur Hautfarbe im Mittelalter Lugt 2005.
41 Vgl. Mazzolini 1994.
42 Linné 1737, S. 152–155.
43 Blumenbach 1798 (1795), S. 92–119
44 Buffon 1971, S. 356.
45 Vgl. Hagner 1997.
46 Zur Geschichte der physischen Anthropologie vgl. Gould 1983 (1981), Stocking (Hrsg.) 1988 und Hoßfeld (2005).
47 Vgl. Daston und Galison 1995.
48 Vgl. Porter 1986 und Schweber 2006.
49 Zit. n. Porter 1986, S. 129.
50 Vgl. Schwartz-Cowan 1977.
51 Zu Galtons Versuchen vgl. Porter 1986, S. 128–146, und Gayon 1998, S. 105–146.
52 Die Annahme, dass die anzestralen Erbanteile eine geometrische Serie bilden, zieht sich durch das gesamte Œuvre Galtons; erstmals formulierte er sie in Galton (1865, S. 326), allerdings mit ausschließlichem Bezug auf männliche Vorfahren.
53 Pearson 1898, S. 411–412; vgl. MacKenzie 1978, S. 54–58, Kevles 1985, Kap. 2, Porter 1986, S. 258–259, und Gayon 1998, S. 132–146.
54 Vgl. Hanke 2007.
55 Boas 1891.
56 Vgl. Boas 1894.
57 Zu Boas' Kritik am Rassebegriff vgl. Stocking 1982, Kap. 2.
58 Vgl. Barkan 1992, Kap. 6.
59 Boas 1914, S. 98–113.
60 Vgl. die in Boas 1996 versammelten Arbeiten.
61 Zu Kroeber vgl. Kronfeldner 2008.
62 Pearson 1913.
63 Pearson 1896, S. 255.
64 Vgl. Kim 1994.
65 Vgl. MacKenzie 1978.
66 Yule 1902, S. 227.
67 Ebd., S. 206.
68 Zum Begriff der Heritabilität und seinen Aporien vgl. Sarkar 1998, Kap. 4.

69 Vgl. Gayon 2000, S. 76–77, und Müller-Wille und Orel 2007, S. 211–213.

70 Vgl. Gayon 1998, S. 289–298.

71 Für eine ausführlichere Darstellung der Verschränkung genealogischer Begriffe und Denkfiguren in Literatur, Kunst, Philosophie und Wissenschaft des neunzehnten und zwanzigsten Jahrhunderts vgl. Weigel 2006.

72 Parnes 2005, S. 238; vgl. Parnes, Vedder und Willer 2008, Kap. 8 und 9, zur weiteren Entwicklung des Begriffs im neunzehnten und frühen zwanzigsten Jahrhundert.

73 Parnes 2005, S. 240.

74 Ebd., S. 249.

75 Ebd., S. 253.

76 Galton 1892 (1869), S. 50–51.

77 Zit. n. Tooker 1992, S. 364.

78 Morgan 1871, S. 10–11.

79 Vgl. Tooker 1992.

80 Vgl. Stocking 1995, S. 208.

81 Vgl. Kuper 1997; Krader 1973, Kap. 2.

82 Vgl. Cartron 2007.

83 Vgl. Dowbiggin 1991 und 1997. Zum Begriff der Diathese vgl. Olby 1993.

84 Gausemeier 2008, S. 150–152.

85 Vgl. Allen 1986.

86 Vgl. Wilson 2008.

87 Wir danken Bernd Gausemeier für diesen Hinweis.

88 Vgl. Hareven 1978.

89 Zit. n. Gausemeier (im Druck).

90 Vgl. Roelcke 2003.

91 Zit. n. Gausemeier 2008, S. 153.

92 Vgl. Gausemeier 2008, S. 155–158.

93 Vgl. Kaufmann 2003, S. 318–319.

94 Vgl. Massin 1996, S. 123.

95 Boas 1996, S. 32.

96 Vgl. McLaughlin und Rheinberger 1982.

97 Vgl. Lipphardt 2007.

98 Zu den Aporien, die der Debatte zwischen Polygenisten und Monoigenisten zugrunde lagen, vgl. Bowler 1986.

99 Vgl. Stocking 1987, S. 62–69.

100 Vgl. Kuklick 2007, S. 58–60.

101 Tylor 1958 (1873), Bd. 2, S. 539.

102 Wir danken Norton Wise für diese Analogie.
103 UNESCO (Hg.) 1952.
104 Dobzhansky 1937, S. 62–63; vgl. Gayon 2003. Dobzhanskys Aussage erscheint umso ambivalenter, als Arbeiten von Wissenschaftlern wie Ernst Rüdin, der als Berater der NS-Regierung in Fragen der Bevölkerungs- und Rassenpolitik für eine »erbarmungslose Ausjäte« plädierte, sich unmittelbar in die Vorgeschichte der Populationsgenetik einreihen; zu Rüdin vgl. Roelcke 2003, S. 47, und Weingart, Bayertz und Kroll 1992 (1988), S. 460–464.
105 Weingart, Bayertz und Kroll 1992 (1988), S. 15.

Kapitel 6 Die Disziplinierung der Vererbung

1 Vgl. Laubichler 2006.
2 Einen kritischen Überblick liefert Olby 1990.
3 Vgl. z.B. Teich 1983, 2000.
4 Vgl. Thurtle 2008 und Bonneuil 2008.
5 Vgl. Müller-Wille 2007.
6 Powell et al. 2007.
7 Vgl. Olby 1979 sowie zuletzt Müller-Wille und Orel 2007.
8 Vgl. Olby 1985 (1966), S. 205–207 und Gliboff 1999. Mendels Briefwechsel mit Nägeli wurde bereits 1905 von Carl Correns ediert; vgl. Correns 1924a (1905).
9 Jahn 2000, S. 389.
10 Vgl. Olby 1985 (1966), Kap. 2.
11 Naudin 1865, S. 149.
12 Ebd., S. 150.
13 Mendel 1866, S. 3.
14 Mendel 1866, S. 3.
15 Mendel 1866, S. 41 f.
16 Vgl. Mendel 1870 und Correns 1924a (1905).
17 Foucault 1971, S. 24.
18 Vgl. Orel 1996.
19 Exemplarisch für Deutschland vgl. dazu etwa Teich 2000, Wieland 2004 und Harwood 2005.
20 Wood und Orel 2005.
21 Vgl. Massy 2007, S. 205.
22 Vgl. Wood und Orel 2001.
23 Vgl. Gayon und Zallen 1998.

24 Zit. n. Roll-Hansen 2005, S. 47.
25 Vgl. Derry 2003.
26 Vgl. Müller-Wille 2005b.
27 Vgl. Paul u. Kimmelmann 1988, Palladino 1993 sowie Wieland 2004.
28 Vgl. Brandt 2008.
29 Warming und Johannsen 1909 (1900), S. 355.
30 Vgl. die Liste belieferter Brauereien am Ende von Hansen 1896; zu Hansen vgl. Teich 1983.
31 Vgl. Mendelsohn 2005, Bonneuil 2008 und Thurtle 2008.
32 Vgl. Kevles 2003 und 2008.
33 Vgl. Allen 2003.
34 Vgl. Ruckenbauer 2000, S. 31–46.
35 Vgl. Stamhuis 2005.
36 Vgl. Jahn 1958.
37 Vgl. de Vries 1900 und Correns 1900.
38 Bateson 1900, S. 54.
39 Bateson 1899, S. 59.
40 Bateson 1908, S. 332–333.
41 Hartmann 1927, S. 5–11.
42 Vgl. auch Roll-Hansen 1978 und 1989, vgl. Rheinberger 2006b, Kap 4.
43 Johannsen 1909.
44 Johannsen 1911, S. 131.
45 Johannsen 1926, S. VI.
46 Johannsen 1911, S. 130.
47 Ebd., S. 133.
48 Ebd.
49 Ebd., S. 133, 150.
50 Ebd., S. 139.
51 Vgl. Churchill 1974.
52 Correns, Autobiographische Skizze, Typoskript. MPG-Archiv, Abt. III, Rep. 17, Nr. 1, S. 3.
53 Vgl. zu Correns' Mendel-Lektüre Rheinberger 1995.
54 Vgl. Rheinberger 2000a.
55 Correns 1924b (1901), S. 276.
56 Ebd., S. 277.
57 Ebd., S. 279.
58 Ebd. S. 279.
59 Ebd., S. 281.
60 Vgl. Bonneuil 2008.
61 Vgl. Rheinberger 2002b.

62 Correns 1924c (1909), S. 655.
63 Johannsen 1911, S. 153.
64 Johannsen 1923, S. 137.
65 Johannsen 1911, S. 159.
66 Vgl. Allen 1978.
67 Vgl. Kohler 1994, der Morgans Fliegenraum auch als »Brutreaktor« beschreibt.
68 Zu Mais vgl. Kass und Bonneuil 2004, Kass, Bonneuil und Coe 2005; zur Maus Gaudillière 2004a.
69 Vgl. Schwartz 2000 und Waters 2004.
70 Vgl. de Vries 1901–1903.
71 Vgl. Kohler 1994.
72 Jennings 1911, S. 80.
73 Vgl. Rader 2004 sowie Löwy und Gaudillière 1998.
74 Vgl. von Schwerin 2004 und 2006, S. 23.
75 Vgl. Brandt 2008.
76 Vgl. von Schwerin 2008.
77 Vgl. Holmes 2006.
78 Vgl. Fox Keller 1983 und Comfort 2001.
79 Vgl. Sutton 1903 und Boveri 1904; zu Boveris Experimenten Satzinger 2008.
80 Vgl. dazu Campos 2006.
81 Muller 1951, S. 95 ff.
82 Diese Ansicht vertrat Richard Goldschmidt; vgl. Richmond 2007.
83 Kühn 1941, S. 258.
84 Vgl. Moss 2003.
85 Morgan 1935, S. 3.
86 Gayon spricht in diesem Zusammenhang vom Trägheitsprinzip als »Ausgangspunkt für eine Mechanik der Evolution«; s. Gayon 1998, S. 297.
87 Vgl. Harwood 1993.
88 Vgl. dazu Junker und Hoßfeld 2001 sowie Smocovitis 1996.
89 Vgl. zu Goldschmidt Richmond 2007.
90 Bateson 1908, S. 317.
91 Zu Goldschmidt, vgl. Satzinger (im Druck).
92 Vgl. von Schwerin 2004 sowie Schmuhl (Hg.) 2003 und 2005.
93 Löwy und Gaudillière 2008, S. 6.
94 Gaudillière und Löwy (Hg.) 2001; vgl. Paul 1998, Kap. 9.
95 Vgl. Palladino 1993 zu England und Bonneuil 2006 zu Frankreich.
96 Bert Theunissen hat dies beispielsweise an der Zucht holländischer Milchkühe zwischen 1900 und 1950 nachgewiesen, Jennifer Marie an der

Kleintierzucht, insbesondere der Kaninchen- und Geflügelzucht in Großbritannien, und von Schwerin in eingehenden Detailstudien im deutschen Raum; vgl. Theunissen 2008; Marie 2004; und von Schwerin 2004.
97 Vgl. dazu u.a. Schloegel 2008.
98 Vgl. Canguilhem 1981.
99 Vgl. Griesemer 2000 und 2007.
100 Vgl. zuletzt Roll-Hansen 2005.

Kapitel 7 Vererbung und Molekularbiologie

1 Fox Keller 2001 (2000).
2 Stubbe 1965, S. 241.
3 Vgl. Morange 1998a (1994).
4 Vgl. Judson 1980.
5 Vgl. Olby 1974.
6 Vgl. Lichtenthaler 1994.
7 Zum Begriff des »epistemologischen Hindernisses« vgl. Bachelard 1987 (1938).
8 Vgl. Gaudillière und Löwy (Hg.) 1998; sowie Grandin, Wormbs und Widmalm (Hg.) 2004.
9 Vgl. Gaudillière 2004b.
10 Vgl. Rasmussen 1997.
11 Vgl. dazu Keating und Cambrosio 2003.
12 Vgl. Joerges und Shinn 2001 sowie Shinn und Joerges 2002.
13 Vgl. Rheinberger 2006b, bes. Kap. 3.
14 Burian 1996, S. 67.
15 Kay 1993, S. 4–6.
16 Der Begriff des »Protoplasma« geht zurück auf Max Schultze, vgl. Schulze 1861.
17 Vgl. Kay 1988.
18 Vgl. Rheinberger 1997.
19 Vgl. Kay 1993.
20 Vgl. Chadarevian 2002.
21 Vgl. Olby 1974.
22 Vgl. Rheinberger 2006b, bes. Kap. 11.
23 Angela Creager hat dies am Beispiel von Wendell Stanleys Arbeit am Tabakmosaikvirus (TMV) ausführlich gezeigt, vgl. Creager 2002. Wir kommen auf das TMV noch zurück.
24 Vgl. Kohler 1976, Abir Am 1982 und Kay 1993.

25 Olby 1974, S. 440.
26 Kay 1993, S. 8.
27 Vgl. Kay 1993.
28 Vgl. Gaudillière 2002.
29 Friedmann 1997, S. 108.
30 Vgl. Creager 2004, Krige 2006; und Kraft 2006.
31 Vgl. Rheinberger 2006b, bes. Kap 9.
32 Vgl. dazu Comfort 2001.
33 Vgl. Rheinberger 2004.
34 Vgl. Lederman und Burian 1993 sowie Gachelin (Hg.) 2006.
35 Vgl. Kay 1986 und Creager 2002.
36 Vgl. Kay 1989 und Kohler 1991.
37 Beadle stammte aus der Schule von Roy Emerson in Cornell; vgl. dazu Berg u. Singer 2003.
38 Vgl. Fischer 1988 und Cairns et al. 1992.
39 Schrödinger 1967 (1944), S. 21. In der deutschen Übersetzung »Code der Vererbung«. Schrödinger 1987, S. 55.
40 Schrödinger 1987, S. 34.
41 Stent 1968.
42 Vgl. Kevles 1985, Kap. 3.
43 Vgl. dazu Morange 1982, S. 66.
44 Vgl. Brock 1990.
45 Vgl. Holmes 2006.
46 Vgl. Rheinberger 2006a (2001).
47 Watson u. Crick 1953, S. 737.
48 Vgl. Crick 1958.
49 Rabinow 2004, S. 115.
50 Ebd., S. 63.
51 Unter den Historikern der Molekularbiologie gibt es darüber eine anhaltende Kontroverse; vgl. dazu u.a. Judson 1980 (1979), Sarkar 1996, Kay 2001 (2000).
52 Wiener 1963 (1948), S. 74.
53 Vgl. Kay 2001 (2000).
54 Vgl. Nelkin und Lindee 1995.
55 Vgl. Proctor 2003.
56 Pauling et al. 1949, S. 543.

Kapitel 8
Gentechnologie, Genomik, Postgenomik. Ein Ausblick

1 Vettel 2006, S. IX.
2 Vgl. Grote 2008.
3 Vgl. Rheinberger 1996.
4 Szybalski und Skalka 1978, S. 181.
5 Jasanoff 2006, S. 284.
6 Vgl. Rabinow 1996.
7 Rajan 2006, S. 16.
8 Jackson 1995, S. 364.
9 Vgl. Watson und Tooze 1981.
10 Vgl. Wright 1994.
11 Vgl. Gaudillière 2006.
12 Zur Geschichte der Patentierung von Lebewesen in den USA vgl. Kevles 2002a.
13 Gottweis 1998, S. 4; zu neueren Entwicklungen vgl. auch Jasanoff 2005.
14 Rajan 2006, S. 5.
15 Vgl. Krimsky 1991.
16 Vgl. Cook-Deegan 1994.
17 Cook-Deegan 1994, S. 98.
18 Vgl. Ankeny 2001a.
19 Vgl. Kevles und Hood (Hg.) 1992 sowie Hilgartner 1995a.
20 Kaufmann 2004.
21 Cook-Deegan 1994.
22 Vgl. Bostanci 2004.
23 Sommer 2008. Ein Jahr zuvor waren es noch 276 Phagen, 1168 Viren, 28 Archaebakterien, 336 Bakterien und 50 Eukaryonten.
24 Vgl. Rabinow 1999 und Kaufmann 2004.
25 Cantor 1992, S. 107.
26 Hilgartner 1995b, 1998 und 2004.
27 Vgl. Strasser 2006.
28 Vgl. Gros 1991, Kap. 7, Rheinberger 2006b, bes. Kap. 8.
29 Vgl. Palsson und Rabinow 1999.
30 Zu diesen Debatten vgl. Sigurdsson 2001 und Fortun 2008. Eine ausführliche Bibliographie findet sich unter http://www.raunvis.hi.is/~sksi/hsd_dec.html.
31 Vgl. Pálsson 2004.
32 Vgl. Reardon 2005.
33 Vgl. Jasanoff 1996 und Lynch 2005.

34 Vgl. Müller-Röber et al. 2007.
35 Vgl. Bonneuil 2002, Jasanoff 2005 und Gaudillière 2006.
36 Vgl. Kevles 2002b.
37 Vgl. Kevles 2002c.
38 Vgl. Kevles 2006.
39 Jacob 1983 (1981), Kap. 2.
40 Wailoo u. Pemberton 2006, S. 170.
41 Caskey 1992, S. 123.
42 Vgl. Wailoo und Pemberton 2006, Kap. 2.
43 Wailoo u. Pemberton 2006, S. 170.
44 Lander 2007, S. 46.
45 Vgl. z. B. Schmidtke et al. 2007.
46 Vgl. Gaudillière und Löwy 2005.
47 Bodmer 1995, S. 414.
48 Vgl. Winnacker 1997.
49 Vgl. Weber 2004.
50 Vgl. Morange 1998b.
51 Vgl. de Chadarevian 1998 und Ankeny 2001b.
52 Vgl. Morange 1998a (1994) und 2000.
53 Vgl. Maienschein 2003.
54 Vgl. Waters 2004.
55 Morange 1998a (1994), S. 43.
56 Kay 2001 (2000); vgl. auch Nelkin und Lindee 1995.
57 Vgl. Rheinberger und Gaudillière (Hg.) 2004.
58 Vgl. Gaudillière und Rheinberger (Hg.) 2004.

Zitierte Literatur

Anonymus. 1837. Protokoll über die Verhandlungen bei der Schafzüchter-Versammlung in Brünn am 1. und 2. Mai 1837. *Mittheilungen der k. k. Mährisch-Schlesischen Gesellschaft zur Beförderung des Ackerbaues, der Natur- und Landeskunde in Brünn*, 1837, S. 201–205, 225–231, und 233–238.

Abir Am, Pnina G. 1982. The discourse of physical power and biological knowledge in the 1930s: A reappraisal of the Rockefeller Foundation's policy in molecular biology. *Social Studies of Science*, 12, S. 341–382.

Adams, Mark B., Hg. 1990. *The Wellborn Science: Eugenics in Germany, France, Brazil, and Russia*. New York: Oxford University Press.

Adelmann, Howard B. 1966. *Marcello Malpighi and the Evolution of Embryology*. 5 Bde., Ithaca/N.Y.: Cornell University Press.

Allen, Garland E. 1978. *Thomas Hunt Morgan: The Man and His Science*, Princeton, NJ: Princeton University Press.

Allen, Garland E. 1986. The Eugenics Record Office, Cold Spring Harbor, 1910–1940. *Osiris*, 2nd Series, 2, S. 225–264.

Allen, Garland E. 1986. T.H. Morgan and the split between embryology and genetics, 1910–1926. In T. Horder, I.A. Witkowski und C.C. Wylie, Hg. *A History of Embryology*. Cambridge/Engl.: Cambridge University Press, S. 113–144.

Allen, Garland E. 2003. Mendel and modern genetics: the legacy for today. *Endeavour*, 27, S. 63–68.

Aly, Götz, und Susanne Heim. 1991. *Vordenker der Vernichtung. Auschwitz und die deutschen Pläne für eine neue europäische Ordnung*. Frankfurt am Main: Fischer.

Andersen, Otto. 1979. Denmark. In W.R. Lee, Hg. *European Demography and Economic Growth*. London: Croom Helm, S. 79–122.

Ankeny, Rachel A. 2001a. Model organisms as models: Understanding the ›lingua franca‹ of the Human Genome Project. *Philosophy of Science*, 68, S. 251–261.

Ankeny, Rachel A. 2001b. The natural history of *C. elegans* research. *Nature Reviews Genetics*, 2, S. 474–478.

Arendt, Hannah. 2003. *Elemente und Ursprünge totaler Herrschaft: Antisemitismus. Imperialismus. Totale Herrschaft*. München: Piper, Originalausg. 1955.

Aristoteles. 1957. *Tierkunde*, Lehrschriften, Bd. 8.1, hg. und übers. v. P. Gohlke, Paderborn: Ferdinand Schoeningh.

Aristoteles. 1958. *Über den Himmel. Vom Werden und Vergehen*. Lehrschriften, Bd. 6, hg. und übers. v. P. Gohlke, Paderborn: Ferdinand Schoeningh.

Aristoteles. 1959. *Über die Zeugung der Geschöpfe*. Lehrschriften, Bd. 8.3, hg. und übers. v. P. Gohlke, Paderborn: Ferdinand Schoeningh.

Aristoteles. 1995. *Philosophische Schriften 6: Physik. Vorlesungen über die Natur*. Übersetzt von Hans Günter Zekl. Hamburg: Meiner.

Bachelard, Gaston. 1987. *Die Bildung des wissenschaftlichen Geistes*. Übers. von Michael Bischoff. Frankfurt am Main: Suhrkamp, frz. Originalausg. 1938.

Bachelard, Gaston. 1988. *Der neue wissenschaftliche Geist*, Frankfurt am Main: Suhrkamp, frz. Originalausg. 1934.

Bäckstedt, Eva. 2002. Rasbiologens barnbarn gör upp med arvet. *Svenska Dagbladet Kultur* vom 02. 03. 2002, S. 4–5.

Bajema, Carl J. 1982. *Artificial Selection and the Development of Evolutionary Theory*. Stroudsburg, PA: Hutchinson Ross.

Barkan, Elazar. 1992. *The Retreat of Scientific Racism: Changing Concepts of Race in Britain and the United States Between the World Wars*. Cambridge: Cambridge University Press.

Bateson, William. 1899. Hybridisation and cross-breeding as a method of scientific investigation. *Journal of the Royal Horticultural Society*, 24, S. 59–66.

Bateson, William. 1900. Problems of heredity as a subject for horticultural investigation. *Journal of the Royal Horticultural Society*, 25, S. 54–61.

Bateson, William. 1908. *The Methods and Scope of Genetics: An Inaugural Lecture Delivered 23 October 1908*. Cambridge: Cambridge University Press.

Bayon, H.P. 1947. William Harvey (1578–1657). His application of biological experiment, clinical observation, and Comparative Anatomy to the Problems of Generation. *Journal of the History of Medicine and Allied Sciences*, 2, S. 51–96.

Becker, Thomas. 2005. *Mann und Weib – schwarz und weiß. Die wissenschaftliche Konstruktion von Geschlecht und Rasse 1650–1900*. Frankfurt am Main: Campus.

Berg, Paul, und Maxine Singer. 2003. *George Beadle: An Uncommon Farmer. The Emergence of Genetics in the 20th Century*. Cold Spring Harbor: Cold Spring Harbor Laboratory Press.

Bernard, Claude. 1965. *De la physiologie générale*, Bruxelles: Culture et Civilisation, frz. Originalausg. 1867.

Bernard, Claude. 1966. *Leçons sur les phénomènes de la vie communs aux animaux et aux végétaux*. 2. Aufl., Paris: J. Vrin, frz. Originalausg. 1878.

Black, Henry Campbell, und Bryan A. Garner, Hg. 1999. *Black's Law Dictionary*. 7. Aufl., St. Paul, Minn.: West Group.

Blumenbach, Johann Friedrich. 1798. *Über die natürliche Verschiedenheiten im Menschengeschlechte*. 3. Aufl., hg. v. J.G. Gruber, Leipzig: Breitkopf und Härtel, Originalausg. 1795.

Boas, Franz. 1891. Mixed Races. *Science*, 17, S. 179.

Boas, Franz. 1894. The correlation of anatomical or physiological measurements. *American Anthropologist*, 7, S. 313–324.

Boas, Franz. 1914. *Kultur und Rasse*. Leipzig: Veit.

Boas, Franz. 1996. *Race, Language and Culture*. Chicago, Ill.: Univ. of Chicago Press.

Bodmer, W. 1995. Where will genome analysis lead us forty years on? In D. A. Chambers, Hg. *DNA: The Double Helix, Perspective and Prospective at Forty Years*. New York: The New York Academy of Sciences, S. 414–426.

Bonnet, Charles. 1762. *Considérations sur les corps organisés, où l'on traite de leur origine, de leur développement, de leur réproduction … et où l'on a rassemblé en abrégé tout ce que l'histoire naturelle offre de plus certain et de plus intéressant sur ce sujet*. 2 Bde., Amsterdam: Rey.

Bonneuil, Christophe. 2002. Les recherches sur les impacts agro-écologiques des OGM dans les années 1990. In *Maîtrise des risques, prévention et principe de précaution*. Paris: INRS Edition, S. 81–94.

Bonneuil, Christophe. 2006. Mendelism, plant breeding and experimental cultures: Agriculture and the development of genetics in France. *Journal of the History of Biology*, 39, S. 281–308.

Bonneuil, Christophe. 2008. Producing identity, industrializing purity: Elements for a cultural history of genetics. In *Conference: Heredity in the Century of the Gene (A Cultural History of Heredity IV)*. Preprint 343. Berlin: Max-Planck-Institut für Wissenschaftsgeschichte, S. 81–110.

Bostanci, Adam. 2004. Sequencing human genomes. In J.-P. Gaudillière und H.-J. Rheinberger, Hg. *From Molecular Genetics to Genomics. The Mapping Cultures of Twentieth-Century Genetics*. London: Routledge, S. 158–179.

Boveri, Theodor. 1888. *Zellen-Studien*, Heft 2. Jena: G. Fischer.

Boveri, Theodor. 1889. Ein geschlechtlich erzeugter Organismus ohne mütterliche Eigenschaften. *Sitzungsberichte der Gesellschaft für Morphologie und Physiologie München*, 5, S. 73–83.

Boveri, Theodor. 1893. An organism produced sexually without characteristics of the mother. *American Naturalist*, 27, S. 222–232.

Boveri, Theodor. 1904. *Ergebnisse über die Konstitution der chromatischen Substanz des Zellkerns*. Jena: Gustav Fischer.

Bowler, Peter J. 1971. Preformation and pre-existence in the seventeenth century: A brief analysis. *Journal of the History of Biology*, 4, S. 221–244.

Bowler, Peter J. 1986. *Theories of Human Evolution: A Century of Debate 1844–1944*. Oxford: Basil Blackwell.

Bowler, Peter J. 1989. *The Mendelian Revolution: The Emergence of Hereditarian Concepts in Modern Science and Society*. Baltimore: Johns Hopkins University Press.

Bowler, Peter J. 1992. *The eclipse of Darwinism*. Baltimore: Johns Hopkins University Press.

Bracton, Henry de. 1968–1977. *On the Laws and Customs of England*. 4 Bde., Hg. G.E. Woodbridge, Übers. S.L. Thorne, Cambridge, MA: Belknap.

Brandt, Christina. 2008. Clones, pure lines and heredity. The work of Victor Jollos. In *Conference: Heredity in the Century of the Gene (A Cultural History of Heredity IV)*. Preprint 343. Berlin: Max-Planck-Institut für Wissenschaftsgeschichte, S. 139–148.

Brantlinger, Patrick. 2003. *Dark Vanishings: Discourse on the Extinction of primitive Races, 1800–1930*, Ithaca, NY: Cornell University Press.

Braude, Benjamin. 1997. Sons of Noah. *The William and Mary Quarterly, 3rd Ser.*, 54, S. 103–142.

Broberg, Gunnar, und Nils Roll-Hansen, Hg. 1996. *Eugenics and the Welfare State*, East Lansing: Michigan State University Press.

Brock, Thomas D. 1990. *The Emergence of Bacterial Genetics*. Cold Spring Harbor: Cold Spring Harbor Laboratory Press.

Browne, Janet. 2002. *Charles Darwin: The Power of Place. Volume II of a Biography*. New York: Knopf.

Buffon, Georges Louis Leclerc, Comte de. 1749–1767. *Histoire naturelle, générale et particulière, avec la description du cabinet du roi*. 15 Bde., Paris: Imprimerie Royale.

Buffon, Georges Louis Leclerc, Comte de. 1971. *De l'homme*. Hg. M. Duchet, Paris: L'Harmattan.

Bulmer, Michael. 2003. *Francis Galton: Pioneer of Heredity and Biometry*. Baltimore: Johns Hopkins University Press.

Burian, Richard M. 1996. Underappreciated pathways toward molecular genetics as illustrated by Jean Brachet's cytochemical embryology. In S. Sarkar, Hg. *The Philosophy and History of Molecular Biology: New Perspectives*. Dordrecht und London: Kluwer, S. 67–85.

Burton, Robert. 1621. *The Anatomy of Melancholy*, Projekt Gutenberg Edition, http://www.gutenberg.org/files/10800/10800-h/10800-h.htm.

Buss, Allen R. 1976. Galton and the birth of differential psychology and eugenics: Social, political, and economic forces. *Journal of the History of the Behavioral Sciences*, 12, S. 47–58.

Cairns, John, Gunther S. Stent und James D. Watson, Hg. 1992. *Phage and the Origins of Molecular Biology*. New York: Cold Spring Harbour.

Campbell, Chloe. 2007. *Race and Empire: Eugenics in Colonial Kenya*, Manchester: Manchester University Press.

Campos, Luis. 2006. Genetics without genes: Blakeslee, Datura and »chromosomal mutations«. In *Conference: Heredity in the Century of the Gene (A Cultural History of Heredity IV)*, Preprint 343. Berlin: Max-Planck-Institut für Wissenschaftsgeschichte, S. 21–23.

Canguilhem, Georges. 1981. Qu'est-ce que une idéologie scientifique? In G. Canguilhem, Hg. *Idéologie et rationalité dans l'histoire des sciences de la vie*. Paris: Vrin, S. 33–45.

Cantor, Charles. 1992. The challenges to technology and informatics. In D. J. Kevles und L. Hood, Hg. *The Code of Codes: Scientific and Social Issues in the Human Genome Project*. Cambridge (MA): Harvard University Press, S. 98–111.

Carlson, Elof A. 1966. *The Gene: A Critical History*. Philadelphia, PA: Saunders.

Carol, Anne. 1995. *Histoire de l'eugénisme en France: Les médecins et la procréation, XIXe–XXe Siècle*. Paris: Seuil.

Cartron, Laure. 2007. Degeneration and »alienism« in early nineteenth-century France. In S. Müller-Wille und H.-J. Rheinberger, Hg. *Heredity Produced: At the Crossroads of Biology, Politics and Culture, 1500–1870*. Cambridge, Mass.: MIT Press, S. 155–174.

Caskey, Thomas C . 1992. DNA-based medicine: Prevention and therapy. In D. J. Kevles und L. Hood, Hg. *The Code of Codes: Scientific and Social Issues in the Human Genome Project*. Cambridge, MA: Harvard University Press, S. 112–135.

Céard, Jean, 1996. *La nature et les prodiges. L'insolite au XVIe siècle*. 2. Aufl., Genf: Droz.

Chadarevian, Soraya de. 2002. *Designs for Life: Molecular biology after World War II*. Cambridge und New York: Cambridge University Press.

Chadarevian, Soraya de. 1998. Of worms and programmes: *Caenorhabditis elegans* and the study of development. *Studies in History and Philosophy of Biological and Biomedical Sciences*, 29, S. 81–105.

Churchill, Frederick B. 1974. William Johannsen and the genotype concept. *Journal of the History of Biology*, 7, S. 5–30.

Churchill, Frederick B. 1987. From heredity theory to »Vererbung«: The transmission problem, 1850–1915. *Isis*, 78, S. 337–364.

Churchill, Frederick B. 2007. Living with the biogenetic law: A reappraisal. In M. Laubichler und J. Maienschein, Hg. *From Embryology to Evo-Devo, A History of Developmental Evolution*. Cambridge, MA: MIT Press, S. 37–81.

Cohen, I. Bernhard. 1994. Harrington and Harvey: A theory of the state based on the new philosophy. *Journal of the History of Ideas*, 55, S. 187–210.

Cole, Francis Joseph. 1930. *Early Theories of Sexual Generation*. Oxford: Clarendon Press.

Coleman, William. 1971. *Biology in the Nineteenth Century. Problems of Form, Function, and Transformation*. New York: John Wiley.

Comfort, Nathaniel C. 2001. *The Tangled Field. Barbara McClintock's Search for the Patterns of Genetic Control*. Cambridge, MA: Harvard University Press.

Cook-Deegan, Robert. 1994. *The Gene Wars. Science, Politics, and the Human Genome*. New York: W.W. Norton.

Correns, Carl. Autobiographische Skizze, Typoskript. MPG-Archiv, Abt. III, Rep. 17, Nr. 1, S. 3.

Correns, Carl. 1900. G. Mendels Regel über das Verhalten der Nachkommenschaft der Rassenbastarde. *Berichte der Deutschen Botanischen Gesellschaft*, 18, S. 158–168.

Correns, Carl. 1924a. Gregor Mendels Briefe an Carl Naegeli 1866–1873. Ein Nachtrag zu den veröffentlichten Bastardisierungsversuchen Mendels. In *Gesammelte Abhandlungen zur Vererbungswissenschaft aus periodischen Schriften 1899–1924*. Berlin: Julius Springer, S. 1233–1297, Originalausg. 1905.

Correns, Carl. 1924b. Die Ergebnisse der neuesten Bastardforschungen für die Vererbungslehre. In *Gesammelte Abhandlungen zur Vererbungswissenschaft aus periodischen Schriften 1899–1924*. Berlin: Julius Springer, S. 264–286, Originalausg. 1901.

Correns, Carl. 1924c. Zur Kenntnis der Rolle von Kern und Plasma bei der Vererbung. In *Gesammelte Abhandlungen zur Vererbungswissenschaft aus periodischen Schriften 1899–1924*. Berlin: Julius Springer, S. 648–656, Originalausg. 1909.

Cowan, Ruth Schwartz. 1977. Nature and Nurture: The interplay of biology and politics in the work of Francis Galton. In W. Coleman and C. Limoges, Hg. *Studies in the History of Biology*. Bd. 1, Baltimore and London: Johns Hopkins University Press, S. 133–208.

Creager, Angela N. 2002. *The Life of a Virus: Tobacco Mosaic Virus as an Experimental Model, 1930–1965*. Chicago, IL: University of Chicago Press.

Creager, Angela N. 2004. The industrialization of radioisotopes by the U.S. Atomic Energy Commission. In K. Grandin, N. Wormbs, und S. Widmalm, Hg. *The Science-Industry Nexus: History, Policy, Implications*. Sagamore Beach, MA: The Nobel Foundation/Science History Publications, S. 141–168.

Cremer, Thomas. 1985. *Von der Zellenlehre zur Chromosomentheorie: Naturwissenschaftliche Erkenntnis und Theoriewechsel in der frühen Zell- und Vererbungsforschung*. Berlin und New York: Springer.

Crick, Francis H.C. 1958. On Protein Synthesis. *Symposium of the Society for Experimental Biology* 12, S. 138–163.

Darwin, Charles. 1966. *On the Origin of Species: A Facsimile of the First Edition*. Einl. E. Mayr, Cambridge, MA: Harvard University Press, Originalausg. 1859.

Darwin, Charles. 1868. *Das Variieren der Thiere und Pflanzen im Zustande der Domestication*. 2 Bände. Aus dem Englischen übersetzt von Julius Victor Carus. Stuttgart: E. Schweizerbart'sche Verlagshandlung (E. Koch).

Darwin, Charles. 1988. *The Variation of Plants and Animals under Domestication*. 2 Bde., The Works of Charles Darwin, hg. v. P.H. Barrett und R.B. Freeman, Bd. 19 und 20, New York: New York University Press, Originalausg. 1868.

Darwin, Charles. 1989. *The Descent of Man, and Selection in Relation to Sex*. 2 Bde., The Works of Charles Darwin, hg. v. P.H. Barrett und R.B. Freeman, Bd. 21 und 22, New York: New York University Press, Originalausg. 1870–1871.

Darwin, Charles. 1992. *Über die Entstehung der Arten durch natürliche Zuchtwahl*. Darmstadt: Wissenschaftliche Buchgesellschaft, engl. Originalausg. 1859.

Daston, Lorraine, und Peter Galison. 1992. The Image of Objectivity. *Representations*, 40, S. 81.

Daston, Lorraine, und Katharine Park. 2002. *Wunder und die Ordnung der Natur, 1150–1750*. Berlin: Eichborn, engl. Originalausg. 1998.

De Renzi, Silvia. 2007. Resemblance, paternity, and imagination in early modern courts. In S. Müller-Wille und H.-J. Rheinberger, Hg. *Heredity Produced: At the Crossroads of Biology, Politics, and Culture, 1500–1870*. Cambridge MA: MIT Press, S. 61–83.

Derry, Margaret. 2003. *Bred for Perfection: Shorthorn Cattle, Collies, and Arabian Horses Since 1800.* Baltimore: Johns Hopkins University Press.

Descartes, Réné. 1986. *Œuvres de Descartes.* 11 Bde., Hg. C. Adam und P. Tannery, Paris: Vrin.

Detlefsen, Karen. 2006. Explanation and demonstration in the Haller-Wolff debate. In J. E. H. Smith, Hg. *The Problem of Animal Generation in Early Modern Philosophy.* Cambridge: Cambridge University Press, S. 235–261.

Di Meo, Antonio. 1995. Il concetto di ›circolazione‹. Storia di una rivoluzione transdisciplinare. In G. Cimino und B. Fantini, Hg. *Le rivoluzioni nelle scienze della vita.* Firenze: Leo S. Olschki, S. 31–84.

Dobzhansky, Theodosius. 1937. *Genetics and the Origin of Species.* New York: Columbia University Press.

Dowbiggin, Ian Robert. 1991. *Inheriting Madness: Professionalization and Psychiatric Knowledge in Nineteenth-Century France.* Berkeley: University of California Press.

Dowbiggin, Ian Robert. 1997. *Keeping America Sane. Psychiatry and Eugenics in the United States, 1880–1940,* Ithaca: Cornell University Press.

Drayton, Richard. 2000. *Nature's Government: Science, Imperial Britain, and the »Improvement« of the World.* New Haven: Yale University Press.

Duchesneau, François. 1998. *Les modèles du vivant de Descartes à Leibniz.* Paris: Vrin.

Duchesneau, François. 2006. Charles Bonnet's neo-Leibnizian theory of organic bodies. In J. E. H. Smith, Hg. *The Problem of Animal Generation in Early Modern Philosophy.* Cambridge: Cambridge University Press, S. 285–314.

Duchesneau, François. 2007. The delayed linkage of heredity with the cell theory. In S. Müller-Wille und H.-J. Rheinberger, Hg. *Heredity Produced: At the Crossroads of Biology, Politics and Culture, 1500–1870.* Cambridge, MA: MIT Press, S. 293–314.

Dunn, Leslie C. 1965. *A Short History of Genetics. The Development of Some of the Main Lines of Thought: 1864–1939.* New York: McGraw-Hill.

Duret, Claude. 1605. *Histoire admirable des plantes et herbes esmerveillables et miraculeuses en nature.* Paris.

Efron, John M. 1994. *Defenders of The Race: Jewish Doctors and Race Science in fin-de-siècle Europe.* New Haven, Conn.: Yale University Press.

Eigen, Sara Paulson. 2000. A mother's love, a father's line: Law, medicine and the 18th-century fictions of patrilineal genealogy. In K. Heck und

B. Jahn, Hg. *Genealogie als Denkform in Mittelalter und Früher Neuzeit.* Tübingen: Niemeyer, S. 87–107.

Falcon, Andrea. 2005. *Aristotle and the Science of Nature: Unity Without Uniformity.* Cambridge: Cambridge University Press.

Falk, Raphael. 2006. Mendel's impact. *Science in Context,* 19, S. 215–236.

Farley, John. 1974. *The Spontaneous Generation Controversy from Descartes to Oparin.* Baltimore and London: Johns Hopkins University Press.

Feinberg, Harvey M., und Joseph B. Solodow. 2002. Out of Africa. *The Journal of African History,* 43, S. 255–261.

Fernel, Jean François. 1554. *Medicina ad Henricum II Galliarum regem christianissimum.* 3 Bde., Paris: Andreas Wechel.

Fischer, Ernst Peter. 1988. *Das Atom des Biologen. Max Delbrück und der Ursprung der Molekulargenetik.* München: Piper.

Foote, Edward T. 1969. Harvey: Spontaneous generation and the egg. *Annals of Science,* 25, S. 139–163.

Fortun, Mike. 2008. *Promising Genomics: Iceland and deCODE Genetics in a World of Speculation.* Berkeley: University of California Press.

Foucault, Michel. 1978. *Die Ordnung der Dinge. Eine Archäologie der Humanwissenschaften,* Frankfurt am Main: Suhrkamp, frz. Originalausg. 1966.

Foucault, Michel. 1971. *L'ordre de discours. Leçon inaugurale au collège de France prononcée le 2 décembre 1970.* Paris: Gallimard.

Foucault, Michel. 1983. *Sexualität und Wahrheit, Band 1. Der Wille zum Wissen.* Frankfurt am Main: Suhrkamp, frz. Originalausg. 1976.

Foucault, Michel, 1986. *Archäologie des Wissens.* Frankfurt am Main: Suhrkamp, frz. Originalausg. 1969.

Foucault, Michel. 1991. Faire vivre et laisser mourir: la naissance du racisme. *Les Temps Modernes,* 535, S. 37–61.

Foucault, Michel. 1999. *In Verteidigung der Gesellschaft. Vorlesungen am Collège de France (1975–76).* Frankfurt am Main: Suhrkamp, frz. Originalausg. 1996.

Fox Keller, Evelyn. 1983. *A Feeling for the Organism: The Life and Work of Barbara McClintock.* San Francisco: Freeman.

Fox Keller, Evelyn. 2001. *Das Jahrhundert des Gens,* Frankfurt am Main: Campus, engl. Originalausg. 2000.

Franklind Rosalin E., und Raymund G. Ogosling. 1953. Molecular structure of sodium thymonucleate. *Nature,* 171. S. 740–741.

Friedmann, Herbert C. 1997. From Friedrich Wöhler's urine to Eduard Buchner's alcohol. In A. Cornish-Bowden, Hg. *New Beer in an Old Bottle:*

Eduard Buchner and the Growth of Biochemical Knowledge. Valencia: Universitat de Valencia, S. 67–122.

Fuchs, Thomas. 1992. *Die Mechanisierung des Herzens: Harvey und Descartes. Der vitale und der mechanische Aspekt des Kreislaufs*. Frankfurt am Main: Suhrkamp.

Gachelin, Gabriel, Hg. 2006. *Les organismes modèles dans la recherche médicale*. Paris: Presses Universitaires de France.

Galton, Francis. 1865. Hereditary talent and character. *Macmillan's Magazine*, S. 157–166, 318–327.

Galton, Francis. 1872. On blood relationships. *Proceedings of the Royal Society*, 20, S. 394–402.

Galton, Francis. 1873. Hereditary improvement. *Fraser's Magazine*, 7, S. 116–130.

Galton, Francis. 1876. A theory of heredity. *Journal of the Anthropological Institute*, 5, S. 329–348.

Galton, Francis. 1883. *Inquiries into Human Faculty and Its Development*. London: Macmillan.

Galton, Francis. 1892. *Hereditary Genius: An Inquiry into its Laws and Consequences*. 2. Aufl., London: Macmillan. 1. Aufl. 1869.

Galton, Francis. 1898. A diagram of heredity. *Nature*, 57, S. 293.

Galton, Francis. 1962. *Hereditary Genius: An Inquiry into its Laws and Consequences*. Einl. C.D. Darlington, London: Collins, engl. Originalausg. 1892.

Gans, Eduard. 1824–1835. *Das Erbrecht in weltgeschichtlicher Entwickelung*. 4 Bde., Berlin: Maurer.

Gärtner, Carl Friedrich. 1849. *Versuche und Beobachtungen über die Bastarderzeugung im Pflanzenreich*. Stuttgart: Auf Kosten des Verfassers.

Gasking, Elizabeth. 1967. *Investigations into Generation 1651–1828*. London: Hutchinson.

Gaudillière, Jean-Paul. 2002. *Inventer la biomédecine: La France, l'Amérique et la production des savoirs du vivant, 1945–1965*. Paris: La Découverte.

Gaudillière, Jean-Paul. 2004a. Mapping as technology: genes, mutant mice, and biomedical research (1910–65). In H.-J. Rheinberger und J.-P. Gaudillière, Hg. *Classical Genetics and its Legacy. The Mapping Cultures of Twentieth Century Genetics*. London: Routledge, S. 173–204.

Gaudillière, Jean-Paul. 2004b. Biochemie und Industrie. Der ›Arbeitskreis Butenandt-Schering‹ im Nationalsozialismus. In W. Schieder und A. Trunk, Hg. *Adolf Butenandt und die Kaiser-Wilhelm-Gesellschaft. Wis-*

senschaft, Industrie und Politik im ›Dritten Reich‹. Göttingen: Wallstein, S. 198–246.

Gaudillière, J. 2006. New wine in old bottles? The biotechnology problem in the history of molecular biology. In *Workshop History and Epistemology of Molecular Biology and Beyond: Problems and Perspectives*. Preprint 310. Berlin: Max-Planck-Institut für Wissenschaftsgeschichte, S. 81–93.

Gaudillière, Jean-Paul, und Ilana Löwy, Hg. 1998. *The Invisible Industrialist: Manufactures and the Production of Scientific Knowledge*. London: Macmillan.

Gaudillière, Jean-Paul, und Ilana Löwy, Hg. 2001. *Heredity and Infection: The History of Disease Transmission*. London und New York: Routledge.

Gaudillière, Jean-Paul, und Ilana Löwy. 2005. Science, market, and public health: Contemporary testing for breast cancer predispositions. In V. Berridge und K. Loughlin, Hg. *Medicine, the Market and Mass Media. Producing Health in the Twentieth Century*. London: Routledge, S. 266–287.

Gaudillière, Jean-Paul und Hans-Jörg Rheinberger, Hg. 2004. *From Molecular Genetics to Genomics. The Mapping Cultures of Twentieth Century Genetics*. London: Routledge.

Gausemeier, Bernd. 2008. Pedigree vs. Mendelism. Concepts of Heredity in Psychiatry before and after 1900. In *Conference: Heredity in the Century of the Gene (A Cultural History of Heredity IV)*, Preprint 343. Berlin: Max-Planck-Institut für Wissenschaftsgeschichte, S. 149–162.

Gausemeier, Bernd. Im Druck. Auf der »Brücke zwischen Natur- und Geschichtswissenschaft«. Ottokar Lorenz und die Neuerfindung der Genealogie um 1900. In F. Vienne und C. Brandt, Hg. *Wissensobjekt Mensch. Praktiken der Humanwissenschaften im 20. Jahrhundert*. Frankfurt am Main: Campus.

Gayon, Jean. 1995. Entre force et structure: genèse du concept naturaliste de l'hérédité. In J. Gayon und J. J. Wunenburger, Hg. *Le paradigme de la filiation*. Paris: L'Harmattan, S. 61–75.

Gayon, Jean. 1998. *Darwinism's Struggle for Survival. Heredity and the Hypothesis of Natural Selection*. Cambridge, MA: Cambridge University Press.

Gayon, Jean. 2000. From measurement to organization: a philosophical scheme for the history of the concept of heredity. In P. Beurton, R. Falk, und H.-J. Rheinberger, Hg. *The Concept of the Gene in Development and Evolution: Historical and Epistemological Perspectives*. Cambridge: Cambridge University Press, S. 69–90.

Gayon, Jean. 2003. Do biologists need the expression ›human races‹?

UNESCO 1950–1951. In Jacques Rozenberg, Hg. *Bioethical and Ethical Issues Surrounding the Trials and Code of Nuremberg. Nuremberg Revisited.* Lewiston: The Edwin Mellen Press, S. 23–48.

Gayon, Jean, und Jean-Jacques Wunenburger. 1995. Présentation. In J. Gayon und J.-J. Wunenburger, Hg. *Le paradigme de la filiation.* Paris: L'Harmattan, S. 1–15.

Gayon, Jean, und Doris T. Zallen. 1998. The role of the Vilmorin Company in the promotion and diffusion of the experimental science of heredity in France, 1840–1920. *Journal of the History of Biology*, 31, S. 241–262.

Glass, Bentley. 1968. The germination of the idea of biological species. In B. Glass, O. Temkin und W.L. Strauss, Hg. *Forerunners of Darwin, 1745–1859.* Baltimore: Johns Hopkins Press. 1. Aufl. 1959.

Glass, Bentley, Owsei Temkin, und William L. Strauss, Hg. 1959. *Forerunners of Darwin, 1745–1859.* Baltimore: Johns Hopkins Press.

Gliboff, Sander. 1999. Gregor Mendel and the laws of evolution. *History of Science*, 37, S. 217–235.

Goltz, Dietlinde. 1986. Der leere Uterus: Zum Einfluß von Harveys »De generatione animalium« auf die Lehren von der Konzeption. *Medizinhistorisches Journal*, 21, S. 242–268.

Goody, Jack. 1983. *The Development of the Family and Marriage in Europe.* Cambridge: Cambridge University Press.

Gottweis, Herbert. 1998. *Governing Molecules. The Discursive Politics of Genetic Engineering in Europe and the United States.* Cambridge, MA: MIT Press.

Gould, Stephen J. 1983. *Der falsch vermessene Mensch.* Basel: Birkhäuser, engl. Originalausg. 1981.

Grandin, Karl, Nina Wormbs und Sven Widmalm, Hg. 2004. *The Science-Industry Nexus: History, Policy, Implications.* Sagamore Beach, MA: Science History Publications.

Gregory, Andrew. 2001. Harvey, Aristotle and the Weather Cycle. *Studies in the History and Philosophy of the Biological and Biomedical Sciences*, 32, S. 153–168.

Griesemer, James R. 2000. Reproduction and the reduction of genetics. In S. Beurton, R. Falk und H.-J. Rheinberger, Hg. *The Concept of the Gene in Development and Evolution: Historical and Epistemological Perspectives.* Cambridge studies in philosophy and biology. Cambridge: Cambridge Univ. Press, S. 240–285.

Griesemer, James R. 2007. Tracking organic processes: representations and research styles in classical embryology and genetics. In M.D. Laubichler und J. Maienschein, Hg. *From Embryology to Evo-Devo: A History of Developmental Evolution*. Cambridge, MA: MIT, S. 375–433.

Gros, François. 1991. *Les secrets du gène*. 2. Aufl., Paris: Ed. Odile Jacob.

Grote, Mathias. 2008. *An Experimental and a Conceptual Quest: The Transition from Episomes to Plasmids* (1961–1969), Manuskript.

Gruber, Jacob W. 1970. Ethnographic Salvage and the Shaping of Anthropology. *American Anthropologist*, 72, 1289–1299.

Haeckel, Ernst. 1876. *Perigenesis der Plastidule*. Berlin: Reimer.

Hagner, Michael. 1997. *Homo cerebralis: Der Wandel vom Seelenorgan zum Gehirn*, Berlin: Berlin Verlag.

Hagner, Michael, Hg. 2001. *Ansichten der Wissenschaftsgeschichte*. Frankfurt am Main: Fischer.

Hanke, Christine. 2007. *Zwischen Auflösung und Fixierung. Zur Konstitution von »Rasse« und »Geschlecht« in der physischen Anthropologie um 1900*. Bielefeld: Transcript.

Hansen, Emil Christian. 1896. *Practical Studies in Fermentation Being Contributions to the Life History of Micro-Organisms*. London und New York: Spon und Chamberlain.

Hareven, Tamara. 1978. The search for generational memory: Tribal rites in industrial society. *Daedalus*, 107, S. 137–149.

Hartmann, Max. 1927. *Allgemeine Biologie*. Jena: G. Fischer.

Harvey, William. 1651. *Exercitationes de generatione animalium*. Amsterdam: Elzevier.

Harwood, Jonathan. 1993. *Styles of Scientific Thought: The German Genetics Community; 1900–1933*. Chicago, Il.: University of Chicago Press.

Harwood, Jonathan. 2005. *Technology's Dilemma. Agricultural Colleges between Science and Practice in Germany, 1860–1934*. Bern und Frankfurt am Main: Peter Lang.

Heck, Kilian, und Bernhard Jahn, Hg. 2000. *Genealogie als Denkform in Mittelalter und Früher Neuzeit*. Tübingen: Niemeyer.

Heinrich, Klaus. 1983. *Tertium datur: Eine religionsphilosophische Einführung in die Logik*. Basel–Frankfurt am Main: Stroemfeld/Roter Stern.

Herder, Johann Gottfried. 2002. *Ideen zur Philosophie der Geschichte der Menschheit*. Werke, Bd. III/1, hg. v. W. Pross, München: Carl Hanser, Originalausg. 1785–1791.

Hilgartner, Stephen. 1995a. The Human Genome Project. In S. Jasanoff et al., Hg. *Handbook of Science and Technology Studies*. Thousand Oaks, CA: Sage Publications.

Hilgartner, Stephen. 1995b. Biomolecular databases: New communication regimes for biology? *Science Communication*, 17, S. 240–263.

Hilgartner, Stephen. 1998. Data access policy in genome research. In A. Thackray, Hg. *Private Science*. Philadelphia, PA: University of Pennsylvania Press, S. 202–218.

Hilgartner, Stephen. 2004. Making maps and making social order: Governing american genome centers, 1988–93. In J.-P. Gaudillière und H.-J. Rheinberger, Hg. *From Molecular Genetics to Genomics: The Mapping Cultures of Twentieth-Century Genetics*. London: Routledge, S. 113–128.

Hill, Christopher. 1964. William Harvey and the idea of monarchy. *Past and Present*, 27, S. 54–72.

Hippokrates. 1588. De genitura. In *Hippocratis Coi Opera qvae Graece et latine extant*. 2 Bde, Hg. und Übers. G. Mercuriale, Venedig: Industria ac sumptibus Iuntarum, S. 10–16.

Hippokrates. 1936. Über den Samen. In *Die Werke des Hippokrates*, Band 16, hg. und übers. v. R. Kapferer, Stuttgart und Leipzig: Hippokrates-Verlag, S. 19–28.

Hodge, Jonathan. 1985. Darwin as a lifelong generation theorist. In David Kohn, Hg. *The Darwinian Heritage*. Princeton: Princeton University Press, S. 204–244.

Holmes, Frederick L. 2006. *Reconceiving the Gene. Seymour Benzer's Adventures in Phage Genetics*. New Haven, Conn.: Yale University Press.

Hoßfeld, Uwe. 2005. *Geschichte der biologischen Anthropologie in Deutschland: Von den Anfängen bis in die Nachkriegszeit*. Stuttgart: Franz Steiner Verlag.

Ibrahim, Annie. 1987. La notion de moule intérieur dans les théories de la géneration au XVIIIe siècle. *Archives de Philosophie*, 50, S. 555–580.

Jackson, David A. 1995. DNA: Template for an economic revolution. In D. A. Chambers, Hg. *DNA: The Double Helix, Perspective and Prospective at Forty Years*. New York: The New York Academy of Sciences, S. 356–365.

Jacob, François. 1983. *Das Spiel der Möglichkeiten. Von der offenen Geschichte des Lebens*. München: Piper, frz. Originalausg. 1981.

Jacob, François. 2002. *Die Logik des Lebenden. Eine Geschichte der Vererbung*. Frankfurt am Main: Fischer, frz. Originalausg. 1970.

Jahn, Ilse. 1958. Zur Geschichte der Wiederentdeckung der Mendelschen Gesetze. *Wissenschaftliche Zeitschrift der Friedrich-Schiller Universität Jena*, Mathematisch-naturwissenschaftliche Reihe, 7(2–3), S. 215–227.

Jahn, Ilse. 2000. *Geschichte der Biologie*. Berlin/Heidelberg: Spektrum Akademischer Verlag.

Jasanoff, Sheila. 1996. *Science at the Bar. Science and Technology in American Law*. Cambridge, MA: Harvard University Press.

Jasanoff, Sheila. 2005. *Designs on Nature: Science and Democracy in Europe and the United States*. Princeton: Princeton University Press.

Jasanoff, Sheila. 2006. Biotechnology and empire: The global power of seeds and science. *Osiris*, 21, S. 273–292.

Jennings, Herbert S. 1911. »Genotype« and »pure line«. *Science*, 34(885), 841–842.

Joerges, Bernward, und Terry Shinn, Hg. 2001. *Instrumentation Between Science, State and Industry*. Dordrecht: Kluwer.

Johannsen, Wilhelm. 1909. *Elemente der exakten Erblichkeitslehre. Mit Grundzügen der biologischen Variationsstatistik. In dreißig Vorlesungen*. Jena: G. Fischer.

Johannsen, Wilhelm. 1911. The genotype conception of heredity. *American Naturalist*, 45, S. 129–159.

Johannsen, Wilhelm. 1923. Some remarks about units in heredity. *Hereditas*, 4, S. 133–141.

Johannsen, Wilhelm. 1926. *Elemente der exakten Erblichkeitslehre. Mit Grundzügen der biologischen Variationsstatistik*. 3. Aufl., Jena: G. Fischer.

Jordanova, Ludmilla. 1995. Interrogating the concept of reproduction in the eighteenth century. In F.D. Ginsburg und R. Rapp, Hg. *Conceiving the New World Order*. Berkeley: University of California Press, S. 369–386.

Jucovy, Peter M. 1976. Circle and circulation: the language and imagery of William Harvey's discovery. *Perspectives in Biology and Medicine*, 20, S. 92–107.

Judson, Horace F. 1980. *Der achte Tag der Schöpfung*, Wien und München: Meyster, engl. Originalausg. 1979.

Junker, Thomas, und Uwe Hoßfeld. 2001. *Die Entdeckung der Evolution: Eine revolutionäre Theorie und ihre Geschichte*. Darmstadt: Wissenschaftliche Buchgesellschaft.

Kant, Immanuel. 1913. *Kritik der Urteilskraft*. In *Kant's gesammelte Schriften*, hg. v. Preußische Akademie der Wissenschaften, Berlin: Georg Reimer, Bd. 5, S. 165–485, Originalausg. 1790.

Kant, Immanuel. 1923 a. Bestimmung des Begriffs einer Menschenrace. In *Kant's gesammelte Schriften*, hg. v. Preußische Akademie der Wissenschaften, Berlin: Georg Reimer, Bd. 8, S. 89–106, Originalausg. 1785.

Kant, Immanuel. 1923b. Über den Gebrauch teleologischer Principien in der Philosophie. In *Kant's gesammelte Schriften*, hg. v. Preußische Akademie der Wissenschaften, Berlin: Georg Reimer, Bd. 8, S. 157–184, Originalausg. 1788.

Kant, Immanuel. 1928. *Idee zu einer allgemeinen Geschichte in weltbürgerlicher Absicht*, Leipzig: Meiner, Originalausg. 1784.

Kass, Lee B., und Christophe Bonneuil. 2004. Mapping and seeing: Barbara McClintock and the linking of genetics and cytology in maize genetics, 1928–1935. In H.-J. Rheinberger und J.-P. Gaudillière, Hg. *Classical Genetic Research and its Legacy. The Mapping Cultures of Twentieth Century Genetics.* London: Routledge, S. 91–118.

Kass, Lee B., Christophe Bonneuil und Edward H. Coe. 2005. Cornfests, cornfabs and cooperation. The origins and beginnings of the maize genetics cooperation news letter. *Genetics*, 169, S. 1787–1797.

Kaufmann, Alain. 2004. Mapping the human genome at Généthon Laboratory: The French Muscular Dystrophy Association and the politics of the gene. In J.-P. Gaudillière und H.-J. Rheinberger, Hg. *From Molecular Genetics to Genomics. The Mapping Cultures of Twentieth-Century Genetics.* London: Routledge, S. 129–157.

Kaufmann, Doris. 2003. »Rasse und Kultur«. Die amerikanische Kulturanthropologie um Franz Boas (1858–1942) in der ersten Hälfte des 20. Jahrhunderts – ein Gegenentwurf zur Rassenforschung in Deutschland. In H.-W. Schmuhl, Hg. *Rassenforschung an Kaiser-Wilhelm-Instituten vor und nach 1933*. Göttingen: Wallstein, S. 309–327.

Kay, Lily E. 1986. W.M. Stanley's crystallization of the Tobacco Mosaic Virus, 1930–1940. *Isis*, 77, S. 450–472.

Kay, Lily E. 1988. The Tiselius electrophoresis apparatus and the life sciences, 1930–1940. *History and Philosophy of the Life Sciences*, 10, S. 51–72.

Kay, Lily E. 1989. Selling pure science in wartime: The biochemical genetics of G.W. Beadle. *Journal for the History of Biology*, 22(1), S. 73–101.

Kay, Lily E. 1993. *The Molecular Vision of Life: Caltech, the Rockefeller Foundation, and the Rise of the New Biology*, New York [u.a.]: Oxford Univ. Press.

Kay, Lily E. 2001. *Das Buch des Lebens – Wer schrieb den genetischen Code?*, München: Hanser, engl. Originalausg. 2000.

Keating, Peter, und Alberto Cambrosio. 2003. *Biomedical Platforms. Realigning the Normal and the Pathological in Late-Twentieth-Century Medicine.* Cambridge MA: MIT Press.

Keller, Eve. 1999. Making up for losses. The workings of gender in William

Harvey's »De generatione animalium«. In S. C. Greenfield und C. Barash, Hg. *Inventing Maternity. Politics, Science, and Literature, 1650–1865*. Lexington: University of Kentucky Press, S. 34–56.

Kevles, Daniel J. 1985. *In the Name of Eugenics: Genetics and the Use of Human Heredity*. Cambridge, MA. London: Harvard Univ. Press.

Kevles, Daniel J. 2002a. *A History of Patenting Life in the United States. With Comparative Attention to Europe and Canada*. Brussels: European Community.

Kevles, Daniel J. 2002b. Of mice and money: The story of the world's first animal patent. *Daedalus*, S. 78–88.

Kevles, Daniel J. 2002c. The advent of animal patents: Innovation and controversy in the engineering and ownership of life. In S. Newman und M. Rothschild, Hg. *Intellectual Property Rights and Patenting in Animal Breeding and Genetics*. New York: CABI Publishing, S. 17–30.

Kevles, Daniel J. 2003. *History of Patenting Life in the U. S. With Comparative Attention to Europe and Canada*. Darby: Diane Pub Co.

Kevles, Daniel J. 2006a. Breeding, biotechnology, and agriculture. The establishment and protection of intellectual property in animals since the late eighteenth century. In *Workshop History and Epistemology of Molecular Biology and Beyond: Problems and Perspectives*. Preprint 310, Berlin: Max-Planck-Institut für Wissenschaftsgeschichte, S. 69–79.

Kevles, Daniel J. 2006b. Innovation and ownership in living products: animals and fruits in the United States, the 1870s to 1930. In *Conference: Heredity in the Century of the Gene (A Cultural History of Heredity IV)*, Preprint 343. Berlin: Max-Planck-Institut für Wissenschaftsgeschichte, S. 51–60.

Kevles, Daniel J., und Leroy Hood, Hg. 1992. *The Code of Codes: Scientific and Social Issues in the Human Genome Project*. Cambridge, MA: Harvard University Press.

Kielmeyer, Carl Friedrich. 1993. *Über die Verhältnisse der organischen Kräfte unter einander in der Reihe der verschiedenen Organisationen*. Einl. v. K. T. Kanz, Marburg: Basilisken-Presse, Originalausg. 1793.

Kim, Kyung-Man. 1994. *Explaining Scientific Consensus: The Case of Mendelian Genetics*. New York: Guilford Press.

Koch, Lene. 2004. The Meaning of eugenics: Reflections on the government of genetic knowledge in the past and the present. *Science in Context*, 17, S. 315–331.

Koerner, Lisbet. 1999. *Linnaeus: Nature and Nation*. Cambridge, MA: Harvard University Press.

Kohler, Robert E. 1976. The management of science: the experience of Warren Weaver and the Rockefeller Foundation programme in molecular biology. *Minerva*, 14(3), S. 279–306.

Kohler, Robert E. 1991. Systems of production: Drosophila, Neurospora, and biochemical genetics. *Historical Studies in the Physical and Biological Sciences*, 22, S. 87–130.

Kohler, Robert E. 1994. *Lords of the Fly: Drosophila Genetics and the Experimental Life*. Chicago und London: University of Chicago Press.

Koyré, Alexandre. 1998. Galilei und die wissenschaftliche Revolution des 17. Jahrhunderts. In Ders., *Leonardo, Galilei, Pascal. Die Anfänge der neuzeitlichen Naturwissenschaft*. Frankfurt am Main: Fischer, S. 70–87, engl. Originalausg. 1943.

Krader, Lawrence. 1973. *Ethnologie und Anthropologie bei Marx*. München: Hanser.

Kraft, Alison. 2006. Between medicine and industry: Medical physics and the rise of the radioisotope 1945–65. *Contemporary British History*, 20, S. 1–35.

Krige, John. 2006. Atoms for peace, scientific internationalism, and scientific intelligence. *Osiris*, 21, S. 161–181.

Krimsky, Sheldon. 1991. *Biotechnics and Society. The Rise of Industrial Genetics*, New York: Praeger.

Kronfeldner, Maria. 2008. Coalition and Opposition: Heredity, Culture, and the Boundaries of Anthropology in the Work of Alfred L. Kroeber. In *Conference: Heredity in the Century of the Gene (A Cultural History of Heredity IV)*, Preprint 343. Berlin: Max-Planck-Institut für Wissenschaftsgeschichte, S. 61–76.

Kühl, Stefan. 1997. *Die Internationale der Rassisten: Aufstieg und Niedergang der internationalen Bewegung für Eugenik und Rassenhygiene im 20. Jahrhundert*. Frankfurt am Main: Campus.

Kühn, Alfred. 1941. Über eine Gen-Wirkkette der Pigmentbildung bei Insekten. *Nachrichten der Akademie der Wissenschaften in Göttingen. Mathematisch-Physikalische Klasse*, S. 231–261.

Kuklick, Henrika. 2007. The british tradition. In H. Kuklick, Hg. *A New History of Anthropology*. Oxford: Wiley Blackwell, S. 52–78.

Kuper, Adam. 1997. On human nature: Darwin and the anthropologists. In M. Teich, R. Porter und B. Gustafsson, Hg. *Nature and Society in Historical Perspective*. Cambridge: Cambridge University Press, S. 274–290.

La Berge, Ann F. 1992. *Mission and Method: The Early Nineteenth-Century French Public Health Movement*. Cambridge: Cambridge University Press.

Lagier, Raphaël. 2004. *Les races humaines selon Kant*. Paris: Presses Universitaires de France.

Lander, Eric. 2007. Interview. *Newsweek*, 14. Oktober 2007, S. 46–47.

Larson, James L. 1994. *Interpreting Nature: The Science of Living Form from Linnaeus to Kant*. Baltimore und London: The Johns Hopkins Press.

Laubichler, Manfred D. 2006. Allgemeine Biologie als selbständige Grundwissenschaft und die allgemeinen Grundlagen des Lebens. In M. Hagner und M.D. Laubichler, Hg. *Der Hochsitz des Wissens. Das Allgemeine als wissenschaftlicher Wert*, Zürich/Berlin: Diaphanes, S. 185–206.

Laubichler, Manfred D., und Eric H. Davidson. 2007. Boveri's long experiment: Sea urchin merogones and the establishment of the role of nuclear chromosomes in development. *Developmental Biology*, 314 (1), S. 1–11.

Laubichler, Manfred D., und Jane Maienschein, Hg. 2007. *From Embryology to Evo-Devo: A History of Developmental Evolution*. Cambridge, MA: MIT Press.

Lauremberg, Peter. 1631. *Horticultura, Libris II. comprehensa; huic nostro coelo & solo accomodata; Regulis Observationibus, Experimentis, et Figuris novis instructa: in qua quicquid ad hortum proficue colendum, et eleganter instruendum facit, explicatur*, Frankfurt am Main: Merian.

Lederman, Muriel, und Richard M. Burian. 1993. The right organism for the job. *Journal of the History of Biology*, 26, S. 235–367.

Lefèvre, Wolfgang. 2005. Inheritance of acquired characters: Heredity and evolution in late nineteenth-century Germany. In *A Cultural History of Heredity III: 19th and Early 20th Centuries*, Preprint 294. Berlin: Max-Planck-Institut für Wissenschaftsgeschichte, S. 53–66.

Lennox, James G. 2006. The comparative study of animal development: William Harvey's Aristotelianism. In J.E.H. Smith, Hg. *The Problem of Animal Generation in Early Modern Philosophy*. Cambridge: Cambridge University Press, S. 21–46.

Lenoir, Timothy. 1980. Kant, Blumenbach, and vital materialism in German Biology. *Isis*, 71, S. 77–108.

Lenoir, Timothy. 1982. *The Strategy of Life: Teleology and Mechanics in Nineteenth-Century Germany*. Chicago und London: The University of Chicago Press.

Lepenies, Wolf. 1976. *Das Ende der Naturgeschichte – Wandel kultureller Selbstverständlichkeiten in den Wissenschaften des 18. und 19. Jh.* München: Hanser.

Lesky, Erna. 1951. *Die Zeugungs- und Vererbungslehren der Antike und ihr Nachwirken*. Abhandlungen der Geistes- und Sozialwissenschaftlichen

Klasse der Akademie der Wissenschaften und der Literatur in Mainz, Jahrgang 1950, Nr. 19, Wiesbaden: Franz Steiner.

Lesky, Erna. 1957. Harvey und Aristoteles. *Sudhoffs Archiv*, 41, S. 289–316, 349–378.

Lévi-Strauss, Claude. 1965. *Das Ende des Totemismus*, Frankfurt am Main: Suhrkamp, frz. Originalausg. 1962.

Lévi-Strauss, Claude. 1973. *Das wilde Denken*. Frankfurt am Main: Suhrkamp, frz. Originalausg. 1962.

Lichtenthaler, Frieder W. 1994. Hundert Jahre Schlüssel-Schloss-Prinzip: Was führte Emil Fischer zu dieser Analogie? *Angewandte Chemie*, 106, S. 2456–2467.

Limoges, Camille. 1972. Introduction. In *C. Linné. L' équilibre de la nature. L'histoire des sciences: textes et études*. Paris: Vrin, S. 7–24.

Linné, Carl von. 1735. *Systema Naturae, sive Regna Tria Naturae systematice proposita per classes, ordines, genera, et species*. Leiden: de Groot.

Linné, Carl von. 1737. *Critica botanica in quo nomina plantarum generica, specifica, et variantia examini subjicuntur, selectiora confirmantur, indigna rejicintur; simulque doctrina circa denominationem plantarum traditur. Seu Fundamentorum Botanicorum pars 4*, Leiden: Wishoff.

Linné, Carl von. 1749–1769. *Ammoenitates academicae, seu Dissertationes variae Physicae, Medicae, Botanicae antehac seorsim editae*. 7 Bde., Stockholm und Leipzig: Godofredus Kiesewetter.

Linné, Carl von. 1751. *Philosophia botanica in qua explicantur Fundamenta Botanica cum definitionibus partium, exemplis terminorum, observationibus rariorum*, Stockholm: Kiesewetter.

Linné, Carl von. 1776–1778. *Auserlesene Abhandlungen aus der Naturgeschichte, Physik und Arzneiwissenschaft*. 3 Bde., übers. v. E. J. T. Hoepfner, Leipzig: Adam Friedrich Böhme.

Lipphardt, Veronika. 2007. Zwischen »Inzucht« und »Mischehe« – Demographisches Wissen in der Debatte um die »Biologie der Juden«. *Tel Aviver Jahrbuch für Deutsche Geschichte*, 35, S. 45–66.

Lippmann, Edmund O. 1933. *Urzeugung und Lebenskraft. Zur Geschichte dieser Probleme von den ältesten Zeiten an bis zu den Anfängen des 20. Jahrhunderts*. Berlin: Julius Springer.

Locke, John. 1988. *Versuch über den menschlichen Verstand*. 2 Bde., Philosophische Bibliothek Bd. 75/76, Hamburg: Felix Meiner, engl. Originalausg. 1690.

López Beltrán, Carlos. 2004a. In the cradle of heredity: French physicians and l'hérédité naturelle in the early nineteenth century. *Journal of the History of Biology*, 37, S. 39–72.

López Beltrán, Carlos. 2004b. *El sesgo hereditario: ámbitos históricos del concepto de herencia biológica*. Mexico City: Universidad Nacional Autónoma de México.

López Beltrán, Carlos. 2007a. The medical origins of heredity. In S. Müller-Wille und H.-J. Rheinberger, Hg. *Heredity Produced: At the Crossroads of Biology, Politics and Culture, 1500–1870*. Cambridge, MA: MIT Press, S. 105–132.

López Beltrán, Carlos. 2007b. Hippocratic bodies: Temperament and castas in Spanish America (1570–1820). *Journal of Spanish Cultural Studies*, 8(2), S. 253–289.

Löwy, Ilana, und Jean-Paul Gaudillière. 1998. Disciplining cancer: Mice and the practice of genetic purity. In J.-P. Gaudillière und I. Löwy, Hg. *The Invisible Industrialist. Manufactures and the Production of Scientific Knowledge*. London: MacMillan, S. 209–249.

Löwy, Ilana, und Jean-Paul Gaudillière. 2008. Mendelian factors and human disease: A conversation. In *Conference: Heredity in the Century of the Gene (A Cultural History of Heredity IV)*. Preprint 343. Berlin: Max-Planck-Institut für Wissenschaftsgeschichte, S. 19–26.

Lucas, Prosper. 1847–50. *Traité philosophique et physiologique de l'hérédité naturelle*. 2 Bde., Paris: J.B. Baillière.

Ludes, Francis, et al. Hg. 2003. *Corpus Juris Secundum: A Contemporary Statement of American Law as Derived from Reported Cases and Legislation*. Bd. 39A, Saint-Paul, Minn.: Thomson-West.

Lugt, Maaike van der. 2005. La peau noire dans la science médiévale. *Micrologus*, 13, S. 439–475.

Lugt, Maaike van der. Im Druck. Les maladies héréditaires dans la pensée scolastique (XIIe-XVIe siècle). In M. van der Lugt and C. de Miramon, Hg., *L'hérédité à la fin du Moyen Age*, Florenz: SISMEL – Edizioni del Galluzzo.

Lugt, Maaike van der, und Charles de Miramon. Im Druck. Introduction. In M. van der Lugt and C. de Miramon, Hg. *L'hérédité à la fin du Moyen Age*, Florenz: SISMEL – Edizioni del Galluzzo.

Lyell, Charles. 1832–1833. *Principles of Geology, Being an Attempt to Explain the Former Changes of the Earth's Surface, by Reference to Causes Now in Operation*. 3 Bde. London: John Murray.

Lynch, Michael, und Simon A. Cole. 2005. Science and technology studies on trial: Dilemmas of expertise. *Social Studies of Science*, 35, S. 269–311.

MacKenzie, Donald A. 1976. Eugenics in Britain. *Social Studies of Science*, 6, S. 499–532.

MacKenzie, Donald A. 1978. Statistical theory and social interests. *Social Studies of Science*, 8, S. 35–83.

MacKenzie, Donald A. 1981. *Statistics in Britain, 1865–1930: The Social Construction of Scientific Knowledge*. Edinburgh: Edinburgh University Press.

Maienschein, Jane. 1987. Heredity/development in the United States, circa 1900. *History and Philosophy of the Life Sciences*, 9, S. 79–93.

Maienschein, Jane. 2003. *Whose View of Life? Embryos, Cloning, and Stem Cells*. Cambridge, MA: Harvard University Press.

Malebranche, Nicolas. 1991. Entretiens sur la métaphysique et sur la religion. In Ders., *Œuvres complètes*. Hg. v. A. Robinet, 21 Bde, Paris: Vrin, Bd. 12/13, S. 1–354, frz. Originalausg. 1688.

Mannheim, Karl. Das soziologische Problem der Generationen. *Kölner Vierteljahrshefte für Soziologie*, 7, S. 168–185 und 309–321.

Marie, Jennifer. 2004. *The Importance of Place: A History of Genetics in 1930s Britain*. London: PhD Thesis.

Marx, Karl, und Friedrich Engels. 1975ff. *Gesamtausgabe*, 123 Bde., Berlin: Dietz.

Massin, Benoît. 1996. From Virchow to Fischer. Physical anthropology and modern race theories in Wilhelmine Germany. In G.W. Stocking, Hg. *Volksgeist as Method and Ethic: Essays on Boasian Ethnography and the German Anthropological Tradition*. Madison: University of Wisconsin Press, S. 79–154.

Massy, Charles. 2007. *The Australian merino: the story of a nation*. 2. Aufl. Sydney: Random House Australia.

Maupertuis, Pierre Louis Moreau de. 1965. *Œuvres*. 4 Bde., Hildesheim: Olms, Nachdr. der Ausg. Lyon 1768.

Maynard Smith, John. 2000. The concept of information in biology. *Philosophy of Science*, 67, 177–194.

Mayr, Ernst. 1973. The recent historiography of genetics. *Journal for the History of Biology*, 6, S. 125–154.

Mayr, Ernst. 1982. *The Growth of Biological Thought. Diversity, Evolution and Inheritance*. Cambridge, MA: Belknap Press.

Mazzolini, Renato G. 1988. *Politisch-Biologische Analogien im Frühwerk Rudolf Virchows*. Marburg: Basilisken-Presse.

Mazzolini, Renato G. 1994. Il colore della pelle e l'origine dell'antropologia fisica (1492–1848). In R. Zorzi, Hg. *L'epopea delle scoperte*. Firenze: Leo S. Olschki, S. 227–239.

Mazzolini, Renato G. 2007. Las castas: Inter-racial crossing and social structure (1770–1835). In S. Müller-Wille und H.-J. Rheinberger, Hg.,

Heredity Produced: At the Crossroads of Biology, Politics and Culture, 1500–1870. Cambridge, MA: MIT Press, S. 349–373.

McCarthy, Thomas A. 2004. On the way to a world republic? Kant on race and development. In L. Waas, Hg. *Politik, Moral und Religion: Gegensätze und Ergänzungen*. Berlin: Duncker und Humblot, S. 223–242.

McLaughlin, Peter. 1982. Blumenbach und der Bildungstrieb. Zum Verhältnis von epigenetischer Embryologie und typologischem Artbegriff. *Medizinhistorisches Journal*, 17, S. 357–372.

McLaughlin, Peter. 1989. *Kants Kritik der Urteilskraft*, Bonn: Bouvier.

McLaughlin, Peter. 1994. *Spontaneous vs. Equivocal Generation in Early Modern Science*. Preprint 8, Berlin: Max-Planck-Institut für Wissenschaftsgeschichte.

McLaughlin, Peter. 2001. *What Functions Explain: Functional Explanation and Self-Reproducing Systems*. Cambridge: Cambridge University Press.

McLaughlin, Peter. 2007. Kant on heredity and adaptation. In S. Müller-Wille und H.-J. Rheinberger, Hg. *Heredity Produced: At the Crossroads of Biology, Politics and Culture, 1500–1870*. Cambridge, MA: MIT Press, S. 277–291.

McLaughlin, Peter, und Hans-Jörg Rheinberger. 1982. Darwin und das Experiment. In K. Bayertz, Hg. *Darwin und die Evolutionstheorie*. Dialektik: Beiträge zu Philosophie und Wissenschaften, Bd. 5, Köln: Pahl-Rugenstein, S. 27–43.

Menand, Louis. 2002. *The Metaphysical Club: A Story of American Ideas*. New York: Farrar, Straus and Giroux.

Mendel, Gregor. 1866. Versuche über Pflanzen-Hybriden. *Verhandlungen des Naturforschenden Vereines in Brünn*, 4, S. 3–47.

Mendel, Gregor. 1870. Über einige aus künstlicher Befruchtung gewonnene Hieracium-Bastarde. *Verhandlungen des Naturforschenden Vereines in Brünn*, 8, S. 26–31.

Mendelsohn, Andrew. 2005. Message in a bottle: The business of vaccines and the nature of heredity after 1880. In *A Cultural History of Heredity III: 19th and Early 20th Centuries*. Preprint 294. Berlin: Max-Planck-Institut für Wissenschaftsgeschichte, S. 85–100.

Miramon, Charles de. Im Druck. Aux origines de la noblesse et des princes du sang. France et Angleterre au XIVe siècle. In M. van der Lugt and C. de Miramon, Hg. *L'hérédité à la fin du Moyen Age*, Florenz: SISMEL – Edizioni del Galluzzo.

Mittwoch, Ursula. 2005. Sex determination in mythology and history. *Arquivos Brasileiros de Endocrinologia und Metabologia*, 49, S. 7–13.

Mocek, Reinhard. 2002. *Biologie und soziale Befreiung. Zur Geschichte des Biologismus und der Rassenhygiene in der Arbeiterbewegung*. Frankfurt am Main: Peter Lang.

Montaigne, Michel de. 1906–1909. *Essais*. 5 Bde., Hg. F. Strowski, Bordeaux: F. Pech, Originalausg. 1580.

Morange, Michel. 1982. La révolution silencieuse de la biologie moléculaire: D'Avery à Hershey. *Le Débat*, 22, S. 62–75.

Morange, Michel. 1998a. *A History of Molecular Biology*, Cambridge, MA: Harvard University Press, frz. Originalausg. 1994.

Morange, Michel. 1998b. *La part des gènes*. Paris: Odile Jacob.

Morange, Michel. 2000. The developmental gene concept: History and limits. In P. Beurton, R. Falk, und H.-J. Rheinberger, Hg. *The Concept of the Gene in Development and Evolution: Historical and Epistemological Perspectives*. Cambridge: Cambridge University Press, S. 193–215.

Morgan, Lewis H. 1871. *Systems of Consanguinity and Affinity of the Human Family*. Washington: Smithsonian Inst.

Morgan, Thomas Hunt. 1935. The relation of genetics to physiology and medicine: Nobel lecture, presented in Stockholm on June 4, 1934. *Les Prix Nobel en 1933*, S. 1–16.

Morgan, Thomas H., Alfred Sturtevant, Hermann J. Muller und Calvin Bridges. 1915. *The Mechanism of Mendelian Heredity*. New York: Henry Holt & Co.

Moss, Lenny. 2003. *What Genes Can't Do*. Cambridge, MA: The MIT Press.

Muller, Herman J. 1951. The development of the gene theory. In L. C. Dunn, Hg. *Genetics in the 20th Century: Essays on the Progress of Genetics During Its First 50 Years*. New York: Macmillan, S. 77–100.

Müller-Röber, Bernd, et al. 2007. *Grüne Gentechnologie. Aktuelle Entwicklungen in Wissenschaft und Wirtschaft*. München: Elsevier Spektrum Akademischer Verlag.

Müller-Sievers, Helmut. 1997. *Self-Generation: Biology, Philosophy, and Literature Around 1800*. Stanford University Press.

Müller-Sievers, Helmut. 2007. The heredity of poetics. In S. Müller-Wille und H.-J. Rheinberger, Hg. *Heredity Produced: At the Crossroads of Biology, Politics and Culture, 1500–1870*. Cambridge, MA: MIT Press, S. 443–465.

Müller-Wille, Staffan. 1998. »Varietäten auf ihre Arten zurückführen« – Zu Carl von Linnés Stellung in der Vorgeschichte der Genetik. *Theory in Biosciences*, 117, S. 346–376.

Müller-Wille, Staffan. 1999. *Botanik und weltweiter Handel. Zur Begründung eines Natürlichen Systems der Pflanzen durch Carl von Linné (1707–1778).* Berlin: Verlag für Wissenschaft und Bildung.

Müller-Wille, Staffan. 2000. Genealogie, Naturgeschichte und Naturgesetz bei Linné und Buffon. In K. Heck und B. Jahn, Hg. *Genealogie als Denkform in Mittelalter und Früher Neuzeit.* Tübingen: Niemeyer, S. 109–119.

Müller-Wille, Staffan. 2003. Nature as a marketplace: The political economy of Linnaean botany. In N. Di Marchi und M. Schabas, Hg. *Oeconomies in the Age of Newton.* History of Political Economy, Supplement, Bd. 35, Durham, NC: Duke University Press, S. 155–173.

Müller-Wille, Staffan. 2004. Ein Anfang ohne Ende. Das Archiv der Naturgeschichte und die Geburt der Biologie. In R. v. Dülmen und S. Rauschenbach, Hg. *Macht des Wissens. Die Entstehung der modernen Wissensgesellschaft*, Köln: Böhlau, S. 587–605.

Müller-Wille, Staffan. 2005a. Schwarz, Weiß, Gelb, Rot. Zur Darstellung menschlicher Vielfalt, in A. te Heesen und P. Lutz, Hg. *Dingwelten. Das Museum als Erkenntnisort.* Köln: Böhlau, S. 161–170.

Müller-Wille, Staffan. 2005b. Early Mendelism and the subversion of taxonomy: Epistemological obstacles as institutions. *Studies in History and Philosophy of Biological and Biomedical Sciences*, 36, S. 465–487.

Müller-Wille, Staffan. 2007. Hybrids, pure cultures, and pure lines: From nineteenth-century biology to twentieth century genetics. *Studies in History and Philosophy of the Biological and Biomedical Sciences*, 38, S. 796–806.

Müller-Wille, Staffan, und Hans-Jörg Rheinberger. 2004. *Heredity: the production of an epistemic space.* Reprint 276. Berlin: Max-Planck-Institut für Wissenschaftsgeschichte.

Müller-Wille, Staffan, und Vitezslav Orel. 2007. From Linnaean species to mendelian factors: Elements of hybridism, 1751–1870. *Annals of Science*, 64, S. 171–215.

Müller-Wille, Staffan, und Hans-Jörg Rheinberger, Hg. 2007. *Heredity Produced: At the Crossroads of Biology, Politics and Culture, 1500–1870.* Cambridge, MA: MIT Press.

Musto, David F. 1961. The theory of hereditary disease of Luis Mercado, chief physician to the Spanish Habsburgs. *Bulletin of the History of Medicine*, 35, S. 346–373.

Nägeli, Carl Wilhelm von. 1856. Die Individualität in der Natur mit vorzüglicher Berücksichtigung des Pflanzenreiches. *Veröffentlichungen des Wissenschaftlichen Vereins in Zürich*, 1, S. 171–212.

Nägeli, Carl Wihelm von. 1884. *Mechanisch-Physiologische Theorie der Abstammungslehre*. München und Leipzig: R. Oldenbourg.

Naudin, Charles. 1865. Nouvelles recherches sur l'hybridité dans les végétaux. Mémoire présenté à l'Académie en décembre 1861. *Nouvelles archives du Muséum*, 1, S. 25–176.

Nelkin, Dorothy, und M. Susan Lindee. 1995. *The DNA Mystique. The Gene as a Cultural Icon*. New York: Freedman.

Olby, Robert C. 1974. *The Path to the Double Helix*. Seattle: University of Washington Press.

Olby, Robert C. 1979. Mendel no Mendelian? *History of Science*, 17, S. 53–72.

Olby, Robert C. 1985. *Origins of Mendelism*. 2. Aufl., Chicago und London: University of Chicago Press, 1. Aufl. 1966.

Olby, Robert C. 1993. Constitutional and hereditary Disorders. In W.F. Bynum und R. Porter, Hg. *Companion Encyclopedia of the History of Medicine*. 2 Bde., London und New York: Routledge, Bd. 1, S. 412–437.

Olby, Robert C. 1990. Mendel, Mendelism and Genetics. MendelWeb, http://www.mendelweb.org/MWolby.html (Zugegriffen am 21. Juli 2008).

Orel, Vitezslav, 1996. *Gregor Mendel: The First Geneticist*. Oxford: Oxford University Press.

Orel, Vitezslav, und Roger J. Wood. 2000. Essence and origin of Mendel's discovery. *Comptes rendus de l'Académie des Sciences Paris, Sciences de la vie*, 323, S. 1037–1041.

Osborne, Michael A. 1994. *Nature, the Exotic, and the Science of French Colonialism*. Bloomington: Indiana University Press.

Oschema, Klaus. Im Druck. Maison, noblesse et légitimité : aspects de la notion d'hérédité dans le milieu de la cour bourguignonne (XVe siècle). In M. van der Lugt and C. de Miramon, Hg. *L'hérédité à la fin du Moyen Age*, Florenz: SISMEL – Edizioni del Galluzzo.

Pagel, Walter. 1957. The Philosophy of Circles – Cesalpino – Harvey. *Journal of the History of Medicine and Allied Sciences*, 12, S. 140–157.

Palladino, Paolo. 1993. Between craft and science: Plant breeding, Mendelian genetics, and british universities, 1900–1920. *Technology and Culture*, 34, S. 300–323.

Pálsson, Gisli, und Paul Rabinow. 1999. Iceland: The case of a national human genome project. *Anthropology Today*, 15, S. 14–18.

Pálsson, Gisli. 2004. Decoding relations and disease: The Icelandic biogenetic project. In J.-P. Gaudillière und H.-J. Rheinberger, Hg. *From Mole-*

cular Genetics to Genomics. The Mapping Cultures of Twentieth-Century Genetics. London: Routledge, S. 180–198.

Parnes, Ohad. 2000. The envisioning of cells. *Science in Context*, 13, S. 71–92.

Parnes, Ohad. 2005. Generationen und die neue Epistemologie der Vererbung im 19. Jahrhundert. In O. Parnes et al., Hg. *Die Generation. Genealogie des Konzepts – Konzepte von Genealogie*. München: Fink, S. 235–259.

Parnes, Ohad, Ulrike Vedder und Stefan Willer. 2008. *Das Konzept der Generation. Eine Wissenschafts- und Kulturgeschichte*. Frankfurt am Main: Suhrkamp.

Paul, Diane B. 1984. Eugenics and the Left. *Journal of the History of Ideas*, 45, S. 567–590.

Paul, Diane B. 1995. *Controlling Human Heredity: 1865 to the Present*. Amherst, NY: Prometheus Books.

Paul, Diane B. 1998. *The Politics of Heredity: Essays on Eugenics, Biomedicine and the Nature-nurture Debate*. New York: State University of New York Press.

Paul, Diane B., und Barbara A. Kimmelmann. 1988. *Mendel in America: Theory and practice 1900–1919*. In K. Benson, J. Maienschein und R. Rainger, Hg. *The American Development of Biology*. Philadelphia: University of Pennsylvania Press, S. 281–310.

Pauling, Linus, et al. 1949. Sickle-cell anemia, a molecular disease. *Science*, 110, S. 543–548.

Pearson, Karl. 1894. Contributions to the mathematical theory of evolution. *Philosophical Transactions of the Royal Society, A*, 185, S. 71–110.

Pearson, Karl. 1896. Contributions to the mathematical theory of evolution III: regression, heredity and panmixia. *Philosophical Transactions of the Royal Society of London, A*, S. 187, 253–318.

Pearson, Karl. 1898. On the law of ancestral heredity. *Proceedings of the Royal Society of London*, 62, S. 386–412.

Pearson, Karl. 1913. *Nature and Nurture: The Problem of the Future*. London: Cambridge University Press.

Pestre, Dominique. 2003. *Science, argent et politique. Un essai d'interprétation*. Paris: INRA.

Pethes, Nicolas. 2007. »Victor, l'enfant de la forêt«: Experiments on heredity in savage children. In S. Müller-Wille und H.-J. Rheinberger, Hg. *Heredity Produced: At the Crossroads of Biology, Politics and Culture, 1500–1870*. Cambridge, MA: MIT Press, S. 399–418.

Pinto-Correia, Clara. 1997. *The Ovary of Eve: Egg and Sperm and Preformation*. Chicago: University of Chicago Press.

Pomata, Gianna. 2003. Comments on Session III: Heredity and Medicine. In *Conference: A Cultural History of Heredity II: 18th and 19th centuries.* Preprint 247. Berlin: Max-Planck-Institut für Wissenschaftsgeschichte, S. 145–151.

Porphyrios. 1998. Einführung in die Kategorien des Aristoteles (Isagoge). In H. Zekl, Hg. *Aristoteles' Kategorien. Hermeneutik oder vom sprachlichen Ausdruck.* Philosophische Bibliothek, Bd. 493, Hamburg: Felix Meiner.

Porter, Roy, und Rousseau, George S. 1998. *Gout: The Patrician Malady*, New Haven, Conn.: Yale University Press.

Porter, Theodore M. 1986. *The Rise of Statistical Thinking: 1820–1900.* Princeton: Princeton University Press.

Porter, Theodore M. 2005. The biometric sense of heredity: Statistics, pangenesis and positivism. In *A Cultural History of Heredity III: 19th and Early 20th Centuries.* Preprint 294. Berlin: Max-Planck-Institut für Wissenschaftsgeschichte, S. 31–42.

Powell, Alexander, et al. 2007. Disciplinary baptisms: A comparison of the naming stories of genetics, molecular biology, genomics and systems biology. *History and Philosophy of the Life Sciences* 29, S. 5–32.

Proctor, Robert N. 1988. *Racial Hygiene: Medicine Under the Nazis.* Cambridge, MA: Harvard University Press.

Proctor, Robert N. 2003. Three roots of human recency. Molecular anthropology, the refigured acheulean, and the UNESCO response to Auschwitz. *Current Anthropology*, 44, 213–229.

Pyle, Andrew. 2006. Malebranche on animal generation: Preexistence and the microscope. In J.E.H. Smith, Hg. *The Problem of Animal Generation in Early Modern Philosophy.* Cambridge: Cambridge University Press, S. 194–214.

Quatrefages de Bréau, Armand de. 1879. *L'espèce humaine*, 5. Aufl., Paris: Germer Baillière, 1. Aufl. unter dem Titel *Unité de l'espèce humaine* 1866.

Rabinow, Paul. 1996. *Making PCR. A Story of Biotechnology.* Chicago: Chicago University Press.

Rabinow, Paul. 1999. *French DNA: Trouble in Purgatory.* Chicago: Chicago University Press.

Rabinow, Paul. 2004. *Anthropologie der Vernunft: Studien zu Wissenschaft und Lebensführung.* Frankfurt am Main: Suhrkamp.

Rader, Karen. 2004. *Making Mice: Standardizing Animals for American Biomedical Research, 1900–1955.* Princeton, NJ: Princeton University Press.

Rajan, Kaushik Sunder. 2006. *Biocapitalism: The Constitution of Postgenomic Life*. Durham and London: Duke University Press.

Rasmussen, Nicolas. 1997. *Picture Control: The Electron Microscope and the Transformation of Biology in America*. Stanford: Stanford University Press.

Ratcliff, Marc J. 2007. Duchesne's strawberries: Between growers' practices and academic knowledge. In S. Müller-Wille und H.-J. Rheinberger, Hg. *Heredity Produced: At the Crossroads of Biology, Politics and Culture, 1500–1870*. Cambridge, MA: MIT Press, S. 205–228.

Ray, John. 1686. *Historia plantarum species hactenus editas aliasque insuper multas noviter inventas et descriptas complectens*. 3 Bde., London: Clark und Faithorne.

Reardon, Jenny. 2005. *Race to the Finish Identity and Governance in an Age of Genomics: Identity and Governance in an Age of Genomics*. Princeton, NJ: Princeton University Press.

Rey, Roselyne. 1989. Génération et hérédité au 18e siecle. In J.-L. Fischer, Hg. *L'ordre des caractères. Aspects de l'hérédité dans l'histoire des sciences de l'homme*. Paris: Sciences en situation, S. 7–41.

Rheinberger, Hans-Jörg. 1992. *Experiment – Differenz – Schrift*. Marburg: Basilisken-Presse.

Rheinberger, Hans-Jörg. 1994. Morphologie bei Claude Bernard. *Aufsätze und Reden der Senckenbergischen Naturforschenden Gesellschaft*, 41, S. 137–150.

Rheinberger, Hans-Jörg. 1995. When did Carl Correns read Gregor Mendel's paper. A Research Note. *Isis*, 86, S. 612–616.

Rheinberger, Hans-Jörg. 1996. Jenseits von Natur und Kultur. Anmerkungen zur Medizin im Zeitalter der Molekularbiologie. In C. Borck, Hg. *Anatomien medizinischen Wissens*. Frankfurt am Main: Fischer, S. 287–306.

Rheinberger, Hans-Jörg. 1997. Cytoplasmic particles in Brussels (Jean Brachet, Hubert Chantrenne, Raymond Jeener) and at Rockefeller (Albert Claude), 1935–1955. *History and Philosophy of the Life Sciences*, 19, S. 47–67.

Rheinberger, Hans-Jörg. 2002a. Carl Correns und die Mendelsche Vererbung in Deutschland zwischen 1900–1910. In A. Schürmann und B. Weiss, Hg. *Chemie – Kultur – Geschichte. Festschrift für Hans Werner Schütt*. Berlin: Verlag für Geschichte der Naturwissenschaften und der Technik, S. 339–351.

Rheinberger, Hans-Jörg. 2002b. Carl Correns und die frühe Geschichte der genetischen Koppelung. In Jörg Schulz, Hg. *Fokus Biologiegeschichte.*

Zum 80. Geburtstag der Biologiehistorikerin Ilse Jahn. Berlin: Akadras, S. 169–181.

Rheinberger, Hans-Jörg. 2004. A history of protein biosynthesis and ribosome research. In K.H. Nierhaus und D.N. Wilson, Hg. *Protein Synthesis and Ribosome Structure. Translating the Genome.* Weinheim: Wiley-VCH, S. 1–51.

Rheinberger, Hans-Jörg. 2006a. *Experimentalsysteme und epistemische Dinge. Eine Geschichte der Proteinsynthese im Reagenzglas.* Frankfurt am Main: Suhrkamp (zuerst Göttingen: Wallstein, 2001).

Rheinberger, Hans-Jörg. 2006b. *Epistemologie des Konkreten. Studien zur Geschichte der modernen Biologie.* Frankfurt am Main: Suhrkamp.

Rheinberger, Hans-Jörg, und Jean-Paul Gaudillière, Hg. 2004. *Classical Genetic Research and its Legacy: The Mapping Cultures of Twentieth Century Genetics.* London: Routledge.

Richards, Robert J. 2000. Kant and Blumenbach on the Bildungstrieb: A historical misunderstanding. *Studies in the History and Philosophy of Biology and the Biomedical Sciences,* 31, S. 11–32.

Richards, Robert J. 2002. *The Romantic Conception of Life. Science and Philosophy in the Age of Goethe.* Chicago: University of Chicago Press.

Richardson, Angelique. 2003. *Love and Eugenics in the Late Nineteenth Century. Rational Reproduction and the New Woman.* Oxford: Oxford University Press.

Richmond, Martha. 2007. The cell as the basis for heredity, development, and evolution: Richard Goldschmidt's program of physiological genetics. In M. Laubichler und J. Maienschein, Hg. *From Embryology to Evo-Devo, A History of Developmental Evolution.* Cambridge, MA: MIT Press, S. 169–211.

Rignol, Loïc, 2002. Augustin Thierry et la politique de l'histoire. Genèse et principes d'un système de pensée. *Revue d'histoire du XIXe siècle,* 25, URL: http://rh19.revues.org/document423.html#bodyftn7 (Zugegriffen am 21. Juli 2008).

Ritterbush, Philip C. 1964. *Overtures to Biology. The Speculations of Eighteenth Century Naturalists.* New Haven und London: Yale University Press.

Ritvo, Harriet. 1987. *The Animal Estate.* Cambridge, MA: Harvard University Press.

Roelcke, Volker. 2003. Programm und Praxis der psychiatrischen Genetik an der Deutschen Forschungsanstalt für Psychiatrie unter Ernst Rüdin. Zum Verhältnis von Wissenschaft, Politik und Rasse-Begriff vor und nach 1933. In H.-W. Schmuhl, Hg. *Rassenforschung an Kaiser-Wilhelm-Instituten vor und nach 1933.* Göttingen: Wallstein, S. 38–67.

Roger, Jacques. 1993. *Les sciences de la vie dans la pensée française du XVIIIe siècle*. 2. Aufl., Paris: Albin Michel, 1. Aufl. 1963.

Roll-Hansen, Nils. 1978. The Genotype Theory of Wilhelm Johannsen and its relation to plant breeding and the study of evolution. *Centaurus*, 22, S. 201–235.

Roll-Hansen, Nils. 1989. The crucial experiment of Wilhelm Johannsen. *Biology and Philosophy*, 4, S. 303–329.

Roll-Hansen, Nils. 2005. *The Lysenko Effect: The Politics of Science*. Amherst, NY: Humanity Books.

Roumy, Franck. Im Druck. La naissance de la notion canonique de consanguinitas et sa réception dans le droit civil. In M. van der Lugt and C. de Miramon, Hg., *L'hérédité à la fin du Moyen Age*, Florenz: SISMEL – Edizioni del Galluzzo.

Ruckenbauer, Peter. 2000. E. von Tschermak-Seysenegg and the Austrian contribution to plant breeding. *Vorträge für Pflanzenzüchtung*, 48, S. 31–46.

Russell, Nicholas. 1986. *Like Engend'ring Like. Heredity and Animal Breeding in Early Modern England*. Cambridge: Cambridge University Press.

Sabean, David W. 1984. *Power in the Blood: Popular Culture and Village Discourse in Early Modern Germany*. Cambridge: Cambridge University Press.

Sabean, David W. 1998. *Kinship in Neckarhausen, 1700–1870*. Cambridge: Cambridge University Press.

Sabean, David W. 2007. From clan to kindred: Kinship and the circulation of property in premodern and modern Europe. In S. Müller-Wille und H.-J. Rheinberger, Hg. *Heredity Produced: At the Crossroads of Biology, Politics and Culture, 1500–1870*. Cambridge, MA: MIT Press, S. 37–59.

Sapp, Jan. 1987. *Beyond the Gene. Cytoplasmatic Inheritance and the Struggle for Authority in Genetics*. Oxford: Oxford University Press.

Sarkar, Sahotra. 1996. Biological Information: A sceptical look at some central dogmas of molecular biology. In S. Sarkar, Hg. *The Philosophy and History for Molecular Biology: New Perspectives*. Dordrecht: Kluwer, S. 187–231.

Sarkar, Sahotra. 1998. *Genetics and Reductionism*. Cambridge: Cambridge University Press.

Satzinger, Helga. 2005. The Chromosomal Theory of Heredity and the Problem of Gender Equality in the Work of Theodor and Marcella Boveri. In *A Cultural History of Heredity III: 19th and Early 20th Centuries*.

Preprint 294. Berlin: Max-Planck-Institut für Wissenschaftsgeschichte, S. 101–114.

Satzinger, Helga. 2008. Theodor and Marcella Boveri: chromosomes and cytoplasm in heredity and development. *Nature Reviews Genetics*, 9, S. 231.

Satzinger, Helga. Im Druck. Racial Purity, Stable Genes and Sex Difference. Gender in the Making of Genetic Concepts by Richard Goldschmidt and Fritz Lenz, 1916–1936. In S. Heim, C. Sachse und M. Walker, Hg. *The Kaiser Wilhelm Society under National Socialism*. Cambridge: Cambridge University Press.

Schloegel, Judy Johns. 2008. Herbert Spencer Jennings, heredity, and protozoa as model organisms, 1908–1918. In *Conference: Heredity in the Century of the Gene (A Cultural History of Heredity IV)*. Preprint 343. Berlin: Max-Planck-Institut für Wissenschaftsgeschichte, S. 129–138.

Schmidgen, Henning. 2008. Fehlformen des Wissens. In Georges Canguilhem. *Die Herausbildung des Reflexbegriffs im 17. und 18. Jahrhundert*. Übers. v. H. Schmidgen, München: Fink, S. VII–LVIII.

Schmidtke, Jörg, et al. 2007. *Gendiagnostik in Deutschland. Status quo und Problemerkundung*. Limburg: Forum W – Wiss. Verl.

Schmuhl, Hans-Walter, Hg. 2003. *Rassenforschung an Kaiser-Wilhelm-Instituten vor und nach 1933*. Göttingen: Wallstein.

Schmuhl, Hans-Walter. 2005. *Grenzüberschreitungen. Das Kaiser-Wilhelm-Institut für Anthropologie, menschliche Erblehre und Eugenik 1927–1945*. Göttingen: Wallstein.

Schneider, William H. 1990. *Quality and Quantity: The Quest for Biological Regeneration in Twentieth-Century France*. Cambridge: Cambridge University Press.

Schöner, Erich. 1964. *Das Viererschema in der antiken Humoralpathologie*. Wiesbaden: Steiner.

Schrödinger, Erwin. 1967. *What is Life?* Cambridge: Cambridge Univ. Press, Originalausg. 1944.

Schrödinger, Erwin. 1987. *Was ist Leben?* München/Zürich: Piper.

Schultze, Max. 1861. Über Muskelkörperchen und das, was man eine Zelle zu nennen habe. *Archiv für Anatomie, Physiologie und Wissenschaftliche Medicin*, Jahrgang 1861, 1–27.

Schwartz, Sara. 2000. The differential concept of the gene: Past and present. In P. Beurton, R. Falk und H.-J. Rheinberger, Hg. *The Concept of the Gene in Development and Evolution: Historical and Epistemological Perspectives*. Cambridge: Cambridge University Press, S. 26–39.

Schwartz Cowan, Ruth. 1977. Nature and Nurture: The interplay of biology and politics in the work of Francis Galton. In *Studies in the History of*

Biology. Baltimore and London: Johns Hopkins University Press, S. 133–208.

Schweber, Libby. 2006. *Disciplining Statistics: Demography and Vital Statistics in France and England, 1830–1885*. Durham, SC: Duke University Press.

Schwerin, Alexander von. 2004. *Experimentalisierung des Menschen. Der Genetiker Hans Nachtsheim und die vergleichende Erbpathologie 1920–1945*. Göttingen: Wallstein.

Schwerin, Alexander von. 2008. Seeing, breeding and the organisation of variation – Model organisms in the genetics of twenties. In *Conference: Heredity in the Century of the Gene (A Cultural History of Heredity IV)*. Preprint 343. Berlin: Max-Planck-Institut für Wissenschaftsgeschichte, S. 259–278.

Sebright, John Saunders. 1982. The Art of Improving the Breeds of Domestic Animals. In a Letter, addressed to the Right Hon. Sir Joseph Banks. In C. J. Bajema, Hg. *Artificial Selection and the Development of Evolutionary Theory*. Stroudsburg, PA: Hutchinson Ross, S. 93–122, Originalausg. 1809.

Shinn, Terry, und Bernward Joerges. 2002. The transverse science and technology culture: Dynamics and roles of research-technology. *Social Science Information*, 41, S. 207–251.

Sigurdsson, Skúli. 2001. Yin-Yang Genetics, or the HSD deCODE Controversy. *New Genetics and Society*, 20, S. 103–117.

Sloan, Philip R. 1995. The gaze of natural history. In C. Fox, R. Porter und R. Wokler, Hg. *Inventing Human Science. Eighteenth-Century Domains*. Berkeley: University of California Press, S. 112–151.

Smith, Justin E. H. 2006a. Introduction. In J. E. H. Smith, Hg. *The Problem of Animal Generation in Early Modern Philosophy*. Cambridge: Cambridge University Press, S. 1–18.

Smith, Justin E. H. 2006b. Imagination and the problem of heredity in mechanist embryology. In J. E. H. Smith, Hg. *The Problem of Animal Generation in Early Modern Philosophy*. Cambridge: Cambridge University Press, S. 80–99.

Smith, Justin E. H., Hg. 2006c. *The Problem of Animal Generation in Early Modern Philosophy*, Cambridge: Cambridge University Press.

Smocovitis, Vassiliki Betty. 1996. *Unifying Biology: The Evolutionary Synthesis and Evolutionary Biology*. Princeton, N: Princeton University Press.

Snelders, Stephen, Frans J. Meijman und Toine Pieters. 2005. Bismarck the Tomcat and other tales: heredity and alcoholism in the medical sphere, the Netherlands 1850–1900. In *A Cultural History of Heredity III: 19th and Early 20th Centuries*. Preprint 294. Berlin: Max-Planck-Institut für Wissenschaftsgeschichte, S. 193–211.

Soloway, Richard A. 1995. *Demography and Degeneration: Eugenics and the Declining Birthrate in Twentieth-Century Britain*. Chapel Hill, N. C.: University of North Carolina Press.

Spary, Emma C. 2000. *Utopias Garden. French Natural History from Old Regime to Revolution*. Chicago und London: University of Chicago Press.

Stamhuis, Ida H. 2005. Hugo de Vries's transitions in research interest and method. In *A Cultural History of Heredity III: 19th and Early 20th Centuries*. Preprint 294. Berlin: Max-Planck-Institut für Wissenschaftsgeschichte, S. 115–136.

Stearn, William T. 1961. Botanical gardens and botanical literature in the eighteenth century. In J. Quinby und A. Stevenson, Hg. *Catalogue of Botanical Books in the Collection of Rachel McMasters Miller Hunt*, 2 Bde., Pittsburgh, Pa.: Hunt Botanical Library, Bd. 2, S. XLI–CXL.

Stent, Gunther S. 1968. That was the molecular biology that was. *Science*, 160, S. 390–395.

Stepan, Nancy. 1991. *The Hour of Eugenics: Race, Gender, and Nation in Latin America*. Ithaca, NY: Cornell University Press.

Sterne, Laurence. 1982. *Das Leben und die Ansichten Tristram Shandys*. Zürich: Diogenes, engl. Originalausg. 1759–1766.

Stevens, Peter F., und Sean P. Cullen. 1990. Linnaeus, the cortex-medulla theory, and the key to his understanding of plant form and natural relationships. *Journal of the Arnold Arboretum*, 71, S. 179–220.

Stocking, George W. 1982. *Race, Culture, and Evolution: Essays in the History of Anthropology*. Chicago: Chicago University Press.

Stocking, George W. 1987. *Victorian Anthropology*. London: Macmillan.

Stocking, George W., Hg. 1988. *Bones, Bodies, and Behavior: Essays on Biological Anthropology*. Madison, Wis: University of Wisconsin Press.

Stocking, George W. 1994. The Turn-of-the-Century Concept of Race. *Modernism/Modernity*, 1, S. 4–16, http://muse.jhu.edu/journals/mod/v001/1.1stocking.html (Zugegriffen am 21. Juli 2008).

Stocking, George W. 1995. *After Tylor: British Social Anthropology 1888–1951*. Madison: The University of Wisconsin Press.

Strasser, Bruno. 2006. Collecting and experimenting: The moral economies of biological research, 1960s–1980s. In *History and Epistemology of Molecular Biology and Beyond: Problems and Perspectives*. Preprint 310, Berlin: Max-Planck-Institut für Wissenschaftsgeschichte, S. 105–123.

Stubbe, Hans. 1965. *Kurze Geschichte der Genetik bis zur Wiederentdeckung der Vererbungsregeln Gregor Mendels*. Genetik. Grundlagen, Ergebnisse und Probleme in Einzeldarstellungen, Bd. 2/1, Jena: VEB Fischer.

Sutton, William S. 1903. The Chromosomes in Heredity. *Biological Bulletin*, 4, S. 231–251.

Szybalski, Wacław, und Ann Skalka. 1978. Editorial: Nobel Prizes and Restriction Enzymes. *Gene*, 4, S. 181–182.

Teich, Mikulás. 1983. Fermentation theory and practice: The beginnings of pure yeast cultivation and English brewing, 1883–1913. *Technology and Culture*, 8, S. 117–133.

Teich, Mikulás. 2000. *Bier, Wissenschaft und Wirtschaft in Deutschland 1800–1914. Ein Beitrag zur deutschen Industrialisierungsgeschichte*. Wien: Böhlau.

Terrall, Mary. 2002. *The man Who Flattened the Earth: Maupertuis and the sciences in the Enlightenment*. Chicago and London: The University of Chicago Press.

Terrall, Mary. 2007. Speculation and experiment in enlightenment life sciences. In S. Müller-Wille und H.-J. Rheinberger, Hg. *Heredity Produced: At the Crossroads of Biology, Politics and Culture, 1500–1870*. Cambridge, MA: MIT Press, S. 253–276.

Theunissen, Bert. 2008. Breeding Dutch Dairy Cows (1900–1950): Heredity without Mendelism. In *Conference: Heredity in the Century of the Gene (A Cultural History of Heredity IV)*, Preprint 343. Berlin: Max-Planck-Institut für Wissenschaftsgeschichte, S. 27–50.

Thompson, Warren. 1929. Population. *American Journal of Sociology*, 34, 959–975.

Thurtle, Phillip. 2008. *The Emergence of Genetic Rationality: Space, Time, and Information in American Biological Science, 1870–1920*. Seattle: University of Washington Press.

Tocqueville, Alexis de. 1848. *De la démocratie en Amérique*, 4 Bde., Paris: Pagnerre.

Tooker, Elisabeth. 1992. Lewis H. Morgan and his contemporaries. *American Anthropologist*, 94, S. 357–375.

Trembley, Abraham. 1744. *Mémoires pour servir à l'histoire d'un genre de polypes d'eau douce, à bras en forme de cornes*. Leyden: Verbeek.

Tylor, Edward B. 1958. *The Origins of Culture and Religion in Primitive Culture*, 2 Bde., New York: Harper, Originalausg. 1873.

UNESCO, Hg. 1952. *The Race Concept: Results of an Inquiry*. Paris: UNESCO House.

Vedder, Ulrike. 2007. Continuity and death: Literature and the law of succession in the nineteenth century. In S. Müller-Wille und H.-J. Rheinberger, Hg. *Heredity Produced: At the Crossroads of Biology, Politics and Culture, 1500–1870*. Cambridge, MA: MIT Press, S. 85–101.

Vettel, Eric J. 2006. *Biotech. The Countercultural Origins of an Industry*. Philadelphia: University of Pennsylvania Press.

Virchow, Rudolf Ludwig. 1847. Ueber die Reform der pathologischen und therapeutischen Anschauungen durch die mikroskopischen Untersuchungen. In R. Virchow und B. Reinhardt, Hg. *Archiv für pathologische Anatomie und Physiologie und für klinische Medicin*. Berlin: G. Reimer, S. 207–255.

Virchow, Rudolf Ludwig. 1858. *Die Cellularpathologie in ihrer Begründung auf physiologische und pathologische Gewebelehre*. Berlin: A. Hirschwald.

Virchow, Rudolf Ludwig. 2006. Der Staat und die Ärzte. In Christian Andree, Hg. *Rudolf Virchow. Sämtliche Werke*. Band 28.1. Hildesheim – Zürich – New York: Georg Olms Verlag, S. 50–71, Original 1849.

Voss, Julia. 2007. *Darwins Bilder. Ansichten der Evolutionstheorie 1837 bis 1874*. Frankfurt am Main: Fischer.

Vries, Hugo de. 1889. *Intracellulare Pangenesis*. Jena: G. Fischer.

Vries, Hugo de. 1900. Sur la loi de disjonction des hybrides. *Comptes rendus de l'Académie des Sciences*, 130, S. 845–847.

Vries, Hugo de. 1901–1903. *Die Mutationtheorie*. 2 Bde., Leipzig: Veit.

Wailoo, Keith, und Stephen Pemberton. 2006. *The Troubled Dream of Genetic Medicine. Ethnicity and Innovation in Tay-Sachs, Cystic Fibrosis, and Sickle Cell Disease*. Baltimore: Johns Hopkins University Press.

Waller, John C. 2002. ›*The illusion of an explana*tion‹: The concept of hereditary disease, 1770–1870. *Journal of the History of Medicine*, 57, S. 410–448.

Warming, Eugenius, und Wilhelm Johannsen. 1909. *Lehrbuch der allgemeinen Botanik*. Übers. v. E.P. Meinecke, Berlin: Bornträger, dän. Originalausg. 1900.

Waters, C. Kenneth. 2004. What was classical genetics? *Studies in History and Philosophy of Science*, 35, S. 83–109.

Watson, James D., und Francis H.C. Crick. 1953. Molecular structure of nucleic acids. A structure for desoxyribose nucleic acid. *Nature*, 171, S. 737–738.

Watson, James D., und John Tooze, Hg. 1981. *The DNA Story. A Documentary History of Gene Cloning*. San Francisco: W.H. Freeman.

Weber, Marcel. 2004. Walking on the chromosome. Drosophila and the molecularization of developement. In J.-P. Gaudillière und H.-J. Rheinberger, Hg. *From Molecular Genetics to Genomics: The Mapping Cultures of Twentieth-Century Genetics*. London und New York: Routledge, S. 63–78.

Weigel, Sigrid. 2006. *Genea-Logik. Generation, Tradition und Evolution zwischen Kultur- und Naturwissenschaften*. München: Fink.

Weigel, Sigrid, und Bernhard Jussen. 2004. *Erbe, Erbschaft, Vererbung. Überlieferungskonzepte zwischen Natur und Kultur im historischen Wandel*. Preprint, Berlin: Zentrum für Literaturforschung.

Weindling, Paul. 1989. *Health, Race and German Politics Between National Unification and Nazism, 1870–1945*. Cambridge: Cambridge University Press.

Weingart, Peter, Kurt Bayertz und Jürgen Kroll. 1992. *Rasse, Blut und Gene: Geschichte der Eugenik und Rassenhygiene in Deutschland*, Frankfurt am Main: Suhrkamp, 1. Ausg. 1988.

Weismann, August. 1885. Die Continuität des Keimplasmas als Grundlage einer Theorie der Vererbung. In Ders. *Aufsätze über Vererbung und verwandte biologische Fragen*. Jena: Gustav Fischer, S. 193–302.

Weismann, August. 1892. *Das Keimplasma. Eine Theorie der Vererbung*. Jena: Gustav Fischer.

White, John S. 1986. William Harvey and the primacy of blood. *Annals of Science*, 43, S. 239–255.

White, Paul. 2007. Acquired character: The heredity material of the »Self-Made Man«. In S. Müller-Wille und H.-J. Rheinberger, Hg. *Heredity Produced: At the Crossroads of Biology, Politics and Culture, 1500–1870*. Cambridge, MA: MIT Press, S. 375–398.

Wieland, Thomas. 2004. *»Wir beherrschen den pflanzlichen Organismus besser …«: Wissenschaftliche Pflanzenzüchtung in Deutschland 1889–1945*. München: Deutsches Museum.

Wiener, Norbert. 1963. *Kybernetik: Regelung und Nachrichtenübertragung im Lebewesen und in der Maschine*. 2. Aufl. Düsseldorf: Econ, engl. Originalausg. 1948.

Wijnands, D. Onno. 1988. Hortus auriaci: the gardens of Orange and their place in late 17-th century botany and horticulture. *Journal of Garden History*, 8, S. 61–86 und 271–304.

Willer, Stefan. 2005. Heritage – appropriation – interpretation: The debate on the Schiller legacy in 1905. In *A Cultural History of Heredity III: 19th and Early 20th Centuries*. Preprint 294. Berlin: Max-Planck-Institut für Wissenschaftsgeschichte, S. 167–178.

Willer, Stefan. 2007. Sui generis: Heredity and heritage of genius at the turn of the eighteenth century. In S. Müller-Wille und H.-J. Rheinberger,

Hg. *Heredity Produced: At the Crossroads of Biology, Politics and Culture, 1500–1870*. Cambridge, MA: MIT Press, S. 419–440.

Williams, Elizabeth A. 1994. *The Physical and the Moral: Anthropology, Physiology, and Philosophical Medicine in France, 1750–1850*. Cambridge: Cambridge University Press

Wilson, Edmund Beecher. 1986. The mosaic theory of development. In Ders. *Defining Biology: Lectures from the 1890s*. Cambridge, MA: Harvard University Press.

Wilson, Philip K. 2007. Erasmus Darwin and the »Noble« Disease (Gout): Conceptualizing Heredity and Disease in Enlightenment England. In S. Müller-Wille und H.-J. Rheinberger, Hg. *Heredity Produced: At the Crossroads of Biology, Politics and Culture, 1500–1870*. Cambridge, MA: MIT Press, S. 133–154.

Wilson, Philip K. 2008. Pedigree charts as tools to visualize inherited disease in progressive era america. In *Conference: Heredity in the Century of the Gene (A Cultural History of Heredity IV)*. Preprint 343. Berlin: Max-Planck-Institut für Wissenschaftsgeschichte, S. 163–190.

Winnacker, Ernst Ludwig. 1997. Das Gen und das Ganze. *DIE ZEIT*, 2. Mai 1997, S. 34.

Winther, Rasmus G. 2000. Darwin on variation and heredity. *Journal of the History of Heredity*, 33, S. 425–455.

Winther, Rasmus G. 2001. August Weismann on germ-plasm variation. *Journal of the History of Biology*, 34, S. 517–555.

Wolff, Caspar Friedrich. 1764. *Theorie von der Generation: In 2 Abh. erkl. u. bewiesen*. Berlin: Birnstiel.

Wolff, Karl D., Hg. 2001. *Napoleons Gesetzbuch. Einzig officielle Ausgabe für das Königreich Westphalen*. Basel und Frankfurt am Main: Stroemfeld/Roter Stern, Orig. 1808.

Wolff, Michael. 1978. *Geschichte der Impetustheorie. Untersuchungen zum Ursprung der klassischen Mechanik*. Frankfurt am Main: Suhrkamp.

Wood, Roger J. 2007. The sheep breeders' view of heredity before and after 1800. In S. Müller-Wille und H.-J. Rheinberger, Hg. *Heredity Produced: At the Crossroads of Biology, Politics and Culture, 1500–1870*. Cambridge, MA: MIT Press, S. 229–250.

Wood, Roger J., und Vitezslav Orel. 2001. *Genetic Prehistory in Selective Breeding. A Prelude to Mendel*. Oxford: Oxford University Press.

Wood, Roger J., und Vitezslav Orel. 2005. Scientific breeding in central europe during the early nineteenth century: Background to Mendel's later work. *Journal of the History of Biology*, 38, S. 239–272.

Wright, Susan. 1994. *Molecular Politics: Developing American and British*

Regulatory Policy for Genetic Engineering, Chicago: The University of Chicago Press.

Yule, Udny. 1902. Mendel's laws and their probable relation to intra-racial heredity. *The New Phytologist*, 1, S. 193–207, 222–238.

Zedler, Johann Heinrich. 1993. *Großes vollständiges Universallexikon aller Wissenschaften und Künste*, 68 Bde., Graz: Akademische Druck- und Verlags-Anstalt, Originalausg. 1732–1750.

Zirkle, Conway. 1935. *The Beginnings of Plant Hybridization*. Morris Arboretum Monographs, Bd. 1, Philadelphia: University of Pennsylvania Press.

Zirkle, Conway. 1946. The early history of the idea of the inheritance of aquired characters and of pangenesis. *Transactions of the American Philosophical Society. New Series*, 35, 91–151.

Zirkle, Conway. 1959. Species before Darwin. *Proceedings of the American Philosophical Society*, 103, 636–644.

Namenregister

Neil Shubin

Der Fisch in uns

Eine Reise durch die 3,5 Milliarden Jahre alte Geschichte unseres Körpers

Aus dem Amerikanischen von Sebastian Vogel

282 Seiten. Gebunden

»Der Fisch in uns« erzählt die spannende Geschichte, wie unser Körper so geworden ist, wie wir ihn kennen. Anhand neuester Ergebnisse aus Paläontologie und der vergleichenden DNA-Forschung schildert Neil Shubin anschaulich und packend die Evolution aus der Perspektive des menschlichen Körpers und zeigt ihren außerordentlichen Einfluss über 3,5 Milliarden Jahre. Dabei wird deutlich: Wir haben viel mehr mit Fischen, Würmern oder Bakterien gemeinsam, als uns bewusst ist.

»Wenn Sie die Evolution des Menschen und anderer Tiere verstehen und dieses Jahr nur ein Buch lesen wollen, dann greifen Sie zu dieser glänzenden Monographie!«
Financial Times

»Ein lohnenswertes Buch, unterhaltsam und spannend geschrieben.«
Deutschlandradio Kultur

S. Fischer

fi 1-072004 / 1